侯幼彬 著

中国建筑工业出版社

图书在版编目（CIP）数据

读建筑/侯幼彬著.—北京：中国建筑工业出版社，2012.6
ISBN 978-7-112-14281-1

Ⅰ.①读…　Ⅱ.①侯…　Ⅲ.①建筑艺术–文集　Ⅳ.①TU-8

中国版本图书馆CIP数据核字（2012）第085889号

责任编辑：王莉慧　徐　冉　李　鸽
责任设计：陈　旭
责任校对：王誉欣　赵　颖

读建筑

侯幼彬　著

*

中国建筑工业出版社出版、发行（北京西郊百万庄）
各地新华书店、建筑书店经销
北京嘉泰利德公司制版
北京建筑工业印刷厂印刷

*

开本：787×1092毫米　1/16　印张：21½　字数：621千字
2012年6月第一版　2012年6月第一次印刷
定价：**59.00**元
ISBN 978-7-112-14281-1
　　　（22334）

目 录

附录：建筑知识小品五则

上篇
读解建筑之道

建筑

——空间与实体的对立统一

两千年前，罗马的建筑理论家维特鲁威指出："一切建筑均需坚固、适用、美观。"① 这句话成了古代建筑理论的名言。我国建筑界长期以来也因循这个认识，把建筑的两重性（"既是物质产品，又是艺术创作"）和建筑的三要素（功能，物质条件，建筑形象）作为研究建筑理论的基本前提。但是，这种"两重性"也好，"三要素"也好，都不是从分析建筑内部矛盾着手，都没有真正捕捉住建筑的内在矛盾，因而给建筑理论研究带来很大的局限。

究竟什么是建筑②的内在矛盾呢？这是我们研究建筑理论首先应该探索的。

一

马克思指出："空间是一切生产和一切人类活动所需要的要素。"③建筑，就是用人工来创造出适应社会生产和社会生活所需要的空间。这种人为的建筑空间是怎样获得的呢？不外乎通过"减法"和"加法"两种方式。"减法"是通过削减实体以取得建筑空间（图1）；"加法"是通过增筑实体来取得建筑空间（图2）。许多情况下是"加法"与"减法"并用（图3）。不管是哪一种方式，建筑空间总是由包围着它的地面、墙壁、顶盖、门窗之类的建筑构件围合而成的。没有建筑构件来围合，就构不成建筑的内部空间，形不成房屋，也无从取得建筑组群的外部空

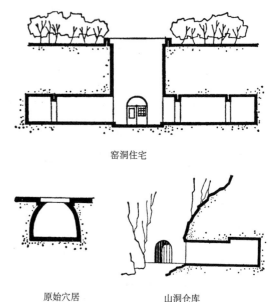

窑洞住宅

原始穴居　　　　山洞仓库

图1 "减法"——削减实体创造的建筑空间

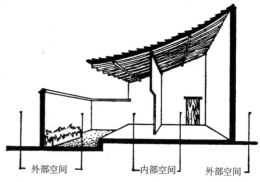

外部空间　　　内部空间　　　外部空间

图2 "加法"——增筑实体创造的建筑空间

---

① 维特鲁维斯 (Vitru vius)，《建筑十论》第一篇第三章。
② 本文所用"建筑"一词，均指房屋建筑，不包括桥梁、水坝等构筑物。
③ 马克思：《资本论》第三卷下，第872页。

间。正是由于这些构件所组成的建筑实体，提供了三种类型的建筑空间状况。一种是在形成建筑内部空间的同时，形成了建筑的外部空间（图4）；一种是只形成建筑的内部空间而没有形成建筑的外部空间，如各种地下建筑（图5）；再一种是只形成建筑的外部空间而没有形成建筑的内部空间，像各种实心的纪念碑、实心塔之类（图6）。不论这三类的哪一种状况，都是由空间和实体的结合而形成的。因此，所有的建筑，都是建筑空间和建筑实体的矛盾统一体，也就是说，是满足一定的物质功能、精神功能所要求的建筑内部、外部空间和构成这种空间的、由建筑构件所组成的建筑实体的矛盾统一体。在这里，空间与实体成为建筑上相互依存的一对孪生子。既不存在没有建筑实体的建筑空间，也不存在没有建筑空间的建筑实体。建筑物的建造过程，就是运用建筑构件组成建筑实体以取得建筑空间的过程。建筑物的使用过程，就是建筑空间发挥使用效能和建筑实体逐渐折旧破损的过程。建筑空间和建筑实体

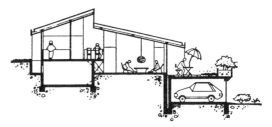

图3 "加法—减法"综合创造的建筑空间

图4 同时具备内部空间和外部空间的建筑

图5 只形成内部空间，没有形成外部空间的建筑——各类地下建筑

汉代石阙

南京栖霞寺舍利塔

图6 只形成外部空间，没有形成内部空间的建筑

的这种对立统一，就是建筑的内在矛盾。这个矛盾贯穿于建筑发展的始终，存在于一切建筑之中，决定着建筑的共同本质。整部建筑发展史，就是建筑空间和建筑实体矛盾运动的历史。

在《老子》第十一章中，有这么一段话："凿户牖以为室，当其无，有室之用。故有之以为利，无之以为用。"这里所谓的"有之以为利，无之以为用"，就是说，"'有'所给人的便利，只有当它跟'无'配合时，才发挥出它应起的作用。"[①]实际上，整个建筑实体都可以看作是"有"，整个建筑空间都可以看作是"无"。盖房子，人力物力都花在实体上，而真正使用的却是空间。建筑实体和建筑空间的对立统一关系，正是符合这种"有之以为利，无之以为用"的关系。

二

建筑实体和建筑空间的这种"有"和"无"的辩证关系，究竟是什么样的制约关系呢？

从建筑内部空间和建筑实体的矛盾来看，可以概括为围合和被围合的关系。什么样的建筑空间的物质的、精神的功能需要，就要求有什么样围合作用的建筑实体。建筑实体则根据自身经济的、技术的可能反过来要求建筑空间适于被围合。这种相互依存、相互制约构成了建筑内部的矛盾性。影响建筑的错综复杂的因素和条件，如社会政治、经济条件，社会生产力条件，气候、地形、地质等自然条件，阶级的、民族的生活方式和意识形态等等，作为外因，都是通过这个内因，也就是通过制约建筑空间物质的、精神的功能需求和制约建筑实体经济上、技术上的可能条件而对建筑起作用的。

一般地说，建筑内部空间要求建筑实体在围合上起三方面的作用：围隔空间、联系空间的围护作用，支承空间、稳定空间的结构作用和展示空间、美化空间的造型作用。因此，建筑实体在围合建筑空间时，既受到它自身所需要的大量人力物力的经济条件的制约，又受到一系列结构上、构造上、施工上的技术条件的制约，还要受到人们的审美观点、审美习惯和形式美的构图法则的制约。这些，形成了建筑空间和建筑实体在围合和被围合关系上相互制约的复杂性。

由于围合的这三方面作用，构成建筑实体的构件，从职能上相应地划分为三类：一类是围护空间的构件，如地面、楼板、门窗、隔扇、隔断墙、天花板、栏杆等；一类是承担结构作用的构件，如承重的墙、柱、基础，楼层结构中的梁、板，屋顶结构中的屋架、屋面板等；再一类是造型的美化所需要的构件。建筑物的造型，从总体来说，就是靠结构构件和围护构件以及这些构件在构造上的连接点，适当处理而体现的。但在某些局部，还可能存在某些不具结构和围护作用的、只起装饰作用的构件，如装饰性的壁柱和各种线脚、花饰等（图7）。

显然，这三种构件的区分是相对的。实际上，许多结构构件可以同时起到围护作用。围护构件在一定条件下，也可以同时起到结构作用。而那些装饰构件，许多情况下，都是由原先的结构构件、围护构件转化而来的，大多数都是不可分离的，越到现代，这种单独的装饰构件越趋于淘汰。

建筑空间与三种构件之间的制约关系，三种构件相互之间的转化关系，都有许多值得深入探求的运动规律。例如，力求使构件

---

① 译文引自任继愈. 老子今译. 北京：古籍出版社，1956.

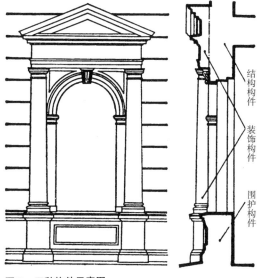

图7 三种构件示意图

（图右侧标注：结构构件、装饰构件、围护构件）

一身而兼围护、结构两用，无疑是发挥了构件的充分效能，有重要的经济意义。这推动着人们不断探索在围护、结构两方面可以取得统一的新材料、新结构。轻骨料混凝土等材料和加气混凝土屋面板等构件就是这样的产物。但是，这种统一也是相对的。在许多情况下，让统一的结构、围护两用构件分化为两类构件的组合，反而有利于不同材料各尽其能，各得其所，这同样也是充分发挥构件的效能。目前探索以框架轻板体系取代小块黏土砖墙，就是这一规律的表现。一部建筑史，充满着建筑构件在结构、围护、造型三大作用上这种分分合合的矛盾运动，而呈现波浪式的发展规律。

三

组成建筑实体的千百种构件中，构成三度空间的地面楼面层、屋顶层和四壁的墙体、柱列，是最主要的构件。它们是围合空间的基本手段，不论从围护上、结构上和造型上都是最基本的主体构件。[①]建筑空间和建

筑实体的矛盾，对于个体建筑来说，主要表现在建筑内部空间与这些主体构件之间的矛盾。正是建筑内部空间和主体构件的矛盾特点，决定了整个建筑体系的特点。

古希腊建筑狭长、封闭的内部空间和石梁、石柱、石墙组成的主体构件，决定了古希腊建筑体系的特点。这一建筑体系内部空间很不发达，外部空间却取得很大发展。它那回绕的柱廊，匀称的比例，精致的细部，极富雕塑性的造型效果等等艺术特色，都是这个特点的产物。古罗马社会生活需要庞大复杂的建筑内部空间，古罗马的天然混凝土提供了建造大跨度拱券结构的物质技术条件。这种内部空间和主体构件的矛盾特点，决定了古罗马建筑体系与古希腊建筑体系不同的特色。内部空间大为发展。不仅出现了像万神庙那样庞大的、完整的、单一的、静态的内部空间，而且产生了像卡瑞卡拉浴场那样拥有不同大小、不同形态、严谨丰富的内部空间组织。古希腊面向外部空间的柱列，被古罗马广泛运用到内部空间中来。古希腊结构构件组合的柱式，在古罗马的墙体上变成了装饰构件，相应地形成券柱式、叠柱式等构图手法。这些，清晰地表明内部空间和主体构件所构成的主要矛盾在整个建筑体系中的支配意义。

我国古代木构架建筑体系同样说明了这一点。它的一系列特点，如高起的台基、深远的出檐、翘曲的屋面、繁杂的斗栱和庭院式的组群布局方式等等，都是"土木"相结合的主体构件与内部空间的矛盾所带来的。木构架建筑体系从前期演变到后期，主要也是由于内部空间的功能需求带动主体构件的

---

① 这里采用"主体构件"一词，而不用"主体结构"一词，因为考虑到主要的围护构件也应该作为基本构件纳入。

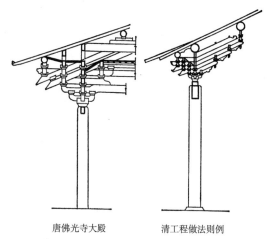

唐佛光寺大殿　　　　清工程做法则例

图8　前后期木构架出檐、斗栱比较示意图

发展，从而引起其他部件的变化。例如，明清时代官式建筑的山墙、槛墙由土变砖，主体构件由"土木"相结合向"砖木"相结合转化，很明显地带来大屋顶挑檐的缩短和斗栱机能的削弱（图8），①而且引起"硬山"建筑的流行。当然，山墙、槛墙的由土变砖，仅仅是部分基本构件的用材变化，并非整个结构方式的质变，因此，没有、也不可能引起整个建筑体系的突破。到了鸦片战争以后，社会性质变化，建筑空间提出新的功能需要，出现结构方式截然不同的新的"砖木"混合的主体构件。砖墙成为承重墙，木构架变成三角形豪式屋架。这种全新的主体构件，为建筑空间组合摆脱了木构架的枷锁，提供了较大的空间跨度，也便于建造多层的楼房和复杂的平面。个体建筑的体量变了，建筑组群的布局也改观了，形成了与木构架体系不同的砖木混合建筑体系。

钢和钢筋混凝土结构的发展，玻璃在围护构件上的广泛运用，既是现代建筑内部空间功能需求所推动的，又反过来推动了现代建筑空间的发展。钢和钢筋混凝土提供了大跨、高层、悬挑、架空等结构构件，玻璃提

供了可透光线、可透视线、轻盈灵巧的围护构件，这样的主体构件构成了大跨空间、高层空间、全面空间和灵活、错落、通透的流动空间等新的空间组合方式，带来了与手工操作不同的工业化施工，从而形成了现代建筑体系的一系列特点。因此，我们在观察建筑体系特点的时候，在观察建筑体系发展、演变的时候，都必须牢牢地把握住这一体系内部占支配地位的内部空间与主体构件的矛盾特点及其运动规律。不能从体系的表面形式特征出发，不能舍本逐末，不能眉毛胡子一把抓。

建筑内部空间分为主体空间和辅助空间。主体空间是区分建筑类型的主要标志。不同质的主体空间的功能特点决定了不同的建筑类型。因此，对于不同的建筑类型，对于不同的空间体量和围合特点，往往是主体空间的某一功能要求与主体构件的某种部件构成矛盾的焦点，成为设计上、施工上的关键问题。大会堂、比赛厅、展览厅、观众厅，大空间的跨度和覆盖顶部的屋顶层成为突出的矛盾。对于高层建筑，矛盾焦点就转移到高耸而立的空间层数和墙身框架上去。地面层意味着空间的占地，是制约建筑空间的一个重大因素。紧缩占地，就逼使空间往竖向上重叠，成多层、高层建筑；或者向地下转移，成为现代"穴居"——地下建筑。在建筑设计中，常常是围绕这一类矛盾的焦点，展开多方案的比较，因为它影响全局，是不同方案的关键所在。

从建筑发展过程来看，在建筑空间和建筑实体的矛盾运动中，一般来说，建筑空间新功能要求的提出，往往是促使建筑发展的

---

① 造成斗栱机能削弱还有构架本身内柱上升的因素，同样也说明是主体构件的演变影响了其他部件的变化。

最活跃因素。中国封建社会建筑发展迟缓，首先就在于社会生产力和社会生活发展迟缓，对建筑空间迟迟没有提出新的功能要求，从而也就迟迟没有对建筑实体的技术发展提出新的需要。封建时代的建筑，如宫殿中的主要殿堂、喇嘛教的经堂等，虽然单栋建筑也创造了相当庞大的内部空间，但并不要求"大跨度"，因此，与小跨度空间相联系的木构架结构迟迟没有被突破。这种情况，到近代工业建筑和大量人流活动的公共建筑提出大跨度空间等新功能要求时，才起了质的变化。正如恩格斯所指出的："社会一旦有技术上的需要，则这种需要就会比十所大学更能把科学推向前进。"[1]在建筑中，这种社会上的技术需要就集中地表现在建筑空间这样那样的功能要求上，正是它推动了建筑实体的技术改革和技术革命。当然，我们也应该看到，"人类始终只提出自己能够解决的任务，因为只要仔细观察就可以发现，任务本身，只有在解决它的物质条件已经存在或者至少是在形成过程中的时候，才会产生。"[2]建筑空间功能要求的提出，也必然只能是在建筑实体的技术经济条件经过努力有可能办到的情况下，才会产生。我们还应该看到，矛盾的主要方面并非总在建筑空间一方。当建筑空间的功能需要因受到建筑实体技术经济条件的束缚而得不到满足时，那么建筑实体技术经济上的突破就成了矛盾的主要方面。历史上许多建筑体系的发展都存在这种情况。目前，我国大量性建造的民用建筑，也存在着这种情况。大量性建造的民用建筑，主要矛盾当然也在于这些建筑内部空间的功能需求和主体构件的技术经济条件之间的矛盾。在当前，这个矛盾的主要方面是在主体构件方面，尤其突出地集中在墙体上。因为一般以小块黏土砖砌筑墙体的民用建筑，墙

体就占造价的 30%，用工量的 40%，重量的 50%。[3]这种墙体的落后，带来了材料消耗多、建筑自重大、工程造价高、劳动强度大、生产效率低、施工进度慢、建设周期长以及难以运用机械化施工等问题。[4]因此，当务之急是改革墙体问题。这是当前一般民用建筑的关键所在。现在各地正进行着各种墙板住宅建筑体系的探索，充分表明了这种趋势。

四

在建筑中，除了"空间"和"实体"，还有一个小角色，叫作"设备"。

建筑设备不能当作"建筑实体"，但是对建筑空间的功能却起着很大的作用。在讨论建筑空间与实体的矛盾时，有必要分析一下它和空间、实体的制约关系。

建筑设备在原始建筑中早已有之。穴居的"火塘"大概可以算作建筑设备的鼻祖。火塘除熟食外，有取暖、除湿、照明等作用，这些职能以后为炉、炕、灯、烛所取代，它们的共同特点都是用"火"，到 19 世纪 60、70 年代，人类开始应用电力。以 1879 年电灯问世为起点，建筑设备从直接用"火"转入用"电"，逐步形成了一整套包括电照明、空气调节、电梯等应用电能的设备。

这些电设备在建筑中的运用，无疑对建筑空间的功能有极大意义。一方面，它补充了实体围护的不足，如以供热辅助了墙体御

---

① 恩格斯致瓦 · 特尔吉乌斯，《马克思恩格斯选集》第四卷第 505 页。

② 马克思，《政治经济学批判》序言，《马克思恩格斯选集》第二卷第 82 页。

③④ 匡明.建筑材料必须革命.自然科学争鸣,1977（4）.

寒之不足，以机械通风辅助了门窗自然通风之不足。对于洁净车间之类的建筑，它则提供了实体所解决不了的恒温、恒湿、除尘等空间条件。另一方面，它还可以取代实体的某些职能。如以电照明取代窗的采光，以空调取代窗的自然通风，以电梯取代楼梯的徒步交通等等。这样一来，在建筑空间和建筑实体的相互制约关系中，由于建筑设备的插入就可以割断套在"空间"脖子上的若干根"实体"缰线，使空间的组合摆脱掉若干传统的羁绊。例如，电照明和空调取代窗的采光、通风作用后，建筑空间可以不必为了开窗而紧贴外墙，从而为空间布局提供了新的可能，甚至可以使整个空间都转入地下，等等。

这样看来，我们可以把建筑设备看作是建筑构件的一种"异化"，是建筑构件的一种变态。电梯是一种会活动的楼梯。机械通风设备是一种无形的窗。从这个意义上，就同样可以把它纳入到建筑空间和建筑实体的制约关系上去观察。毫无疑问，随着现代科学技术的进步，建筑设备将在建筑中发挥越来越大的作用。在我们把握建筑空间与实体的矛盾运动时，应该把建筑设备这个"异化的实体"纳入一并考虑。

我们的建筑事业要大干快上，建筑规划设计、建筑科学技术要走向现代化，很重要的一条，就是要学习、研究和运用自然辩证法。我们应该把探索建筑矛盾问题提到学习和运用自然辩证法的高度来认真、严肃地对待，这是摆在我们面前的、有待我们共同努力的一个大课题。

（原载《建筑学报》1979 年第 3 期）

建筑的模糊性

近年来，我国学术界开始重视模糊性问题的研究。建筑中呈现着大量模糊现象，建筑的模糊性问题是值得我们认真研究的一个重要的、新鲜的理论课题。

一

1. 什么叫模糊性（Fuzziness）？

事物的性状、形态，有的有明显的界限，有的没有明显的界限。"开水"与"非开水"之间，有明确的临界值。而"热水"与"凉水"之间，就没有清晰的分界点。处于中介过渡阶段的温水，不能简单地判定它是热水，还是凉水。它既可以说是某种程度的热水，又可以说是某种程度的凉水。客观事物在相互联系和相互过渡时所呈现出来的这种"亦此亦彼"性，就是事物的模糊性。

2. 模糊性的主要特点：

（1）模糊性呈现在事物相互联系的中介过渡区。"老人"一词，虽然是模糊概念，但人们不会对"八十岁是老人"产生模糊，而只是对五十岁上下，介乎老、中年的中介过渡区的岁数，感到"亦此亦彼"的模糊，在非过渡区是不模糊的。

（2）模糊性的出现，是由于标志事物某种性状的量的规定性，缺乏确定的临界值，因而反映出来的是没有明确的外延的模糊概念。如"高大"、"宽广"、"明亮"、"暖和"、"简洁"、"漂亮"等等，都是外延不明确的模糊

说法，都是描述模糊现象的模糊语言。

3. 模糊性用隶属度来衡量。

"隶属度是反映事物从差异的一方向另一方过渡时能表现其倾向性的一种属性。"[①]确定恰当的隶属度是处理好模糊事物的关键。

4. 模糊性与复杂性相伴生。

复杂性意味着综合性强，意味着确定隶属度要涉及许多参数，难以定量。因此，复杂的系统中呈现的现象差不多都是模糊现象。

5. 建筑模糊性的由来：

建筑是复杂的事物，复杂的系统。建筑中之所以呈现大量模糊现象，是和以下两点分不开的：

（1）对建筑品质的要求方面很多，影响建筑的因素十分庞杂。

建筑有"适用"、"经济"、"美观"三大要求，其中每个要求本身都包含着多系列、多层次的因子。"适用"，既反映在建筑空间的尺度、数量，也反映在建筑空间的一系列性能，还反映在建筑空间的组合关系和建筑与环境的关系等方面。"经济"，既反映在一次投资（建筑造价）、常年维修投资，还反映在占地指标、道路管网投资，甚至要考虑

---

① 参看：沈小峰，汪培庄．模糊数学中的哲学问题．哲学研究，1981（5）．

到环境治理投资等等。"美观"，既体现在空间观感、体量造型，也体现在色彩、质地、细部装饰；既反映在个体形象和组群面貌，也反映在环境景观和室内景观；既要符合一系列形式美的构图法则，又涉及时代的、民族的、乡土的、学派的一整套风格问题。这些多系列、多层次的品质要求，相应地受到多系列、多层次的影响建筑的因素的制约。既有社会、阶级对建筑物质功能、精神功能需求的制约因素，又有经济条件、建筑科学技术条件的制约因素，还有气候、地形、道路、供水、绿化、自然景观、人文景观等一系列环境条件的制约因素。所有这些庞杂的品质要求和庞杂的影响因素，形成错综复杂的制约关系，交织出建筑的综合性、复杂性和伴之而来的模糊性。

（2）对建筑某些品质要求自身有模糊性。

建筑中庞杂的品质要求，有的有明确的数值指标，如结构构件的受力性能、围护构件的热工性能、观众厅的音质、车间的洁净度、居室的日照度、容纳设备的空间最小值等，可以定量，是不模糊的。但建筑中有许多物质功能和精神功能，涉及生理学、心理学问题，涉及复杂的行为科学问题，从低层次的生理机能需要到高层次的心理、精神需要，有许多就难以准确地定量，没有精确的数值指标。建筑设计中的许多标准，看起来是单一的，而实际它是由一系列下属层次的标准组成的。例如，休息室的标准，假定分为简易休息条件、一般休息条件、较好休息条件等不同等级，这些等级的标志就不是单一标准。因为这些等级的差异涉及休息室的面积、装修质量、家具陈设、冷暖设备、照明方式、环境景观等等因素，其中每个因素又涉及一系列更下一层次的因子。这个休息条件的标准本身包含着人的休息行为的多方面、多层次的综合需要，很难给定一个综合的定量值，这个标准实际上是模糊标准。至于建筑形式美、建筑艺术质量的问题，涉及的因子更多，就更是难以定量的。和谐与紊乱，精致与粗糙，简洁与繁复，活变与呆板，丰富与烦琐，玲珑与纤巧，研秀与艳丽，质朴与俚俗等，作为美与丑的对立，都是不同质的差异，但是它们之间的界限都是不清晰的，找不到可供定量的临界值。显然，建筑艺术质量的这种模糊性，也大大增加了整个建筑的模糊性。

二

建筑的模糊性，带来了"建筑设计"这门学科的特殊性。呈现出下列特点：

1.建筑设计的惯用方法是方案比较法。建筑设计中涉及的许多因子及其相互制约的复杂关系，既无公式可循，又不易定量运算，导致凭经验来给定某些假定值，确定某些假定关系，形成若干可能的方案，然后进行比较，以择定最优方案或满意方案。建筑方案的这个酝酿、思索过程，就是"建筑构思"。这是建筑设计中关键的、艰苦的、最富创造性的环节。设计方案的构思能力是建筑师最重要的职业才能。开展设计竞赛，就是动员更多建筑师的设计构思，是一种大数量的方案比较，因此历来都视为提高建筑设计质量和发展建筑设计学科的重要途径。

2.建筑设计的规律性主要凝聚在建筑师的创作方法和设计手法中，不是呈现为建筑设计定律和设计公式。建筑师的实践经验和设计成就，也无法提纯为设计定律和设计公式。建筑设计学科的发展，并不体现在新设计公式的发现，而是反映在建筑创作方法和设计手法的进步、创新。建筑师创作方法和设计手法的理论概括，构成建筑设计原理的主要内涵。建筑作品则是建筑师创作方法和设计手法的物态化存在，是传递建筑设计经验更具体、更生动的信息载体。

3. 建筑设计的许多方面还得凭经验，还不能全面运用数学方法，因此严格说还不算"真正发展了"的科学。模糊性意味着规律性的隐埋，掌握设计规律带有很浓厚的经验性，表现在设计评定上，不仅难以定量地、精确地确定最佳值，而且常常出现"公说公有理，婆说婆有理"的局面，只好依赖权威裁判或多员裁判。显然，这两种裁定方式都不能完全排除错判。真正的优秀方案而没有取得优秀名次，是屡见不鲜的。建筑模糊性在这里导致了建筑评定的复杂性。

4. 由于建筑的模糊性，建筑设计中许多量的确定都不是二值逻辑（隶属度或 0 或 1），而是属于连续值逻辑，可以在从"0"到"1"的广阔区间浮动地选定隶属度。而这种隶属度的选定，通常情况下都不是通过数学方法运算的结果，很大程度上是根据经验挑选的，因而带有很大的经验性、主观性。这里面就产生"仁者见仁，智者见智"。有的偏情，有的重理。这既同建设单位和审批单位的主观要求有关，也同建筑师的主观因素有关。建筑师的德、才、学、识，建筑师的世界观、专业修养、文化素养、思维能力、性格爱好、创作才能、艺术趣味，建筑师对国情、建筑发展动向、时代的风尚、社会的需求、民族的特点的领会程度，等等，都集中通过他的创作方法和设计手法得以呈现，左右着设计构思中的一系列隶属度的选取，产生种种不同格调、不同特色的设计方案。这就是建筑之所以产生显著的方案差别和个人创作风格的一个缘由，也是建筑设计学科较之其他工程技术学科更容易呈现学派差异的重要

原因。

5. 建筑设计水平的高低差距很大。这也是模糊性引起的。结构设计的安全与否，可以用"是"或"非"来回答，"是"则方案成立，"非"则方案否定。而建筑设计的适用与否、美观与否，常常无法简单地用"是"与"非"来回答。适用与美观的隶属度都可以在 0.1 ~ 1 的广阔区间浮动。一栋结构不安全的房屋，必须加固或拆除。一栋适用、美观隶属度很低的房屋，却可以凑合着存在。这就使得建筑作品高下优劣的差距非常大。优秀的建筑设计是高难度的创作，需要高度的专业修养和技能，而低劣的建筑设计则是很容易应付的，甚至连外行也能插手。低劣的建筑设计必然造成重大的浪费和持久的损失，却往往因其评定标志模糊而不易觉察，成为"无形的次品"，这在设计管理上是不可等闲视之的。

建筑的模糊性带来的建筑设计的这些特点，大大增加了建筑设计的"创作"特色，是值得我们深入研究的课题。

三

建筑中交织着各种各样的模糊性，建筑设计要触及各种各样的模糊关系，因而必然造成多种多样处理模糊关系的设计手法。这些设计手法，在中外建筑中都是常见的。我们从分析模糊性的角度，不妨把这类设计手法加以概括，抓住它们内涵的模糊处理的共性，统称之为"模糊手法"。

显而易见，模糊手法的共同特征是，把握住建筑中的某对矛盾，巧妙地利用对立面的"中介过渡"，在相互渗透、相互过渡的关节，大做"亦此亦彼"的文章。它的方式众多，形态各异，在建筑空间的交融、技术

体系的综合、建筑与自然环境的渗透、构件与设备的同化等方面，都有大量的表现。

建筑内部空间和建筑外部空间的相互交融、渗透，可以说是模糊手法的典型表现。它意味着探求内外空间的"中介"，意味着创造亦"内"亦"外"的模糊空间。我们从模糊性的分析可以清楚地看出，这种亦内亦外的模糊空间正是内部空间要素与外部空间要素"中介交叉"的结果。

建筑内部空间和外部空间，各有自己的围合要素和装点要素。建筑内部空间是由内界面三要素——地面、墙壁、顶棚（或屋顶）围合而成的，是由室内家具、灯具、陈设和室内纺织品等要素充实、装点的。建筑外部空间是"没有屋顶的建筑空间"（芦原义信语），是由外地面和外围护（包括建筑物外界面、围墙和围护型绿化等）二要素所围合、限定的，是由树木、花草、山石、水体、室外家具、室外灯具、建筑小品等要素充实、装点的。分析比较两者的围合、装点要素，可以看出：（1）有无屋顶是区别内部空间与外部空间的重要标志；（2）具备内界面和外界面的墙壁，既是分隔内外空间的手段，也是沟通内外空间的障碍；（3）地面、墙面是内外空间共有的围合要素，可以有不同的表征，也可以使之一体化；（4）内外空间不同的装点要素，既是内外空间物质功能的不同需要，也起着点染内外空间不同气氛的作用。各式各样的内外空间融合实质上都是抓住这几点巧妙地作文章（图1）。例如：

抓住屋顶是区别内外空间的重要标志，采用挖小天井、做半透空的"篦状顶棚"、做透明的玻璃顶棚等方式，通过屋顶的"半有半无"，来创作空间的"亦内亦外"；

抓住墙壁是分隔和沟通内外空间的关键，在墙壁的开合闭敞上下功夫，通过敞开

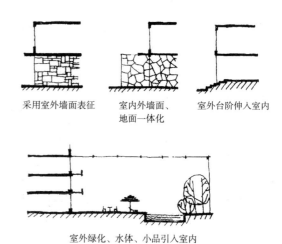

采用室外墙面表征　　室内外墙面、　　室外台阶伸入室内
　　　　　　　　　　地面一体化

室外绿化、水体、小品引入室内

挖小天井　　　用篦状顶棚　　　用玻璃顶棚

敞开一面墙　　　敞开多面墙　　采用不同高度和
　　　　　　　　　　　　　　　　疏密度的隔断

图1　创造"亦内亦外"模糊空间的常见手法

一面、两面、三面甚至四面墙壁，通过调节不同的隔断高度、选用不同程度的似隔非隔的界面等，取得内外空间不同程度的交融、渗透；

抓住内外空间共有的围合要素，使室内地面、墙面换上室外地面、墙面的表征，或者进一步把室外地面、台阶延伸入室内，把室内的墙体延伸到室外，等等，通过围合要素的内外一体化，使室内外空间融结成一体；

抓住内外空间装点要素的点染作用，把外部空间的装点要素——绿化、山石、水体、建筑小品等移入内部空间，给内部空间带来浓郁的外部空间气息。

可以看出，诸如此类的模糊手法，在中

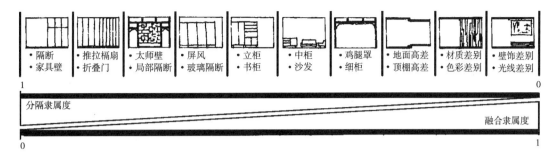

| · 隔断 · 家具壁 | · 推拉槅扇 · 折叠门 | · 太师壁 · 局部隔断 | · 屏风 · 玻璃隔断 | · 立柜 · 书柜 | · 中柜 · 沙发 | · 鸡腿罩 · 细柜 | · 地面高差 · 顶棚高差 | · 材质差别 · 色彩差别 | · 壁饰差别 · 光线差别 |

图 2　室内空间不同隶属度的分隔与交融

国传统民居、传统园林建筑中都是普遍运用的，而且综合运用得很巧妙。现代建筑更是大大发展了这类模糊手法。波特曼的"中庭空间"可以说是综合运用这类手法的集大成者。它采用高大的多层大厅，使大厅四壁的内界面呈现外界面的高大尺度和多层建筑的外表特征；它采用玻璃顶棚，引入了阳光，并悬挂滤光装置，使阳光洒落在地面，呈现出斑斑阴影；它引入树木、花草、水池、瀑布、小岛、伞罩、帐篷和室外雕塑等，极力以外部空间的装点要素来点染内部空间的室外气息。这一系列模糊手法的综合运用，从使用上和观感上都使得中庭空间成为出色的、引人的、亦内亦外的模糊空间。

模糊手法在其他方面，如内部空间与外部空间之间的渗透交融，外部空间与自然空间之间的渗透交融，建筑构件与建筑设备之间的交叉结合（如传统建筑的栏杆凳、美人靠栏杆、博古架和现代建筑的"家具壁"所呈现的家具与建筑构件的同化）等，都运用得很广泛。适应不同功能的需要，这类渗透交融往往呈现着不同的隶属度。图 2 是室内空间内部不同隶属度的分隔和交融，它显示了模糊手法中隶属度的丰富性。

值得注意的是，模糊手法在现代建筑发展中，越来越引人注目。从后现代主义建筑理论的代表作——罗伯特·文丘里的《建筑的复杂性和矛盾性》一书中，可以看出，文丘里的许多提法，虽然没有使用"模糊手法"这个字眼，但他所强调的建筑复杂性和矛盾性，有一些说的正是建筑的模糊性问题。他声称："我爱两者兼顾，不爱非此即彼。"他主张"是黑白都要，或是灰的"。他一再强调应该要"通过兼收并蓄而达到困难的统一"，不要"排斥异端而达到容易的统一"。他赞赏夏德汉住宅是"封闭的，又是敞开的"；萨伏伊住宅是"外部简单而内部复杂的"；马赛公寓的遮阳板"既是结构，又是外廊"。他说他自己设计的栗子山母亲住宅，是一座"承认建筑复杂和矛盾的实例，它既复杂又简单，既开敞又封闭，既大又小"。[①]当然，文丘里的设计思想是非常复杂的，他的理论和创作都带着浓厚的"新折中主义"的色彩。这里面有折中主义的东西，也有属于模糊手法的东西。这两者的混杂，构成了文丘里的一大特色。

日本著名建筑师黑川纪章，可以说是一位十分关注"模糊性"的建筑师。他也没有使用"模糊性"这个字眼，他在《日本的灰调子文化》一文中阐述的"灰"这个概念，几乎可以看作是"模糊"的同义语。他说：

---

① 以上所引文丘里言论，均见：罗伯特·文丘里.建筑的复杂性和矛盾性.周卜颐摘译.建筑师，第 8 辑.

"灰色是由黑和白混合而成的，混合结果既非黑亦非白，而变成一种新的特别的中间色。""缘、空和间都是表现在空间、时间或物质与精神之间的中间区域的重要字眼，它们属于我们所说的作为日本文化基础的'灰'域。"他在分析"缘侧"（檐下的廊子）时说："作为室内与室外之间的一个插入空间，介乎内与外的第三域，才是'缘侧'的主要作用。因有顶盖可算是内部空间，但又开敞又是外部空间的一部分。因此'缘侧'是典型的'灰空间'，其特点是既不割裂内外，又不独立于内外，而是内和外的一个媒介结合区域。"他认为"（16世纪京都）串连着住宅、店铺和作坊的街道，发挥着如建筑物的'缘侧'的作用……既是私生活的延伸区域，又是公共活动的场所"。他指出，"建筑师们试图通过创造一个既非室内又非室外、含糊、穿插的空间去发展'间'，使人们得到一个伸展到街道上的公共空间和内部的私自空间的特殊联系的体验。因此，'间'区域或'灰'区域正在建筑和城市中复苏。"[①]显然，黑川纪章所说的"间区域"、"灰区域"、"媒介结合区域"、"中间区域"、"边缘空间"、"暧昧空间"、"灰空间"，实际上都是说的"模糊空间"。他在自己的建筑创作中，创造了多种多样体现这种"间"区域、"灰"区域、"边缘空间"、"暧昧空间"的模糊手法。例如，在东京福冈银行大楼，设计了一个巨型屋盖覆盖下的巨大开敞空间；在东京大同保险公司，把新型的街道空间穿插进建筑物内；在埼玉县立美术馆，用一道附加的格栅墙构成建筑与自然之间的中间区；在日本红十字会新建总部办公楼，利用楼身之间的豁缝区，组织了一个带有透明圆顶棚的室外化的室内空间，同时又在外立面上采用半透明的、蓝色的、布满室外景色的镜面玻璃，构成一个

带有室内感觉的室外空间；而在"和木镇厅舍"中，则精心围出一个开敞的院落，用上铺地、画廊、雕塑、绿化创造了一个"半公半私"的既非开敞的广场，又非封闭的庭院的室内外景色交融的"暧昧空间"。

这些都表明，从我国传统建筑到国外现代建筑，模糊手法都显示出它的活力，而且在今天，越来越引人注目。我们有必要从模糊性的角度，弄清模糊手法的"中介"特性，更自觉地运用它、发展它。

四

建筑的模糊性，给现代建筑师带来一个恼人的难题——采用现代设计方法的艰难性。

现代建筑的发展推动着建筑设计学科的深化，现代建筑日益复杂的物质功能、精神功能、科学技术、经济效能迫切要求建筑设计走向精确化。但是，建筑的模糊性所呈现的设计对象的非线性和各种参数的复杂性，使得建筑设计的定量化、数学化遇到极大困难。建立建筑设计数学模型的困难严重阻碍着电子计算机在建筑设计上的运用。被称为第一代数学的经典数学的方法，只能停留在建筑设计的某些局部的初级层次起作用。被称为第二代数学的概率论和数理统计，由于建筑设计主要问题在于模糊性，而不在于随机性，也起不到重大作用。建筑设计就这样长久地陷于"非数学"的方法，在设计方法现代化的进程中一直迈着艰难的步伐，成为学科现代化的一个老大难的"顽症"。

以1965年美国加利福尼亚大学查德（L.A.Zadeh）教授发表《模糊集》论文为起点，

---

① 以上所引黑川纪章言论，均见：黑川纪章.日本的灰调子文化.梁鸿文译.世界建筑，1981（1）.

诞生了被称为第三代数学的模糊数学。模糊数学的出现，为模糊事物运用数学方法开辟了新的道路，为电子计算机效仿人脑，对复杂系统进行识别、判断提供了新的途径，引起学术界的普遍反响。模糊数学以其擅长处理模糊关系、聚类分析、模式识别、综合评判的触角伸向了科学技术的各个领域，也伸向了原先列为数学禁区的心理学、教育学、法学、语言学等许多属于"软科学"的领域。我国在1976年出现第一篇介绍模糊集合论的文章后，模糊数学也受到广泛的重视，目前正在自然科学、技术科学和社会科学的许多领域扩展，从天气预报、城市交通、中医诊断、体育运动训练、古代历史分期、教学质量评判到模糊语言、模糊文法的研究等，都在探试运用模糊数学的方法。

处理模糊事物的需要，推动了模糊数学的发展；而模糊数学的发展，又反过来加深了人们对事物模糊性的认识。建筑的模糊性受到了重视。模糊数学被建筑学家惊喜地视为正对专业口径的数学工具。电子计算机在建筑设计中的运用，由于引进模糊数学的方法，将展露出崭新的前景。现在国外已经进展到把语言变数变量的方法和语义学的研究方法运用到建筑中来。

明确建筑的模糊性，在建筑设计中，面对一系列制约因素，可以将其中的确定性设计因素作为常数，将模糊性的可变因素按照隶属度的高低取一定的阈值进行"截割"。"模糊数学有一个分解定理，它给出了模糊集合与其截集之间的相互转化关系，可以在一定程度上起到从模糊性通向精确性的桥梁作用。"[1]

建筑设计的过程，包含着大量的为各个层次的模糊标准，为建筑诸因子的尺度、位置、性能、序列和种种相关性的隶属度选定

阈值的工作。这种阈值的选定，由于它的模糊性，通常只凭经验进行截割，抛弃一切中介过渡的信息。应用模糊数学的截割理论，可以让这些模糊标准不加截割地进入数学模型，充分利用中介过渡的信息，通过隶属程度的演算规则及模糊变换理论，最后在一个适当的阈值上进行截割，作出非模糊的判定。[2]显然，这种阈值的选择从原先的推演前截割转变为推演后截割，意味着从盲目的选择转变为科学的、较精确的选择。处理模糊性问题，有一个"测不尽原理"，就是说模糊性是分析不尽、测定不完的。[3]建筑的模糊性也是如此。电子计算机不可能完全取代建筑师的创作。运用模糊数学于设计手法，也不可能使建筑设计的模糊性问题达到完全精确的解决。但是应用模糊集，毕竟向模糊性事物的精确化逼近了一大步。模糊数学还出现了"2型模糊集"、"模糊模糊集"和"格模糊集"等新理论，正在向模糊性事物的精确化进一步逼近。[4]深入研究建筑的模糊性，努力在建筑设计中探索模糊数学方法的运用，无疑是推进建筑设计方法现代化的重要途径。

综上所述，建筑的模糊性问题，既涉及建筑的认识论问题，也涉及建筑的方法论问题，而且是现代建筑设计方法奔向定量化、数学化的症结。我们应该把建筑的模糊性提到建筑的重要特性的高度，予以重视和研究。

（原载《建筑学报》1983年第3期）

---

①②　参看：沈小峰，汪培庄.模糊数学中的哲学问题.哲学研究，1981（5）.

③④　参看：吴望名，应制夷.FUZZY集及其应用浅谈.模糊数学，1981（2）.

系统建筑观初探

我们的建筑创作缺乏创造性、独创性，存在统一化、单一化、模式化的现象。造成这种现象的原因是多方面的。要繁荣我们的建筑创作，必须相应地进行多方面的改革。其中很重要的一项就是变革我们陈旧的建筑观念，建立一系列新的建筑观念。在亟待建立的新观念中，我认为，我们应该特别重视建筑的系统观念，也就是说建立系统建筑观。这个问题涉及面很广，不可能在本文中全面阐述，这里试从思维模式、建筑观的部类效应和"二律背反"这三个角度进行初步的探索。

一、思维模式

建筑观念上，建筑思想方法上存在的问题不是孤立的。它受到上一层次的思维方式的制约。一些研究系统科学方法论的同志指出，长期以来，我们的方法观、思维方式深受"经典模式"的影响和局限。经典模式也叫"牛顿模式"、"线性模式"。按牛顿第二运动定律，物体的加速度与其所受的力成正比，加速度的方向与力的方向也是一致的。这个定律反映到方法论上，形成一种"线性因果决定论"。因为牛顿第二运动定律的因果关系很简单，只有一个"因"——外力，只有一个"果"——加速度。一个因只产生一个果，一个果只来自一个因。在这种方法观支配下，研究问题的方法往往局限于寻求事物

的单一结果和单一原因，总想做出非此即彼的单一选择和单一结论。这情况在许多学科中都有反映，我们建筑界同样也存在。我们建筑理论上不少有争议的问题是属于这种状况的。20世纪60年代我们曾经热烈地争论："决定建筑风格的因素是经济基础，还是社会意识形态？"我们现在还有不少人存在着一个大问号："我国现代建筑是要民族风格还是不要民族风格？"诸如此类的命题，都是在追求非此即彼的一种选择，一个结论。我们设计实践中存在的模式化现象，从方法论上说，根子就在这个问题上。1981年在华沙举行的国际建筑师联合会第十四届大会的总报告中，在谈到不少地区的文化不同，自然环境不同，景观条件不同，风俗习惯不同，历史经验不同，但却出现雷同的建筑形式时，曾经指出，这些"同样的作品，如同'降落伞建筑'的降落，它们是线性模式的产品"。[1]报告指出这一点是很重要的，是值得我们重视的。这的确抓住了造成建筑模式化现象的思想方法上的"根"。

从系统的角度来考察，建筑无疑是复杂的多因素、多层次、多目标、多指标的大系统。单说多目标这一点就相当复杂。建筑的实用效益、审美效益、经济效益、社会效益、环境效益等，都是建筑系统的目标。其中每

---

① 梅林娜·斯基勃涅夫斯卡.在国际建筑师联合会第十四届世界会议上的总报告.世界建筑，1981（5）.

一种目标效益又由下一层次的一系列子目标构成。建筑创作涉及极其庞杂的、多层次的客体约束因子和主体约束因子，从总体布局到室内设计，从自然环境到人文环境，从技术体系到经济指标，从业主要求到建筑师创作思想，从近期社会效益到长久历史价值等，构成高度复杂的多值、多变量的非线性系统。它不服从单值、单因子的线性函数关系，而服从多变量的、高阶的非线性函数关系。我们不能用对待简单系统的思维模式来对待复杂系统。我们不能继续停留于非此即彼的一种选择，一个模式。我们的建筑创作和建筑理论研究，都应该把握建筑的全程性、全层次性和全关系性，在思维方式上突破"线性模式"而代之以非线性的"系统综合模式"。

二、建筑观的部类效应

建筑系统的复杂性的一个重要表现，就是建筑包容着繁多的建筑类型，从简易的工棚到豪华的宾馆，从精神功能要求极其微弱的仓库到几乎是纯精神功能要求的纪念碑，存在着物质功能要求和精神功能要求之间不同的隶属度组合和不同的主从关系。我们可以仿照美国管理学家布莱克和莫顿的管理坐标图，按照建筑物质功能和精神功能的隶属度，列出建筑功能坐标图（图1）。这个功能坐标图展示了不同性质建筑功能隶属度组合的丰富性和浮动性。不同性质的建筑大体上处在不同的坐标区。存在着实用与审美之间不同的加权系数。如棚屋、特种仓库、百货公司、高级宾馆、纪念碑大体上分别处在11、91、55、99、19的坐标。它们当然不是一成不变的。同一类型的建筑，既有相对稳定的坐标区，也可能由于经济条件不同，标准高低不同，建筑师创作倾向不同，或其他

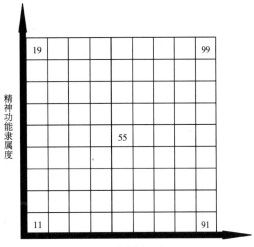

图1　建筑功能坐标图
11 工地棚屋；19 纪念碑；91 特种仓库；
99 高级宾馆；55 百货公司

约束因子不同，引起物质功能和精神功能之间加权系数的调节和变化，而浮动于不同的坐标点。

从建筑功能坐标图上，我们可以按物质功能与精神功能的主从关系，把整个建筑系统区分为两大部类：精神功能隶属度高于物质功能隶属度的为A部类；物质功能隶属度高于精神功能隶属度的为B部类。这两个部类之间没有截然分明的界限，是模糊边界。这个模糊边界构成一个中介区，形成两种功能隶属度的平衡态，不妨称为AB部类（图2）。

我国建筑界不少同志都曾提过把建筑区分为两大部类的意见。杨廷宝、齐康、龚德顺、杨鸿勋、萧默、郑光复等同志都提出过类似的主张。[1]-[5]的确，把建筑区分为两个部类，有助于认识建筑系统中的两类不同形态。两

①　齐康.承前启后与时代风格.建筑学报,1983（4）.
②　中国建筑学会第五次全国会员代表大会分组讨论发言摘登.建筑师,第6辑.
③　杨鸿勋.关于建筑理论的几个问题.建筑学报,1978（2）.
④　肖默.浅论建筑"美"和"艺术".建筑学报,1981（11）.
⑤　郑光复.负正论.新建筑,1984（2）.

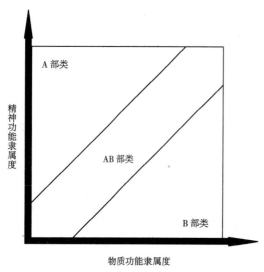

图 2 建筑部类划分图

个部类建筑，在形态上、在创作上有内在的统一性，也有相对的差异性。这种差异性主要表现在：

1. 两个部类建筑的美的形态不同

人工产品有两种美的形态：实用品的美和艺术品的美。区分的标尺主要是审美性标尺和情感性、形象性标尺。B 部类建筑审美性是次要的、从属的，情感性是微弱的，属于实用品的美的形态，类同于机器美。A 部类建筑审美性上升为主导的、首要的方面，情感性是浓厚的，已构成艺术品的美的形态，类同于工艺品的美。[①]

2. 两个部类建筑所遵循的美学法则不同

美的形态不同，自然导致所遵循的美学法则不同。B 部类建筑主要遵循技术美学的法则，侧重合目的性的功能美与合规律性的技术美的辩证统一，精神功能主要停留于满足形式美的美化要求。A 部类建筑既要遵循技术美学法则，还要遵循艺术美学的某些法则。既要合目的性的功能美，合规律性的技术美，合构图法则的形式美，还要求进一步表现某种特定的意境、情调，要求通过强化

建筑形象的形式感，强化特定的联想，表达特定的情感性、意识形态性的内涵。

3. 两个部类建筑对应的创作倾向不同

对应于 B 部类建筑，创作大多倾向于尊重客观规定性，较少注入主观情感，而侧重于强调建筑功能的合理性、建筑技术的科学性、建筑经济的效益性、建筑形式美的规范性，以及以上诸因素的协调性。对应于 A 部类建筑，创作倾向则侧重于增强主观情感性，容许适当偏离客观规定性，要求在建筑创作中灌注较多的主观情趣、意愿，洋溢较浓烈的感情色彩。

4. 两个部类建筑呈现的建筑模式不同

B 部类建筑主要呈现为工业品模式，侧重大量性、批量性、类型化、标准化等。A 部类建筑则主要呈现为工艺品模式，侧重少量性、单件性、个性、独创性等。

5. 两个部类建筑侧重的设计手法不同

B 部类建筑侧重于尊重基本型，要求建筑形象符合空间形态和结构形态所构成的基本形态，相应地，在设计手法上强调"形式追随功能"、"表里一致"，采用较纯正的建筑语言，符合逻辑的建筑尺度和规范化的处理手法。A 部类建筑则往往突破基本型，突破规范化手法，强调"形式唤起功能"，允许"两层皮"做法，好用夸张的建筑语言、强化的建筑尺度和独创性的处理手法，等等。

当然，两个部类建筑的这些差异性只是相对的。在长久的建筑发展历程中，它们早已形成复杂的相互交叉、渗透，呈现相当程度的同化。但是，认识它们之间存在的不同差异点和侧重点，对于我们认识建筑观问题还是很有必要的。这是因为，历来的建筑观

---

① 有关建筑美的形态的具体论证，参看侯幼彬. 建筑美的形态. 美术史论，1984（2）.

都带有浓厚的部类倾向，存在着建筑观的部类效应现象。

历史上各个时期，都同时存在着两个部类的建筑活动。B部类建筑在数量上一直是处于优势的，但数量优势并不等同于发展主流。各个时期受统治阶级重视，受社会重视，居于重点发展的建筑才是主流。宏观地看，一定耐期占主导地位的建筑观念，大体上总是与处在主流地位的建筑部类相对应的。可以笼统地说，一直到19世纪后半叶，一部世界建筑史基本上是以宫殿、神庙、教堂、府邸、纪念性建筑、行政大厦等A部类建筑或AB部类建筑为主流的活动史。从A部类建筑实践历程中，产生了"建筑就是艺术"的基本观念。学院派的建筑观是这种建筑观的典型形态。包豪斯学派的出现，完成了建筑观的重大历史性转变。包豪斯建筑观是强调B部类的建筑观，是适应当时大量的生产性建筑、商品性住宅和实用性公共建筑上升为建筑主流的实践需要。它的历史性意义就是猛烈冲击了传统的和当时仍居统治地位的A部类建筑观，把建筑从"艺术创作"扭转到"工业设计"，使B部类建筑观上升到主导地位。关于这一点，柯布西耶有一句话作了很确切的概括。他说："建筑学从来就是宫殿庙宇的建筑学，我们今天要把它变成住宅的建筑学。"①

这表明，主流建筑的演变必然会对建筑观产生效应，推动建筑观的演变。建筑观的这种变革，就是对建筑实践的反馈，构成建筑发展历程中极为重要的调节。

现在，现代派已经活跃了半个世纪，各发达国家的主流建筑部类正在发生新的变化。变化的方面很多，从功能目标来看，变化主要表现在，社会需要明显地从侧重生存需要、发展需要向追求享受需要推移。这不是以往那种少数人的享受需要，而是社会性的享受需要。旅游性建筑，游乐性建筑，高技术、高标准、高舒适度、高情感性建筑的发展，都大大提高了精神功能的地位。A部类、AB部类建筑越来越成为建筑活动中的活跃领域。这当然要求对现代派正统的以B部类建筑为主流的建筑观进行调节。于是产生了这样那样的充实、发展现代派的新流派，也出现了这样那样的后现代主义流派。这些都是符合建筑观的部类效应的客观规律的。各式各样的建筑学派，有侧重高技术的调节，有侧重高情感的调节，有比较全面的良性反馈，也有过于偏激的过度反馈。这些不同的反馈、调节，构成建筑观的多彩面貌，也形成在目标周围左右摇摆的"振荡"局面。

我国建筑界也经历了类似的过程。20世纪50年代初，我们搞了一段大屋顶，这当然是属于学院派建筑观的范畴。这对当时的建筑实践当然是格格不入的。1955年开始调节。这种调节就是从A部类建筑观一下子转到B部类建筑观。当时我们对建筑的两重性，特别强调了物质功能是主导的、首要的，精神功能是从属的、次要的观念。我们的建筑方针——"适用，经济，在可能条件下注意美观"，更是集中地反映了这一点。这都是地道的B部类建筑观。这种调节是符合我国当时的建筑实践的主流部类状况的，应该肯定从方针政策上看是有很强的针对性的。但是在理论认识上，仍然局限在部类建筑观的范畴，也带有反馈过渡的振荡性。

因此，从这个角度来说，我们有必要突破部类建筑观的局限性，建立整体的建筑系统观念。系统建筑观不是简单地否定部类建

---

① 转引自梅尘.读书笔记.建筑学报，1984（9）.

筑观，而是综合不同部类建筑观的升华。它包容不同的建筑学派，包容多元的创作方法，不是肯定一种创作思想而否定另一种，不是以一种学派去取代另一种。我国是社会主义发展中国家，我们建筑实践的主流是 B 部类建筑，我们应该在系统建筑观的整体观念下，既侧重强调 B 部类的建筑观念，又包容 A 部类的建筑观念。我们不能停留于非 A 即 B，或非 B 即 A 的选择。我们应该坚持有重点的、多样的选择。不仅如此，我们还应该以系统建筑观的开阔视野，强调不同部类建筑观念的互补，充分调度不同部类建筑观的积极要素，调度不同创作方法的可贵经验，重视不同部类建筑之间设计手法的交叉渗透。例如，在 A 部类建筑创作中吸收 B 部类注重经济的建筑语言表现力的手法，在 B 部类建筑创作中吸收 A 部类强调可识别性、多样性、个性的手法，等等。这些对于繁荣建筑创作是很必要的。

三、"二律背反"

"二律背反"指的是两个真理性的命题，一正一反，针锋相对。建筑中，特别是两个部类建筑之间，存在着一系列的差异，有不少就属于逻辑上的这种"二律背反"现象。例如，"表里一致"与"两层皮"，尊重客观规定性与偏离客观规定性，"少就是好"与"少就是厌烦"，"形式追随功能"与"形式唤起功能"，等等，都是二律背反的正题和反题。这类问题是很伤脑筋的。我们有些理论上争论不休的问题，有些创作上把握不定的问题，正是这类"二律背反"在作怪。

"二律背反"是康德首先发现的。他看到许多认识都包含着二律背反的矛盾，是一大功绩。但他采取悲观态度，认为这是无法解决的难题。黑格尔对"二律背反"提出精辟的见解。他在《逻辑学》中说，二律背反双方的"这两个规定，如果单独来看，没有一个是真的。只有二者的统一才是真的"。列宁在《黑格尔〈逻辑学〉一书摘要》中，在这句话旁边批注："真正的辩证法。"[①]

我国美学界、文艺界都注意到"二律背反"现象，称之为美学悖论、文艺悖论。从近两年的讨论文章来看，大家的认识倾向于，对于二律背反，不宜简单地肯定一方，否定一方；也不宜笼统地和稀泥，"此亦一是非，彼亦一是非"；也不能停留于正题适用于 A 域，反题适用于 B 域的所谓"适用域"；而应该像黑格尔那样，把它们看成是辩证的对立统一，是相辅相成的。在一定条件下是可以转化的。

这个认识对我们解决建筑中的"二律背反"问题，很有启迪。我们可以拿大家关心的"形式追随功能"和"形式唤起功能"这一对正反题来讨论一下。

我们都能接受"形式追随功能"这个正题。一听到"形式唤起功能"这个反题，就觉得不对劲。的确，孤立地鼓吹这个口号是令人难以接受的。从二律背反来认识，这一对正反题都是可以成立的，不宜肯定一个，否定一个。按系统观念，因果关系并非都是"因→果"的单向联系，在一定条件下，应该承认"因⇄果"的双向联系，承认因果是可以转换的。不仅如此，系统观念还承认因果关系的连续链，即第一阶段的"因"所产生的"果"，可以转化为第二阶段的"因"，再产生第二阶段的"果"，即：

$$因1 \rightarrow \begin{bmatrix} 果1 \\ 因2 \end{bmatrix} \rightarrow 果2$$

---

① 列宁全集，第 38 卷第 119 页。

这样，我们可以把"形式唤起功能"这句话，按因果关系连续链完整地表述为：

$$精神功能 \xrightarrow{生成} 形式$$
$$形式 \xrightarrow{唤起} 物质功能$$

这种现象在建筑中是常见的。北京故宫太和门庭院两侧充当仓库的廊庑就是如此。首先，由于精神功能需要完整的庭院气势，生成了廊庑的布置形式，而廊庑形式的存在，再"唤起"它的物质功能——充当仓库。显然，这些廊庑绝不是首先为了充当仓库而设置的。在这里，的确存在着"形式唤起功能"这个环节，只不过它的前一环仍然是"功能生成形式"。

这情况并非仅仅出现在像北京故宫这样的 A 部类建筑组群中。一般对称式布局的建筑都差不多带有这种成分。因为物质功能的对称性未必都真正达到形式对称性的严格程度，其中难免有从形式对称反过来唤起功能对称的。不仅如此，我们的建筑创作的构思过程，实际上都存在一圈圈"功能→形式→功能"的微循环。"形式追随功能"与"形式唤起功能"的辩证统一，是普遍适用的、完整的真理性命题。

建筑系统内部元素之间的制约关系，多数都是双向联系、多向联系的。我们不能像某些部类建筑观学派那样机械地割裂建筑中的二律背反的正反题，肯定其一，而否定其二。我们应该在系统观念的指导下，把建筑中一系列二律背反的正反题融合成辩证的统一体。可以根据不同的对象条件而有所侧重，但不宜偏废。这样，有助于我们的创作思想和设计手法摆脱绝对化、单向化的局限，发展辩证的、多元的创作论。

建筑系统观念还应该涉及建筑中一系列其他子系统的整体观念，这里只能从略。系统思想方法有一条原则：系统的复杂度要求载体的多样性，是维持系统平衡的基本条件之一。我们不能任意简化像建筑这样的复杂系统使之单相化，而应该建立系统的整体观念，在构思和设计时，如实地以多样性来体现它的复杂度。建筑系统存在着多变量的差异性，这个差异性就是取得建筑个性的"根"。只要真正做到实事求是地把握建筑对象的特性，因地制宜，因材制宜，因人制宜，就能突出建筑的个性，克服建筑创作的单一化、模式化。我们的创作构思应该是多侧面、多层次、多向度、多方位的。我们应该在中国的社会主义现代建筑的总目标下，在创作思想、设计手法上坚持有重点的、多样的选择，发展建筑创作的多流派、多风格，真正确立开放的、豁达的、兼容的系统建筑观。

（原载《建筑学报》1985 年第 4 期）

建筑美的形态

一

　　美有多种形态，建筑美是哪种形态，是艺术美还是非艺术美？这个问题在美学界、建筑界都存在着争议。

　　多数美学著作都把建筑列作古老的艺术种类之一，把建筑美归在艺术之列。黑格尔分艺术为象征、古典和浪漫三大类型，以建筑作为象征艺术的代表，视为艺术的第一台阶。美学上论述艺术的序列也通常都是从建筑开始的。

　　车尔尼雪夫斯基对此提出异议。他认为："单是想要产生出在优雅、精致、美好的意义上的美的东西，这样的意图还不算是艺术；我们将会看到，艺术是需要更多的东西的；所以我们无论怎样不能认为建筑物是艺术品。建筑是人类实际活动的一种，实际活动并不是完全没有要求美的形式的意图，在这一点上说，建筑所不同于制造家具的手艺的，并不在本质性的差异，而只在那产品的量的大小。"[①]显然，车尔尼雪夫斯基认为，建筑和家具一样，虽然具有审美意义，但不能算作艺术品。建筑美不能列入艺术美。

　　现代美学家对此也同样存在着争议。前苏联两位有影响的美学家阿·布洛夫和格·波斯彼洛夫在这问题上就有明显分歧。阿·带洛夫在《艺术的审美本质》一书中写道："建筑的审美本质就和小汽车的审美本质一样。建筑不能像其他艺术（如绘画、音乐等）那样通过艺术形象的形式来反映现实。""在建筑中谈什么现实主义、形象等属于艺术范畴的概念是毫无结果的。"[②]格·波斯彼洛夫则把艺术区分为三种不同的含义：第一，最广义的艺术，指人类活动的任何技艺；第二，较狭窄意义上的艺术，指"按照美的规律来创造"的东西，既包括物质文明领域的服装、家具、器皿、车辆等实用艺术，也包括精神文明领域的各种"艺术创作"；第三，最狭窄、最严格意义上的艺术，专指精神文明领域的艺术创作。他在三种艺术含义中都提到建筑。在他看来，建筑不仅属于前两种含义的艺术，也可以属于第三种，即最严格意义上的艺术。[③]

　　建筑界对这个问题的认识也很有分歧。众所周知，学院派把建筑视为同绘画、雕塑一样的艺术，而现代派的创始人则把建筑与机器、汽车、家具归为同类。勒·柯布西耶强调：住宅是住人的机器；椅子是坐人的机器。[④]包豪斯从工业生产的角度，将建筑、家具、纺织品、陶瓷器皿和其他日用品归并为"现代工业设计"，把建筑从"艺术创作"

---

　　① 车尔尼雪夫斯基.生活与美学.周扬译.北京：人民文学出版社，1957：64.

　　② 转引自《苏联有关建筑理论的各种论点》，建筑科学研究院建筑理论与历史研究室编译.

　　③ 格·尼·波斯彼洛夫.论美和艺术.刘宾雁译.上海：上海译文出版社，1981：142-149.

　　④ 参看勒·柯布西耶.走向新建筑.吴景祥译.北京：中国建筑工业出版社，1981：70.

转变成"现代设计"。

建筑的美究竟是哪种形态的美呢？是像雕塑那样的艺术品的美，还是像器皿、机器、汽车那样的实用品、工业品的美呢？

二

需要对建筑作具体的考察。

一般都认为建筑具有双重性：既有物质功能，又有精神功能；既是物质产品，又是精神产品；既有实用性，又有艺术性。现在看来，对建筑的"双重性"作这样的表述，只是明确建筑兼有实用性和艺术性这层含义，只是停留在两者的"兼有"和"叠加"这个认识层次，是很不够的。我们应该进一步看到，建筑实际上是实用性与艺术性的交叉，处于实用品与艺术品的"中介"。交织在建筑中的实用性和艺术性不是铁板一块的"叠加"，不是固定的平衡。从邻近实用品的一端到邻近艺术品的一端，呈现着实用性隶属度从 1 到 0、艺术性隶属度从 0 到 1 的递变，交结出实用性与艺术性种种不同的"配合比"。客观事物在相互联系、相互过渡时呈现出来的"亦此亦彼"性，哲学上称为"模糊性"（Fuzziness）。[①]建筑中存在的这种实用性与艺术性"中介过渡"的模糊性现象，是建筑极为重要的特性。我们对建筑的认识应该深化一步，应该开挖到模糊性的层次来考察。

建筑中实用性与艺术性的不同隶属度，构成了长长的序列。这个序列可以粗略地划分为三个区段：1.接近实用品的，实用性隶属度高、艺术性隶属度低的第一区段；2.处于中间状态的，实用性、艺术性隶属度接近平衡的第二区段；3.接近艺术品的，实用性隶属度低、艺术性隶属度高的第三区段。

不同性质的建筑，在这个序列中，一般处于不同的区段。如：一般工业厂房、实验室、低标准住宅，大体上位于第一区段，属于物质功能要求高于精神功能要求的建筑；一般剧院、展览馆、旅游宾馆，大体上位于第二区段，属于物质功能要求与精神功能要求接近平衡的建筑；一般纪念性建筑、宗教建筑、园林景观建筑，大体上位于第三区段，属于精神功能要求高于物质功能要求的建筑。在同一建筑内部不同性质的空间之间，也存在着这个现象。如在旅游宾馆中，厨房、工作间之类，大体上位于第一区段；客房、餐厅之类，大体上位于第二区段；它内部的庭园景观空间，大体上位于第三区段。正是建筑内部主体空间所属的区段，决定了该建筑所属的区段。旅游宾馆的主体空间是客房、餐厅、交谊厅，因此，旅游宾馆一般来说属于第二区段。当然，这个序列的三个区段之间的边界也都是模糊边界。一定的建筑类别，一定的建筑空间，都不存在固定的、一成不变的"实用——艺术"隶属度。它们不仅可以在区段内部左右游动，而且也可能游动到区段之外。这是因为，建筑的"实用——艺术"隶属度受制于许多因素。不仅受建筑功能性质的制约，而且受建造的经济条件和建筑师的创作思想等其他因素的制约。同样是住宅，经济条件优越，标准就上升。不仅物质功能的标准上升，精神功能的标准也上升。这样，原先处于第一区段的低标准住宅，上升为高标准住宅，精神功能要求接近物质功能要求，就进入第二区段。而某些消遣性的别墅住宅，精神功能上升的幅度远高于物质功能，甚至可能跨入第三区段。建筑中物质功能要求与

① 沈小峰，汪培庄.模糊数学中的哲学问题.哲学研究，1981（5）.

精神功能要求的这种主次地位的不平衡性和不固定性是很重要的，这是我们考察建筑美的形态时必须明确认识的重要前提。

三

建筑存在实用性与艺术性不同比例的交叉，建筑处于实用品与艺术品之间的中介状态，使得建筑美的形态呈现十分复杂的现象。判定物品是实用品还是艺术品，是生活美还是艺术美，[①] 涉及复杂的、众说纷纭的艺术本质问题，存在着各家鉴测艺术与非艺术的不同"标尺"。这些标尺中最主要、最常用的是审美性标尺和形象性、情感性标尺。这里，试以这两种标尺来鉴测一下建筑美。

1. 审美性标尺

许多美学家把审美性作为艺术的主要特性，认为艺术的本质在于审美。但是并非一切人造的美的东西都是艺术，这就需要对审美加以进一步的限定。阿·布洛夫认为，艺术是"最高的审美创造"。在物质实践活动中，审美是次要的、从属的因素，而在艺术中则成为主导的、充分自觉的特殊职能。拿这样的标尺来观察建筑，显然，处在第一区段的建筑，像仓库、车间、实验室、低标准住宅、中小学校教学楼、食堂、医院等，都是以实用为主的。这些建筑的总体规模、设计标准、平面组合、空间形态、空间性能等，一般来说，都首先取决于物质功能的需要，审美只居于次要的、从属的地位。而处在第三区段的建筑则恰恰相反。纪念碑几乎是纯精神功能要求的建筑。陵墓建筑，无论是埃及的金字塔还是中国的皇陵，显赫皇权的精神功能意义都远远超过它的物质功能意义。北京天坛，作为祭天祈年的坛庙建筑，祭祀仪式活动的物质功能要求是很简单的，用不着多大的建筑规模，然而突出"昊天上帝"的神圣，通过神权来显赫皇权的精神功能要求，却赋予天坛以庞大的、几乎相当于紫禁城四倍的占地规模，创造了宏大、静穆、超凡出尘的建筑境界。诸如此类精神功能要求明显高于物质功能要求的建筑，应该说它的审美是处于主导的方面。因此，用审美性主次地位的标尺来测定，建筑是不能"一刀切"的，既有审美居于从属的，也有审美居于主导的，还有介乎两者之间、审美职能与实用职能接近平衡的。

2. 形象性、情感性标尺

形象性常常被列为艺术的基本特性。建筑物自身是"物"的形象，这种"物"的形象能不能上升为艺术形象呢？这也有不同的看法。一种看法认为，建筑除了展现自身的建筑物形象，不能反映其他现实形象，因而不具艺术的形象性。前面提到，布洛夫认为建筑不能像其他艺术那样通过艺术形象的形式来反映现实，就属这种看法。另一种看法认为，艺术形象是很广泛的，"一种气氛，一种情趣，也都是艺术形象"。[②] 按这种看法，只要建筑形象形成一定的气氛、情趣，就可以上升为艺术形象。这样，对形象性含义本身的不同理解，导致对建筑审美本质的不同看法。对于这个问题，我们不宜单纯局限于艺术的形象性标尺，而应该注意到艺术的情感性标尺。李泽厚说得好："我们只讲艺术的特征是形象性，其实，情感性比形象性对艺术来说更为重要。艺术的情感性常常是艺术生命之所在。"[③] 周来祥、栾贻信也认为：

① 这里所说的"艺术美"，指狭义的、严格含义的艺术美。
② 艺术概论.北京：文化艺术出版社，1983：30.
③ 李泽厚.美学论集.上海：上海文艺出版社，1980：563.

艺术的"根本特征不是形象而是情感"。①对于建筑来说，情感性标尺的确比形象性标尺更对口径。

从情感性来看，建筑是什么状态呢？建筑形象是由建筑实体和建筑空间组成的、几何形态的、非具象的形象，它以种种形式美的构成给人以纯朴、优美、轻快、华丽、宏伟、明朗、沉重、森严等不同的形式感。这种形式感自身只是朦胧的、宽泛的情感，需要通过一定的联想才具有情感内涵的具体含意。建筑观感中的这种联想主要与该建筑的功能意义、与该建筑活动有关的其他意义相联系。金字塔的宏伟感、坚定感、永恒感自身仍是不具体的空泛情感，当与它作为法老陵墓的功能意义相联系，就表现了法老的"神"性，成为皇权神圣的纪念碑；当与建造它的古埃及劳动人民的艰苦劳动、卓越技艺相联系，则有力地展示了人民的创造伟力，成为人类征服自然、创造物质文明与精神文明的历史纪念碑。可以说，联想的内涵密切制约着建筑情感性的内涵。由于建筑品类繁多，建筑功能意义和工程意义千差万别，因此所提供的联想内涵是大不相同的。值得注意的是，人对建筑的物质功能要求，有自然性的、生理的要求，也有情感性的、心理的要求。一般建筑总是兼有这两种性质的物质功能，但不同性质的建筑，这两种物质功能所占的主次地位是不同的。我们可以从这个意义上把建筑物质功能区分为情感性物质功能为主的和非情感性物质功能为主的两类不同情况。车间的生产功能，仓库的藏储功能，实验室的实验功能，医院的医疗功能，都是非情感性占主导的物质功能。而纪念碑、陵墓进行瞻仰礼仪的纪念性功能，宫殿、国会大厦满足听政、议政的政治性功能，寺庙、教堂适应教徒礼拜的宗教性功能，园林、游乐园进

行各种游艺活动和休憩养生的游乐性功能等，则是情感性占主导的物质功能。这两种物质功能的区别是十分重要的，值得重视的。因为，物质功能自身的情感性程度的高低，直接制约着它的精神功能要求的高低。因此，位处第一区段的建筑，基本上是非情感性物质功能占主导的建筑；位处第三区段的建筑，基本上是情感性物质功能占主导的建筑；位处第二区段的建筑，则是情感性物质功能与非情感性物质功能接近平衡的建筑。对于非情感性物质功能占主导地位的建筑，精神功能一般只停留于"美化"要求，它的情感性内涵只停留于较空泛的形式感。对于情感性物质功能占主导地位的建筑，精神功能则不仅仅停留于"美化"，而且要求透过建筑形象所表达的气氛、气势、情趣、情调，通过定向联想，构成有特定内涵的情感性。因此，拿情感性的标尺来鉴测，建筑也是不能"一刀切"的，客观上存在着情感性的不同内涵和不同程度。

综上所述，可以说，无论以审美性标尺还是以情感性标尺来鉴测，建筑美的形态都是不能一概而论的，既不能笼统地说建筑美属于狭义的艺术美，也不能笼统地说建筑美不属于狭义的艺术美。正如建筑处于实用品与艺术品的"中介"一样，建筑美在形态上总的说是处于实用品的美与艺术品的美的"中介"，它同样可以对应地分为三个区段：第一区段的建筑美，实用品的美的隶属度高，以实用品的美的形态占主导；第三区段的建筑美，艺术品的美的隶属度高，以艺术品的美的形态占主导；第二区段的建筑美，则介乎这两者之间，处于实用品的美与艺术品的

---

① 周来祥，栾贻信．也谈艺术的审美本质．学习与探索，1982（2）．

美的中间形态。在这里，所谓艺术品的美，指的是狭义的、严格含义的艺术美。所谓实用品的美，则可以有两种理解：如果只承认狭义的、严格含义的艺术概念，那么，实用品的美应该属于非艺术美，应该归入生活美的形态；如果采纳广义的、非严格含义的艺术概念，那么实用品的美则属于广义的艺术美，可以归入广义的艺术美形态。

四

对建筑美的形态建立这样的认识，可以避免对建筑是否为狭义艺术这个恼人的、长久争议的难题作"非此即彼"的回答。笼而统之，把建筑纳入严格含义的"艺术"，势必像学院派那样，把大量的、主要呈现为实用品的美的建筑排除出"建筑"之外，称之谓"单纯建造"，不承认其为"建筑"。这是一种以偏概全。同样，笼而统之，把建筑全部排除出严格含义的"艺术"，把一些主要呈现为艺术美形态的建筑，像陵墓、园林、纪念碑等，都视同机器、器皿那样的工业品、实用品的美，则是另一种以偏概全。

历史上，把建筑视同艺术的倾向，是长期流传的普遍倾向。这是因为，从古埃及、古希腊、古罗马建筑到中世纪的拜占庭、哥特建筑，从意大利的文艺复兴建筑到法国的古典主义建筑，以至18世纪后半叶到19世纪末的古典复兴、浪漫主义、折中主义建筑，获得突出发展的，主要是宫殿、陵墓、神庙、剧场、教堂、府邸、国会、法院、银行、博物馆，纪念堂等建筑类型。这些建筑基本上都是位处第三区段的建筑，属于情感性物质功能占主导地位，精神功能要求高的建筑。以这些类型的建筑作为建筑活动的主流，很

自然地形成"建筑就是艺术"的观念。可以说，学院派的建筑思想正是这种建筑实践所形成的建筑观念的产物。

同样的道理，现代派建筑观念的形成和发展，则是和现代建筑活动的主流类型的变化分不开的。随着社会生产向大工业发展，随着社会生活全面剧烈的变革，在建筑活动中，大量的生产性建筑、科学实验建筑、商品性住宅和以实用性为主的公共建筑（如商业建筑、办公建筑、交通建筑、医疗建筑等）上升为主流，位处第一区段的建筑类型登上建筑舞台的主角地位。复杂的物质功能，先进的工业化技术，严格的经济性、功效性和生产的高速度、大批量等要求，自然形成把建筑归入工业品的观念，自然要求摆脱"建筑就是艺术"的传统观念的束缚，要求把建筑美的侧重点从艺术品的美转移到工业品的美。这是建筑观念的一次重大的、意义深远的革命。它适应现代建筑发展的要求，符合建筑发展的客观规律，是建筑认识上的重大进步。

值得注意的是，现代派的大师们虽然坚持把建筑美归为工业品的美，却也不同程度、不同方式地承认建筑艺术美的存在。勒·柯布西耶在《走向新建筑》一书中，既发出"住宅是住人的机器"的著名口号，也声称建筑是"纯粹的精神创作"。他既设计像萨伏伊别墅那样典型的、现代工业品式的作品，也创作像朗香教堂那样带着浓厚象征意味的、如同抽象的混凝土雕塑似的作品。应该说，这并非柯布西耶的自相矛盾，而是建筑现象的复杂性。这是由于客观上既存在物质功能占主导的建筑，也存在精神功能占主导的建筑，建筑师在不同时期、不同环境、针对不同建筑对象而形成不同的侧重。

建筑处于实用品的美与艺术品的美的中

介交叉，建筑美兼跨生活美与艺术美两种形态（或者说兼跨广义艺术美与狭义艺术美两种形态），这个现象已经引起一些美学家的注意。前面提到，格·波斯彼洛夫把建筑同时归入三种不同含义的"艺术"，就是这方面的一种反映。米·奥夫相尼科夫在他主编的《美学》一书中，既在第三讲"日常生活中的美"中，列出一节"住宅的美"，又在第五讲"艺术的种类"中，列出一节"建筑"，把建筑同时兼跨生活美和艺术美两个领域，也反映出对建筑美的形态的这种看法。① 我国建筑界也有不少类似的主张。龚德顺提出大量性建筑与"表演性"建筑的区别；② 齐康认为"在社会主义经济技术条件下，把民用建筑划分为大量性和特殊公共性的建筑很有必要"；③杨鸿勋认为"有必要把按照形式美的规律所进行的一般美化处理和出于反映思想内容的建筑艺术的创作区分开来"。④萧默在"浅论建筑'美'和'艺术'"一文中专题论述了这个问题，明确指出建筑艺术在许多情况下只是具有"广义的艺术的性质"，而"某些建筑的建筑艺术，其艺术性已超出了前述广义的艺术范围而确实具有真正的艺术属性"，"一类只具一般的审美性质，另一类有较强的思想性，属于真正的艺术的行列"。⑤

认识建筑美处于实用品的美与艺术品的美的中介，明确位处不同区段的建筑存在着不同的占主导地位的建筑美的形态，有助于我们注意不同区段建筑在创作上的一些区别。拿实用品的美占主导的第一区段建筑和艺术品的美占主导的第三区段建筑相比较，可以看出，位处第一区段的建筑一般都是大量性建造的，注重功能性、经济性。这类建筑空间的大小、数量和组合关系，主要是依据物质功能的要求，综合考虑精神功能的要

求而确定的。建筑的实体界面力求与内部空间吻合，外界面与内界面力求统成一体，力争以经济的实体界面满足实用并兼顾审美的需要。这类建筑在审美上的要求主要是"美化"，要求空间与实体的组合符合形式美的构图法则，要求充分调度建筑的材质美、结构美、工艺美。这类建筑大多是批量性生产的，具有同批量产品的共性，而不一定具有建筑个体自身的个性。所有这一切都类同于机器和小汽车的审美特性。这样的建筑美的确显现出"机器美"的特色。这样的建筑，在创作上的确很接近一般工业品的设计法则和设计手法。而位处第三区段的建筑，一般是非批量建造的，对精神功能的注重超过对物质功能的注重。经济性制约往往不十分严格。这类建筑空间的大小、数量和组合关系往往超越实用要求，在某些处理上是依据审美上、精神上的要求而确定的。这类建筑审美上并不停留于美化，而是进一步追求能表现其政治性、纪念性、情感性精神内容的气氛、意境。因而不仅要求符合形式美的构图法则，不仅调度材质美、结构美、工艺美，还常常采取夸大空间，夸大形体，运用绘画、雕塑等具象的或抽象的造型艺术作附加装饰，采用某些带象征意味的表现手法等来强化形式感，强化特定的联想，以浓化、深化建筑形象的情感性内涵。这类建筑多是单一产品，不具批量性，而有较鲜明的个性。

① 米·费·奥夫相尼科夫主编.美学.刘宁译.上海：上海译文出版社，1982.

②③ 参看中国建筑学会第五次全国会员代表大会分组讨论发育摘登.建筑师，第6辑.

④ 参看杨鸿勋.关于建筑理论的几个问题.建筑学报，1978（2）.

⑤ 参看萧默.浅论建筑"美"和"艺术".建筑学报，1981（11）.

这样的建筑美，就不仅仅停留于"机器美"，不仅仅停留于小汽车和机器的审美特性，它的审美本质很接近于抽象雕塑，在建筑创作上自然不能完全局限于一般工业品的设计法则和设计手法，而常常带有艺术品的某些创作特色。

当然，侧重实用品、工业品的美与侧重艺术品的美并不存在截然分明的界限，它们的边界是模糊的、浮动的，它们的区分是相对的。作为建筑美，它们之间的共性是主要的、基本的。我们既要宏观地把握建筑美总的说来处于实用品的美与艺术品的美的"中介"这一基本形态，又应微观地看到位处不同区段的建筑存在着美的形态的不同侧重。既注意不同区段建筑在创作手法上的不同特点，也注意不同区段建筑在创作手法上的相互交叉、相互渗透。既不抹煞建筑创作中形成古典手法的历史合理性，也应认识工业革命以来，建筑创作转变到现代手法的客观必然性。

（原载《美术史论》1984年第2期）

建筑内容散论

我国建筑界，从 20 世纪 50 年代中期到 60 年代初，对建筑的内容和形式问题曾展开过热烈的争鸣。对建筑内容，大体上有两种看法：一种认为建筑内容包括物质功能、精神功能和材料结构；一种认为建筑内容就是建筑的目的性，也就是物质功能和精神功能，材料结构是表现内容的手段。在争鸣中，后一种看法占主导地位，代表多数人的认识。究竟材料结构是建筑的内容，还是表现建筑内容的手段呢？现在看来，这两种看法都有片面性。

艾思奇在《辩证唯物主义纲要》一书中指出："形式是事物的矛盾运动自己本身所需要和产生的形式，而事物的矛盾运动，就是它的内容。"这对我们探讨建筑的形式和内容是一个可贵的、重要的启示。

什么是建筑的内在矛盾呢？我曾经提出一个初步的认识，认为建筑的内在矛盾可以简述为：建筑空间与建筑实体的对立统一。也就是说，是建筑空间物质的、精神的功能需要与建筑实体经济的、技术的可能条件这两者之间的对立统一。在这对矛盾中，建筑空间的取得有赖建筑实体来围合。什么样的建筑空间的物质的、精神的功能需要，就要求有什么样围合作用的建筑实体。建筑实体则根据自身经济的、技术的可能性、合理性，反过来要求建筑空间适于被围合。它们之间构成了相互依存、相互制约的矛盾运动。[①]这个矛盾运动就是建筑的内容。这个矛盾运动所需要和所产生的形式，就是建筑应有的形式。

我们这样来理解建筑内容，就能澄清"材料结构究竟是建筑的内容，还是表现建筑内容的手段"这个争议未决的理论问题。

从建筑空间和实体对立统一的矛盾运动来看，建筑中交织着的矛盾双方，一方是建筑功能的实用性、艺术性要求，另一方是材料性能、结构作用的可能性、合理性。因此，建筑空间的物质功能、精神功能是构成建筑内容的要素，建筑实体的材料性能、力学作用也是构成建筑内容的要素。而体现这种功能需要，由构件围合而成的空间体量及其组合方式，是建筑形式的要素。同样的道理，体现材料性能、力学作用的结构方式和构件的形体、色彩、质地，也是建筑形式的要素。所以，我们应该确切地说，材料、结构，就其内在所发挥的性能、作用，属于建筑的内容；就其外表所呈现的形体、色彩、质地，属于建筑的形式。

明确了这一点，就很容易明白，笼统地把材料结构列为建筑的内容，是忽视了材料结构在形式要素方面的作用。而认为材料结构仅仅是表现内容的手段，则忽视了材料结构在内容要素方面的作用。两者看法，各执一面而排斥另一面，都是片面的。

---

① 参看侯幼彬 . 建筑——空间与实体的对立统一 . 建筑学报，1979（3）.

这里，有必要区分"构成建筑空间的手段"和"表现建筑内容的手段"的不同含义。在建筑空间与建筑实体这一对矛盾中，我们说，获得一定物质功能、精神功能的空间是目的，建筑实体的材料、结构等物质技术条件是手段，这种说法无疑是对的。这是针对建筑空间与建筑实体的内在矛盾这一层次而言的。而当我们分析建筑的形式与内容这个另一层次的矛盾时，仍然笼统地说"材料结构是表现建筑内容的手段"，就不确切了。在形式与内容这个层次，必须像前面所说的，材料结构不仅仅是内容的表现手段，它的性能、作用是十分重要的、不可忽视的内容要素。

澄清这一点是很重要的。这涉及建筑形式和材料结构两者之间究竟谁从属于谁？承认空间与实体的矛盾运动是建筑的内容，承认材料结构的性能、作用是重要的内容要素，那么，建筑形式应该是这个矛盾运动所需要和所产生的形式，应该是体现材料性能、结构作用的形式。反之，认为材料结构仅仅是表现建筑内容的手段，把它比拟成雕塑用的塑泥、胎架，则材料结构就成了建筑形式所需要而役使的手段。这种比拟，混淆了建筑表现手段和雕塑表现手段的质的区别。塑泥、胎架作为雕塑的表现手段，就是单纯为塑造形象所用。虽然雕塑材料密切制约着雕塑作品的体量、色质，但总的说来，它是根据雕塑作品内容和形式的需要而听任塑造雕凿的。而建筑的材料、结构却不然。建筑构件首先是围合建筑空间的手段，一定的物质功能、精神功能要求一定的材料、结构，形成相应的建筑实体，从而确定空间组合和形体的基本轮廓，奠定建筑形式的基本面貌。在这里，材料、结构绝不是听任建筑师"塑"的塑泥，而是相反，建筑师必须充分顺应材

料结构的性能、作用。列宁说："形式是本质的。本质是有形式的。不论怎样也还是以本质为转移的。"[1]建筑历史的实践表明，正是建筑的矛盾运动决定建筑的特殊本质。归根结底，建筑形式是由包括材料结构在内的建筑矛盾运动的本质所决定的。

材料结构和建筑形式谁从属于谁的问题，是建筑创作思想中的老问题，是历史上建筑领域学派论争的一个焦点。值得注意的是，把材料结构仅仅看作表现建筑内容的手段，是"学院派"建筑思想的通病。折中主义、复古主义都有这种看法。他们把建筑当作艺术，把材料结构视为塑泥，以古典的、传统的或某种特定风格的构图形式为楷模，脱离材料特性和结构逻辑而进行构图，导致新材料、新结构屈从于旧形式，成为建筑发展的羁绊。而把这种颠倒的认识反正过来，坚持建筑形式必须顺应材料结构的特性，则是现代建筑认识上的一个重要突破，是建筑历史上的一次重大的思想解放。在学院派思潮的迷雾笼罩下，现代建筑就是经历这样的思想解放，才得以茁壮成长。

例如，美国的芝加哥学派冲决学院派长达二三百年的统治，在建筑实践中进行了把新技术与艺术结合一起的尝试。1908年，格罗皮乌斯在贝伦斯的影响下，通过对建筑特性的认真思索，"确信现代结构技术不应该被排除在建筑艺术表现之外，也确信其艺术表现一定需要采取前所未有的形式"。[2]在1914年德意志工作联盟举办的科隆展览会上，格罗皮乌斯实践了这种认识，在他设计的办公楼和机械馆中，以表现新材料、新技术的新

---

① 列宁.哲学笔记.北京：人民出版社，1974.
② 华尔德·格罗比斯.新建筑与包豪斯.张似赞译.北京：中国建筑工业出版社出版，1979.

形体引起建筑界的广泛重视。在著名的"包豪斯"宣言中，更是响亮地发出"建筑师们，艺术家们，画家们，我们一定要面向工艺"[①]的呼吁。发挥新材料和新结构的技术性能和美学性能，被认为是包豪斯的几大特点之一。事实上，现代建筑第一代的几位著名大师，也都具有这个特点。密斯·凡·德·罗热衷于探索钢和玻璃的建筑形式。勒·柯布西耶总结了大家熟知的钢筋混凝土新建筑形式的五特点。即使像赖特这样很着重建筑艺术的大师，也强调说："技术，是像诗似的建筑艺术的文法。"他擅长运用传统材料，并善于把传统材料与新材料、新结构协调地结合起来，创造独特的建筑形式。

现代建筑发展中这些已经实践验证的理论成果，是我们应该记取、应该认真总结的。我们对建筑技术与建筑形式、内容的关系，决不能停留在一百年前学院派的认识水平。

在建筑内容的诸要素中，物质功能和精神功能两者之间的关系，是一个值得注意的问题。

建筑的物质功能，主要反映在：（1）对建筑空间数量、大小的要求；（2）对建筑空间一系列性能的要求；（3）对建筑空间组合联系（包括内部空间之间及其与外部空间环境之间）的要求。同样的，建筑的精神功能也相应地反映在：（1）对建筑空间体量、尺度（绝对尺度、相对尺度）的要求；（2）对建筑空间界面造型（面向内部空间的内界面和面向外部空间的外界面的形体、色彩、质地）的要求；（3）对建筑空间调度（内部空间之间及其与外部空间环境之间的间隔、延伸、序列、组接……）的要求。建筑的物质功能和精神功能，在要求程度上，有的平衡，有的不平衡。如果我们比较一下物质功能和精神功能之间的"比重"，可以看出，对于

不同的建筑，对于同一建筑内部的不同空间，这个"比重"是不同的。从仓库之类几乎纯物质功能要求的建筑到像纪念碑那样几乎纯精神功能要求的建筑，这之间存在着精神功能要求比重或偏低、或偏高的不同情况。而且这种精神功能要求比重的或低或高，不是一成不变的，而是随着特定建筑的性质和标准，可以上下滑动的。

建筑物质功能、精神功能这两个内容要素的这种不平衡性和主次关系的非固定性，对建筑创作有重大的影响。可以看出，对于精神功能要求比重偏低的建筑，空间的大小、数量和组合关系，主要是依据物质功能的要求、综合考虑精神功能的要求而确定的。建筑实体的界面力求与空间吻合，外界面与内界面力求统成一体，力争以经济的实体界面满足实用并兼顾到美观的要求（图1）。而对于精神功能要求比重偏高的建筑，情况则比较复杂。这类建筑空间的大小、数量和组合关系往往超越生理上、物理上的实用要求，在某些处理上，是依据审美上、精神上的要求而确定的。在这种情况下，从中外建筑史实来看，大体上呈现两种方式。第一种方式可以君士坦丁堡的圣索菲亚教堂为代表。它那庞大高敞的大厅和展延的众多空间，明显地超越了它的物质功能的需要，而是精神功能对建筑内部空间的要求所决定的。这类建筑的实体界面一般也能与空间吻合，外界面与内界面大体上也统成一体（图2）。第二种方式可以古埃及的金字塔为代表。金字塔的内部空间——法老墓室、王后墓室和地下室并不很大，而它的外观体量却大得惊人。这类建筑不仅精神功能要求高于物质功能要

① 转引自罗小未、王秉铨编《近代与现代外国建筑史》初稿。

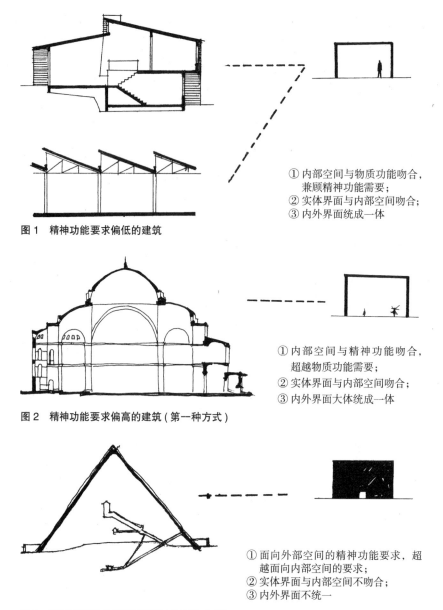

① 内部空间与物质功能吻合，
　兼顾精神功能需要；
② 实体界面与内部空间吻合；
③ 内外界面统成一体

图1　精神功能要求偏低的建筑

① 内部空间与精神功能吻合，
　超越物质功能需要；
② 实体界面与内部空间吻合；
③ 内外界面大体统成一体

图2　精神功能要求偏高的建筑（第一种方式）

① 面向外部空间的精神功能要求，超
　越面向内部空间的要求；
② 实体界面与内部空间不吻合；
③ 内外界面不统一

图3　精神功能要求偏高的建筑（第二种方式）

求，而且面向外部空间的精神功能要求很高，甚至超过面向内部空间的精神功能要求，因而超越内部空间所需要的实体界面，在面向外部空间的外界面体量、造型上大作文章。这种建筑往往导致建筑实体界面与内部空间不吻合，导致外界面与内界面不一致（图3）。我们从古代著名建筑中可以看到这类建筑多

种多样的表现（图4）。当然，第一种方式和第二种方式不是截然分立的。精神功能要求很高的建筑，在多数场合下，面向内部空间和面向外部空间的要求都很高，常常是兼具两式的。如哥特教堂既有庞大高耸的大厅空间和相应的外观形象，犹嫌不足，又矗立起高尖的塔楼；北京故宫既有大量

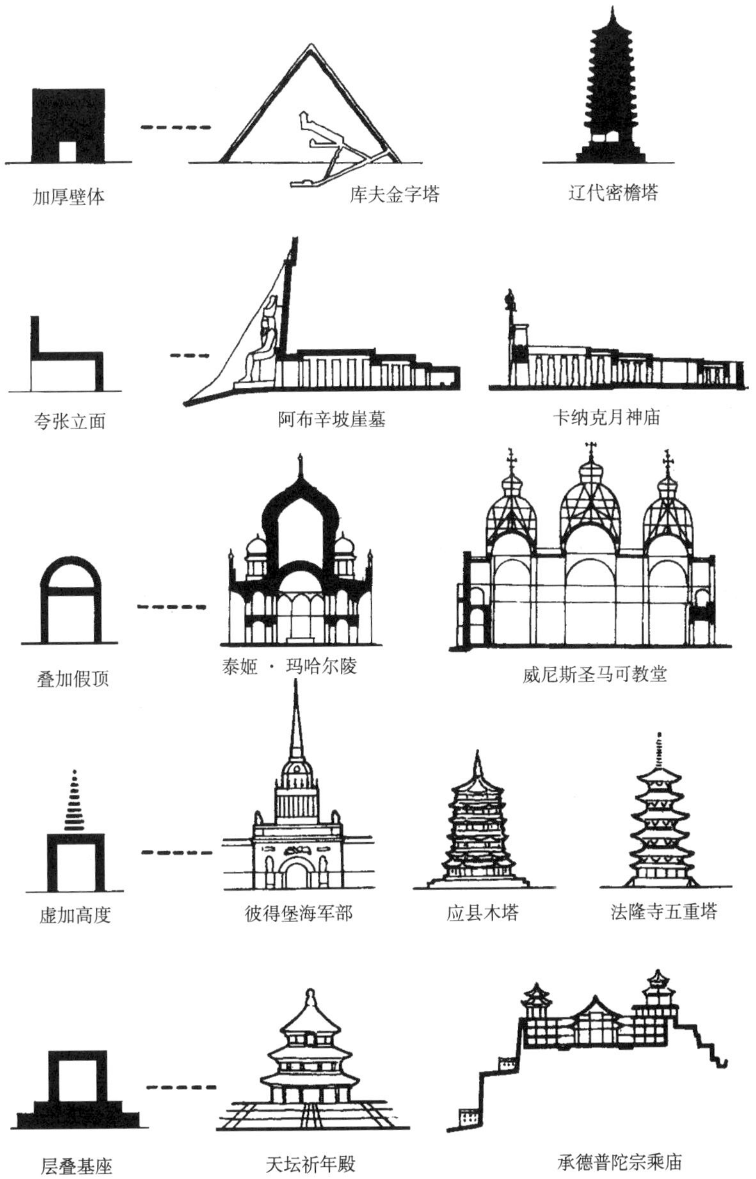

加厚壁体　　　　库夫金字塔　　　　辽代密檐塔

夸张立面　　　　阿布辛坡崖墓　　　　卡纳克月神庙

叠加假顶　　　　泰姬·玛哈尔陵　　　　威尼斯圣马可教堂

虚加高度　　彼得堡海军部　　应县木塔　　法隆寺五重塔

层叠基座　　　　天坛祈年殿　　　　承德普陀宗乘庙

图4　精神功能要求偏高的建筑（第二种方式的形式）

的、庞大的殿堂空间和相应的外观形象，仍未满足，又将三大殿联合一起层叠在三重高大的基座上。

由于物质功能和精神功能要求程度的主次不同形式的这些不同特点，说明什么问题呢？

1. 无论从历史上的建筑活动，还是从现代的建筑实践来看，大多数的建筑，建筑中的大多数空间，都是精神功能要求比重偏低的。对于大量性建造的建筑来说，应该鲜明地反映出这类建筑的特点，应该是从物质功能出发，综合考虑精神功能要求，实体界面应力求与内部空间吻合，内外界面应力求一致，清晰地反映出建筑形式与内容的完美统一。

但是，必须承认，不论是古代还是现代，都存在着少数精神功能要求比重偏高的建筑。它们虽然数量并不多，但建筑的性质却往往是十分重要的。在这些建筑中，庞大的组群、高大的厅堂、夸张的穹顶、添加的尖塔、层叠的基座，往往是由于追求威势、神圣、堂皇等精神功能的需要，不是实用所必需的。这种超越物质功能需求的空间，这种与内部空间不吻合、不真实、不经济的实体界面，是不是形式主义呢？如果我们把建筑都看成应该是实用第一性，美观第二性，很自然会认为这就是形式主义。如果我们承认存在着精神功能超越物质功能的要求，那么，显然就不应该笼统地把这些都当作形式主义。理由很简单，因为这是精神功能所要求的，哪怕精神功能只是建筑内容的要素之一，毕竟是建筑内容的需要，只要它不损害物质功能，也不违背材料性能和结构逻辑，就不能说是形式主义。这类建筑形式与内容是否统一，关键不在形式超越物质功能的需要，而在于导致这种形式的精神功能要求的提出是否确有需要，是否适度。如果建筑物的性质确有此需要，像古埃及金字塔、天坛祈年殿那样，则不仅不是形式主义，而且是形式与内容统一的杰作。反之，如果建筑物的性质不应该提出那样过高的精神功能要求，那么，这些超越物质功能需要的空间，与内部空间不相吻合的实体界面，既非物质功能的需要，又非精神功能所应该要求的，也不是材料性能、结构作用所带来的，当然应该列为形式主义的做作了。这说明，认真地分析建筑精神功能要求，准确地把握精神功能的要求程度，恰如其分地对待物质功能与精神功能的主次关系，是建筑创作构思的一个重要的环节。

2. 判断建筑中物质功能与精神功能的主

次和适度的比重，既与该建筑的功能性质有关，也与该建筑的经济条件有关。因为同样性质的建筑，如经济条件优越，对精神功能可能提出比较高的要求，而经济条件苛刻，则势必降低精神功能的要求程度。建筑活动和建筑思潮中精神功能比重的涨落，很大程度上是和制约着它的经济条件密切相关的。历史上，民居总是以物质功能为主，因地制宜，因材致用，以经济的手法创造出朴素纯真的美。奴隶主、封建主把大部分的剩余产品用于非生产的消费，导致宫殿、陵墓、苑囿等建筑工程总是追求宏伟、排场、富丽堂皇。资产阶级要求以最少的投资获取最多的利润，因而对大多数建筑提出经济实效的要求，这是促使近代建筑摆脱学院派思潮，掀起"新建筑"运动，走向"现代建筑"的重要背景之一。在现代建筑发展中，也出现这样的迹象。从简洁单纯的"密斯"空间，到绚丽多彩的"波特曼"空间；从密斯的"少就是多"，到罗伯特·文丘里（Robert Venturi）的"少就是厌烦"，明显地反映出经济状况的变化带来建筑精神功能要求比重的上升。自从"十次小组"（Team X）端出"精神功能"的口号向现代派大师发难以来，"后期现代主义"的"文脉主义"、"引喻主义"、"装饰主义"等，旗号不一，究其实质，都带有呐喊注重"精神功能"的意味。这也可以说从一个侧面反映出经济制约建筑精神功能，从而影响到建筑创作思想和设计手法。

我国现阶段是一个发展中国家，这个根本的经济状态制约着我们绝大多数的建筑不能把精神功能要求提得过高。在建筑设计中，从整组建筑到其中某一空间，都存在精神功能要求可高可低而需要掌握到恰到好处的"火候"。这有赖于建筑师根据建筑的性质，从我国的国情、人民的需要、当地的环境等方面进行缜密的构思，做出正确的判断。

3. 从建筑遗产和当代建筑实践来看，在不超越物质功能要求，保证实体界面力求与空间吻合，内外界面力求统成一体的前提下，满足精神功能要求的潜在可能性仍然是很大的。许多民居在这种条件下取得很高的艺术质量。许多优秀的现代建筑大大发展了这个重要的传统。以高度的技巧，不虚加非实用的空间，不采用虚假的实体界面，而争取尽可能高的精神功能效果，无疑是我们主要的努力目标。这方面设计手法的"古"经验和"洋"经验都是需要认真借鉴的。而对于那些精神功能要求很高，形成超越物质功能需求的空间，形成与内部空间不吻合的实体界面的建筑，它们的设计手法也是我们应该分析、研究的。这类建筑即使不损害物质功能，也不违背材料性能和结构逻辑，不属于形式主义，但在设计手法上也还有优劣之分，在所付代价上也有大小之别。诸如泰姬·玛哈尔陵那样运用高大的、内部空间无用的夹层穹顶，不能不说是笨拙的、不高明的手法。而天坛祈年殿叠加的三重檐攒尖顶和三重台基，则显得较为符合内部空间和结构逻辑。同样是佛塔，密檐式塔付出了很大的实体代价来取得面向外部空间的体量；而阁楼式塔则在内外界面较为一致的情况下，既取得可供登高远眺的内部空间，又满足了面向外部空间环境所需要的体量、造型，顶上的塔刹，显著增高了塔身形象，用的却是"虚"形，所付代价是比较节省的。

事物总是不断前进的。历史上那些著名建筑出现的拙劣的、浪费的手法，是与奴隶主、封建主大搜刮、大征调、耗费大量人力物力分不开的，也是和当时技术发展水平的局限联系在一起的。在现代，人们对材料性能、结构作用的认识大大提高了，人力物力更是不允许挥霍，拙劣的、浪费的手法应该由优秀的、经济的手法所取代。随着我国经济的发展，在提高建筑物质功能要求的同时，也会逐渐上升精神功能的比重。我们既要承认存在着少数精神功能要求比重偏高的建筑，并预见到它将会进一步扩展的趋势，又必须充分注意这类建筑设计手法的优劣。我们应该像防备掉入形式主义创作方法一样，力戒陷于拙劣浪费的设计手法。

（原载《建筑学报》1981年第4期）

建筑民族化的系统考察

对我国现代建筑究竟要不要提倡民族化，建筑界一直存在着不同的认识。持否定意见的同志认为，现代建筑植根于现代工业，已经从艺术创作转变为现代设计，它们如同汽车、机器一样，没有必要、也不应该提出民族化的口号。持肯定意见的同志认为我国现代建筑应该走民族化的道路，但对于民族化的含义，对于为什么要提倡民族化，如何达到民族化，也有种种不同的理解。这些不同的理解，大体上可以归纳为三种基本认识模式：

第一种认识模式是把建筑的民族化问题理解为继承建筑的民族形式。认为现代建筑之所以要求民族化，是基于尊重民族的审美习惯，适应群众的喜闻乐见，以发扬民族的自信心、自豪感。因此侧重于总结传统建筑的形式特征，借用传统建筑的表征词汇，在新建筑上展现传统建筑的语言体系。这种认识可以说是突出一个"式"字，着眼于以"形似"来体现民族特色。

第二种认识模式认为建筑民族化的真谛在于切合民族实际。认为建筑民族风格的产生植根于特定的民族"土壤"，是这一民族一系列民族性制约因子——包括生活方式、地区环境、技术传统、文化习俗、审美心理等要素综合作用的自然产物。因此，强调建筑民族风格的自然形成，主张从实际出发，符合国情，切合建筑功能、技术经济实际，突出建筑物个性、真实性，突出"这一个"，顺其自然，不必另行强求，民族风格自然立在其中。这种认识突出的是一个"真"字，着眼于以真实性来体现民族性。

第三种认识模式认为建筑民族化问题在于体现民族的文脉。认为现代建筑创作应该体现出民族的精神气质、民族的文化素质、民族的审美心理等。因此强调"神似"，强调建筑的民族神情、意蕴，致力于寻根探源。既探寻传统建筑的深层因子——民族精神文化的"遗传基因"，也提取传统建筑有特色、有活力、富有表征性的建筑词汇，经过抽象、再创造，作为表征民族风貌的符号。这种认识突出的是一个"根"字，着眼于深层基因和文脉符号的探寻。

对以上这些分歧看法，我们应该怎样看待呢？应该说，主张现代建筑需要民族化和不需要民族化的两种截然不同的认识，都具有合理性，也都带有片面性；对建筑民族化的三种基本认识模式，也同样是既存在着一定条件下的合理性，也存在着单侧面观察的局限性。长期以来，在对建筑民族化的认识上，我们一直存在着方法论上的共同毛病，一直停留在线性因果决定论的思维方式上。建筑民族风格是多因多果的集合。标志建筑民族风格发展进程和发展程度的建筑民族化，同样也是多因多果的集合。如果我们把建筑风格视为建筑系统中的一个子系统，显而易见，建筑风格子系统必然受到制约着建筑系统的社会大系统的制约，必然受到制约着建筑创作思想的时代意识形态系统的制约，必然受到制约着建筑美形态的建筑部类系统的制约，必然受到建筑所处的环境风格系统的制约，也必然受到建筑系统内部其他子系统的制约，等等。所有这些制约自身都涉及众多的因素，其中有民族性的因素，也有非民族性的因素，它们共同构成了制约建筑风格的多变量的非线性立体网络。因此，我们对待建筑民族化问题，不能局限于非此即彼的单一判断，也不能局限于单因单果的认识模式。我们需要对建筑民族化问题进行系统的考察。全面的系统考察不是本文所能包容的，这里仅从三个角度作概略的分析。

一、社会大系统与建筑风格系统

社会大系统与建筑风格系统之间，存在着极其复杂的、物质的、精神的多重相关性。针对民族化问题，我们只侧重考察社会大系统与建筑风格系统在民族性问题上的相关性。这可以用一组框图来表示（图1）。它们的相关性是 社会大系统通过它所具备的"民族土壤作用"制约着建筑风格系统，建筑风格系统通过它所发挥的"民族感情作用"反作用于社会大系统。在这里，民族土壤作用指的是民族的生活方式、地区环境，技术传统、文化传统、风俗习惯、审美心理等要素对建筑民族性的孕育作用。民族感情作用指的是建筑以其呈现的民族风貌和民族精神，适应民族审美要求，激发民族自信心、自豪感，增进和发扬民族意识的作用。社会大系统与建筑风格系统之间的这种相关性，构成社会精神生活领域的一种调节机制。这是社会大系统自组织、自控制的一个组成，是建筑艺术的一项社会使命。这种调节机制，基于社会的封闭和开放的不同形态，存在着多

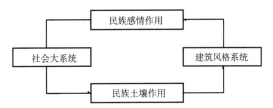

图 1　社会大系统与建筑风格系统的相关性

种多样的模式。值得我们注意的是其中的三种社会形态的三种模式。

第一种是封闭型的社会，是经济上、文化上闭关锁国的社会。中国的封建社会就是这种形态。在这种社会大系统中，民族土壤作用很突出，对建筑的民族感情作用的要求既是十分自然的，也是十分强烈的。中国封建社会自身是一个超稳定系统，导致建筑审美上形成牢固的、不受干扰的民族审美心理，形成群众性的、稳定的、封闭的喜闻乐见。建筑体系自然而然地形成独特的、持久的传统，呈现强烈的民族风格，并具有强大的同化外来建筑文化的能力。中国历史上通过佛教的传入所输入的外来建筑信息，都被融洽地同化于传统建筑体系之中，就是这个规律的表现。在这种社会形态中，建筑的民族风格可以自然地通过民族土壤作用和民族感情作用的反馈调节，与社会保持动态平衡，而具备健全的民族化自组织功能。

第二种是主动开放型的社会。由于近代资本主义生产力的迅猛发展，"过去那种地方的和民族的自给自足和闭关自守状态，被各民族的各方面的互相往来和各方面的互相依赖所代替了"。[①]一些主动转为开放系统的先进民族，建立起开放型的社会。美国和一些西欧国家都属这种类型。这种主动开放型

①　马克思，恩格斯．共产党宣言 // 马克思恩格斯选集·第一卷：225.

的社会，需要的是世界市场，是世界性的生产和消费。"各民族的精神产品成了公共的财产。民族的片面性和局限性日益成为不可能"。①封闭型社会中的那种突出的民族土壤作用和强烈的民族感情需求都大大削弱。社会内部结构能够适应新的开放形势，外来文化系统不仅无损于社会大系统的稳定而且会增强它的活力。趋向开放、兼容的社会审美意识不再固执于封闭的喜闻乐见。社会大系统与建筑风格系统之间在民族性问题上所形成的调节机制失却了它的存在意义。因此，这种主动开放型的社会形态，从社会调节的角度（不考虑其他制约因素的话）是不需要提倡民族风格的，是不必强调民族化的。

第三种是由被动开放转向主动开放的社会。这类社会一般有古老的、深厚的、封闭的民族文化，但经济上、文化上相对落后，受外来资本主义的侵入而形成被动的开放，随着国家的独立和民族的解放逐步转向主动开放。我们社会主义中国就属这个类型。在这种社会形态中，既有深厚的民族土壤的根基，又经历着民族土壤的急速变异；既存在长期封闭形态所积淀的深厚的民族意识和顽固的传统惰性，又因遭受被动的开放，社会意识中残存着民族自卑和崇洋心理的历史印记。社会的开放带来传统文化氛围的消退和民族审美心理的开放，封闭型社会的那种强烈的民族风格需求和自动平衡、自动保持民族化的自组织功能丧失了。从被动开放转向主动开放的社会大系统，既需要建筑风格摆脱民族审美心理的保守性，突破封闭的传统视野，展现开放的时代风貌；也要求建筑风格尽可能发挥增进民族意识，振奋民族精神，加强民族凝聚力的作用。因此，面对现代的、外来的建筑文化，究竟如何恰当地对待民族化问题就成了重大课题。

明确这三种社会类型对建筑民族化问题的不同制约，有助于我们澄清一些认识上的紊乱。（1）我们不能停留于封闭型社会的建筑风格观念，不能把封闭形态的民族建筑形式特征的持续性视为继承民族风格的常规，不能把封闭形态的民族所呈现的稳定的喜闻乐见当作开放形态民族的喜闻乐见。在民族化问题上不能着眼于"式"的继承。在现代建筑上展现传统建筑的形式体系、形式特征，只适用于一些特定的场合，如仿古建筑、历史纪念性建筑和传统组群环境中的建筑等，不具普遍意义。（2）我们不能照套主动开放型社会的建筑风格观念；不能忽视在由被动开放转向主动开放过程中，崛起的中华民族对建筑风格振奋民族意识的需求。我们的现代建筑，特别是重大的政治性、纪念性、文化性建筑，如能映射民族文化的光彩，当然有助于潜移默化地激励民族意识，发挥建筑艺术更高层次、更高目标的社会效益。（3）我们应该清醒地区别封闭型社会与非封闭型社会建筑创作的不同规律性。在封闭型社会形态中，基于民族化的自组织功能，以真实性来体现民族性的民族化模式是可以成立的。凡是真实的、切合实际的，就自然地具备民族的特色。但在开放型社会形态中，由于世界性的生产、消费和文化交流，建筑功能、建筑技术、建筑审美上形成超越民族的广泛共同性。民族土壤作用变异了，恪守"真实性"未必就能显现民族性，反而很可能显现非民族性的趋同性。适合"中国特色"的建筑不一定都具有民族风格。因此我们不宜"一刀切"地普遍要求所有的建筑都具有民族特色。

① 马克思，恩格斯.共产党宣言 // 马克思恩格斯选集·第一卷：225.

二、全球意识和寻根意识

建筑师们的创作思想和业主、公众的建筑口味，都深深地受着时代意识的制约，这是影响当代建筑风格的一个重要的意识形态背景。时代意识大系统与建筑风格系统之间，同样存在着十分复杂的多重相关性。从考察民族化问题的角度，特别值得注意的是，有两种交替席卷全球的、带有国际性的意识——"全球意识"和"寻根意识"，它们正剧烈地、深刻地冲击着当代艺术家和当代建筑师。

我国美术界的同志曾经为全球意识和寻根意识建立了一个全方位立体坐标系（图2）。[①]图中 x、y 平面表示"全球意识"，纵向轴线 T 表示"寻根意识"。作者指出："在这种全球意识支配下一种所谓'世界文化'在慢慢地从地平线上站起，与此同时，像电磁感应现象一样，'寻根意识'作为抵抗'全球意识'这个外来'磁场'的力量应运而生。""人们在向世界文化的横向'认同'时，突然发现失去个性的空虚，又转而向自己的'根'寻求纵向'认同'。"作者认为全球意识平面上的各个点，如切断与时间轴 T 的联系，就不可避免地产生熵值增大。要想摆脱全球意识平面上的"熵增"，只有把时间 T 引入平面。但如果仅仅封闭地在 T 轴上"寻根"、"固本"，也会使自己成为割断横向认同的孤立系统。导致另一种熵值增大。因此，寻根意识和全球意识彼此都具有抗衡对方造成的"文化增熵"的作用。

这个分析对我们认识全球意识和寻根意识的相互约制很有启迪，现代建筑也正经历着这样的运动历程。随着现代工业和科学技术的迅猛发展，国家之间、民族之间、地区之间的距离和差异正在缩短。现代工业生

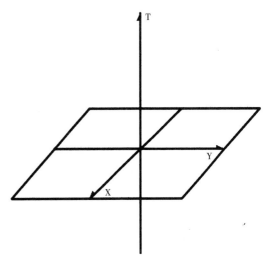

图 2　全球意识与寻根意识坐标图

产的建材取代着地方性的传统建材，现代建筑技术体系取代着传统的建筑技术体系。不同民族之间社会生活的差异度正一步步地缩小。民族的、传统的艺术与文化信息获得了广泛快速的传播、交流，审美心理的民族距离也越来越小。建筑技术、建筑功能和建筑审美上的这种宏观的趋同效应，与全球意识是同步的，互为因果。现代文明程度越高，促进趋同效应的因素就越显著。这是现代建筑发展中"民族性"淡化和"国际性"增长的时代背景，它本身是历史的巨大进步。但是有一利必有一弊，在全球意识支配下，"国际式"的发展割断了建筑的历史联系和民族联系，在"文脉"这个建筑个性化的重要维度上，呈现世界性的雷同化。这种从民族的多样性趋向全球的雷同性，本质上正如热力学第二定律所描述的孤立系统中温度从不平衡趋向平衡，必然形成熵增。熵是事物无序化的量度。现代建筑中的这种"文化熵增"，意味着现代建筑在民族性这个维度上的无序

① 王鲁湘，李晓．新趋势的新平衡．美术，1985（7）．

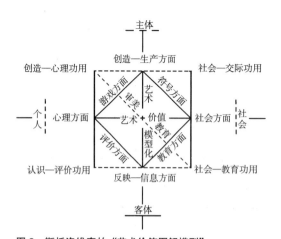

图3　斯托洛维奇的"艺术价值图解模型"
（引自列 · 斯托洛维奇 . 审美价值的本质 . 北京：中国社会科学
出版社，1984.）

化。寻根意识正是作为全球意识的反拨心理，通过与民族历史的紧密联系，引入文脉信息的"负熵"流，以抗衡现代建筑这一侧面的无序化。

寻根意识的这种作用表明，建筑民族风格是具有多方面的功能价值。苏联美学家列 · 斯托洛维奇曾在他提出的艺术价值图解模型中，列出艺术的四种主要功用：社会—交际功用，社会—教育功用，创造—心理功用和认识—评价功用（图3）。[①]我们可以说，建筑民族风格在这四种主要功用上都对应地具有它的功用价值，即：在艺术符号的接受功能上，具有喜闻乐见的社会—交际功用；在艺术教育功能上具有增强民族自信心、自豪感的社会—教育功用；在艺术愉悦性（游戏）功能上具有增强艺术独特性的创造—心理功用；在艺术评价功能上具有标识民族历史文脉的认识—评价功用。因此，我们在考察建筑民族化的功能意义时，就不能仅仅局限于从社会大系统的角度分析它的"喜闻乐见"作用和增强民族意识作用，还必须从时代意识大系统的角度，从全球意识与寻根意识的相互制约的视点，来分析它在艺

术独特性方面和文脉认识方面的作用。我们应该看到，全球意识和寻根意识既是相互抗衡的，又是相互补充的，是完全可以统一起来的。我们不能孤立地、单一地肯定其一而否定其二。

当然，在认识寻根意识的负熵作用的同时，我们也应该注意到，艺术的愉悦功能所要求的个性、独特性、新颖性，自身也是多维的。个性、独特性、新颖性可以呈现在民族性维度上，也可以呈现在一系列非民族性维度上。朗香教堂、悉尼歌剧院都具有突出的个性、独特性、新颖性，它们显然都不是基于民族文脉的独特性。抗衡艺术雷同化的"文化增熵"，寻根意识并非为唯一的"负熵"源，不是绝对非它不可的。认识这一点对我们充分而不夸大地评价民族化的功能意义同样是十分重要的。

三、建筑部类形态和建筑风格形态

建筑是物质功能和精神功能的耦合系统。繁多的建筑类型呈现着物质功能与精神功能不同的隶属度组合，形成两大部类：精神功能隶属度高于物质功能隶属度的简称A部类；物质功能隶属度高于精神功能隶属度的简称B部类。我在"系统建筑观初探"一文中，曾经扼要地分析了两大部类建筑在建筑美的形态上、在美学法则上、在创作倾向上、在构成模式上、在设计手法上都存在着重要的差异点和不同的侧重点，存在着建筑的部类效应现象。[②]我们考察建筑民族化问题，同样应该重视这种部类效应，应该清醒

---

① 列 · 斯托洛维奇 . 审美价值的本质 . 北京：中国社会科学出版社，1984.

② 发表于《建筑学报》1985 年第 4 期。

地看到建筑部类形态对建筑风格形态的深刻制约。

这可以从两方面来看：

1. 两大部类建筑的美的形态不同，对民族化的要求有显著区别。

B部类建筑属于实用品的美的形态，它的精神功能隶属度偏低，审美性处于次要的、从属的地位，情感性也很微弱。这类建筑的美可以说是类同于机器美，它主要遵循技术美学的法则，在审美要求上，主要侧重合目的性的功能美与合规律性的技术美的辩证统一，在精神功能上主要停留于满足形式美的美化要求。这类建筑大多呈现为工业品的模式，侧重大量性、批量性，具有类型性的品格。这类建筑的风格面貌深受它的功能特色和工艺特色的制约。独特的实用功能和独特的工艺技术是导致这类建筑形成独特风格的强因子。在封闭的社会形态中，不同民族之间基于民族生活内涵和技术体系的差异，这类建筑自然地带有浓郁的民族功能特色和传统工艺特点，形成独特的民族风格，而在开放的社会形态中，由于物质功能和技术体系的趋同，这类建筑明显地淡化了民族特点。从这一点来说（如果不考虑其他制约因素的话），这类建筑的确在很大程度上带有现代设计的性质，它可以较少掺入，甚至像汽车、机器那样不必掺入民族性的要求。

A部类建筑（也包含一部分处于中介状态的AB部类建筑）的情况则不同，它属于艺术品的美的形态，它的精神功能隶属度偏高，上升为重要的甚至首要的方面，并具有浓厚的情感性。这类建筑的美可以说是类同于工艺品的美，它不仅要遵循技术美学法则，还要遵循艺术美学的某些法则：既要合目的性的功能美，合规律性的技术美，合构图法则的形式美，还要进一步表现某种特定的意

境、情调，表达特定的情感性、意识形态性的内涵。这类建筑大多呈现为工艺品的模式，侧重少量性、单件性，具有强调个性、独特性的品格。这类建筑功能所蕴含的政治性、文化性、纪念性、宗教性、礼仪性、游乐性、情感性内涵，大多具有民族的差异性。因此，我们不能笼统地把这类建筑也视为汽车、机器那样的现代设计，民族文脉对这类建筑具有不可忽视的重要价值。

2. 两大部类建筑的构成形态不同，对民族化的体现有不同的制约。

B部类建筑在构成形态上侧重于尊重基本型，建筑形象力求符合空间形态和结构形态所构成的基本形态，构成手法上强调纯正的、表里一致的建筑语言。A部类建筑则往往突破基本型，允许"两层皮"的、夸张的、强化的建筑语言。这种构成形态的区别，表明两大部类建筑基于物质功能、精神功能和技术经济的不同性质、不同权重的制约，在内形式与外形式之间的吻合度上存在着重要的差异。B部类的吻合度如同汽车、机器那样，要求相当严格，而A部类的吻合度如同工艺品那样，要求较为放松。显而易见，现代建筑活动中，B部类建筑的趋同效应远远高于A部类建筑，B部类建筑外形式与内形式的吻合度要求也远远高于A部类建筑。因此，作为体现民族风格的载体，B部类建筑当然比A部类建筑受到的制约要严格得多。可以说，建筑部类形态，既从民族化的内涵要求上，也从民族化的载体形态上，成为对建筑风格形态的一种不能忽视的制约因素。

以上从三个角度对建筑民族化问题作了不全面的、概略的考察，我们可以从中得到以下几点认识：

1. 建筑风格系统是涉及多变量的非线性

系统。建筑是否采取民族风格,是否形成民族化,是诸多制约因素不同权重的作用力的合力所决定的,无论是社会系统、意识形态系统、建筑部类系统或其他制约系统,都存在着偏于民族的和偏于趋同的两种作用力,在不同目标、不同时空、不同载体、不同设计人的条件下具有不同的权重。我们不能在民族风格问题上,采取简单的、"一刀切"的、非此即彼的选择。

2. 系统的复杂度要求载体的多样性。我们应该清醒地意识到现代建筑风格不可避免的多元化发展趋势,兼容民族的风格和非民族的风格,兼容民族风格和非民族风格探索的多途径、多方位。它们在各自适宜的特定场合都有其合理性,一旦扩大为统一的、单一的风格要求,就必然是片面的,从实际出发,符合国情,切合建筑功能、技术经济实际,突出建筑物个性、真实性,显然是我们创造具有中国特色的建筑所应遵循的。不过在开放形态的今天,它可能取得民族格调,也可能不具备民族格调,这应该都是允许的。风格是系统稳态之标志。真正切合中国实际,就必然具有生命力,就可能持续展现,即使当前看上去不显现民族特色,通过长期实践的积淀,逐渐形成稳态标志,也会成为中国特色的一种构成。我们的建筑创作总目标是具有中国特色的社会主义现代建筑,我们不宜把"中国特色"仅仅理解为"民族风格"、"民族化"。我们应该在"具有中国特色的社会主义现代建筑"的总目标下,允许建筑风格的多元化,鼓励建筑创作方法的多途径、多方位,发展不同设计手法的交叉、渗透、互补,通过多样化取长补短,形成风格发展的优化运动。

3. 我国建筑文化具有深厚的民族文脉和顽固的传统惰力,重视全球意识和寻根意识这两种负熵源,对于我们都有重大的意义。我们需要全球意识提供负熵流来冲击长期封闭的传统惰力,在广泛的世界性横向联系中,建立现代建筑的观念和视野。我们也需要寻根意识推动我们主动地、自觉地寻觅富有生命力的民族文脉,探求建筑创作中现代精神与民族文脉的融汇。我国建筑师正在探索前进。正如傅克诚同志所指出的,只要我们把立足点移到现代,寻找传统与现代的结合点,就能创作出具有时代气息的具有中国特色的新建筑。[1]在我国建筑的多元化发展途径中,这是一条特别值得注目的康庄大道,它的充分发展将会成为我们多元风格的发展主流。

（原载《新建筑》1986 年第 2 期）

---

[1] 傅克诚.寻找结合点.新建筑,1985（4）.

放谈两种"建筑艺术论"

——访侯幼彬教授

几个月前，我们应哈尔滨工业大学之邀往东北一行，有幸采访该校一干建筑界学者，侯幼彬、刘松茯、刘德明、刘大平等教授和专家。从这些采访中，获悉学者们对当今建筑理论阈和一些建筑现象，有他们的独特的观点。从这些学者的不同观点中，大体上能看出当今建筑界在各种思潮撞击下的痕迹。丰采的舆论氛围在于观念的传播与争鸣。尽管人们可以从自己的视角来看待建筑大世界，但是，确认建筑的本体论和一些基本原则，坚持正确的导向毕竟还是关键。学者们对中国优秀的建筑文化遗产的保护意识，对当今中国建筑设计市场的看法，对建筑教育和建筑理论缺陷的忧虑与思考，对中国建筑前景的殷切期望等，无不反映出中国建筑学人和建筑师的强烈责任感。

记者 金京

记者：您如何看待我国当前的建筑现象？您觉得我们的建筑理论与建筑实践是同步的吗？

侯幼彬：提起这个问题，我就想起郑时龄院士在一篇文章中引述的美国 SOM 事务所香港办事处建筑师安东尼·费尔德曼说的一句话——在中国"你可以看到别的国家脑筋清楚的人不可能会盖的东西"。这句奚落的话很难听，但是我们不得不承认，我们的确存在着"脑筋不清楚"的现象。建筑价值观扭曲就是其中的现象之一。大建超大广场、巨厦，大搞"形象工程"、"政绩工程"、"标志性建筑"；片面追求建筑外形，把怪异畸变当作"创新"、"前卫"，把华而不实、低俗奢靡、仿洋古典，求高大全，当作"高档"、"时尚"、"气派"。这些都是把建筑的视觉价值摆到建筑价值的优先地位。从故弄玄虚的 CCTV 新厦到俗不可耐的"福禄寿"天子大酒店，可以看出这种建筑价值观的扭曲达到了何种程度。吴良镛院士在《〈北京宪章〉的诠释》中，曾发出"回归基本原理"的呼唤。前不久见到高介华先生，他也一再说要澄清建筑的本体论。建筑价值观问题，与建筑基本原理，与建筑本体论都是密切关联的。建筑实践需要建筑理论，我国当前极度繁荣的建筑工程实践和超大容量的建筑设计市场，亟需与之相称的建筑理论建设。出现这么多建筑蠢事，造了这么多"别的国家不会盖的东西"，表明我们的建筑理论建设不仅没有与建筑实践同步，而且在建筑"脑筋"上存在着病态。

记者：最近郑光复教授发表"建筑的祸福是非：兼批黑格尔李泽厚建筑艺术论"（《建筑时报》2007 年 2 月 12 日）一文，您看到了吗？

侯：郑先生这篇发表在《建筑时报》上的文章，我从网上看到了。郑先生列举了当前追求超大广场、超大豪华建筑，滥建主题公园，滥用"假借艺术名义的伪劣方案"等所造成的巨额坏账和巨大浪费，实在令人触目惊心，发人深省。郑先生点到黑格尔的建筑艺术论，指出我国当前建筑的是非有"'建筑是艺术'之说捣乱"。的确，黑格尔的建筑艺术论是艺术本位论，当前存在的一些建筑价值观的扭曲现象，与建筑的艺术本位论是有关联的。

记者：为什么说黑格尔的建筑艺术论是艺术本位论？

侯：黑格尔（1770—1831）是德国古典哲学的集大成者，也是古典美学的集大成者。他的哲学建立在客观唯心主义和辩证法的基础上。黑格尔在美学上有重大建树，也有很大局限。陈望衡为《黑格尔神学美学论》一书所写的"序"中提到，"黑格尔对美学的理解不同于鲍姆嘉通，他认为美学应是艺术哲学"。抓住黑格尔美学是"艺术哲学"，这一点是非常重要的。黑格尔美学思想的核心内容就是"美是理念的感性显现"，他认为艺术的任务"在于用感性形象来表现理念"，艺术表现的价值和意义"在于理念和形象两方面的协调和统一"。他根据感性形象与理念的关系，把艺术发展分为三个时期：第一阶段是象征型艺术，其特点是物质因素超过了精神因素；第二阶段是古典型艺术，其特点是精神因素和物质因素的统一；第三阶段是浪漫型艺术，其特点是精神因素超过了物质因素。相对应地，黑格尔把艺术"类型"也分为"象征型艺术"、"古典型艺术"、"浪漫型艺术"，并把各个艺术门类归属于这三种艺术类型。黑格尔的建筑艺术论就是建立在这个艺术理论的框架中。

记者：黑格尔在讲各门艺术时，为什么首先讲建筑？

侯：是的，黑格尔在他的《美学》中，讲到"各门艺术的体系"时，首先讲的就是建筑。他说："我们在这里在各门艺术的体系之中首先挑选出建筑来讨论，这就不仅因为建筑按照它的概念（本质）就理应首先讨论，而且也因为就存在或出现的次第来说，建筑也是一门最早的艺术"。黑格尔的这个说法，曾被有的建筑学者误读，以为黑格尔把建筑视为一切艺术之首。其实黑格尔是把建筑列为最早出现的艺术，列为跨入艺术门槛的第一个台阶。黑格尔认为：建筑是初级的艺术，理念本身不确定，形象也不确定，理念找不到合适的感性形象，物质多于精神，二者的关系只是象征型的关系，因而属于象征型艺术。黑格尔分析象征型艺术有"双重缺陷"，他说："象征型艺术的形象是不完善的，因为一方面它的理念只是以抽象的确定或不确定的形式进入意识；另一方面这种情形就使得意义与形象的符合永远是有缺陷的，而且也纯粹是抽象的"。他认为象征型艺术"与其说有真正的表现能力，还不如说只是图解的尝试。理念还没有在它本身找到所要的形式……在这种类型里，抽象的理念所取的形象是外在于理念本身的自然形态的感性材料，形象化的过程就从这种材料出发，而且显得束缚在这种材料上面"。黑格尔把象征型艺术的建筑与古典型艺术的雕刻作比较，说建筑"原先建造起来，就是为他们居住的。所以建筑首先要适应一种需要，而且是一种与艺术无关的需要，美的艺术不是为满足这种需要的，所以单为满足这种需要还不必产生艺术作品"。在他看来，即使"去找像雕刻那样的本身独立的，不是因为能满足另一目的和需要才有意义，而是本身自有意义的一种建筑物……这样一种独立的建筑艺术也和雕刻有所不同，分别在于这种艺术作为建筑并不创造出本身就具有精神性和主体性的意义，而且本身也不能完全表现出这种精神意义的形象，而是创造出一种外在形状，只能以象征方式去暗示意义的作品。所以这种建筑无论在内容上还是在表现方式上都是地道的象征型艺术"。

记者： 黑格尔的这种建筑艺术论，有什么谬误？

侯： 黑格尔的建筑艺术论，确有真知灼见，也有谬误偏颇。他的一个重大的谬误，就是把建筑归入狭义的艺术，把建筑与雕刻、绘画、音乐、诗列在一起，这就构成对于建筑的艺术本位论。雕刻、绘画、音乐、诗都是纯艺术，而建筑首先是实用品，它的艺术性应该属于实用艺术性质的艺术性，而不是纯艺术性质的艺术性。黑格尔在"艺术美"这个大概念下，把建筑纳了进去。在西方古代、中世纪确有把占主流地位的建筑视为艺术的传统。古希腊的帕提农神庙，古罗马的万神庙，文艺复兴盛期的圣彼得大教堂，在人们心目中都是与雕刻、绘画相匹配的、融合为一体的艺术。黑格尔的建筑艺术论，是西方古典建筑艺术观的理论总结。这种"建筑即艺术"的理念正是巴黎美术学院学院派建筑艺术观的理念，对中国的建筑界、美学界是有影响的。有一本 1986 年出版的《美学辞典》，对"建筑美学"这个条目的表述是："'建筑美学'艺术（狭义的）美学的一个分支，是建筑艺术美学的简称"。条目文字中还提到，"有的建筑不是艺术，只求实用；有的建筑是艺术品，既有物质功用，又有审美观赏的艺术价值。它们建造时用于非实用要求上的雕琢、装饰和精美加工，付出的劳动远远超过用于实用方面的劳动"。这里把"建筑美学"认定为"建筑艺术美学"，视为狭义艺术美学的一个分支，认为"有的建筑是艺术品"，说这类建筑用于非实用要求的劳动远远超过用于实用方面的劳动，这都是

对建筑认知上的艺术本位论的流露，还没有跳出黑格尔建筑艺术论的框框。

黑格尔建筑艺术论的另一谬误是对建筑内在意蕴和表现方式的误解。黑格尔一再提到建筑理念本身不确定，不具有"精神性和主体性的意义"。在他心目中，人是艺术的中心对象，性格是艺术表现的真正中心。艺术的理念是"心灵性的东西"，即"绝对心灵"，强调"只有心灵性的东西才是真正内在的"。他认为古典型艺术的雕刻"才初次提供出完美的理想的艺术创造与观照"，而作为象征型艺术的建筑则是"一种本身并没有心灵性的目的和内容，而须从另一事物获得它的心灵性的目的和内容的东西"。黑格尔这里说的"另一事物"指的是建筑具有居住功能，但限于"艺术美"的框框，他不认为这是建筑本身的"心灵性的目的和内容"，把它视为建筑理念的缺陷，反映出黑格尔对建筑内在意蕴认识上的偏颇。

对于建筑的表现方式，黑格尔的偏颇更为明显。黑格尔美学有个鲜明的特点，就是非常重视艺术的载体、艺术的媒介，或者说艺术的表现手段。这本来是应该的，无可厚非的，也是黑格尔美学的一大亮点。但是最后落实到对建筑表现方式的分析时，出现了谬误。黑格尔说："建筑的任务在于对外在无机自然加工，使它与心灵结成血肉因缘，成为符合艺术的外在世界。它的素材就是直接外在的物质，即受机械规律约制的笨重的物质堆"。他很敏锐地觉察到建筑的这一重要特点，一再强调建筑形象深深束缚于感性材料。建筑的确有这个现象，他的这个表述也很有哲理深度。但是，黑格尔把物质性的束缚与艺术形象表现的自由度相联系。朱光潜先生对于这一点有一条译注说，黑格尔"认为艺术愈不受物质的束缚，愈现出心灵的活

动,也就愈自由,愈高级。从建筑经过雕刻、绘画到音乐和诗,物质的束缚愈减少,观念性愈增强,所以也就愈符合艺术的概念"。黑格尔的这个论断对不对呢?只有对艺术的表现拘泥于具象的再现,才会形成这样的认识。如果对于艺术的表现,不拘泥于具象的再现,而认同抽象的表现的话,黑格尔的这一论断就不能成立了。显然,黑格尔做出这样的论断,表明他所理解的显现理念的感性形象,他所表述的显现理念的表现方式,都局限于或者说偏重于具象的再现。正是基于这样的观念,他认为作为象征型艺术的建筑,"与其说有真正的表现能力,还不如说只是图解的尝试"。在他看来建筑是"不能形象化的",不可能达到理念与形象的完全符合,"内容意蕴不能完全体现于表现方式,而且不管怎样希求和努力,理念与形象的互不符合仍然无法克服"。对此他有一段细致的表述,他说:"建筑能用这种内容意蕴灌注到它的素材和形式里,其多寡程度就取决于它在上面加工的那种确定的内容有无意义,是抽象的还是具体的,是深刻的还是肤浅的。在这方面建筑可以达到很高的成就,甚至于能以它的素材和形式把上述内容意蕴完满表现为艺术品。但是到了这一步,建筑就已经越出了它自己的范围而接近比它高一层的艺术,即雕刻。因为建筑的特征正在于内在的心灵还是与它的外在形式相对立的,因此建筑只能把充满心灵性的东西当作一种外来客指点出来"。在这里,黑格尔说得很明白,如果对建筑形象进行深度的加工,把建筑形象做成具象的而不是抽象的,建筑也可以达到很高成就,也可以完满地表现内在意蕴,但是那样的话,建筑就不是建筑,而是雕刻了。说白了就是雕刻可以具象地再现,而建筑只能抽象的表现。在黑格尔的概念里,抽象的表

现是够不上"形象化"的,艺术表现力是很低的,是不确定的,只有具象的再现才称得上完满的艺术。因此他明确地断言,建筑存在着表现方式上的缺陷,只能停留于象征型的艺术。

记者:我们今天应该怎样看待黑格尔的建筑艺术论?

侯:黑格尔把建筑归入纯艺术的行列,把建筑束缚于艺术本位论,认定建筑存在内在意蕴和表现方式的双重缺陷,这是黑格尔建筑艺术论的谬误和偏见,反映出古典建筑美学的局限。但是我们也应该看到,黑格尔的《美学》是1817~1829年在海德堡大学和柏林大学讲的,他死后由他的学生整理出版。他形成的建筑艺术论距离我们今天已经180多年了。他死后20年,才出现伦敦"水晶宫"展览馆。他死后56年,柯布西耶才诞生。他没有看见现代建筑。他的建筑艺术论,基于古典建筑的视野,局限于艺术本位,是可以理解的。我们在他的《美学》中,可以看到,他把建筑列入艺术行列之后,他已经意识到建筑与他心目中的艺术的种种不合拍。他把建筑定为初级的艺术,定为象征型艺术,再三强调建筑的"双重缺陷"。他没有把建筑看成铁板一块,在建筑门类中,又区分了象征型建筑、古典型建筑、浪漫型建筑。对古典型建筑,他也强调建筑物要符合目的。他说:"关于这种建筑物要提出的第一个问题就是它的目的和使命以及它所由建立的环境。要使建筑结构适合这种环境,要注意到气候、地位和四周的自然风景,在结合目的来考虑这一切因素之中,创造出一个自由的统一的整体,这就是建筑的普遍课题,建筑师的才智就要在对这个课题的完满解决上见出"。可以说,黑格尔的建筑艺术论交集着重重矛盾。他是一位对建筑很有哲理认识的

人。可惜他只看见现代建筑之前的建筑，可惜他局限于"艺术美学"的视野来审视建筑，这使得他把建筑纳入了纯艺术行列。实际上也正是他觉察到建筑不符合艺术美学的种种"缺陷"，揭示出建筑的艺术本位论的矛盾和尴尬。这种状况直到现代建筑时期，直到柯布西耶《走向新建筑》的出版，才奠定建筑本位的建筑艺术论。

记者： 您说柯布西耶奠定建筑本位的建筑艺术论，为什么在《走向新建筑》中他也说"建筑是最高的艺术"，是"精神的纯创造"？

侯： 勒·柯布西耶（1887—1965）在《走向新建筑》中，的确说建筑是"最高的艺术"，并且反复提到建筑是"精神的纯创造"。他的这个说法，曾经让我们大惑不解。他是现代建筑的先驱者之一，《走向新建筑》是现代建筑最重要的纲领性文件，是现代建筑理论的奠基之作。他激烈地抨击"垂死的建筑艺术"，激烈主张表现工业时代的新建筑。他发出"住宅是住人的机器"的口号，极力鼓吹用工业化的方法大规模建造房屋。这样一位勇猛的现代建筑先驱怎么又说建筑是"最高的艺术"，建筑是"精神的纯创造"？对这个矛盾曾经有一种解释：认为建筑是庞杂的系统，有大量性的、重在实用的建筑，也有少量性的、在实用的同时，与重大的政治活动、人文领域、历史事件、精神生活有密切关联的建筑。推测柯布西耶说的建筑是艺术，是精神的纯创造，应该指的是后一种的少数的建筑。在20世纪80年代出版的原苏联美学家的译著中，也有这样的论析。格·波斯彼洛夫在《论美与艺术》一书中，把艺术区分为三种不同的含义：第一，最广义的艺术，指人类活动的任何技艺；第二，较狭窄意义上的艺术，指"按照美的规律来创造"

的东西，既包括物质文明领域的服装、家具、器皿、车辆等实用艺术，也包括精神文明领域的各种艺术创作；第三，最狭窄、最严格意义上的艺术，专指精神文明领域的艺术创作。波斯彼洛夫在三种艺术含义中都提到建筑，在他看来，建筑不仅属于前两种含义的艺术，还有一部分属于最严格意义上的艺术。有不少中国建筑师和建筑学者，当时也是这么认识的。我自己也曾经是这么理解的，还写过文章讨论建筑美的形态。当时的认识是，建筑中存在着物质功能与精神功能不同的隶属度，大量的是物质功能占主导的建筑，也有少量精神功能占主导的建筑，前者属于实用品、工业品的美，后者上升为工艺品、艺术品的美。还说"现代派的大师们虽然坚持把建筑美归为工业品的美，却也不同程度、不同方式地承认建筑艺术美的存在"。当时举的一个例证，就是柯布西耶既发出"住宅是住人的机器"的口号，也声称建筑是"纯粹的精神创作"。后来我才意识到这个认识是站不住的，是对《走向新建筑》的误读。当我们认为有一部分精神功能占主导的建筑上升为艺术品的美的时候，我们实质上还没有走出黑格尔的建筑艺术论，仍然是以"艺术美"的眼光在看建筑，仍然没读懂柯布西耶。

记者： 那我们应该怎样解读呢？

侯： 我想，我们只要把柯布西耶的建筑艺术论与黑格尔的建筑艺术论联系起来进行比较，就不难觉醒，原来柯布西耶所说的"艺术"的概念，已经不是黑格尔所说的"艺术"的概念。黑格尔说的是"艺术美"的艺术，柯布西耶说的是"技术美"的艺术。黑格尔是以"艺术美学"的视野审视建筑，柯布西耶是以"技术美学"的视野审视建筑。

柯布西耶在《走向新建筑》中，开宗明

义首先就端出"工程师的美学"的命题，指出"存在着一种工程师的美学"，声称工程师的美学"正当繁荣昌盛"。他专辟一章讲述"视而不见的眼睛"，列举三大项工业产品：轮船、飞机、汽车。他高呼一个伟大的时代刚刚开始，这个伟大时代存在着一种新精神，这种新精神主要存在于工业产品中。他说："今天已没有人再否认从现代工业创造中表现出来的美学。那些构造物，那些机器，越来越经过推敲比例、推敲形体和材料的搭配，以致它们中有许多已经成了真正的艺术品。"如果说，黑格尔把建筑与雕刻、绘画、音乐、诗排列在一起，那么柯布西耶则鲜明地把建筑与机器、轮船、飞机、汽车排列在一起，从理念上把建筑艺术从"纯艺术"的领域转移到"工业艺术"的领域，从"艺术美学"的范畴转移到"技术美学"的范畴；把建筑设计从"艺术创作"转移到"现代设计"。如果说，黑格尔拘于"艺术美学"的视野，对建筑的内在意蕴和表意方式，看到的是建筑"不具有心灵性的目的和内容"，建筑受制于"笨重的物质堆"，建筑欠缺具象再现的造型能力，建筑只能纯粹地抽象表现，不能达到理念与形象的完全符合，深深感叹于建筑的无奈，那么柯布西耶则基于"技术美学"的视野，赞赏工业产品成了真正的艺术品，"钢筋混凝土结构决定了结构美学中的革命"，称颂工程师们的作品"正走在通向伟大艺术的道路上"，极力追求现代建筑充分体现机器时代的新精神。柯布西耶充分肯定建筑的抽象表现能力。当时对抽象形式的崇尚，是艺术领域反映大工业时代特色的新潮。先锋派绘画的风格派、立体主义、构成主义等都凸显出这样的倾向。柯布西耶自己的"纯净主义"绘画，也是几何化、体块化、纯净化和抽象化的。这种表现方法非常适宜于建筑。柯布西耶深深意识到建筑的这一潜能，他赞叹建筑"以它的抽象性激发最高级的才能，建筑具有如此独特又如此辉煌的能力"。具象形式是古典艺术的形式特征。由于建筑语言自身是非具象的，古典建筑自然盛行将具象雕塑、具象绘画融合到建筑形象中，以弥补其不足。这种借助雕塑语言、绘画语言来装点具象的成分，成为古典建筑形象化的一个重要现象。现代艺术充分意识到抽象形式的表现力，绘画、雕塑都从原来的具象形态派生出抽象绘画、抽象雕塑。建筑语言的抽象性也从原先视为不利因素摇身一变而视为有利因素。在黑格尔那里，苦于欠缺具象造型能力，显得那样尴尬、无奈的建筑，到了柯布西耶这里，由于高扬抽象表现，显得如此地富有艺术活力。

记者：把建筑纳入"艺术美学"或是"技术美学"范畴，原来有这么大的认识差异。

侯：值得注意的是，柯布西耶还注意到建筑与其他工业品之间的差异。工业品自身是一个庞杂的大系统，它们在物质性的束缚与审美表现的自由度上，有很大的差别。从这一点说，建筑在工业品的行列中，有它的特殊性。它涉及人的起居生活、文化生活、政治生活，与人的精神生活密切关联；它固着于特定地段，与特定的地域环境相关联；它不是批量性生产，不同于一般工业品的共性品格而带有个性品格。建筑的这种现象，套用黑格尔"物质堆"的说法，可以称之为"精神堆"现象。这个现象有两点很值得注意：一是使得建筑具备不同程度的精神功能，蕴涵丰富的内蕴和意义，具有表意的深广度；二是建筑自身是个复杂系统，涉及诸多制约因素。这些制约因素中，有大量属于模糊指标，有不同隶属度的选择余地。客体物质性、技术性制约的相对宽松、灵活，自然赋予主体创作的较大自由度。模糊事物是没有精确解的，建筑设计不存在唯一的绝对最优方案。同一个设计任务书可以做出多种多样等价的优秀设计方案，这表明，建筑既有较之一般工业品相对深广的表意潜能，又有较之高精密度工业品相对宽松的表现自由度。正是由于建筑的这种优势，使得它在工业设计的诸门类中，在表意深广度和表现自由度的潜能上位列前茅，能够触目地、浓烈地凸显这样那样的精神内涵。柯布西耶说建筑是"最高的艺术"，建筑是"精神的纯创造"，应该指的是这个意思。这就形成了一个有趣的现象，黑格尔在他的"艺术创作"的美学坐标中，看到建筑的笨重"物质堆"，使劲地说建筑是"初级的艺术"；而柯布西耶则在他的"工业设计"的美学坐标中，看到建筑的浓厚"精神堆"，反而高呼建筑是"最高的艺术"。

当然，柯布西耶所说的建筑是"最高的艺术"，建筑是"精神的纯创造"，用词都是不严密的。根本不存在什么"最高的艺术"，艺术门类之间不存在孰高孰低的问题。形象表现自由度的高低，不等于艺术门类的高低。在纯艺术领域，我们不能说绘画的艺术性高于雕刻的艺术性，同样，在工业设计领域，也不能说建筑的艺术性高于汽车的艺术性。这句话只能理解为建筑可以达到很高的艺术性。建筑当然更不是"精神的纯创造"，这句话只能理解为建筑富含精神创造的潜能，可以触目地凸显这样那样的精神意蕴。

记者：我们今天怎样评价柯布西耶的建筑艺术论？

侯：应该说，柯布西耶的建筑艺术论，既把建筑定位在技术美学的范畴，把建筑设计归入"工业设计"的领域，看到建筑与机器在审美性质上的共性，又意识到在"工业设计"系列中，建筑具有浓厚的"精

神堆"，具有表意深广度和表现自由度的优势，看到了建筑与机器在审美潜能上的区别。这是一个准确的定位，是切合建筑本位的建筑艺术论。

这个建筑本位的建筑艺术论，不仅符合现代建筑的本质，也有助于我们认识古代建筑的本质。古代建筑虽然不是"工业品"，古代时期虽然没有形成"工业设计"的概念。但古代建筑同样应该归属在"实用品"的行列，而不是"艺术品"的行列，应该纳入"实用艺术"的范畴，而不是"纯艺术"的范畴。因此同样应该以"技术美学"的视野，而不应该以"艺术美学"的视野审视古代建筑。

建筑具备表意深广度和表现自由度的这个特点，反映在建筑创作上，自然呈现出"重理"与"偏情"的两种创作倾向。这里的"理"，就是技术美学的法则，指的是功能的合理性（合目的性）、技术的科学性（合规律性）、经济的效益性（建造期与使用期的经济效益）和形式的完美性（规范的美和非规范的美）。针对建筑来说，还要加上一条环境的适应性（包括生态环境、人文环境）。重理，就是对所涉及的功能法则、技术法则、经济法则、环境适应法则和美的法则，以及它们之间的协调法则充分尊重。这就是建筑作为工业设计所需遵循的基本理性法则。吻合理性法则底线之上的设计，可以说是理性主导的设计。这里的"情"，指的是建筑创作中灌注的主体意愿、意念、意趣和情感。偏情，就是在创作中高扬主观能动性，突出"情"和"意"的成分，使建筑洋溢不同程度的个性色彩、感情色彩，凸显特定的精神、氛围、境界。建筑设计都是不同程度的"理"与"情"的交织。值得注意的是，主体所凸显的"情"有两种情况：一种是与遵循理性法则合拍的，另一种是与遵循理性法则相悖

的。后一种的"情"的追求与理性法则形成二律背反，这种"情"高扬到极端，如果越出理性法则的底线，那就成了非理性主导的设计。当然，这里所说的理性法则的"底线"，本身也是模糊的，这是一个模糊界限。因此，在临界状态要区分理性主导与非理性主导，常常是难以准确判断的，很多情况下是见仁见智的，这也正是建筑创作的复杂之处。理想的建筑创作当然是切合特定建筑，切合特定环境，恰到好处、得体合宜的情理交织。

记者： 联系到柯布西耶的创作，萨伏伊别墅当然是理性主导的，他的朗香教堂是不是非理性主导的？

侯： 大家都公认萨伏伊别墅是柯布西耶理性建筑的范本。这个设计典型地贯穿着他所强调的理性原则，也强烈地表现他的机器美学理念。这是一个高度理性的建筑。这个高度理性的建筑也洋溢着他所追求的表现工业化时代、表现科技理性精神、表现机器美学的浓烈的"情"。这个"情"正是与理性法则合拍的"情"，这样的情理交织使萨伏伊别墅成了机器美学的典范作品。对于朗香教堂的评价，一直颇有争议。我赞成吴焕加先生的评析："朗香教堂固然偏于非理性这一面，然而总觉得称之为非理性主义建筑也非恰当。"我也倾向于朗香教堂并非非理性主义建筑。因为它不是朗香住宅，也不是朗香大教堂。它是个小小的教堂，它的怪状空间和神秘氛围，与个性化的小教堂可以合拍，

它的蟹壳仿生屋顶合乎静力学，它的立意构思考虑到与所在场所的沟通。它的大前提并没有越出"理性法则"的底线，它是在理性主导的边缘，糅进了饱和度的非理性成分。可以说它把建筑的表意潜能和偏情幅度发挥到极致。我们从朗香教堂上可以看到，在工业设计的理性法则下，建筑的表意潜能和表现魅力可以到达怎样的高度。

记者： 看来认清两种不同的"建筑艺术论"，是个值得关注的问题。

侯： 是的，建筑艺术论问题是建筑学科领域中应予关注的理论问题，也是建筑理论的一个争议焦点。《简明不列颠百科全书》曾经列举关于建筑理论的两种相互排斥的见解："一种认为，建筑的基本原理是艺术的一般基本原理在某种特殊艺术上的运用；另一种认为，建筑的基本原理是一个单独的体系，虽然和其他艺术的理论有许多共同特点，但在属性上是有区别的。"不难看出，黑格尔的艺术本位的建筑艺术论属于前一种，柯布西耶的建筑本位的建筑艺术论属于后一种。陈志华先生曾经指出："为了中国建筑的健康发展，针对现状，首先应该加以区分的倒是'建筑本位派'和'艺术本位派'"。当我们关注我们的建筑艺术观、建筑价值观的病态问题时，确是应该清醒地认识这两种不同的建筑艺术论。

（原载《华中建筑》2007年第8期）

建筑创作的"重理"和"偏情"

建筑创作方法是建筑师进行建筑创作所遵循的设计思想和所运用的基本方法。建筑创作方法如同文学艺术的创作方法一样，名目繁多，五花八门，呈现着纷繁的多元态势。但从基本倾向来看，明显地存在着重理（偏重理性，偏重客观）和偏情（偏重浪漫，偏重主观）两种主要倾向。

所谓"理"，指的是事物的道理、规律、准范，是事物内在的客观规律的正确的主观反映。[①]在建筑设计中，"理"意味着建筑功能的合理性、建筑技术的科学性、建筑经济的效益性和建筑形式美的规范性。重理，就是对建筑设计所涉及的功能法则、技术法则、经济法则、形式美构图法则以及它们之间的协调法则的充分尊重和突出强调。

所谓"情"，指的是人的主观情趣、爱憎、意愿。在建筑设计中，"情"意味着建筑师通过创作构思，灌注进建筑作品中的主观意趣和情感。偏情，就是在建筑创作中突出"情"的成分，使建筑洋溢着浓烈的情感色彩。

建筑设计构思的过程是理和情的统一过程。建筑创作总是理和情的交织。不能设想会存在完全背离"理"的建筑。因为，倘若完全违背建筑的客观法则，这样的建筑就根本无法盖起来，也很难设想会存在完全摆脱"情"的建筑。因为建筑设计不是按数理逻辑进行公式推导，而是依据模糊逻辑进行方案构思。在方案构思过程中，在一系列"隶属度"的择定中，必然或多或少地渗透入设计者的主观情意。只是不同的建筑，不同的建筑师，在创作中情的渗入的程度有所不同。充分尊重客观规定性而较少注入主观情意，就属于"重理"；较多注入主观情意而不严格拘执于客观规定性，就属于"偏情"。形成重理、偏情这两种建筑创作方法的基本倾向，是建筑发展史上重要的规律性现象。

1."重理"、"偏情"的制约因素

为什么有的建筑重理，有的建筑偏情？这既受到建筑自身的客观因素的制约，也受到社会文化心态和建筑师的主观因素的制约。

制约建筑创作倾向的客观因素相当复杂，其中最主要的是建筑的功能性质和建筑的经济条件。

建筑功能性质的制约表现在：

（1）建筑物质功能中的自然性功能和社会性功能对精神功能有不同的要求

自然性功能是涉及人与自然的关系、人与物的关系的物质功能，包括建筑中抵御自然性侵害的要求，小气候要求，洁净度要求，视听质量要求，人的活动流程和物的工艺流程对空间尺度、数量、序列、组接方式的要求，以及坚固、耐久等技术性要求，等等。社会性功能是涉及人与人的关系的物质功能，包括对人为侵害的防御性要求，对私密性、政

---

① 李泽厚.美学论集.上海：上海文艺出版社，1980：333.

治性、文化性、宗教性、游乐性、礼仪性、纪念性的要求，等等。

可以看出，建筑中的自然性物质功能，虽然也已社会化，它的高低标准受到社会性的严格制约，但它自身并不带意识形态性，并不直接派生出相对应的精神要求。而建筑中的社会性物质功能，自身是政治性活动，意识形态性活动所需要的，这类物质功能必然伴随着提出相应的、带政治性、意识形态性、情感性的精神功能要求。以自然性物质功能为主的建筑，如仓库、车间、实验室等，与以社会性物质功能为主的建筑，如陵墓、教堂、纪念堂等相比较，精神功能要求的高低差别是显而易见的。

（2）满足生存需要、发展需要的物质功能与满足享受需要的物质功能，对精神功能有不同的要求

人的需要可分为生存、发展、享受三大类别。生存需要包括吃、穿、住、用、交通、保健等用来维持劳动力简单再生产的需要；发展需要包括发展生产、发展智力、发展体力等用来进行扩大再生产的需要；享受需要则是在前两种需要得到相对满足时，进一步要求更高的优质和更高的舒适度。[1]享受需要既表现为物质的享受，也表现为精神的享受。因此，享受性的别墅住宅较之一般住宅，享受性的旅游宾馆较之一般旅馆，精神功能要求就高得多。

由于这两方面的原因，自然性物质功能为主的建筑，偏于生存性、发展性需要的建筑，精神功能一般都处于较次要的地位，审美要求主要停留在对建筑的美化，只要建筑符合形式美的法则，具有审美的愉悦性即可满足需要。而社会性功能突出的建筑，偏于享受性需要的建筑，精神功能常常处于较重要的地位，甚至处于主要的地位。审美要求往往不停留于美化，而是结合建筑的性质，要求表现特定的气势、情调，表现时代的、民族的精神、气质，表现等级权势或纪念性涵义等。

各类建筑的物质功能、精神功能在要求上、标准上都有很大的浮动幅度，经济条件是拨动这个浮标的重要因素。经济条件优越，不仅自然性物质功能要求的标准提高，而且有条件提出更多更高的社会性物质功能要求，生存性需要、发展性需要就会敏感地向享受性需要偏摆。因此，经济条件通过拨动物质功能的浮标，也制约着精神功能的性质，调节着精神功能要求的强弱。

建筑自身精神功能的性质和要求的强弱与建筑创作的重理、偏情倾向之间，存在着什么样的关联呢？可以说，它们之间既有内在的制约关系，又不是简单的对应关系。精神功能要求偏低的建筑部类，由于它以自然性、生存性、发展性需要的物质功能为主，它本身受到的功能性、技术性、经济性的约制较为严格，一方面它并不要求显著的主观情感色彩，另一方面它也约制主观情感的自由驰骋，从必要性和可能性上都更适于重理的基调。中外历史上的民间建筑，生产性建筑，大量性、批量性和注重效益性建筑，基调都是朴实的、理性的，就是这一规律的反映。但是，也不排除有少数精神功能偏低的建筑，在建筑师的偏情创作下呈现偏情的形态。同样，精神功能偏高的建筑部类，也不是都对应地诱发、导致偏情的创作倾向。精神功能偏高的建筑，由于它以社会性、享受性的物质功能为主，通常又具有较优越的经济条件，它既需要较浓烈的情感色彩，也提供了情感驰骋的较宽松条件，从必要性和可

---

① 宋养琰.浅谈"需要".经济问题探索，1982（3）

能性上都有利于偏情的创作。但是，是否形成偏情倾向还取决于当时的社会文化心态和建筑创作主体的一系列主观制约因素。

这些制约建筑创作倾向的主观因素也是很复杂的。这里包括建筑师自身的社会文化背景、时代意识、审美理想、专业修养、心理素质、性格爱好等因素。不同建筑师的文化心态不同，理解力不同，想象力不同，对创作对象的侧重面不同，构思的角度不同，深度不同，都会给同样的设计对象罩上不同的主观色彩。不仅如此，建筑创作不同于纯艺术创作。建筑师不能自我选定创作对象，只能根据"业主"的委托进行创作。建筑师也不能单独择定设计方案，必须通过"业主"、设计管理人、设计评选人的层层筛选、审定。因此，建筑业主、建筑设计管理人、建筑设计评选人的主观愿望、意志、爱好，通常会对建筑师的创作产生指令性的制约或非指令性的影响，从而也在相当大的程度上制约建筑的创作倾向。

当然，建筑师也好，业主、设计管理人、设计评选人也好，他们的主观意志和建筑口味，虽然与他们个人的性格、气质有关，更主要的还是与时代和社会的文化心态、艺术要求有关。李泽厚在分析艺术的创作倾向时，指出了这一点。他说："正是一定时代和社会对艺术的不同要求，通过审美理想，使艺术家自觉或不自觉地具有和充满不同的精神倾向，这种倾向又规定着艺术家采取相适应的不同的手法而形成这一定历史时期中的一定的艺术流派和思潮。"①因此，建筑创作倾向的重理、偏情，从宏观上说，实质上折射着一定时代、一定社会的文化心态，反映着这个时代、社会的经济、政治和意识形态的面貌。而在同一时代、社会的背景下，不同的创作主体之间创作倾向的差异，则反映出各创作主体主观因素的差异，以及他们对时代文化心态和创作对象不同侧面的不同偏重。

2."重理"、"偏情"的主要差异

建筑创作的重理、偏情倾向，表现在建筑作品上，如缤纷的百花，是十分丰富繁杂的。我们有必要透过纷繁的现象，考察它们之间的主要差异。

（1）在建筑基本观点上，重理、偏情便各有所"倾"。重理倾向大多突出建筑的第一功能，把物质功能放在首位。偏情倾向则往往强调建筑的第二功能，抬高精神功能的地位，甚至把建筑看成"首先是精神的蔽所，其次才是身躯的蔽所"。通常认为，偏情注重"人性"，富有"人情味"，重理则是清教徒式、学究式的"见物不见人"。包豪斯就是这样被国外某些人贬为"目中无人的教育体系"。其实，确切地说，重理并不都是"目中无人"。应该说重理、偏情都关注着人的功能要求，只是重理侧重关注的是人的自然属性的、共性的要求，偏情侧重关注的是人的社会属性的、个性的要求。正是环绕这个节骨眼上的不同侧重，开始了重理和偏情的分道扬镳。

（2）这种分道扬镳，首先在对待建筑创作的主客观关系上呈现明显的差异。重理以尊重客观规定性为特色，重视设计的目的性、合理性、科学性、功效性。设计意匠侧重于探索建筑自身合规律性的形态、面貌。偏情则强调主观的自我表现，注重设计的抒情性，往往不拘执于某些客观法则，甚至偏离某些客观的规定性，热衷于追求理想的、带有浓厚主观感情色彩的形态、面貌。重理是创作

---

① 李泽厚.美学论集.上海：上海文艺出版社，1980：372-373.

的冷处理，情感含蓄、清淡、有节制，不直接表露，是"无我之境"。偏情是创作的热处理，情感奔放、激烈、外露，是"有我之境"。勒·柯布西耶早年坚持重理创作时曾说："平面布局是产生体量与外观的源泉。"而极力强调创作灵感的路易斯·康则说："每一个建筑师都狂热地表现出他的交响乐的全部。"从这两种"冷""热"迥异的表述，可以看出重理、偏情分明不同的创作态度。

（3）对待建筑主客观关系的分歧，自然反映出对待建筑与大工业生产的关系的分歧。这种分歧的集中表现，就是戴念慈所概括的：一是扬工业生产之长；一是避工业生产之短。[1]"房屋是居住的机器"、"我们要面向工艺"等口号，表明理性主义的建筑师确实是大工业生产的扬长派。他们主张建筑生产向机器生产看齐，建筑产品向工业产品看齐。他们勇于接受大工业生产给建筑带来的新事物，勇于推行建筑的批量化、标准化、模数化，勇于探索工业化建筑的共性、类型性。偏向浪漫主义的建筑师则敏锐地觉察到大工业带来的局限性，大多抨击"机器秩序"的概念，他们极力回避共性、批量性的千篇一律，注意克服标准化、模数化的枯燥无味，主张发展建筑的个性、可识别性。

（4）在对建筑美的看法上，重理、偏情的不同侧重十分明显。视建筑为住人机器的理性主义，把建筑美归入工业产品的美，以机器美学的审美眼光来对待建筑，要求建筑美符合现代工业生产的特性，注重建筑的空间美、材质美、结构美、工艺美，注意装饰的净化、合理化，尊重审美的规范化，讲究建筑美的和谐、典雅、纯净、完美。而追求建筑"诗意"、"情意"的浪漫派建筑师，总是把建筑美纳入艺术品的美，对建筑的空间、结构、材质、装饰的美的表现，不仅仅停留于形式美的要求，而进一步关注它的抒情感染作用，注重建筑的乡土性、情感性、特征性、趣味性，热衷于建筑美的独特、夸张、纷繁、瑰丽等奇彩异色。

（5）在设计手法上，重理、偏情各有不同特色。重理多尊重建筑实用功能和结构形态所构成的"基本型"，主张"形式跟随功能"，形式符合结构逻辑，强调"由内到外"的设计方法，注重"表里一致"的真实性。偏情常常突破建筑实用功能和结构形态的"基本型"，强调精神功能对形式的制约，强调自由塑形，注重设计方法的"由外到内"，允许形式不反映内部空间，允许单纯起精神作用的结构。重理多严格地运用"建筑语言"，建筑形象注重明确性、有序性、逻辑性，注重合理尺度和逻辑尺度。偏情常常夸张地运用"建筑语言"，建筑形象追求丰富性、包容性、有机性、模糊性，常用宜人尺度、夸张尺度、神秘尺度。重理着重和谐性的协调，偏情喜好对比性的协调。重理侧重规范化的手法，偏情突出自由化的手法。所有这些，形成理性手法和浪漫手法的种种差异性。

3. "唯理主义"与"唯情主义"

重理、偏情作为建筑创作的两种基本倾向，是没有优劣长短之分的。它们自身都是重要的、健康的创作方法。有的建筑适于重理，有的建筑宜于偏情。有的建筑师侧重理性，有的建筑师偏重浪漫。人们需要理性的建筑，也需要浪漫的建筑。建筑史上，有大量的、著名的、完美和谐的典范性的理性建筑，也有十分丰富的、韵味盎然的、极富象征特色的浪漫建筑。只要用得其所，用得适当，重理、偏情都能创作出优秀的建筑作品。如果失之偏颇，走向极端，重理、偏情都可

---

[1] 戴念慈. 现代建筑还是时髦建筑. 建筑学报, 1981（1）.

能越轨陷入歧途。

由重理走极端,从理性主义滑到"唯理主义",是屡见不鲜的。这种情况多产生于孤立地强调建筑中某要素的理性原则,忽视其他要素,忽视各要素之间的平衡、协调,而导致创作的片面性和绝对化。历史上,意大利文艺复兴晚期建筑家维尼奥拉和帕拉第奥,把几何和数的和谐的形式美法则绝对化,把数的规则视为绝对理性,视为普遍的、万能的、永恒的美的法则,为柱式制定繁琐的数的规定,导致柱式的僵化和建筑形式的教条化。法国古典主义建筑家师承这个理论,以建筑构图取代建筑创作,以严格的古典柱式作为构图基础,导致建筑形式进一步的模式化。两者都是从形式美的规范化这条理性原则出发,走极端而迈向形式主义的。现代建筑活动中,有些建筑师把顺乎材料、结构的理性要求绝对化,有意突出毛糙、沉重的粗野感,追求"粗鲁的诗意",成为带自然主义倾向的野性主义。有些建筑师从重视新技术的理性要求出发,追求"巨型结构",追求越新越好,成为带未来主义色彩的高技主义。密斯·凡·德·罗把模数化、标准化、工业化视为凌驾其他设计要素之上的崇高原则,把空间、家具、材质和色彩的一致性,绝对化到一种空间只能接受一种家具和装修布置,把追求优质钢和玻璃的材质表现,搞到不惜重金、不顾实用的地步等,也都是从理性主义走极端而偏到唯理主义,走向非理性的。

文学艺术创作有积极的浪漫主义和消极的浪漫主义,建筑创作也有积极的偏情和消极的偏情。消极的偏情大多数表现为走极端的"唯情主义",孤立地、过度地突出建筑的精神功能,常常走到脱离物质功能、违背结构逻辑、不顾经济代价地追求建筑艺术的

某种情感表现和审美趣味的地步。有像巴洛克那样以新颖的动态空间、反常的畸形构件和珠光宝气的热闹装饰,表现奇诞、诡谲、神秘的宗教意图和新奇、绮丽、欢乐的世俗趣味;有像洛可可那样以纤巧、繁琐、柔媚、迷离的室内装饰,迎合娇柔、慵懒的审美时尚;有像西班牙建筑师高迪那样以独创的粗野、动荡、怪诞、恐怖的塑性造型表现浪漫的幻想和梦幻的境界;也有像某些不高明的"后现代"那样走向以假俗、古旧为特色的现代市侩浪漫。在种种特定的文化观、审美观的支配下,消极偏情常常陷进五花八门的唯美主义、装饰主义、表现主义、复古主义或神秘主义。

重理、偏情作为建筑创作方法自身,虽然是不分优劣的,而应用到具体建筑上,就有口径是否吻合、程度是否适当、手法是否高明的高下之别。对于具体的建筑对象,具体的建造环境和技术经济条件,重理方案与偏情方案之间,不同程度的重理方案之间,不同程度的偏情方案之间,都有高下优劣可比,都需要精心地构思、推敲。建筑师创作构思的一个重要任务就是准确地把握客观实际,恰如其分地掌握重理、偏情的最优隶属度。

4. "重理"、"偏情"的表现形态和互补机制

建筑创作方法的重理、偏情倾向,带来了建筑作品的重理、偏情形态,它呈现在建筑活动的许多方面,也体现在建筑构成的各个层次。

就建筑活动而言,重理、偏情的形态差异既反映在不同类型、不同学派、不同建筑师的建筑之间,也呈现在不同时代、不同民族、不同体系的建筑之间。

古埃及的神庙建筑,以超人的巨大尺度、

沉重的物质重力和压抑、神秘的形象，突出"神性"的威慑，呈现浓烈的偏情形态；古希腊的神庙建筑以明晰的构造逻辑，严谨的度量关系，和谐、典雅的完美形式成为典范性的理性建筑；哥特的教堂建筑以巨大的空间、超乎寻常的高度、强烈的垂直线条、升腾的向上气势构成超尘脱世的幻境，显出偏情的追求；文艺复兴的府邸、别墅、教堂和广场建筑群，在人文主义理想支配下，以严谨的古典柱式构图，明晰、精确的比例，有节制的细部和谐、明朗、亲切的气氛，展示理性的基调。每个时代都以占主导地位的建筑类型构成时代的主要建筑活动。因此，不同时代占主导地位的建筑类型的重理、偏情形态，就代表着不同时代建筑创作的宏观倾向。

不同民族、不同体系的建筑，也同样贯穿着重理、偏情的不同基调。李泽厚在《美的历程》中分析的中国木构架建筑体系的理性基调，足以说明这一点。他指出：中国建筑的代表，"不是孤立的、摆脱世俗生活、象征超越人间的出世的宗教建筑，而是入世的、与世间生活环境连在一起的宫殿宗庙建筑"；中国建筑的艺术特征，"不是高耸入云、指向神秘的上苍观念，而是平面铺开、引向现实的人间联想；不是可以使人产生某种恐惧感的异常空旷的内部空间，而是平易的、非常接近日常生活的内部空间组合"；中国建筑的空间意识，"不是去获得某种神秘、紧张的灵感、悔悟或激情，而是提供某种明确、实用的观念情调"；中国建筑的形态，"不是以单一的独立个别建筑物为目标，而是以空间规模巨大、平面铺开、相互连接和配合的群体建筑为特征"。他认为实用的、入世的、理智的、历史的因素在中国建筑中占着明显的优势，即使像封建后期趣味

盎然的园林建筑，也仍然"没有离开平面铺展的理性精神的基本线索，仍然是把空间意识转化为时间过程，渲染表达的仍然是现实世间的生活意绪"。[1]中国木构架体系建筑存在这种共同的创作基调，其他体系建筑也同样存在自己的创作基调。这表明同一体系的建筑在创作方法上蕴含着民族的、历史的某种共同倾向性。就建筑自身构成而言，重理、偏情的形态差异既反映在建筑个体的平面组合、空间组合、结构形态、构件形态、外观造型和室内景观上，也反映在组群的总体布局、庭园绿化上，还渗透到建筑的细部装饰等，几乎可以说建筑构成的各个层次都有所展现。

同样是组群布局，密斯·凡·德·罗规划的美国伊利诺伊工学院校园，在110英亩的长方形地段上，行政管理、图书馆、各系馆、校友楼、小教堂等十多幢低层建筑，严格地按几何网格纵横排列，构成单调的、规则的模数组合，显现十足的理性布局（图1）。阿尔托规划的尤瓦斯丘拉师范大学校园，则结合三面松林包围的倾斜盆地，沿周边布置教学楼、实验楼、图书馆、体育馆、俱乐部和宿舍等建筑物，形成高低起伏、错落有致的建筑组群和曲曲弯弯的校园小径，整体布局充满浓郁的浪漫情趣和"人情味"（图2）。

同样是装饰、彩画，清代的殿式彩画（包括"和玺彩画"和"旋子彩画"）与苏式彩画之间，也明显地呈现重理偏情的不同格调（图3）。殿式彩画采用的是程式化的象征画题；苏式彩画采用的是活变的写实画题。殿式彩画严格运用平面图像，排除图案的立体感、透视感，力求保持作为彩画载体的构件的表面二维平面视感；苏式彩画则热衷于运

① 李泽厚.美的历程.北京：文物出版社，1981：61-66.

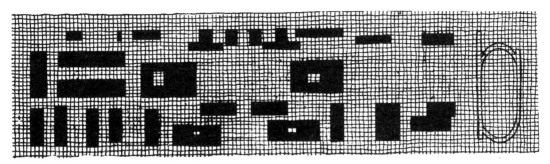

图1 美国伊利诺伊工学院校园

用退晕和立体图像,画面呈现显著的立体感、透视感,不在乎构件表面产生凹凸的错觉。殿式彩画尊重构件的结构逻辑,画面严格遵循平板枋、大额枋、垫板、小额枋之间的界限,绝不超越、交混,力图保持构件组合的清晰性;苏式彩画则突破构件的结构逻辑,不拘泥于檩、垫、枋的构件界限,枋心部位以大面积的"包袱"模糊了构件的组合形态。殿式彩画与苏式彩画的这种大唱"对台戏"的现象,生动地表明了殿式彩画贯穿着理性的创作意识,强调客观的制约性,强调纯净的建筑语言,强调规范化的设计手法;而苏式彩画则带有浓厚的偏情成分,带有浪漫的色彩,创作主体的能动作用上升,敢于突破客观的制约性,敢于运用非规范的设计手法。这种微处理上反映的重理、偏情倾向,满足了不同性质建筑在微观层次上的性格要求。

重理、偏情形态呈现在建筑活动的各方面和建筑构成的各层次,但是,建筑的各方面、各层次的重理、偏情形态却不是清一色的"同步"、"同相"。这是因为,建筑创作自身是理与情的交织,重理也好,偏情也好,都不过是情理相依中的这样那样的侧重。因此展现在各

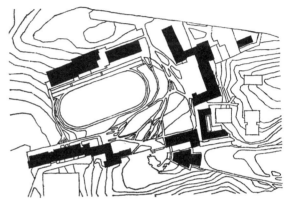

图2 尤瓦斯丘拉师范大学校园

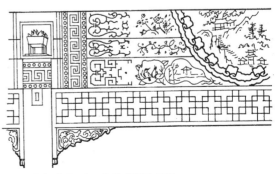

图3 和玺彩画(上)和苏式彩画(下)

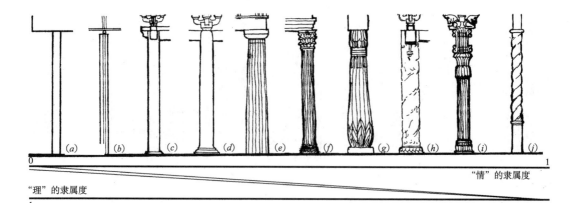

图4　从"重理"到"偏情"的柱子序列

(*a*) 萨伏伊别墅钢筋混凝土柱；(*b*) 西柏林新国家美术馆钢柱；(*c*) 清式檐柱；(*d*) 宋式檐柱；(*e*) 希腊多立克柱式；(*f*) 罗马科林斯柱式；(*g*) 埃及纸草束茎柱式；(*h*) 曲阜孔庙大成殿石柱；(*i*) 波斯帕赛波里斯大殿石柱；(*j*) 巴塞罗那卡芮特公寓柱子

方面、各层次的重理、偏情形态，在建筑作品中实际上构织成错综复杂的彼此交叉和相互渗透。

庞大尺度的古埃及金字塔，极端夸大地表现着法老的"神性"象征，这种浓烈的偏情创作，却采用了严谨的方锥体的极为"理性"的几何形式。典范性的雅典卫城的理性建筑群中，存在着不对称的、复合形体的、带女郎柱廊的伊瑞克提翁庙，给理性精神抹上一笔淡淡的浪漫色彩。君士坦丁堡的圣索菲亚大教堂，内部空间宏大高敞，展延无尽，色彩灿烂夺目，带着神秘、飘荡、恍惚的浪漫意味；而外观造型只是内部空间和砖墙、穹顶的直接表露，以惊人的简朴显现着理性的外貌。哥特教堂虽然展示神秘的、出世的偏情追求，它的结构体系的完善、力学逻辑的清晰和彩色玻璃闪烁的世俗情调却是理性的、入世的。中国传统的官式建筑，就定型的个体来说，是高度程式化、类型化、理性化的，而总体的组合却可能构成宫殿、陵墓、苑囿等各种带着浪漫格调的布局。中国建筑的大屋顶，在木构架的结构条件下，既体现着功能、技术、艺术协调统一的理性原则，又呈现着"如鸟斯革，如翚斯飞"的形态，蕴含着浪漫的情调。前面提到的苏式彩画，作为细部装饰，它洋溢着偏情风韵，而它所彩绘的单体建筑自身，整体说来，则大多是理性的，也生动地展现着单体建筑层次与细部装饰层次之间的理与情的交织。

重理、偏情形态的这种交叉、渗透，不仅表现在建筑构成的不同层次之间的穿插，也表现在同一层次、同一类构件内部的交融。以"柱"的形象为例，呈现在建筑物立面的柱子，一方面作为结构构件，要反映符合结构逻辑的力学作用，另一方面作为造型要素，又要起到表达精神功能的审美作用。如果我们抽取古今中外的若干柱子，从重理到偏情排一个序列（图4），就可以清晰地看到，柱子从突出力学逻辑的形象到模糊、干扰甚至歪曲力学逻辑的形象，从只具淡淡的情意的形态到具备浓厚情感的形象，透过理与情的不同隶属度的配合比，展示了同一类型构件理与情的交融的普遍性和丰富性。

重理、偏情的交叉、渗透，还表现在某些情况下，不同的重理、偏情的创作思想运用着近似的、类同的设计手法。现代建筑空间的整体性、统一性，既见于格罗皮乌斯的重理建筑，也见于赖特的偏情建筑。格罗皮乌斯侧重于"形式上、技术上、社会上与经济上"的协调法则，从理性要求上强调它；赖特则侧重于视觉上、艺术上、与自然环境的有机融合上，从浪漫情调上突出它。[1]现代建筑的宜人的、合理的尺度，也同样散见于重理和偏情的建筑。在理性建筑师那里，它意味着科学性、合理性；在浪漫建筑师那里，它意味着"人情味"。对旧形式的模仿，在重理、偏情的建筑上也都可能出现。重理用它，多出于对古典的形式规范的恪守；偏情用它，则往往是追求民族文脉风韵或追求标"旧"立异。甚至像把管道、电梯间暴露在建筑物立面上这样的设计手法，不仅皮阿诺、罗杰斯在巴黎蓬皮杜文化中心作为理性手法来使用，路易斯·康从突出"服务空间"，追求造型的雕塑性、可识别性的角度，也在被称为"构图狂热者的作品"的理查医学院研究大楼上作为浪漫手法来运用。这些现象表明，设计手法既受设计思想的制约，有一致性的一面；又有可能服务于不同的设计思想，有相对独立性的另一面。我们既要看到重理、偏情手法各具特色的差异性，也要看到重理、偏情手法的某种通用性、渗透性。

5. 重视情理交融，繁荣建筑创作

正确认识建筑创作的重理、偏情倾向，对建筑理论研究和建筑设计实践都有重要意义。认识重理、偏情是建筑创作的两大基本倾向，认识这两大倾向的存在是建筑发展史上的规律性现象，有助于我们把握历史的、现代的建筑的思潮的基本脉络。罗小未在分析20世纪50、60年代西方建筑思潮时，对现代建筑的形形色色的纷繁倾向，就是从创作方法的基本倾向的高度将其概括为重理和偏情两大类别。[2]这样

的概括能准确地抓住五花八门的现代建筑学派的本质倾向，理出现代建筑思潮的明晰脉络，有力地显示出从创作基本倾向来考察建筑学派思潮的重要性。

认识建筑创作重理、偏情的性质、特点和主客观制约要素，认识重理、偏情自身都是健康的、重要的创作方法，如失之偏颇，走向极端，都可能越轨而导致"唯理"、"唯情"。我们在探索我国当代的建筑创作方法时，理所当然应该自觉地兼收重理、偏情之长，记取国外现代建筑"唯理"、"唯情"学派的前车之鉴，避免这样那样的非理性主义。我们应该允许既有重理的建筑，也有偏情的建筑和处于中介状态的建筑。在同一建筑作品中，注意理与情的交织，既要入情之理，也要合理之情。针对我国处于社会主义初级阶段的国情特点，我们的建筑创作应该特别重视适用、经济、美观完美协调的理性原则，努力创作与这种理性原则协调的情理交融的建筑。

认识重理、偏情呈现在建筑的各方面、各层次，并构成错综复杂的交叉渗透，认识重理手法和偏情手法既有不同特色的差异性，又有某种程度的通用性，我们的建筑创作应该放宽视野，博采众长，重视重理手法与偏情手法的互补机制，勇于借鉴中国的、外国的、历史的、当代的多元优秀手法，繁荣我们的建筑创作。

（原载《哈尔滨建筑工程学院学报》
第22卷增刊1989.6）

---

① 罗小未.莱特.建筑师，第5辑.
② 罗小未.五、六十年代的西方建筑思潮.世界建筑，1982（6）.

美学误区与"二律背反"

郑光复教授的"误区"系列论文，是一组充满激情的建筑理论檄文。它发出"美学误区"这一响亮的警语，淋漓尽致地抨击了"建筑即艺术"的观念和创作倾向。论文切中我国建筑界的时弊。我们的设计实践的确存在着这类"误区"现象：不少大型公共建筑不是注重空间的实用效益，而是追求空间的排场、气派；不少室内设计不是精心创造良好的室内环境质量，而是专注于室内的美化修饰，成了名副其实的"室内装饰"；有的规划设计极力突出风貌设计；有的建筑方案评审几乎蜕变为建筑方案"选美"。在建筑学专业教育中，正如作者所说，这种现象就更为触目。作者称这种"建筑即艺术"之论已形成一种公害，这是发人深省的。

作者从生活场、科技系统、经济产物等视角，对建筑的本质作了多向度的展述，提出了两个新鲜的命题："建筑是生活场的型化"，"建筑是人化的科技系统"。以"生活场"取代"空间"作为建筑的主角，进一步论述生活场的物化、型化，探讨了经济、技术等在"型化"中的规定性作用，是很精辟的理论概括。"人化的科技系统"的提法也有很深的用意，它指明了建筑科技系统渗透着丰富的人文科学内涵，具有浓厚的人性化色彩，这的确是建筑科技系统值得注意的一大特点。

"美学误区"问题，讨论的是建筑的本质和建筑美的形态问题。这个问题涉及艺术概念的模糊性和建筑美形态的中介性等问题。有关艺术的定义历来争论不休，有对"艺术"与"非艺术"、对"狭义艺术"与"广义艺术"的种种界定的各家学说，也有一些学者认为艺术定义是无法精确界定的。事实上，艺术概念是个模糊概念。如同美与丑的界限是模糊的，艺术与非艺术、狭义艺术与广义艺术之间的界限也是模糊的。艺术界限的模糊性很自然地给处于艺术与非艺术的"中间地带"的事物的定性带来很大的困难。在1984年召开的第十届国际美学会议上，就曾着重讨论这个问题，会上提到传统的艺术边缘地带主要是建筑和工艺美术，如今又出现了艺术体操、电脑艺术等一系列新的边缘地带。

建筑之所以处于艺术与非艺术的中间地带，是由建筑这个庞杂系统的自身特点所决定的。建筑包容着从简易工棚到豪华宾馆、从几乎纯物质功能的仓库到几乎纯精神功能的纪念碑的繁多类型。从数量上说，实用性的建筑历来都占绝大多数，宫殿、神庙、教堂、府邸、陵墓、园林等对艺术性要求很高的建筑只占少数。但是，在古代，这类少数建筑却往往居于建筑活动的主流地位。在现代的发达国家，旅游性、游乐性、高舒适度、高情感度建筑也越来越成为建筑活动的活跃领域。它们的数量虽不多，而在建筑家族中的地位却很突出。全面地认识建筑，应该遵照吴良镛先生的倡导，采取广义建筑学的全方位视角。仅就美学的角度来说，建筑是技术美学与艺术美学的复合区，建筑美处于技术美与艺术美的中介形态。建筑设计基本上遵循一整套技术美学法则，也渗透着程度不等的艺术美学法则。对于不同的建筑类型、不同性质的建筑空间、不同的设计层次、不同的经济条件和建筑环境，基于建筑功能的性质和所处主次地位的不同，所渗透的艺术美学的程度有很大的差别。技术美学法则与艺术美学法则既有内在的一致性，也有相对的差异性。这导致建筑创作中呈现一系列"二律背反"的现象：建筑审美既可以像工业品那样满足于形式美化的要求，也可以像艺术品那样进一步追求特定的情调、意境；建筑造型既需要尊重功能合理性、技术科学性、经济效益性所制约的基本型，也允许在特定情况下强化体量，突破基本型；建筑产品既可以呈现为大量性、批量性，侧重类型化、标准化，也可以呈现为少量性、单件性，突出个性、独创性；在建筑构思中，既存在"形式追随功能"的正向思路，也存在"形式唤起功能"的逆向思路。这些"二律背反"是相辅相成的，它反映着建筑创作中技术美与艺术美的交叉，体现着客观规定性与主观意愿性的交织，折射出理性原则与浪漫精神的交融。在历史上，民居型的建筑注重美与合目的性的"善"、合规律性的"真"的统一，呈现出纯朴的、富有生活气息的品格，最贴近技术美学法则，所渗透的艺术美学法则很弱；宫殿寺庙型的建筑，刻意表现特定的情感性、意识形态性内涵，不惜超越实用的尺度，不计工本地强化建筑的表现力，呈现宏

壮、神圣、富丽堂皇的品格，很大程度上融入了艺术美学的法则。两者在审美价值上并无高低之分，它们的杰作都可能达到很高的审美质量，但在美学法则上是有重要区别的。柯布西耶说："建筑学从来就是宫殿庙宇的建筑学，我们今天要把它变成住宅的建筑学。"[1]这仍然是我们应该记取的座右铭。我们今天的建筑实践，有住宅、厂房、仓库，也有高级宾馆、博物馆、游乐场，多部类、多层次、多目标的建筑系统，需要多侧面、多向度的创作构思，应该提倡多元的创作路子。但是也应该看到，在多样的建筑实践中，基于我们的国情，大量性的居住建筑、各种类型的生产性建筑和实用性的公共建筑，显然占据数量上的绝大多数，与国计民生关系最为密切，实质上是我国建筑活动的主流，它们都属于柯布西耶所说的"住宅的建筑学"的范畴。这个部类的建筑显然应该突出技术美学的法则，而不能无节制地串用过多的艺术美学法则。因此，我们的多元创作应该更多地遵循技术美学的理性原则，而不是艺术美学的浪漫精神。面对建筑所处的技术美学与艺术美学的复合区，面对建筑创作中一系列"二律背反"的可能选择，我们应该十分清醒地考察所设计对象的建筑性质及其所处的特定环境，把握正确的美学"定位"，避免陷入"美学的误区"。

（原载《新建筑》1981 年第 1 期）

---

① 梅尘.读书笔记.建筑学报，1984（9）.

建筑的"软"传统和"软"继承

日本著名建筑师黑川纪章在讨论中国现代建筑与传统结合的问题时，把建筑传统区分为两种：一种是看得见的，一种是看不见的。他认为不能只把看得见的东西作为传统照搬到现代建筑中来，而要注意眼睛看不见的东西。[1]的确，这个主张是很有见地的，把建筑传统作这样的区分是很有必要的。

建筑传统中看得见的东西，可以说是建筑的"硬"传统。它是建筑传统的物态化存在，是凝结在建筑载体上，通过建筑载体显现出来的建筑遗产的具体形态和形式特征。古希腊建筑的三柱式，古罗马建筑的五柱式，哥特建筑的尖券、飞券、骨架券形式，中国木构架体系建筑的四合院、大屋顶、须弥座、斗栱、彩画等形式，都属于不同建筑体系各具特征的建筑硬传统。它们都是具体实在的，有形有色的，看得见、摸得着的。它们是建筑遗产的"硬件"集合，是建筑传统的表层结构。

建筑传统中看不见的东西，可以说是建筑的"软"传统。它是建筑传统的非物态化存在，是飘离在建筑载体之外，隐藏在建筑传统形式的背后，透过建筑硬件遗产所反映的传统价值观念、思维方式、文化心态、审美情趣、建筑观念、建筑思想、创作方法、设计手法等。它们是直观看不见、摸不着的东西，是建筑遗产的"软件"集合，是建筑传统的深层结构。

长期以来，我们对于建筑遗产的认识，没有明确地区分它的"硬"形态和"软"形态，主要注目于建筑传统的表层结构而忽视了它的深层结构，主要关注于硬传统的继承而忽视了软传统的继承，这是我们研究中国建筑遗产、探讨中国现代建筑与传统结合问题所存在的一大通病。这里，试围绕中国建筑的软传统和软继承问题，作一下初步的考察。

一、建筑软传统的丰富内涵

建筑软传统具有极为丰富的内涵，从多种角度去考察，可以开挖出建筑遗产所蕴含的多向度的软传统。

我们试选择中国建筑最具特征的部件——大屋顶，中国建筑的程式化细部装饰——清式彩画和中国建筑的著名组群——明清北京天坛，作一下具体的考察。

1. 大屋顶

大屋顶的形式特征是大家所熟知的，通常概括为：出檐深远，屋面凹曲，檐口反宇，翼角翘起，并采用一整套特定的瓦件、脊件和突出的脊饰。大屋顶的这些形式特征，只是大屋顶的表层结构的特点。在它的外在表象的背后，蕴藏着一系列值得注意的软传统内涵。

（1）从创作精神来看

成熟期的大屋顶体现了在木构架体系条

---

① 张复合. 建筑传统与现代建筑语言. 世界建筑，1983（6）.

件下的实用功能、技术做法和审美形象的和谐统一：深远的出檐，凹曲的屋面，反宇的檐部，翘起的翼角，奇特的鸱吻，成列的走兽。原本都是在屋顶功能的需要或构造所需的基础上的美化处理。屋顶形象展现着功能、技术、等级标志诸多语义和宏大、挺拔、舒展、丰美的审美意味的高度和谐。真、善、美的交融闪烁着理性与浪漫交织的光辉，体现着中国建筑在情理结合中突出地以理性为主导的创作精神。而在封建社会末期，处于衰老期的木构架体系的大屋顶中，一些特定的做法和脊饰已失去实用功能和构造作用，转化为单纯的装饰件，转换成等级标志语义、历史文脉语义与装饰性韵味的结合体，蒙上浓厚的惰性保守色彩。大屋顶在创作思想上可以说既有传统文化的理性光彩，也有传统文化的惰性暗影。

（2）从形态构成来看

官式建筑的大屋顶形成高度程式化的型制，定型为庑殿、歇山、悬山、硬山、攒尖五种基本类型。这五种基本类型具有许多值得注意的构成机制：①硬山、悬山、歇山、庑殿的前后庇（前后两坡屋面）母体都是相同的，它们的区别只在于端部形式的差异，呈现出屋顶系列的"同体变化"现象，展现出屋顶族系良好的整体感和"群化效果"；②作为母体的前后庇，在长度上具有灵活的伸缩机制，它可长可短，很好地适应了木构架建筑不同开间的变化，甚至可以极度延伸而成为廊、庑的屋顶；③攒尖顶可视为前后庇极度缩短的产物，四角攒尖实质上是庑殿顶的两个端部直接结合而"挤掉"前后庇的特例；④这五种基本的屋顶类型，可以通过单向水平组合、双向水平组合、竖向重檐组合、竖向楼阁组合等方式，形成多种多样的组合形态。[①]大屋顶的这种形态构成和组合

机制，蕴含着传统建筑处理程式化部件系列的丰富历史经验。

（3）从组群空间构成来看

大屋顶的各种基本类型，都保持着前后对称和左右对称的形式，妥帖地适应了传统建筑庭院式组群空间布局的需要。五种基本类型的端部变换，进一步在空间面向上形成不同的特色。硬山顶的侧面收藏不露，仅以山墙面显现；悬山顶的侧面略加悬挑，屋顶在山面略有照应；歇山顶提供了华丽、丰富的屋顶侧面；庑殿顶展现了宏大、庄重的屋顶侧面；攒尖顶则把侧面提到与正背面同等重要的地步，形成正、侧、背各面等同的全方位屋顶。这样，硬山、悬山恰当地适用于处在偏旁部位的配殿、配房和低等级、小尺度庭院的正房的屋顶；歇山、庑殿恰当地适用于处在中心部位的高等级主体殿堂和重要的、大尺度庭院的偏旁配殿的屋顶；攒尖恰当地适用于承受来自四面八方的全方位视线的亭、塔的屋顶。大屋顶的类型虽然不多，而在组群空间构成上却能满足各种面向的需要，表现出在庭院式组群布局中良好的调节机制。

（4）从性格构成来看

五种基本屋顶类型形成了屋顶的性格"序列"，硬山显得素朴、拘谨，悬山显得舒放、大方，歇山显得丰美、华丽，庑殿显得严肃、伟壮，攒尖显得高崇、向上、活跃、丰富。在这五种类型性格的基础上，再加上两种附加的调节因子，一是以卷棚式来调节硬山、悬山、歇山的轻快感，二是以重檐式来增强歇山、庑殿、攒尖的雄伟感、高崇感。

---

① 关于大屋顶形态构成分析，引用了本人指导的研究生许东亮硕士学位论文《传统屋顶的形态构成与意义阐释》的研究成果。

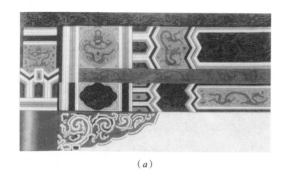

(a)

(b)

(c)

图 1 清式彩画
(a) 殿式彩画之一——和玺彩画;(b) 殿式彩画之二——旋子彩画;(c) 苏式彩画

这样就形成了从朴素到豪华、从轻快到肃穆、从灵巧到宏伟、从平阔到高崇的屋顶性格序列,取得屋顶品种有限而性格品类齐全的灵活调节机制。当然,大屋顶的这种"性格",体现的只是建筑的形制性格,而不是建筑的功能性格,更谈不上设计人的创作性格。可以说大屋顶在性格构成上,既表现出良好的形制性格的调节机制,又显现出以形制的类型性格吞噬功能个性、创作个性的特点。

大屋顶的软传统内涵还可以从别的视角进行考察,仅就以上所涉及的理性创作精神和历史惰性力,处理程式化的灵活机制和丰富的设计手法,屋顶形象与组群空间的相互制约规律,良好的形制性格和以类型性吞噬个性的现象,等等,已可以看出蕴藏在屋顶表层形态背后的软传统内涵的丰富性。

2. 清式彩画

清式彩画定型为和玺彩画、旋子彩画和苏式彩画三大类。梁思成先生在《清式营造则例》中,把和玺、旋子合称殿式彩画(图 1)。我们如果对殿式彩画和苏式彩画的不同特点做一下比较分析,就可以发觉在彩画表象的背后同样蕴藏着多向度的软传统内涵。首先,我们考察一下殿式彩画和苏式彩画表象上的三个不同特点:①殿式彩画采用的是程式化的象征画题,苏式彩画采用的是写实的画题;②殿式彩画尊重构件的结构逻辑,画面严格遵循平板枋、大额枋、垫板、小额枋之间的界限,绝不超越、交混,以保证构件组合的清晰性。苏式彩画则突破构件的结构逻辑,不拘泥于檩、垫、枋的构件界限,以大面积的"包袱"模糊了构件组合的形态;③殿式彩画严格运用平面图案,排除图案的立体感、透视感,力求保持构件载体表面的二维平面视感。苏式彩画热衷于运用退晕和立体图案,画面呈现显著的立体感、透视感,不在乎构件载体表面产生凹凸的错觉。

两类彩画的这种针锋相对的"差异",形成大唱对台戏的奇特现象。在这个现象的背后,隐藏着很值得注意的深层内涵:

(1)它形象地透露出传统建筑的不同性格对细部装饰品格的内在制约。殿式彩画用于庄重的、富丽堂皇的场合,要求表现出规整、端庄、凝重的格调;苏式彩画用于轻松的、活泼欢快的场合，要求表现出变通、风趣、丰美的格调。两种彩画画面的不同特色，鲜明地体现着各自的建筑性格，展示出中国建筑通过程式化的细部装饰表现性格的独特机制。

（2）在创作方法上，它生动地体现出中国建筑在总的情理交织中呈现着部分重理与偏情的不同倾向。殿式彩画贯穿着重理的创作意识，强调客观制约性，强调纯净的建筑语言；苏式彩画则带有浪漫的色彩，创作主体的作用上升，敢于突破客观的制约性。这是在建筑的微处理层次上反映出理性与浪漫的不同意蕴。

（3）它有力地展现出建筑创作中的二律背反现象。两类彩画的处理手法相悖，但都是可行的。彩画图案既可以遵循结构逻辑，也允许突破结构逻辑，既可以侧重客观制约性，也允许偏重主观能动性。它们在各自特定的场合都是合理的。它表明彩画的程式化处理中，体现了艺术创作不搞"一刀切"的精神，不以一种手法去否定、排斥另一种手法，而是兼容两种"背道而驰"的手法，促成艺术手法上的互补。

清式彩画还可以从其他角度来考察它的软传统内涵，例如从彩画的用色特点来认识传统建筑用色的独特规律，从画面的构成程式来认识传统建筑图案装饰的调节机制，从彩画的图饰来认识传统建筑的符号机制，等等。

3. 北京天坛

北京天坛组群，作为传统建筑的瑰宝，是一份很有价值的建筑遗产。如果仅从硬传统的角度来审视，给我们留下的主要是祈年殿、皇穹宇、圜丘等特定的建筑形象，它所表现的硬传统是很有限的。如果从软传统的角度来考察它所蕴含的设计手法、创作精神

及其他深层文化内涵，则是十分丰富的。

从设计手法来看，天坛组群贯穿着极为出色的"以少总多"（《文心雕龙•物色篇》）的规划设计手法。我们可以看到，天坛作为封建时代最高等级的祭祀建筑组群，所用的建筑数量是很少的，主要建筑只用了"祈年殿"、"圜丘—皇穹宇"和"斋宫"三组建筑（图2）。这三组建筑的尺度也并不高大。天坛就以这些极其有限的建筑手段，在坛墙围合的庞大地段中，满足了祭天仪礼的功能要求，造就了肃穆静谧、超凡出尘的环境，创造了突出表现"天"的崇高、神圣的独特境界。这里面包容着一系列值得注意的"以少总多"的传统手法。

（1）不使用过多的建筑和超级的体量，而采用超大规模的占地（约为紫禁城占地的三倍多）和超级的绿化，调动非建筑要素，以大片苍翠浓郁的柏林来塑造天坛所需要的宏大静宁、庄严肃穆的环境。

（2）以两组主体建筑——圜丘—皇穹宇组和祈年殿组构成主轴线。为突出轴线长度，

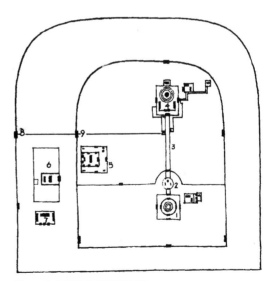

图2　北京天坛总平面示意图
1. 圜丘；2. 皇穹宇；3. 丹陛桥；4. 祈年殿；5. 斋宫；6. 神乐署；
7. 牺牲所；8. 西门；9. 西天门

有意拉大了两组建筑的南北距离，通过一条高出地面的很长很宽的甬道——"丹陛桥"，把两个主体建筑组成有机的整体，大大增强了轴线的分量。这种做法是以较少的代价调动建筑中的配角承担了总体布局上的重任。

（3）善于运用虚扩的手法，扩大建筑的形象。祈年殿的殿身并不很大，由于顶上层叠着三重檐的攒尖顶，基部重叠着三层台基，大大扩展了祈年殿形象的高崇和宏大。圜丘自身只是不很大的三层圆台基，由于环套着一圈圆形的墙和一圈方形的壝墙，以极少的代价大大延展了圜丘的整体形象，增强了圜丘的建筑分量。

（4）在主轴线的定位上，历经扩建，形成轴线偏东的景象，拉长了从主入口西门到主轴线的距离，使天坛主体建筑最大限度地远离市井尘世，使进入天坛的人群穿越更长的茂密柏林，感受更加盛大、更为浓郁的肃穆静宁的气氛。这也是一种巧妙的"以少总多"手法，它在既定的地段中，有效地扩展了组群的空间容量，显著地拓宽了组群的空间观感。

前面提到，中国木构架建筑体系蕴含着"在理性与浪漫的交织中突出地以理性为主导"的创作精神。这种创作精神在天坛组群中同样表现得很显著。我们可以看出：

①作为祭天的建筑，天坛组群在艺术上需要突出地表现"天"的崇高、神圣，它不是孤立地以形象取胜，而是综合地以境界取胜，特别着力于意境的创造。在圜丘台面上，升高的视点和压低的墙使覆盖这里的天穹显得分外辽阔、高崇。在祈年殿庭院里，三重檐攒尖顶的圆殿，兀立在三重宽大台基的祈谷坛上，周围的矮墙隐了下去，天穹同样显得特别广阔、高爽。行进在长长的丹陛桥甬道上，两旁的柏林压得很低，看天的视野非常开阔，形成了持续地感受高阔天穹的独特境界。这样一来，由圜丘、皇穹宇、祈年殿和丹陛桥组成的天坛主体建筑仿佛整个儿飘浮在茂密古柏的绿海之上，不仅显现了宏大的天穹，而且造就了置身超尘世界的幻觉。天坛所创造的这种境界，是表现天的崇高、宏大、神圣的境界，而不是神秘、森严、可怖的境界，在理性与浪漫的交织中，没有涂抹厚重的神性色彩，而是闪烁鲜明的理性光彩。

②这种突出理性的精神，也体现在建筑手段的运用上。天坛作为祭天建筑，物质功能要求十分简单，它只需要一组祭天的祭坛和一组祈谷的殿屋及少量的附属建筑，用不着很多数量的建筑单体和很大尺度的建筑空间。但是，它的精神功能要求却非常高。天命论是封建君权统治的重要精神支柱，崇天意识要求在天坛组群中充分表现出"天"的神圣，表现出"天"和作为"天子"的皇帝的亲缘关系。因此，天坛组群存在着物质功能要求简单而精神功能要求极高的不平衡性。天坛的规划设计准确地把握了这个特点，力图以物质功能所需的少量建筑满足精神功能所要达到的高度精神效果，而不是超越物质功能的需要，专为精神功能添设"无用"的建筑单体，放大虚夸的建筑尺度。这种创作思想贯穿的精神是偏重理性的精神。正是基于这样的创作精神对应地采用了一系列"以少总多"的设计手法，以很少的建筑手段取得很高的艺术效果。

③天坛组群集中运用了大量的象征手法，这些大量的象征性符号同样鲜明地反映出情理交织中的重理精神。这表现在：a.天坛的象征性符号主要采用的是：术数象征：以圜丘石坛的层数、径长、栏板数、铺地石板数表征天的阳数，以祈年殿的柱子数目表

征天象、时令；几何图形象征：以圆形的圜丘、皇穹宇，圆形的祈年殿表征"天圆地方"，以两重坛墙的南向方角、北向圆角表征"天阳地阴"；①色彩象征：以祈年殿、皇穹宇及其周围附属建筑和坛墙的蓝色瓦顶表征蓝天；方位象征：以斋宫偏置于主轴线之外，并取面东朝向来表征皇帝作为"天子"低于"昊天上帝"的亲缘身份；等等。天坛通过这一系列象征符号浓郁了它的浪漫韵味。值得注意的是，这些象征性符号自身都属于抽象的象征方式，运用"术数"、"几何图形"、"色彩"、"方位"作为象征手段，都是透过建筑的空间和构件来表达的，都充分地使用着"建筑语言"，没有另找一套载体，这是一种朴素的、理智的做法，是贯穿着高度理性精神的做法。b. 天坛所用的象征符号，当它的象征语义与审美效果相悖时，善于明智地转换语义内涵以保持符号形象上的完美。这也是一种重理的表现。例如圜丘的栏板数量，乾隆十四年的改建方案原定为上中下三层分别采用 72、108、180 块，符合阳数之极的"九"的倍数，总数 360 块符合周天三百六十之数。但采用这么多的栏板，每块栏板的尺度过短，比例不当，有损于圜丘的整体雄伟气势。现存圜丘的栏板总数改为 216 块，放弃了周天三百六十的语义要求，而保留各层符合阳数之极的语义。这是变换语义内涵以取得符号意义与审美意味完美和谐的成功例证。祈年殿的三重檐瓦色也是如此，它原先采用的是上青、中黄、下绿三种瓦色，以象征天、地、万物。这种花花绿绿的形象大大损害了它应有的宏伟、崇高、纯净、庄重，在乾隆十七年改为上中下三檐一律青色瓦，从而完善了祈年殿的艺术形象。

从以上这些粗略的分析中，可以看出建筑软传统的内涵是十分丰富的。对于建筑遗产，我们绝不能仅仅看到它表层的独特形式特征，而忽视了它深层的多层面、多向度的丰厚内涵。

二、建筑软传统的若干特性

1. 层次性

建筑软传统自身是一个多层次的结构，大体上可以说，在软传统的庞大构成中，传统设计手法属于较低层次，是低阶软传统；传统创作思想、创作方法属于中间层次，是中阶软传统；而建筑传统中所反映的价值观念、思维方式、哲学思想、审美意识、文化心理等则属于较高层次，是高阶软传统。

我们试以传统园林"留水口"的现象为例，分析一下蕴藏在它背后的软传统的层次构成。私家园林在理水中，主体水面的边岸通常都不是封闭的，而是留出若干"水口"（图 3），看上去仿佛是向外延伸的支流，实际上只是隐蔽的短短水湾。它以十分简便的方式、突破了水面的封闭感，形成水体源流通畅、延绵不尽的错觉，扩大了水体的空间观感，增添了水体的天然情趣，在塑造园林意境上起了重要作用。

这些具体的"水口"形式，是看得见、摸得着的东西，是园林理水的硬件遗产。它背后的软传统结构可以区分为：

（1）低阶软传统——"不尽尽之"的设计手法

留水口的现象体现着传统园林擅长采用的"不尽尽之"的设计手法。刘熙载在《艺概》

---

① 天坛两重坛墙，南向作方角，北向作圆角，历来均解释为象征"天圆地方"。王世仁在"记后土祠庙貌碑"（《考古》1963 年第 5 期）一文中指出，建坛墙时为天地合祭，地属阴，以月象阴，以圆象月，故作圆角。因此，天坛坛墙四角应解释为"以方角象征天之阳，以圆角象征地之阴"。

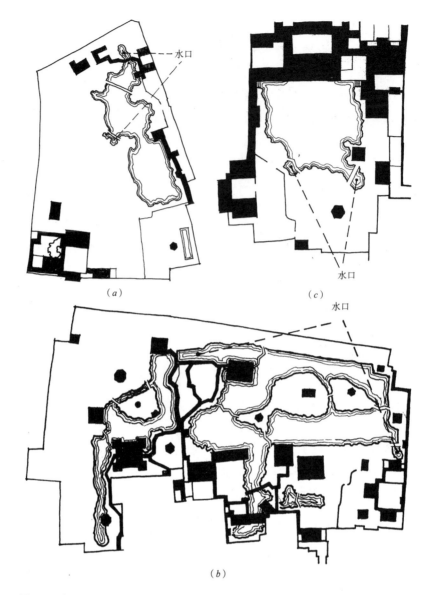

图3 私家园林的"留水口"现象
（*a*）无锡寄畅园；（*b*）苏州拙政园；（*c*）苏州艺圃

中说："意不可尽，以不尽尽之"。邵梅臣在《画耕偶录》中说："一望即了，画法所忌，山水家秘宝，止此'不了'两字"。传统园林追求富有天趣的诗情画意，借鉴了画论中的"不尽尽之"、"不了了之"的手法，在叠山、理水和建筑空间处理上，采用了许多巧妙的以"不结束来结束"的做法。留水口就是一种典型的"不结束的结束"、"不闭合的闭合"，是"不尽尽之"设计手法的一种物态化表现。

（2）中阶软传统——"虽由人作，宛自天开"的创作思想

设计手法是与创作思想、创作方法相关联的。为什么私家园林热衷于采用"不尽尽之"的设计手法，是由于私家园林贯穿着"虽

由人作，宛自天开"（《园冶·园说》）的创作思想。如果拿中国私家园林与意大利别墅园林、法国古典主义园林相比较，可以看得很清楚。意大利、法国园林的共同特点是充分展现人工的气息，园林整体是几何式、对称的布局，植坛方方正正，树木整整齐齐，水池呈规则的几何图形，边岸砌方整的石块，道路更是笔直的，呈现出人改造自然、驾驭自然的魄力和人工创造的美。而中国园林则力图不留人工斧迹，山、水、绿化从整体布局到自身形态都做得很自然，力求天然情趣的美。正是这种"虽由人作、宛自天开"的创作思想，促使私家园林在有限的空间中为争取空间扩大感，为浓郁自然天趣而选择和发展了"不尽尽之"的设计手法，从而在理水中形成了留水口的普遍形式。

（3）高阶软传统——"天人合一"、"无为"等价值观、哲学观、自然观、审美观的综合体现

建筑创作思想、创作方法不是孤立的，它必然受到价值观、哲学观、自然观、审美观等深层意识形态的制约。传统造园的创作思想明显地渗透着"天人合一"、"无为"等深层哲学思想和价值观念。

中华民族在物质生产上长期以农业为主体，农业经济与自然有着特别突出的依赖关系，农业文明孕育了中国古代的有机自然观，形成强调天道与人道相通、人与自然统一的"天人合一"观念。儒道各家的说法虽有不同，但都肯定人与自然的统一性。这种"天人合一"主要强调的是人顺应自然、符合自然的一面，忽视了人对自然的积极的变革改造。这在老庄学派所崇尚的"无为"中表现得最为突出。所谓"无为"，就是"辅万物之自然而不敢为"（《老子·第六十四章》），就是"莫之为而常自然"（《庄子·缮性》）。

后来在《淮南子》中，"无为"进一步被解释为"循理而举事"，"不先物为也"。这些说的都是顺应自然、纯任自然、不背离自然的意思。这种"无为"思想，在审美上追求的是"大巧若拙"的美，"虚静恬淡"的美，"自然天成"，没有人为造作痕迹的美。这是一种追求合目的性与合规律性和谐统一的美，反映在艺术创作中，则追求与自然融合为一的理想境界，显然这是形成"虽由人作，宛自天开"造园思想的重要背景。由于私家园林毗邻于第宅，绝大多数都集中在建筑密集的城市人工环境中，这种追求自然天趣的造园欲望就更为必要，更加强烈。如果说意大利、法国园林极力追求人工形态，体现出欧洲人敢于征服自然、改造自然、驾驭自然的积极进取精神，那么，中国传统私家园林悉心经营的"宛自天开"形态，则表现出中国人在自然面前乐天知命、与世无争的消极退让态度。正是这种"天人合一"、自然"无为"的观念，衍生出尊重生态的环境意识，推动传统造园沿着与自然和谐融合的方向发展，形成了中国园林独特的造园特色。

我们从留水口的软传统层次结构中，可以看出低阶软传统必然受中阶软传统的制约，中阶软传统又必然受高阶软传统的制约。这是一种规律性的现象。前面通过大屋顶、彩画、天坛组群所分析的传统建筑的"以少总多"的设计手法，"情理兼容"的创作态度，"在理性与浪漫的交织中突出地以理性精神为主导"的创作精神等，也都同样存在着制约它们的一系列高阶软传统。可以说在每一个硬传统的现象背后，实际上都存在着这样层层制约的多阶软传统。

2. 通用性

如果说像大屋顶、须弥座、和玺彩画之类的硬遗产是具体的、实在的、具有独特性

的品格，那么像"不尽尽之"、"宛自天开"、"无为"等软遗产则是抽象的、概括的、带有通用性的品格。这是建筑软传统的一个重要特性。

当我们从"留水口"的现象中，概括出"不尽尽之"的设计手法时，我们对建筑遗产的认识，立即从"式"的感性认识上升为"法"的理性认识。于光远在一篇谈聪明学的文章中指出："从这些个别的活动经验学聪明，就是从中发现超出于只有个别意义的东西，即具有特殊或一般意义的东西，这种具有特殊或一般意义的东西就是方法。"① "设计手法"正是这种具有特殊或一般意义的"方法"。"不尽尽之"作为设计手法，它必然带有"超出于个别意义"的通用性。它不仅用于理水中的"留水口"，而且广泛运用在传统园林的许多方面。例如，在叠山中，它表现为"留余脉"的做法，即在主山之外，适当叠造一些小山，设置一些叠石，与之呼应，形成山势连绵起伏不尽的深度。在观赏路线的设置中，它表现为"周而复始"的做法，私家园林的主要观赏路线，总是避免出现"尽端"，给人到此为止的感觉，而是形成闭合的环状网络，让人们感到处处通畅，穿流不尽。在园林边界的处理中，它表现为"化有为无"的做法，大多沿园子的界墙建造游廊，不直接显露边界，或是在边界处堆筑山体，把边界围墙隐蔽于山的背后，使游人觉察不到园林的"止境"。在景点的开拓中，它表现为"远借景"的做法，巧妙地把园外的真山美景摄入园内的观赏镜头，从而突破园林的空间局限。在园林建筑的设计中，它表现为种种"空间流连"、"隔而不挡"的做法，或敞开建筑的某些界面，使室内外空间流动、融合，或在墙面开敞窗、漏窗，使隔院风光相互渗透，有效地拓宽建筑空间开放、舒朗的境界。"不

尽尽之"的这种通用性，实际上还不仅适用于传统园林，也适用于一切在有限空间中需要取得空间扩大感的建筑场合。因此它的通用域是相当大的，生命力是很强的。这类设计手法作为一种很有生命力的"方法"，实际上成为人类建筑文化的共同财富。在历时性上，它可以为不同时代的建筑师所借鉴；在共时性上，它可以为不同地区、不同国家、不同民族的建筑师所借鉴。前面分析的天坛组群所体现的"以少总多"的设计手法也是如此。它不仅仅适用于封建时代祭祀性的坛庙建筑，而且适用于一切物质功能要求偏低、而精神功能要求偏高的建筑部类。因为这种部类的建筑，理想的做法是以物质功能所必需的有限建筑手段，去完成精神功能所要求的高度艺术效果。正是因为这个缘故，传统的坛庙、陵墓、园林等建筑类型都广泛地采用了各种形态的"以少总多"手法。现代的纪念性建筑、园林建筑当然也适于采用这样的手法。其实，这种以简约的手段来取得高度艺术效果的手法，不仅仅具有适合于少数建筑类型的特殊意义，而且可以上升为建筑艺术处理中具有普遍意义的一种设计手法。它和现代建筑大师密斯·凡·德·罗提出的"少就是多"是一回事。这表明，带有"方法"性质的软传统，必然是有通用性的品格。软传统的层次越高，它的抽象程度、概括程度也越强，这种通用性就越显著。这种通用性使得有生命力的软传统可以超越时代，超越民族、地区、国家的界限，成为人类共同的建筑文化财富。这种通用性，也使得"法"的承继，思想、观念的承继未必呈现"式"的延续，也就是软传统的承继，未必呈现建筑传统特色的延续，未必具有建筑文脉延承

---

① 于光远. 关于聪明学的几个问题. 方法，1987（1）.

的显效果。

3. 评比性与非评比性

文化可以分为评比性文化和非评比性文化两种类型。评比性文化是指有好坏、高下之分的优性文化和劣性文化，非评比性文化是指没有明显的优劣、高下之分的中性文化。①建筑软传统同样存在着这种现象。

历史悠久、体系独特的中国传统建筑，既积淀着积极、优良、健康、富有活力的优性软传统和消极、拙劣、不健康、不合时宜的劣性软传统，也积淀着大量没有明显的优劣之分的中性软传统。李泽厚指出，中国传统文化的基本精神是"实用理性"，"它以儒家思想为基础构成了一种性格—思想模式，使中国民族获得和承续着一种清醒冷静而又温情脉脉的中庸心理：不狂暴，不玄想，贵领悟，轻逻辑，重经验，好历史，以服务于现实生活、保持现有的有机系统的和谐稳定为目标，珍视人际，讲求关系，反对冒险，轻视创新……所有这些，给这个民族的科学、文化、观念形态、行为模式带来了许多优点和缺点。"②的确这种"实用理性"的基本精神深深地浸透在中国建筑的软传统中。中国传统建筑普遍讲求美与善的统一，民间建筑注重功能实效与审美观赏的统一，官式建筑追求礼制功能与艺术审美的统一。整个建筑体系善于把握功能空间与观赏空间、功能尺度与观赏尺度、功能序列与观赏序列的一致，很少出现超级尺度和紊乱组合。在构件运用上，中国建筑注意遵循内在的力学法则，建筑形象呈现出清晰的结构逻辑。建立起一套高度程式化的体系，以有限的定型构件组构定型的或不定型的单体建筑，以有限的定型单体建筑组构定型的或不定型的建筑组群，表现出良好的调节机制和协调机制。在建筑艺术上，中国建筑的主要着眼点不在于单体建筑的突出形象，而在于群体布局的空间意境，不是追求庞大高耸、神秘森严、粗犷开放的格调，而是创造平易近人、对称方正、灵活有序、内向含蓄的境界。一进进串联的院落给空间的组合糅入时间的进程，突出了建筑美的时空特性。传统文化的"实用理性"精神及其清醒冷静、温情脉脉的中庸心理，强调的是"互补"的辩证法，而不是否定的辩证法，它的重点在于揭示对立项的补充、渗透，而不是排斥、冲突。在这种深层软传统的背景下，中国建筑从创作思想到设计手法都侧重于对立面的中和、互补，在理性为主导的创作精神中，交织着浪漫的意韵，追求理与情的统一，人工与天趣的统一，端庄与活变的统一，规格化与多样化的统一。这种"实用理性"精神，以保持大一统的和谐稳定为目标，维系宗法伦理道德的礼制等级秩序被视为神圣的行为规范，道器观念、本末观念成为中国封建时代的重要价值观念。"道"指的是封建秩序、礼义纲常，"器"指的是工艺、器物。以道为本、以器为末、重道轻器、重本抑末成为中国封建传统的文化方针。建筑文化既有功能性、技术性的"器"的问题，也有礼义性、意识性的"道"的问题。在重道轻器的价值观支配下，传统建筑观念突出地表现出对于礼义纲常密切相关的建筑等级形制的极端重视。建筑的布局、方位、间架、尺度、色彩、装饰都确定出等级形制，纳入"礼"的规范。维护传统形制，贯彻"道不变"的原则，成为传统官式建筑活动的最高准则。这种建筑价值观带来了传统官式建

---

① 李强.关于吸收外来文化的一点思考.光明日报，1986-8-20.

② 李泽厚.试论中国的智慧.中国文化书院讲演录编委会.论中国传统文化.北京：生活·读书·新知三联书店，1988.

筑活动中重名轻实、重义轻利、重祖制轻进取、重等级规范轻个性色彩等种种倾向。陈旧的形制枷锁着新功能空间和新技术手段的发展，规范划一的形制枷锁着建筑个性的展现。标示名分的礼制功能排斥着探求实效的生活功能，展示名分的等级性吞噬着建筑的个性。中国传统建筑体系达到高度的成熟性，也呈现顽固的稳定性，具有风格的延续性、独特性，也呈现体系的排他性、封闭性，闪烁着光彩照人的智慧，也浸透着死气沉沉的惰性。

中国传统建筑的这些评比性的软传统不是机械地拼合着，而是相互渗透地融合在同一体中。大屋顶硬传统的背后，既有优性软传统，也有劣性软传统。"天人合一"、"无为"等思想观念在建筑传统中的体现，既有积极的方面，也有消极的方面。一些评比性的高阶软传统，经过几番折射，也可能转化为背景隐晦的习俗性的民族喜好，成为中性的东西。例如传统建筑用色，民间建筑色调素雅，而宫殿庙宇建筑则金碧辉煌，既有用色上拘于等级约束的不合理性，也有群体色彩符合构图法则的合理性，反映着礼制规范和形式美法则的统一。它的长期实践，形成中国人对特殊性建筑辉煌色和居住性建筑素雅色的民族喜好。这种喜好已无明显的优劣、高下之分，实际上转化成了非评比性的软传统。中国园林与意大利、法国园林在造园意识的深层思想背景上，如前所述是有其可评比的不同价值观、哲学观，但经过折射之后也已经变得相当隐晦，如果仅就不同的园林风格来说，则展现"天开"之美与展现"人作"之美，作为不同民族文化的风貌，已属于非评比的中性文化。这类非评比性的中性文化，常常是民族分野的文化标志。保留这种与现代生活无碍的非评比性软传统，有助于维系

民族的独特色彩，增添全球文化的丰富多彩。

三、硬继承和软继承

建筑传统有硬、软之分，相应地，建筑传统的延续方式也有硬继承和软继承之别。

所谓"硬继承"，指的是建筑硬件遗产的继承，是建筑传统表层形态和形式特征的延续。所谓"软继承"，指的是建筑软件遗产的继承，是建筑传统的深层内涵的延续。建筑硬传统是凝结在建筑载体上的物态化的东西，建筑载体的生命力制约着建筑硬件的生命力。中国封建社会的木构架建筑体系，是建立在以土木、砖木为主要材料，以木构架为主体结构，以离散的、小跨度空间、小体量建筑组成的集合型组群空间的载体上。在漫长的封建社会中，社会生产、社会生活迟迟没有提出新的空间需求，社会生产力迟迟没有突破旧的建筑技术体系，建筑载体的变革极为缓慢，呈现着高度的稳定性。载体的持久延续，维系着硬件体系的持久延续。传统文化的道器观念，进一步强化了这种状况，形成高度程式化的、长久持续的建筑形制。从木构架体系成熟期的唐代建筑到木构架体系发展晚期的清代建筑，经历一千余年的岁月，中国建筑在基本形制上并没有根本性的突破。在这期间，即使建筑技术出现某些重要的变革，也难以冲破旧形制的枷锁。砖的普遍使用促使砖墙取代土墙，然而承载力很强的砖砌体仍长期充当着围护构件，没有引起殿堂由木构架承重体系向砖砌承重体系的转变，少数建筑采用了砖券结构的"无梁殿"，它的外观仍然保持着原封不动的木构殿堂的基本形象。一些砖结构的多层建筑——砖塔，也同样被紧箍在楼阁型或密檐型的仿木建筑形象中。至于明清的石构牌坊，

更是整个儿照搬木牌坊的形式。建筑体系的这种超长期的延续，建筑形制的这种极顽固的承延，造成中国古代建筑长期的、稳定的硬继承现象。这种现象给人们造成一种错觉，似乎硬传统的继承是天经地义的常规。

鸦片战争后，大量的西方建筑在外国殖民主义、帝国主义的侵略背景下，涌现在中国国土上，中国近代社会生活的需要也主动引进了外来的新建筑，形成中西建筑文化的激烈碰撞。近代西方建筑是建立在资本主义社会形态上的。和资本主义社会化大生产相联系的建筑文化，比中国传统建筑文化整整高出一个历史时代。在建筑发展水平上，它是先进的；在建筑文脉上，它是"格格不入"的异质文化。中国传统的"重道轻器"的文化观，在近代中西文化碰撞的局面下，蜕变出一种"中道西器"的文化观，主张吸收西方先进的"器"，而保持中国固有的"道"。中国近代建筑师，一方面从国内接受了这种"中道西器"的文化意识，一方面从国外接受了学院派建筑教育的折中主义创作方法，很自然地把折中主义摘取历史建筑样式的做法运用到中国近代新建筑的设计中，把延续传统建筑的形式特征作为体现、发扬中国精神和民族色彩的方式、途径，形成一股当时称为"中国固有形式"的建筑潮流。这些建筑具有新功能，采用新技术，而外观上则不同程度地延承着传统的形式。有完全模仿古建筑定型形制的"仿古式"，有保持古典基本形象的"古典式"，有采用局部大屋顶的"混合式"，有点缀中国式装饰的"现代式"。从继承方式来说，仍然与古代建筑一样，都是着眼于硬传统的继承，都是局限在"式"的继承上作文章。

新中国建立后，把增强民族凝聚力、自信心和适应人民的喜闻乐见作为建筑艺术的政治目标和审美目标。在"民族的形式，社会主义的内容"和"创造中国的社会主义的建筑新风格"的口号下，中国建筑继续着20世纪30年代的做法，仍然以传统建筑的形式特征来体现民族形式和民族风格，对建筑遗产的认识和态度，着眼点仍然局限于硬件遗产的继承。当时梁思成先生把中国建筑概括为九大特征，这九大特征指的是：①单体建筑由台基、屋身、屋顶构成；②群体建筑形成庭院式布局；③整个体系以木材结构为主要结构方法；④采用斗栱；⑤由举折、举架构成弯曲屋面；⑥突出采用大屋顶；⑦大胆使用颜色和彩画装饰；⑧将构件交接部分加工成装饰件；⑨大量使用琉璃砖瓦和砖石木雕。[①]显然，这九大特征都是中国建筑的形式特征。这种对建筑遗产偏于表层的认识状况持续了很长时间，一直到近十年，我国建筑界才逐步关切隐藏在传统建筑背后的价值观、哲学观、文化观、建筑观，才逐步注视中国建筑的软传统，可以说，在中国，从古代到近代，到现代，一直延续着一种根深蒂固的"传统观"——主要着眼于硬传统、硬继承的"传统观"，这是一种惰性力很强的传统的"传统观"。在西方建筑史上，也存在着厚重的砖石承重结构体系的持久延续，维系着传统柱式硬件体系持久延续的现象，着眼于硬传统、硬继承的"传统观"也有深远的历史渊源。学院派把古代建筑传统的承续规律当作永恒的法则，醉心于模仿历史上的各种建筑风格，自由组合历史上的各种建筑样式遗产，是这种"传统观"的突出表现。现代建筑突破传统格式，反对套用历史样式，以现代眼光来审视传统，常常被指责为反传

---

① 梁思成. 中国建筑的特征 // 梁思成. 梁思成文集·四. 北京：中国建筑工业出版社，1986.

统，反历史主义。其实，现代建筑是对"传统观"的一场革命，而不是对传统的全盘抛弃。汪坦先生指出，现代建筑在"理论上并没有'反历史主义'的主张"，"把'反历史主义'的罪名加在现代建筑先驱身上，看来是不甚恰当的"。他引述 1932 年希契科克和菲利普·约翰逊的文章说："现代建筑并不排除历史的影响，'在运用结构原理上借鉴了哥特式，在设计上和古典范例更接近'……对精神文化因素则以革新为主，主张所谓的抽象继承。"①汪坦先生的这个论断给我们很大启迪，看来现代建筑的先驱们实际上只是否定了对硬传统的硬继承，而自觉不自觉地体现了对软传统的软继承。

为什么体现着软继承的现代建筑会被人视为反传统、反历史主义呢？这里涉及硬继承和软继承的不同机制。硬继承是"具体继承"，是建筑传统表层的"式"的继承，具有传统文脉延承的显效果；而软继承是所谓的"抽象继承"，是建筑传统的"法"和"思想"的继承，如果不伴随着呈现硬继承，就不具备传统文脉延承的显效果。硬继承与软继承之间存在着复杂的相关性，在建筑表层的具体继承的背后必定伴随着深层的抽象继承，而在建筑深层的抽象继承的外部，则未必呈现出表层的具体继承。同样的"法"，作用于不同的建筑载体，就会出现截然不同的"式"。在这里，载体状态与继承机制有重大的关联。就载体状态来说，建筑传统的继承有两种情况：一种是在旧体系建筑上呈现的继承，另一种是在新体系建筑上呈现的继承。在中国近代建筑活动中，传统民居和民间建筑属于前一种，采用"固有形式"的新体系建筑属于后一种。这两种建筑体系中的继承机制有很大区别。对于旧体系建筑来说，载体状态没有重大突破，载体的悠久生命力带

来硬件的悠久活力，传统建筑形式、风格的延承是自然的，合乎逻辑的。这种继承既体现着硬继承，也体现着软继承；既可能继承劣性传统，也可能继承优性传统。近代中国民居就是如此。它既体现着传统建筑体系的惰性传统，也体现着传统建筑体系的理性传统。许多优秀民居发展了因地制宜、因材致用、适应环境、讲求实效、质朴自然、灵活多姿的传统特色，继承并发展了许多可贵的优性传统。这表明，在延续着旧建筑载体的条件下，硬继承与软继承是相互协同的，着眼于硬继承，实质上也体现了软继承；反过来，着眼于软继承，也会体现出硬继承的显效果。对于新体系建筑来说，则是另一种情况。这是在新功能、新技术、新载体的情况下寻求的继承。旧载体的淘汰宣告了旧硬件活力的衰竭，在这种新体系建筑中进行硬继承，像近代中国"仿古式"、"古典式"建筑那样把新的功能空间束缚于旧的殿堂形式，在新的结构体系上套用旧式大屋顶等，本身就有悖于实用功能、技术做法与造型形式的有机统一，有悖于传统建筑所蕴含的合目的性、合规律性的理性精神，实际上继承的却是传统建筑重道轻器、述而不作的保守传统。这种情况，正如张彦远所说的，是"得其形似，而失其气韵；具其色彩，而失其笔法"。因此，新体系建筑对传统的继承呈现着很复杂的现象，着眼于硬继承常常会适得其反，不仅没有伴随着优性传统，反而会伴随着劣性传统。不仅没能提高建筑的文化素质、艺术素质，反而可能降低它的文化价值、艺术价值。而着眼于软继承，则由于载体的变异，所取得的传统神韵必然是隐晦的，未必体现得出文脉继承的显效果。这对于想通过软继承来取

---

① 汪坦. 现代西方建筑理论动向（续篇）. 建筑师, 16.

得显著的民族风貌的创作意图来说，是一个很大的缺陷。但是，正因为这一点，软继承可以摆脱旧形式的羁绊，实际上是件大好事。

现在，对建筑软传统、软继承的重视和探索，已逐渐形成明显的趋势。李泽厚在天津"城市环境美的创造"学术研讨会上发言说："民族性不是某些固定的外在格式、手法、形象，而是一种内在的精神，促使我们了解我们民族的基本精神……又紧紧抓住现代性的工艺技术和社会生活特征，把这两者结合起来，就不用担心会丧失自己的民族性。"[①]他的这个主张，是明确地强调对待建筑传统，应该着眼于软传统而不是硬传统。在创作实践中，不少建筑师已经在软继承上迈出开拓性的步伐。上海文化艺术中心设计小组在讨论"文化中心"的文脉问题时，着重强调在创新基础上吸收传统精华的气质、神韵。他们探讨了上海的文脉传统，认为上海是一个开放的城市，接受新事物多而且快，上海的地方性和乡土化的特点之一就是"海派"，开放、创新是这个城市的主要脉搏。这可以说是从软传统的高阶把握住了上海的文脉精神。他们还进一步考察上海的中低阶软传统，分析了近代上海里弄住宅所形成的空间结构，透过里弄的表象层面，总结出里弄布局所蕴含的极强的适应性、包含性、多样性和集聚性的特点，并在文化中心内部空间的设计中体现了这个文脉特色。[②]这种体现、借鉴不是停留在表象层次的外形式模仿，而是在深层内涵的不同层次延续了上海近代城市的文脉气韵。这种把主视点转移到软传统上，既从软传统的高阶，也从软传统的中低阶进行多层面的开挖，是很有意义的可贵探索。

软传统难以体现文脉显效果的问题，是软继承所存在的主要难题。对待这个问题，

我们的观念应该更新，应该摆脱学院派把建筑视为"艺术创作"，把风格延续视为创作常规的传统观念，应该像现代派那样，把建筑设计从传统的"艺术创作"的观念扭转到现代的"工业设计"的观念。马克思、恩格斯在《共产党宣言》中指出："由于开拓了世界市场，使一切国家的生产和消费都成为世界性的了。"对于工业设计来说，人们早已习惯于消失民族特色的现代产品。建筑虽然不完全等同于工业设计，但人们对建筑的审美接受也早已具备这样的审美心态。可以说，以开放的襟怀对待建筑创作，在许多情况下，对于许多建筑来说，民族特色的显效果并不是不可或缺的。我们的目标是创作有中国特色的现代建筑。这个"中国特色"指的是切合中国国情的高层次的宏观特色，而不是专指具有中国风貌的低层次的微观特色。对待建筑传统，我们不能局限于"中国风貌"的狭隘视野而着眼于外形式的硬继承，而应该从切合"中国国情"的高度将主视点转移到深层内涵的软继承。

创作有中国特色的现代建筑，是一个目标体系，达到这个目标需要通过多元途径。大量的、切合中国国情而不具备文脉显效果的建筑，应该属于"中国特色"的建筑之列。当然，我们也需要极少数仿古型的、地道的硬继承的建筑，这是某些特定的地区、特定的环境、特定的组群的特殊需要。我们还需要创作出具有不同程度的文脉显效果的建筑。对于这些建筑，可以借鉴"后现代"的经验，摸索"软硬兼施"的路子。软传统本身有高低不同的抽象度，高抽象度的文脉个

---

① 李泽厚. 美育与技术美学. 天津社会科学，1987（4）.
② 上海文化艺术中心设计小组. 个性与文脉的探求. 时代建筑，1986（2）.

性匮乏，可以通过多层面的中低抽象度的软传统得到一定程度的弥补。同时把传统建筑外形式的原型予以概括、变形、错位、逆转、重构，提炼成具有表征性的文脉符号，这种文脉符号也存在着高低不同的抽象度。我们可以通过不同抽象度的深层文脉与不同抽象度的表层符号的融合、调节，体现不同浓度的显效果。

封闭型的文化近亲繁殖必然导致文化的衰萎不振，开放型的文化合金熔铸才有可能带来文化的勃勃生机。现代文化的发展存在着"趋同效应"。现代功能、现代技术的趋同和建筑审美心理的民族距离的缩小，很容易形成像"国际式"那样的世界性建筑文化的雷同化。我们既需要突破封闭，多方位地吸收外来的先进建筑文化，也要避免在"趋同效应"中丧失自己的文化特色。传统与现代的交汇是促成多重文化意识的交叠，熔铸"古今中外，一切精华，皆为我用"的合金文化，维系文化趋近而不趋同的有效途径，把主视点转移到软继承，通过深层文脉与表层符号的软硬兼施，有助于摆脱硬继承所导致的民族性与现代化格格不入的困境，有助于为传统与现代的融合找到良好的结合点，为创造具有高文化素质的中国现代建筑找到良好的萌发点。

（原载《建筑师》第 39 期，1990.6）

建筑意象与建筑意境

——对梁思成、林徽因"建筑意"命题的阐释

1932 年，在《中国营造学社汇刊》第三卷第四期，梁思成、林徽因合写了一篇"平郊建筑杂录"。在这篇文章里，梁、林两位先生满怀激情地提出了"建筑意"的命题。这是六十年前对传统建筑的理论思索所闪射的珍贵思想火花，可惜长期以来没有引起我们的重视，默默无闻地鲜为人知。吴良镛先生在 1990 年第 12 期《建筑学报》上发表的"发扬光大中国营造学社所开创的中国建筑研究事业"一文中，特地点到梁、林两位先生提出的"建筑意"命题，并指出"我们一定要提高对中国建筑的理论研究的自觉性"。从这以后，"建筑意"一词逐渐受到了建筑界的注意。

"平郊建筑杂录"原文涉及"建筑意"的文字不长，先摘录如下：

北平四郊近二三百年间建筑遗物极多，偶尔郊游，触目都是饶有趣味的古建……这些美的存在，在建筑审美者的眼里，都能引起特异的感觉，在"诗意"和"画意"之外，还使他感到一种"建筑意"的愉快。这也许是个狂妄的说法——但是，什么叫做"建筑意"？我们很可以找出一个比较近理的含义或解释来。

顽石会不会点头，我们不敢有所争辩，那问题怕要牵涉到物理学家，但经过大匠之手艺，年代之磋磨，有一些石头的确是会蕴含生气的。天然的材料经人的聪明建造，再受时间的洗礼，成美术与历史地理之和，使

它不能不引起赏鉴者一种特殊的性灵的融会，神志的感触，这话或者可以算是说得通。

无论哪一个巍峨的古城楼，或一角倾颓的殿基的灵魂里，无形中都在诉说，乃至于歌唱，时间上漫不可信的变迁；由温雅的儿女佳话，到流血成渠的杀戮。他们所给的"意"的确是"诗"与"画"的。但是建筑师要郑重郑重地声明，那里面还有超出这"诗"、"画"以外的"意"存在。眼睛在接触人的智力和生活所产生的一个结构，在光影可人中，和谐的轮廓，披着风露所赐与的层层生动的色彩；潜意识里更有"眼看他起高楼，眼看他楼塌了"凭吊与兴衰的感慨；偶然更发现一片，只要一片，极精致的雕纹，一位不知名匠师的手笔，请问那时锐感，即不叫他做"建筑意"，我们也得要临时给他制造个同样狂妄的名词，是不？[1]

两位先生这里所说的"建筑意"，涉及以下几层意思：

（1）天然材料经过大匠之手艺、聪明的建造，就会蕴含生气。这是凝聚在建筑客体中的"建筑意"。无论是巍峨的古城楼，或倾颓的殿基，"无形中都在诉说，乃至于歌唱"，用现在的话说，就是这些建筑都在与人对话；

---

[1] 梁思成.梁思成文集·一.北京：中国建筑工业出版社，1982：343.

（2）这些建筑，经历"年代的磋磨，时间的洗礼"，烙下历史兴衰、时代变迁的印记，成了"美术与历史地理之和。"一些原始的建筑意可能淡漠了、磨失了，而增添了些许历史积淀的派生建筑意；

（3）这种建筑意，是超出"诗意"、"画意"以外的"意"。建筑不仅仅有诗情画意，而且蕴含有人生哲理、时代精神、历史沧桑、伦理观念、民族意识等一系列其他文化意蕴；

（4）在蕴含建筑意的客体结构中，可人的"光影"、"和谐的轮廓"、"披着风露所赐与的层层生动的色彩"，以及不知名匠师的"极精致的雕纹"等，都参与并起着作用；

（5）这种建筑意，必然在建筑审美者的眼里引起特异的感觉，引起"特殊的性灵的融会，神志的感触"，并且激发起审美主体潜意识的"感慨"，这是"建筑意"在建筑观赏者心目中的生成、作用；

（6）建筑师"郑重郑重"地声明，这种建筑意是存在的。即使认为狂妄而不叫作"建筑意"，"也得要临时制造个同样狂妄的名词"。

显然，梁思成、林徽因两位先生在20世纪30年代初郑重郑重推出的"建筑意"概念，就是我们今天所说的"建筑意蕴"，它涉及"建筑意象"和"建筑意境"。这里实际上触及了建筑意象和建筑意境的客体存在和主体感受、历史积淀和文化意蕴、生成机制和"对话"性能，可以说是六十年前对建筑意象和建筑意境认识上的一次重要的推进。历史正如梁、林两位先生所预见的那样，"建筑意"这个名词虽然没有广泛流行开来，却果真冒出了"同样狂妄"的名词——"建筑意象"和"建筑意境"。

时至今日，"意象"、"意境"这两个词，在建筑创作领域、建筑研究生论文选题和建筑学术刊物上正悄悄地露头，大家似乎都意识到应该正视建筑意象的存在，应该重视建筑意境这个高层次的创作课题。但是，究竟"建筑意象"和"建筑意境"的含义是什么？它们之间有何区别？有何联系？都不很明确，大家的理解不一，还缺乏公认的、严格的界定，给人印象颇有点"玄"。

近十年来，我国文艺界对"意象"、"意境"的概念、性质、作用、机制等问题展开了广泛深入的讨论，这对于我们探讨建筑意象和建筑意境问题是个极好的启迪。参考文艺领域的研究文献，结合建筑的审美特点，我们可以梳理出建筑意象和建筑意境的基本概念，对梁、林两位先生提出的"建筑意"命题，作一下初步的阐释。

一、建筑意象的概念

意象是"意"与"象"的统一。所谓"意"指的是意向、意念、意愿、意趣等主体感受的情意。所谓"象"，有两种状态：一是物象，是客体的物所展现的形象，是客观存在的物态化的东西；二是表象，是知觉感知事物所形成的印象，是存在于主体头脑中的观念性的东西。一切蕴含着"意"的物象或表象，都可称为"意象"。因此"意象"所包甚广，其中具有审美品格的意象，称为"审美意象"。审美意象依照"象"的不同状态，也对应地分为两种，一种是物态化的、凝结在艺术作品中的审美意象，一种是观念性的、存在于创作者或接受者脑中的审美意象。对于建筑来说，前者就是我们通常所说的"建筑艺术形象"，是审美情趣和物质性的建筑艺术符号的统一。后者是所谓的"建筑内心图像"，在建筑师那里，是创作构思过程中所形成的建筑构思图像；在建筑审美者那里，则是生活过程、鉴赏过程中所生成的建筑观赏图像。这些建筑意象，不论是物态化的建筑艺术形象，还是非物态化的建筑内心图象，都是形象与情趣的契合，都是景与情的统一，也就是黑格尔所说的："在艺术里，感性的东西是经过心灵化了，而心灵的东西也借感性化而显现出来了。"①因此，建筑意象具有以下几点特性：

（1）形象性。建筑意象必须借助于"象"来表"意"，它不同于抽象的概念，无论是以建筑材料为载体显现出来的艺术形象，还是保留于头脑中的内心图像，都离不开"象"。一切建筑意象都具有形象性的特征。

（2）主体性。由于主体的"意"的渗入，由于情景内在的交融，情中有景，景中有情，一切建筑意象都必然渗透着主体这样那样的审美情趣，涂抹上或浓或淡的感情色彩。

（3）多义性。建筑是表现性的艺术，几何形态的"象"与其所表征的"意"之间，并非"一一对应"的关系，而是"一多对应"的关系。它与一般审美意象一样具有"称名也小，取类也大"的特点。这是以象表意的丰富性、多面性。而人们感受建筑，又存在着观赏主体自身情趣、联想的多样性。因此，建筑意象具有显著的模糊性、多义性、宽泛性、不确定性，具备着以"有限"来表达"无限"的潜能。

（4）综合性。建筑意象带有综合性的特点，它有空间意象与实体意象的综合，有静态意象与动态意象的综合，有建筑意象与雕塑意象、绘画意象的综合，有形的意象与光的意象、声的意象的综合，有建筑意象与家具意象、陈设品意象的综合，还有建筑意象与山水意象、花木意象、风云意象的综合，呈现出环境意象的品格。

从这些特性来看，建筑意象并不"玄"。尽管中国建筑历史文献没有采用过"建筑意象"这个字眼，但在建筑的创作实践中，在对建筑的鉴赏品评中，实际上对建筑意象是颇为关注、颇为敏感的。《诗·小雅·斯干》的"如鸟斯革，如翚斯飞"，就是赞赏大屋顶动人的建筑意象。杜牧在《阿房宫赋》中表述的"五步一楼，十步一阁，腰缦缦回，檐牙高啄，各抱地势，钩心斗角"，就是描绘阿房宫"盘盘焉、囷囷焉"的一连串建筑意象。计成在《园冶》中，更是大量描述了"山楼凭远"、"竹坞寻幽"、"轩楹高爽"、"窗户邻虚"、"奇亭巧榭"、"层阁重楼"等富有诗情画意的园林建筑意象，及"悠悠烟水，澹澹云山"、"溶溶月色，瑟瑟风声"、"片片飞花，丝丝眠柳"、"冉冉天香，悠悠桂子"等天趣盎然的园林山水、花木、风云意象。白居易在一篇谈太湖石的文章中，对矗立于庭院中的峰石，作了"如灵芝鲜云"、"如真人官吏"、"如珪璜"、"如剑戟"、"如虬如凤、若跧若动、将翔将踊"、"如鬼如兽、若行若骤、将攫将斗"等一大串生动的描述，②可以说是对于峰石意象的淋漓尽致的揭示。

审美意象是中国古典美学极为重要的基本范畴，现代美学体系也把它视为文艺学的核心概念。夏之放在"论审美意象"一文中，主张用审美意象作为文艺学体系的"第一块基石"，把它看作文学艺术的"细胞"，以它作为文艺学学科的逻辑起点③。显然，建筑意象对于建筑美学来说，也具有类似的重要意义，是我们应予高度重视的。

二、建筑意境的概念

关于"意境"的阐释，文艺界普遍认为意境与审美意象有密切的内在联系，但两者

① 黑格尔.美学·第一卷.北京：商务印书馆，1979：49.
② 白居易.太湖石记.
③ 夏之放.论审美意象.文艺研究，1990（1）.

究竟是什么关系，则众说不一，大体上有以下几类说法：

（1）中介说。认为审美意象是创造意境的中介、元件、手段、寓宿、载体。陈良运说："意象的创造仅能作为意境创造的中介环节，而意境创造的完成是意象有机地组合所致。"他认为意象是组构"意境的元件"，是"创造境界的手段而不是目的"。[1]柯汉琳也认为："没有审美意象，当然也就无所谓意境，审美意象是意境的寓宿或载体。"[2]

（2）象外说。认为意境结构不仅仅停留于意象的"情景交融"，而且要"以实生虚"，具备"象外之象"、"景外之景。"叶朗指出："刘禹锡说'境生于象外'，这可以看作是对于'意境'这个范畴的最基本的规定。'境'是对于在时间上和空间上有限的'象'的突破……境是'象'和'象'外虚空的统一。"[3]赵铭善也认为："必须从客观景物中升发出象外之'境'（虚境），意境的创造才能最后完成，才能形成虚与实、形与神、有限与无限、个别与一般的辩证统一"。[4]

（3）上品说。认为意境不是一般的审美意象，而是达到"上品"水平的意象。张少康说："并不是凡有艺术形象，能做到情景交融，主观客观统一的作品就一定有意境。"他引王国维"词以境界为上，有境界方成高格"的说法，认为审美意象达到"上品"、"高格"才有意境。[5]

（4）深层说。认为意境的内在意蕴需达到深层结构，应具有广阔的艺术时空。寸悟说："意境必须在意象的基础上有更深刻的内在意蕴，不只以具体可感的表层结构为终点。而要透过其表层结构达到深层结构，突破有限进入无限。"[6]杨铸也认为："'意境'存在于意象与意象的关系之中，是一种氛围，一种由意象特殊组合而创造的极为开阔、极为深远的浸透了无限情思的崭新艺术时空。"[3]

（5）哲理说。认为意境的内涵需要达到哲理性意蕴的深度。叶朗说："所谓'意境'，实际上就是超越具体的、有限的物象、事件、场景，进入无限的时间和空间，即所谓'胸罗宇宙，思接千古'，从而对整个人生、历史、宇宙获得一种哲理性的感受和领悟。这种带有哲理性的人生感、历史感、宇宙感，就是'意境'的意蕴，因此，'意境'可以说是'意象'中最富有形而上意味的一种类型。"[7]

上述五说，说法不一，各有不同的侧重角度，可以作为对"意境"阐释的互补性论述。综合"五说"，结合中国古代建筑实践，我们大体上可以概括出建筑意境在构成上的结构特征和内涵上的意蕴特色：

（1）建筑意境是以建筑意象和组成建筑环境的其他要素的意象为载体，由这些意象元件有机组合而成的。建筑意象的综合性，给它带来了意境构成要素的丰富性。它除了殿阁楼台、厅堂亭树、洞门漏窗等建筑自身的空间意象、实体意象外，还包括室内环境的几案屏风、古董器玩等家具、陈设品意象，室外环境的叠山理水、莳木栽花等人工景物意象，建筑周围环境的林泉丘壑等自然景观意象和四时朝暮等时令意象要素。

（2）在构成建筑意境的意象元件中，建

① 陈良运.意境、意象异同论.学术月刊，1987（8）.
② 柯汉琳.论审美意象及其思维特征.西北师大学报（社科版），1990（4）.
③ 叶朗主编.现代美学体系.北京：北京大学出版社，1988：141，142.
④ 赵铭善.论意境的概念及其三个规定性.文艺理论与批评，1989（2）.
⑤ 张少康.论意境的美学特征.北京大学学报，1983（4）.
⑥ 寸悟.典型与意境的审美取向.宝鸡师院学报（哲社版），1990（3）.
⑦ 杨铸."意境"的界说.北京社会科学，1988（3）.

筑形象的表现手段具有几何的抽象性，建筑空间、环境的艺术表现不是具象的再现，而主要表现为表现性的气氛、情调、韵味，意境内蕴带有显著的朦胧性、宽泛性、不确定性。这在意境创造上，一方面有利于表现特定境界所需要的氛围，有利于展开广阔的艺术时空；另一方面也使意境内蕴难以捉摸，过于空泛。因此，建筑的功能性质和建造背景的信息对建筑意蕴的内在制约是极为重要的。天坛组群中的圜丘，作为祭天典礼的场所，坛身只是三层圆形台基；高高叠起的白石坛面提供了看天的广阔视野；两重带棂星门的方圆墙墙，强化了坛身的核心布局，扩展了坛身的开阔气势；墙外的大片苍绿柏林，阻隔了尘世的喧闹，烘托了宁静的气氛。这些造就了宏大、静穆、凝重、圣洁的氛围。然而，这个"氛围"自身是朦胧的、空泛的。由于与天坛祭天功能的联系，自然地引导人们从这种氛围中去感受分外广阔的天穹，充分领略这个特定的天的崇高、神圣的境界，引发对于蓝天、宇宙、历史和人的广阔胸怀的思索、遐想。建筑服务于社会生活的各个方面，功能性质涉及政治性、礼仪性、文化性、宗教性、游乐性、纪念性等诸多领域，与这些功能相联系的人文内涵，是挖掘建筑意境内蕴的丰厚矿床。

（3）山水、花木等自然美意象要素，在建筑意境构成中，占据着很突出的地位。青山绿水、茂林修竹、云雾烟霞、月色风声、鸟语花香等一系列自然景象，常常融合于建筑境界中，特别是风景点和园林的景观建筑更是如此。郑板桥有一则题画，描述他家的庭院小景："十笏茅斋，一方天井，修竹数竿，石笋数尺，其地无多，其费亦无多也。而风中雨中有声，日中月中有影，诗中酒中有情，闲中闷中有伴。非唯我爱竹石，即竹石亦爱我也。"[①]这个面积

虽小而意韵浓郁的庭院境界，竹石与风声雨声、日影月影交织的意象起了主要作用。欧阳修写《醉翁亭记》，对亭子自身的建筑意象只提到"有亭翼然临于泉上"寥寥数字。他着重描述的是"日出而林霏开，云归而岩穴暝"的期暮变化和"野芳发而幽香，佳木秀而繁阴，风霜高洁，水落而石出"的山间四时意象。这种对自然美意象的关注，对建筑环境美意象的关注，并善于把自然美与建筑美融合，创造有机和谐的环境美意象，是中国建筑意境构成的一大特色。

（4）建筑是石头的史书，正如梁、林两位先生所说，一些历史建筑经历长久岁月的磋磨、时间的洗礼，常常形成历史故事、人文轶事的积淀，蕴含着许多纪念性、情感性的内涵。身历其境，触"屋"生情，很容易生发历史的、人生的感悟。绍兴兰亭，由于永和九年王羲之与群贤在这里举行修禊活动，王羲之写下了著名的《兰亭集序》，记叙宴集赋诗抒怀的盛况，盛赞兰亭环境的崇山峻岭、茂林修竹、清源湍激，抒发游目骋怀、视听之娱的感受，最后联想到宇宙人生的忧乐，生发了悲凉的人生感怀。这个历史故事流传下来的流觞亭、墨华池、墨华亭和唐宋以来书法家临摹的《兰亭序》碑刻帖石，以及康熙、乾隆的御碑等，都成了兰亭意象的历史积淀，大大增添和深化了兰亭意境的人文内蕴。

（5）建筑意境的生成，必须透过"以实生虚"，具备"象外之象"、"景外之景"。宗白华说："艺术家创造的形象是'实'，引起我们的想象是'虚'，由形象产生的意象境界就是虚实的结合。"[②]所谓"象外之象"，实质上就是艺术的想象空间。用接受美学的术语来说，就是"召唤结构"的"意义空白"。

① 郑板桥 . 题画 · 竹石 .
② 宗白华 . 美学散步 . 上海：上海人民出版社，1981：33.

这种"意义空白"或"想象空间",对艺术鉴赏的再创造想象具有很强的诱发力,是"一个永远需要解答的谜,一个永远也解答不完的谜,一个众彩纷呈的谜"。[①]建筑师的意境构思,就是要把作品创造成优化的"召唤结构",提供诱发力很强的"意义空白",激发人们在鉴赏中像探索谜底一样地发挥创造性的艺术想象,从中获得最高的审美感受和深层感悟。前面点到的几处建筑意境都是如此。天坛圜丘所激发的对于自然、宇宙、历史和民族的庄严思索,郑板桥的"一方天井"所激发的"有情有味,历久弥新"的悠然心态,醉翁亭景观所激发的"人知太守游而乐,而不知太守之乐其乐"的思想情怀,绍兴兰亭所激发的"仰观宇宙之大,俯察品类之盛"的旷怡心情和进一步引发的人生感怀等,都是特定意境通过鉴赏者的品位所填补的意义空白,所生成的象外之象,所开拓的艺术时空,所深化的哲理意蕴。

（6）在建筑意境创造上,可以利用意象的综合性,调度文学意象参与意境构成,把文学语言融合到建筑语言中,使建筑意境升华到文学的、诗的境界。它的表现形态很多,有以诗文的形式记述建筑和名胜的沿革典故、景观特色、游赏感怀;有以命题的形式为建筑和山水景物命名、点题、画龙点睛;有以题写对联的形式状物、写景、抒情、喻志,指引联想,升华意蕴。这些文学语言,或以匾额悬于殿堂外檐、内檐的触目部位,或以楹联挂于门殿亭榭的檐柱、金柱,或以屏刻、碑刻、崖刻展现于屏壁、碑石、摩崖。它们都获得了建筑化的载体,融合到建筑形象、景物形象中,成了建筑意象、景物意象的有机构成,成了诗文美、书法美、工艺美与建筑美、自然美的融合体,这对于建筑意境内蕴的深化和建筑意境接受的指引都起到

十分重要的作用。四川乐山凌云寺的山门,上悬"凌云禅院"巨大金匾,两旁挂"大江东去,佛法西来"对联,既描述了庙门临江的雄浑景象,又突出了佛法流传的庄严历史,言简意赅,气势磅礴,大大升华了凌云寺门面的环境意蕴。苏州沧浪亭亭柱的一副楹联:"清风明月本无价,近水远山皆有情",上联引自欧阳修的诗句,下联引自苏舜钦的诗句,匹配得天衣无缝,把沧浪亭的建筑意象和环境的清风明月、近水远山意象融合在一起,大大浓郁了沧浪亭的诗的境界。杭州的玉泉观鱼景点,在临池茶室的柱子上,悬挂着"休羡巨鱼夺食,聊饮泉水清心"的对联,看上去是即景描写玉泉的品茗观鱼,实际上寄寓着人生哲理,表露了"悠然自我,与世无争"的心态,巧妙地给一处观鱼的景象,注入了"象外之象"的深层哲理意蕴。这种调度文学意象来诗化、深化、美化意境的做法,是中国建筑意境构成的独特传统。

以上六点,只是围绕中国建筑美学遗产,对建筑意境所作的概念性阐释。有关建筑意境的一系列其他问题将另文探讨。建筑意象是建筑美学的核心概念,建筑意境是建筑创作的高层次课题,正如吴良镛先生所指出的,"建筑意的提出可以看作是几十年后诺伯·舒尔兹提出的'场所精神'的滥觞。"[②]"建筑意"所涉及的问题是我们的建筑理论和建筑创作应予重视的研究课题。在"建筑意"命题发表六十周年之际,谨以此文敬表对梁思成先生、林徽因先生的深切怀念。

1992年10月于哈尔滨

（原载《建筑师》第50期1993.2）

---

① 王宝增.创作空白论.文艺研究,1990（1）.
② 吴良镛.发扬光大中国营造学社所开创的中国建筑研究事业.建筑学报,1990（12）.

"建筑文明"与"建筑文化"

"建筑文明"、"建筑文化"都是建筑学科的重要关键词,但是它们的概念及其内在关联却是含糊不清的。这是由于"文明"(civilization)和"文化"(culture)这两个术语自身内涵和外延的不确定性所导致的。据统计"文化"的定义已接近200个;"文明"的含意,仅《韦氏国际大词典》(1976年版)就列出7种解释。"文明"、"文化"都有广义、狭义之分。在拉丁语系和借用拉丁语词根的语言中,"文明"和"文化"曾是同义语。广义的"文明"、"文化"概念常常有相互涵括的现象。这种词语的交混阻碍了我们对"建筑文明"、"建筑文化"的研究。《学术月刊》2002年第2期发表陈炎"'文明'与'文化'"一文(该文摘载于《新华文摘》2002年第6期),这篇文章没有纠缠于莫衷一是的概念纷争,而是对"文明"与"文化"做出界定并阐述其相互关联。陈炎认为:"所谓'文明',是指人类借助科学、技术等手段来改造客观世界,通过法律、道德等制度来协调群体关系,借助宗教、艺术等形式来调节自身情感,从而最大限度地满足基本需要、实现全面发展所达到的程度。"[1] "所谓'文化',是指人在改造客观世界、在协调群体关系、在调节自身情感的过程中所表现出来的时代特征、地域风格和民族样式。"[2]陈炎界定的"文明"概念,与我们现在所强调的三大文明——物质文明、政治文明、精神文明是一致的。他所界定的"文化"概念较为狭窄,正是这个狭义的、核心的"文化"概念,方便了我们对"建筑文明"与"建筑文化"的分析。这里就以这种界定的"文明"、"文化"概念来考察"建筑文明"、"建筑文化"及其关联性。

一、文明"内在价值"与文化"外在形式"

文明与文化是两个既相联系又相区别的概念,陈炎恰当地把两者的关系概括为:"文明是文化的内在价值,文化是文明的外在形式。"[3]建筑文明与建筑文化的关系正是如此。建筑的内在价值既体现于建筑的物质功能作用和精神功能作用,也体现于建筑的科学技术水平和经济运作水平。这种"作用"、"水平"有它的文明价值。建筑布局的规模、尺度,建筑空间的组合、构成,建筑使用的安全、舒适,建筑构筑的合理、先进,建筑环保的洁净、可靠,建筑经济的耗费、效益,建筑意识的理念、倾向等,都关联着建筑文明所达到的价值尺度。

建筑中的这些内在价值,必然要通过建筑的外在形式才能落实和显现,也就是通过建筑载体的空间和实体来生成,通过建筑的组群环境与室内环境、建筑的整体与细部来表现。这自然涉及建筑样式、建筑特征、建筑风格的问题,或浓或淡地、或显或隐地关联到建筑的时代性、地域性、民族性,关联

①②③　陈炎.《"文明"与"文化"》.学术月刊,2002(2).

到建筑创作的话语共性和言语个性。这些都是建筑文化层面最核心的东西。

建筑的物质文明、精神文明内涵，是大家熟知的，这里说一下很可能被我们忽视的政治文明内涵。中国古代建筑中呈现的建筑等级制，就是关联建筑政治文明的典型事例。

以血缘为纽带、以等级分配为核心、以伦理道德为本位的中国古代思想体系和政治制度，建立了一整套维系等级制的典章、规制、仪式。它以权力的分配决定建筑物质消费和精神消费的分配，通过强制化、规范化的方式深深地制约着中国古代建筑的诸多方面。建筑的占地规模、坐落方位、面阔间数、进深架数、台基制式、屋顶制式、用材规格、用色规格，以至门簪、门钉个数，仙人走兽件数等，全都纳入等级限定和等级表征。这给中国古代建筑，特别是官式建筑带来极大的影响。官式建筑的高度规范化、程式化是与它息息相关的。礼乐相济，中国古代匠师很善于把等级伦理要求与建筑的住居实用要求、怡情审美要求协调起来。四合院大宅的内向封闭、纵深串联、主从分明的空间格局，既是"辨贵贱，明等威"的伦理秩序、等级名分的需要，也是"结庐在人境，而无车马喧"的宁静、安居环境的需要和庭院深深、移步换景的时空动线审美观赏的需要。这里贯穿着中国建筑追求政治文明与物质文明、精神文明合拍的设计理念，追求"伦理理性"与"工具理性"协调的创作精神。我们还可以看到，凝固的建筑等级标志在历史长河中的持久延续，明显地束缚了不同时期官式建筑形制的时代性更新；划一的建筑等级标志在华夏大地的广泛实施，同样限制了不同地区官式建筑风貌的地域性差异。建筑形象的严格等级表征，还导致同等级的殿屋必须采用同样规制的建筑形式，形成了强化的等级类型性品

格吞噬建筑功能性品格的现象。建筑匠师的创作个性在这种强化的等级类型性中更是难以施展。这些都是等级制的内涵给中国建筑带来的文化特色。我们不难从这里看到建筑内在价值的文明要素自身的相互制约及其与建筑外在形式的文化要素之间的密切关联。

二、文明尺度与文化品位

文明是人类的进步状态，自有它满足人的基本需要、实现全面发展的共同价值和共同尺度。因此文明是一元的，有高低之分，有先进与落后之别。文化则以不同地域、不同民族、不同时代的不同条件为依据，它是多元的，就其样式、风格、特征而言，并没有什么高低之分、优劣之别。我们进餐，它的营养状况、卫生状况属于文明价值，可以判别其尺度高低；至于是吃西餐还是中餐，吃川菜还是粤菜，那是文化问题，没有孰优孰劣的事。建筑中的文明要素，无论是物质文明、政治文明、精神文明，都有它的文明尺度，都可以用我们今天所强调的"以人为本，全面、协调、可持续的发展观"来衡量其文明价值。建筑中的文化要素，它所表现的时代性、地域性、民族性的特征、风格、样式，是建筑文化多样性的展现，它本身没有高低、优劣之别。正是建筑文化的这种多样性，组构了整个人类建筑文化遗产五彩缤纷的丰富性。

建筑文化就其样式、风格、特征来说，没有高低之分，但是就其所关联的内在文明尺度的高低和创作能力、设计水平、艺术技法的优劣，则有"强势与弱势"、"高品位与低品位"之别。

建筑文明价值较高的"强势建筑文化"，总是处在建筑发展的主导和支配地位，它自

然会冲击、影响、改造以至取代建筑文明价值较低的"弱势建筑文化"。鸦片战争后，大批西方近代建筑、现代建筑相继涌入中国，这是西方工业文明的强势建筑文化与中国传统农耕文明的弱势建筑文化的碰撞。这个碰撞加速了中国建筑"现代转型"的步伐，推动了中国建筑文明含量的上升，但在文化层面上也带来"西式建筑风貌"与"中式建筑风貌"的矛盾。20世纪30年代中国建筑领域风行的"中国固有形式"，就是这个矛盾的产物。当时的官方业主和建筑师都沿袭传统的"道器"观念，认为建筑的功能性、技术性属于"器"的问题，建筑的礼义性、意识性属于"道"的问题。把"西式风貌"的输入这个本来属于建筑"风格"、"样式"的传播问题，蜕变成了"道"的"保存国粹"、标志民族存亡的"政治"问题，夸大了建筑形象的政治作用，夸大了建筑传统形式标志"国粹"的象征作用。当时中国建筑师高呼"采用中国建筑之精神"、"复兴中国建筑之法式"、"发扬吾国建筑固有之色彩"、"以保存国粹为归结"等，都基于这个"道器"意识，因而推导出"中道西器"（建筑功能、技术采用西方现代的，建筑形式、风格保持中国传统的）的主张，展开了多种方式的"中国固有形式"的建筑活动。这是对建筑文明内在价值与建筑文化外在形式的密切关联性的缺乏理解，也是对建筑文化多样性的缺乏理解。建筑的风格、风貌是可以百花齐放、多元并举的。现在看得很清楚，当年上海外滩的洋式建筑，当年哈尔滨中央大街的洋式建筑，事实上都已融汇到近代中国建筑的文化构成，都已成为近代中国弥足珍贵的建筑文化遗产。

文化品位是关乎建筑创作成败的重大问题。表面上看，它涉及的是建筑师的建筑理念、艺术素养、创作方法、设计手法问题，实际上它与建筑的文明含量，特别是精神文明含量息息相关。汪正章曾经论析建筑创作的"品味"问题，指出改革开放以来中国建筑中的一系列低品味现象："或华而不实，表里不一；或哗众取宠，虚情假意；或粗制滥造，低级庸俗；或珠光宝气，故作奢靡；或大摆噱头，戏弄环境；或东拼西凑，生搬硬套"；以及"仿洋复古成性、追求时髦成风的低级'舶来品'、'假古董'和'冒牌货'之类"。[1]这些的确都是建筑文化不该有的品位沦丧。在这些现象的背后正是建筑内涵的精神文明的缺损，是对以人为本的文明精神的亵渎，是对理性创作思想的背离，是对健康审美意识的扭曲。著名文物专家王世襄写过两篇论析明式家具品位的文章，列出了明式家具的十二"品"（①简练；②厚拙；③圆浑；④穠华；⑤文绮；⑥妍秀；⑦劲挺；⑧柔婉；⑨空灵；⑩玲珑；⑪典雅；⑫清新）[2]和八"病"（①繁琐；②赘复；③臃肿；④滞郁；⑤纤巧；⑥悖谬；⑦失位；⑧俚俗）。[3]家具品位与建筑品位是相通的。从这些家具的"品"和"病"的细分缕析，有助于我们对建筑"品位"的深入认识和细腻琢磨。显然这些"品"和"病"都关联着建筑和家具设计的文明精神、美学意识、创作方法、设计手法和工艺水平。值得注意的是：在分析"第六病：悖谬"时，王世襄列举一个"黄花梨攒牙子翘头案"为例，指出该案采用透空的牙条、牙头，无法像通常用夹头榫、插肩榫那样与四足紧密嵌夹。他说："这是……不顾违反结构原理，去使用一种在外貌上似是而非的悖谬做法。"[4]的确，建筑上也常有

① 汪正章.论建筑品味——兼议改革开放以来建筑与城市设计.新建筑,1997(2).
② 王世襄.明式家具的"品".文物,1980(4).
③④ 王世襄.明式家具的"病".文物,1980(6).

这种违反结构原理的、似是而非的悖谬做法，它不仅是结构的"病"，也折射为品位的"病"。这表明建筑实用的合理性、建筑构筑的科学性，也是密切关联建筑品位的文明要素，我们要提升建筑的文化品位，务必充分关注制约着它的内在的建筑文明尺度。

三、文明价值转换与文化历史积淀

建筑是长寿的，它可以跨越百年、千年而成为固着于大地的历史文化遗产。建筑反映的文明价值是在它的建造期奠定的。随着岁月的逝去、文明的进展，以及建筑中发生的历史事件的关联，遗存的历史建筑的文明尺度会发生种种变化，并转化、充实为建筑文化的历史积淀。这种"变化"和"积淀"很值得我们注意。

一是建造期的实用性文明尺度落后于当今的文明水平，它的住居功能、卫生质量、设备配置多已陈旧、过时。现在开辟为古村落游览点的老宅屋大部分都存在这一问题。这是历史建筑实用性物质功能不可避免地历时性下降，其实用价值只能勉强地再利用。但是这种下降并不是其文明价值的贬值，而是其文明价值的转换。它所蕴涵的住居文明价值，从当年的实用价值转换为当今的认识价值。建筑经历的年代越长，这种实用功能的文明尺度差就越大。而它作为住居文明历史记忆的功能则凝聚为建筑的文化积淀。物以稀为贵，年代积淀越长，这种历史印记的展示意义就越珍贵。这样的建筑就从原先的实用建筑转化成为历史文化建筑或文物建筑，从这个意义上说，它是建筑文化内在价值的重大升值。

二是历史建筑不可避免地存在历时性的工程折旧。它所蕴涵的科技文明价值，也呈现应用价值的下降和认识价值的上升。作为建筑科技文明的历史见证，它也同样凝聚为建筑的文化积淀。年代越长久，其展示历史、认知历史的价值就越高。这给历史建筑带来一个尖锐的矛盾：既要作为真实的历史见证而保持原构，又因工程折旧而需要改建、拆建。正是这个矛盾引发了欧洲与日本对文物建筑"原真性"保护的不同理解和对策。欧洲的石构建筑，易于保存原构，特别强调历史建筑原原本本的"原物"保存；日本的木构建筑，木质"原件"难以长期保存，对"原真性"的理解就不是非"原物"不可，而是强调其历史信息的可信性和真实性，历史建筑只要按原状严格地、毫无臆测地重建，就可以视为"原真性"的价值。中国古代在"重道轻器"的文化意识支配下，历来对建筑的历史文化价值都不重视。许多历史建筑在维修、拆建时，既没做到"原物"保存，也不重视"原式"延承，而是重建成时兴的新构。这使得许多早期创建的重要建筑组群，却只遗存晚期重建的建筑实物，这实在是中国建筑文化遗产的大不幸。

三是建筑场所经历的历史事件，建筑实用发生的功能性质转变，都关联着建筑文明价值的变化。一座普通的住宅会因住过重要人物而成为名人故居；一座不起眼的小庙会因当过重大战役指挥所而成为历史文物建筑；历史上许多亭台楼阁曾因名人的莅临和吟诵而名声大噪；北京天安门也是因为在这里举行"开国大典"，上了国徽图像，而成为首屈一指的国家级标志建筑。这些都是建筑认知历史的文明价值的增值。正是内在文明的历时性增值构成了历史建筑深厚的文化积淀。

历史建筑常常被贴上"政治标签"，这是因为这些建筑的建造关联着政治背景并为之所用。中国古代史上的改朝换代，除入关的满清政权外，新王朝总是把被推翻的王朝宫殿摧毁，宁可放弃对其实用价值的再利用，也要彻底铲除旧王朝的"气脉"，这就是"政治标签"意识的作用。近代中国建造的一大批与外国殖民主义活动相关联的建筑，也存在这个问题。清末北京东交民巷由不平等的《辛丑条约》而开辟的使馆区，就曾引起时人的激愤和困惑。当时有一位家住东交民巷近旁、"恶西学如仇"的大学士徐桐，愤慨地在家中大书"望洋兴叹，与鬼为邻"楹联，上下朝都不穿过使馆区，宁可绕道而行，反映出对这些建筑的深恶痛绝。清末的一位官员陈宗蕃在他后来所著的《燕都丛考》一书中，回忆当时使馆区的情况，也说界内"俨若异国……实我外交史上之一大耻"。[①]但他也看到界内"银行、商店，栉比林立，电灯灿烂，道路夷平"，不免发出"在城市中特为异观"的感叹，[②]反映出当时许多人的普遍困惑心态。这批关联殖民主义的外来建筑，当时的确存在着先进的科学价值与其服务于殖民需要的社会价值的相悖，存在着外来建筑的传播与其不光彩的传播背景和强制性的传播方式的相悖。值得注意的是，"政治"是"风云"，"文化"是"积淀"。时过境迁，随着"政治风云"的变换、建筑产权的转移，不光彩的"政治标签"就成为历史的过去。它的原生的功能性质已失去现实价值，转变为再利用的实用价值。它的负面的不文明历史，也积淀为历史的记忆，转化为我们认知历史的正面价值。这个现象几乎是历史建筑、文物建筑的普遍现象。

四、文明散布与文化增熵

文明的发展有两个规律性的现象：一是历时性的"加速"发展；二是共时性的"趋同"发展。人类具有对自身落后方式的排斥力和改造力，先进文明对落后文明具有极大的吸引力和影响力。先进文明的散布，意味着落后地区文明的迈进和世界范围文明的普及，是历史的进步。但是文明散布越充分，文化的趋同就越显著，这就不可避免地伴随着文化的"增熵"。

"熵"的概念来自热力学第二定律，它指的是"能量在空间分布的均匀程度"。在孤立系统中，热总是从高温处流向低温处，直至整个系统温度均衡。这个温度趋于均衡的过程就是熵的增值过程。当熵增到最大值时，温度达到完全均衡。把这个"熵"的概念引入到文化领域，就出现"文化增熵"这个用语。在这里，"均衡"、"均匀"都意味着无差别的同一，也就是无序。因此，"熵"成了无序化的量度。值得注意的是，"熵"的数学式与申农推导的"信息"的数学式相同，只差"熵"是正号，"信息"是负号，所以"信息"就是"负熵"，也就是有序化的量度。

建筑文明的散布与建筑文化的"增熵"就是当前建筑领域面临的备受关注的"全球化"与"多元化"问题。国际建协《北京宪章》说："技术和生产方式的全球化愈来愈使人与传统的地域空间相分离，地域文化的特色渐趋衰微，标准化的商品生产致使建筑环境趋同，建筑文化的多样性遭到扼杀"。《北京宪章》把这个问题列为当前建筑领域"盘根错节"的问题之一，称之为"建筑魂的失色"，并且指出："在新的世纪里，全球化与多元化的矛盾、冲突将愈加尖锐"。

中国城市、中国建筑在现代化、城市化

---

①② 陈宗蕃. 燕都丛考. 北京：北京古籍出版社，1991：181.

进程中，已经呈现"千城一面"的特色危机。经济发展，城乡开发，文明散布，生产、金融、技术全球化，是社会发展、地区发展、城市发展、建筑发展所需要的，也是不可避免的，全球意识已日益成为普遍的共同取向。现在的问题是如何面对它所引发的城市和建筑的"文化增熵"？针对这种"文化增熵"的无序化、雷同化，如何注入有效的文化"负熵流"？

我们可以看到，对这问题大体上形成三方面的对策：

一是强化"寻根"意识。

"寻根"意识与"全球"意识是互为"负熵流"。全球化引发的建筑文化增熵，是一种共时性的"趋同"，有效的抗衡方式就是通过历时性的"寻根"来中和。既然城市之间的新城区、新建筑难免"趋同"，那么城市原有的历史地段、历史建筑所形成的"城市历史特色"就显得尤为珍贵。"城市是一部具体的、真实的人类文化的记录簿"（刘易斯·芒福德语），现有城市风貌是不同历史阶段城市文化的积淀，它凝聚着历史的、地域的、民族的、文化的个性特色。这就是城市看得见、摸得着的有形的"根"，透过它还有看不见、摸不着，但可以意识到的无形的"根"。新城区、新建筑的"同质性"所导致的城市个性的信息缺损，可以通过尚存的历史地段、历史建筑所蕴涵的城市个性信息来弥补，以避免城市个性特色的全盘消失。正因此，保护历史地段，保护历史建筑遗产，保护城市、建筑的历史文化积淀，具有极其重要的、深远的意义。我们在这方面有太多的沉痛教训。许多重要的历史地段、历史建筑被拆除、被湮没了，相反地却搞起"仿古一条街"之类的假古董。历史建筑、文物建筑都是历史的产物，都是不可再生、不可复

制、不可臆造的。而假古董是一种非真实历史记忆的伪文化。泛滥成灾的"欧陆风"建筑，也是这种伪文化。一个个城市都冒出相似的假洋古董，不仅是建筑文化品位的低俗、沦落，也是城市风貌变本加厉的恶性趋同。这是对寻根意识的扭曲。破坏真文物，滥造假古董，与强化寻根"负熵流"的对策恰恰是背道而驰的。

二是做地域性文章。

地域性的"多元"确是抗衡全球化"趋同"的有效的"负熵流"。1997年吴良镛在北京召开的"现代乡土建筑"国际学术讨论会上，提出了"现代建筑地区化，乡土建筑现代化"的命题。[①]这个命题写进了1999年国际建协《北京宪章》，吴先生对此做了精要诠释。他指出："全球化和多元化是一体之两面"，"文化的发展，无论是着眼于全球化，还是着眼于地方多样化，实际上都面临着同样的问题，即如何使民族、地区保持凝聚力和活力，为全球文明作出新的贡献，同时又使全球文明的发展有益于民族文化的发展，而不至于削弱或吞没民族、地区和地方的文化"。[②]正是基于对"全球文明"与"多元文化"的思索，吴先生发出了建立"全球—地区建筑学"的呼唤。

地域性建筑创作得到中国建筑师很大程度的认同，在这方面已作了许多有成效的探索。邹德侬曾经评价说："地域性建筑是中国建筑师最具独立精神、创作水准最高的设计倾向。"[③]我国的地域性建筑创作实践也遇

① 吴良镛.乡土建筑现代化，现代建筑地区化.华中建筑，1998（1）.

② 吴良镛.国际建协《北京宪章》——建筑学的未来.北京：清华大学出版社，2002：236.

③ 邹德侬，刘丛红，赵建波.中国地域性建筑的成就、局限和前瞻.建筑学报，2002（5）.

到一些问题。有的建筑师指出:"企求地域性首先在高层建筑面前碰了壁。"[①]的确,如果地域性只是着眼于"地域样式",那对于高层建筑来说是注定要碰壁的。这就是邹德侬等几位一语中的指出的"我国地域性建筑的局限在于'形式本位'"。[②]我们应该全面地从地域性相关的气候、生态、环境、技术、材料、人文、历史、文脉等诸多因子中,捕捉到与建筑合拍的、与时代合拍的东西予以强化,自然会凸显与地域有机关联的特色。在这方面,印度的柯里亚抓住当地的气候特点,创作出既切合地域特点又极具原创新意的建筑,对我们是很好的启迪。

三是突出时代性强因子。

全球化引发的"文化增熵",主要呈现在地域性层面和民族性层面。而在时代性层面,则是既带来"同质性"的增熵因子,也带来现代性的创新推力。当我们看到全球化导致民族文化特色、地域文化特色趋向衰微时,也应该看到它为现代性的多元创新提供了很大空间。在这里,地域性多元、民族性多元的淡出和设计观念多元、创作个性多元的凸显,构成了全球化文明散布背景下建筑多元性的方向转移。时代性的多元创新上升为文化多元的强因子。建筑师创作的言语个性和建筑师群体创作的话语特色成为现代建筑个性化特色的重要构成。看一看车展有很大感触。小轿车是纯工业设计,基本上不涉及民族性、地域性因子,专门在时代性上作

文章。汽车科技文明所带来的"同质性"应该说比建筑要大,而它的多样品牌和多元款式还是层出不穷,繁花似锦。一辆辆概念汽车的推出,它的性能推进和款式创新都极具撼人的魅力。这是一种现代性的、新潮的美。建筑较之汽车,在科技制约和形体调度上要自由得多,其多元创新的空间更大。这里有足够建筑师驰骋的创作天地,也蕴涵着足够表现个性魅力的建筑潜能,理所当然地成为建筑师创作的主要着力点。文明尺度的推进也给建筑业主和受众带来文化接受"期待视野"的变化,正在从拘于民族性、地域性的强调"喜闻乐见"的封闭型审美倾向,向跟上时代脉动、追求前沿创新的开放型审美倾向转移。这些都构成现代性多元创新的推力和环境。我国建筑师的"实验建筑"创作正是在这个背景下应运而生。一批资深建筑师正在探索"务实实验建筑",一批新秀建筑师正在推动"先锋实验建筑",这应该是应对"文化增熵"的一股强劲的"负熵流"。我们期待着当代中国建筑文明的挺进能够取得与其相称的建筑文化的繁荣。

(原载《城市建筑》创刊号,2004.6)

---

① 杨国权.论建筑的地域性.建筑学报,2004(1).
② 邹德侬,刘丛红,赵建波.中国地域性建筑的成就、局限和前瞻.建筑学报,2002(5).

下篇

品读传统建筑

中国建筑：门

一、中国建筑：门的世界

开门为了沟通，关门为了防卫，这是门的两个作用。古人特别看重门的护卫意义。《释名》说："门，扪也，为扪幕障卫也；户，护也，所以谨护闭塞也。"门既可沟通内外，也可切断内部与外部的自然联系和人际联系。德国哲学家齐美尔（Georg Simme）在论述门的作用时说："茅屋是有限单元，是人们在无限空间中为自己选定的一个点，门将有限单元和无限空间联系起来。通过门，有界的和无界的相互交界，它们并非交界于墙壁这一死板的几何形式，而是交界于门这一可变的形式。"[①]的确，门不仅仅是作为有限单元与无限空间的交接点，而且是建筑中各个层次的内外空间的交接点。中国古代的木构架建筑体系，对此展现得最为清晰。

木构架建筑由若干"间"组成一栋单体殿屋，由若干单体殿屋组成一个"院"，由若干院串联成多进院的组群，还可以由若干多进院并联组成多路的大组群。这种离散的、内向的庭院式布局产生了众多的门。房有房门，堂有堂门，院有院门，宅有宅门，寺有寺门，宫有宫门，由城墙围合的城市还有城门。它们起着控制室内外、屋内外、院内外、宅内外以至坊内外、城内外等多层次空间的"通"与"隔"的作用。

梁·顾野王在他所撰的《玉篇》中说："在堂房曰户，在区域曰门"。多种多样的门，从建筑构成上可以大体上区分为两大类：一类为"区域门"，另一类为"堂房门"。区域门也称为"单体门"，即门的本身就是一栋独立的单体建筑，如北京四合院中的大门、垂花门；北京紫禁城中的午门、太和门；明长陵中的祾恩门、棂星门、二柱门等。这类区域门或以门屋、门殿、门楼等单体建筑的形式呈现，或以衡门、乌头门、洞门、牌坊门等建筑小品的样貌呈现，它们是与殿、堂、亭、台、楼、榭等并列的一种建筑类别。

堂房门是建筑中的一种构件，如格门、槅扇门、屏门、棋盘门、实榻门等，它与槛窗、支摘窗、木栏杆、楣子、花罩、天花等一样，在分类上属于木构装修之列。这种门早期称为"户"，与窗的早期名称"牖"是互相对应的；"户牖"连称就如同现在所说的"门窗"。《淮南子》提到："十牖毕开不若一户之明"，"受光于隙照一隅，受光于牖照北壁，受光于户照室中无遗物"。看来牖的透光量很小，一户之明可抵十牖毕开，可见当时户还兼有重要的采光作用。后来户和牖统一而发展为外檐装修的格门、槅扇门、槛窗、夹门窗等。由于中国建筑是木构架体系，前后檐墙体都不承重，可以自由地开设大片门窗。所以作为外檐装修的堂房门，常常充满整个开间，并做得十分精巧、华丽，使其成为殿屋立面

---

① 《桥与门——齐美尔随笔集》第 16 页。

极富装饰性的构成要素。

"区域门"、"单体门"的运用，更是中国古典建筑的重要特色之一。它的数量之多，使用之广，功用之大，规格之高，地位之显，创意之巧，都是世界上其他建筑体系罕见的。难怪有人夸赞中国古典建筑是一种"门"的世界，"门"的艺术。

不难看出，在中国古代建筑中，门的作用远远超出穿行交通、启闭禁卫的实用功能；也远远超出组构立面、美化殿屋的审美功能；而是进一步衍生出一系列文化的、艺术的功用和意义：

1. 构成门面形象

中国庭院式建筑组群，属于内向性布局，殿屋堂阁都深处庭院内部，只有作为建筑组群入口的大门正面朝外。这个大门门面，既是整个建筑组群空间序列的起点，也是整个建筑组群最突出的外显形象，自然成为组群对外展示和建筑艺术的表现重点。在"礼"的制约下，大门的形制、规格也成了全组建筑重要的等级表征，是房屋主人阶级名分、社会地位的"门第"标志。

2. 衬托主体殿堂

中国建筑很早就建立了门堂配伍的布局模式，在主要殿堂的前方，必定设立与之对应的"门"。无论是宫殿、坛庙、陵寝、衙署，乃至于宅第，莫不如此。太和殿前方有太和门，乾清宫前方有乾清门，祈年殿前方有祈年门，大成殿前方有大成门，祾恩殿、隆恩殿前方有祾恩门、隆恩门，北京四合院正房前方也设有垂花门。这些门构成主体殿堂的前座，与两侧廊庑、配殿、配房共同组成以主殿为正座的主庭院。门在这里是主庭院的入口，是进入主殿堂的前奏，为主殿堂增添了一道门禁，也添加了一层烘托。

3. 铺垫组群层次

在一些特别重要的建筑组群中，常常在主轴线上增建重重的门殿来增加组群的纵深进落，形成一进又一进的、以"门"为正座的庭院，强化了主轴线的建筑分量，扩展了组群的纵深时空，在总体布局中起到了起、承、转、接的铺垫作用。

4. 标定空间界域，丰富场所意蕴

衡门、洞门、牌坊门、棂星门等建筑小品，常常设在宅院、宫门、神道、香道、景点、街口、桥头等位置，用来标定建筑的空间界域，标志场所的特定性质，成为组织空间、隆化场面、点染气氛、丰富景域的重要手段。阙门、牌坊、棂星门等自身都成了一种标志符号，具有浓厚的礼仪性、彰表性、纪念性内涵，对强化建筑的精神功能，丰富场所的文化意蕴都起到显著的作用。

正是由于门的诸多作用和重要意义，无论是从谨严门禁、强化私密、组织空间的角度，还是从艺术表现、礼仪教化、门第意识的角度，中国建筑对门的调度、处理都被提升到极重要的高度，受到极认真的关注，积淀下极为丰厚的文脉，是中国古代建筑中引人注目的一份珍贵文化遗产。

二、门第与门制

在门第意识的观念支配下，中国古代的门成了人的地位和身份的重要表征。一般用来形容人的贫富贵贱、上下尊卑，常用"朱门"、"豪门"、"侯门"、"寒门"、"贫门"、"柴门"等字眼。"宫门重重"，象征着封建王权的威严与尊贵；"侯门似海"，代表着贵族品第的尊崇与威仪；"筚门蓬户"，意味着平民农家的困顿与清苦；"柴门荆扉"，透露着寒士隐儒的返朴与冷寂。为了"分君臣、明尊卑、

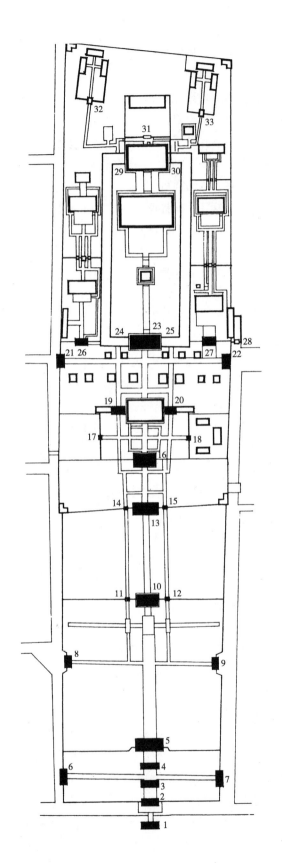

1. 金声玉振坊　　　18. 斋院所门
2. 棂星门　　　　　19. 奎文阁右门
3. 太和元气坊　　　20. 奎文阁左门
4. 至圣庙坊　　　　21. 观德门
5. 圣时门　　　　　22. 毓粹门
6. 道冠古今坊　　　23. 大成门
7. 德侔天地坊　　　24. 玉振门
8. 仰高门　　　　　25. 金声门
9. 快睹门　　　　　26. 启圣门
10. 弘道门　　　　　27. 承圣门
11. 右掖门　　　　　28. 孔子故宅门
12. 左掖门　　　　　29. 右掖门
13. 大中门　　　　　30. 左掖门
14. 右掖门　　　　　31. 圣迹殿院门
15. 左掖门　　　　　32. 神厨院门
16. 同文门　　　　　33. 神庖院门
17. 明斋宿院门

图 1　大型建筑组群分布着众多的"单体门"。图为曲阜孔庙，单体门达 30 余座

图2 单体门自身呈单体建筑或建筑小品。图为沈阳清福陵西红门

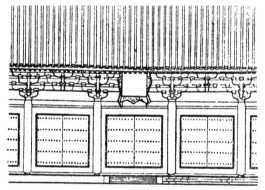

图3 "堂房门"属于木装修。图为佛光寺大殿正立面上的版门

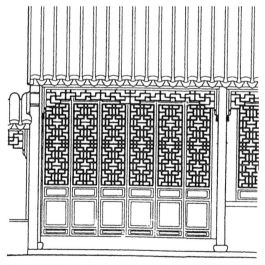

图4 苏州住宅和园林中习见的堂门，由一列落地长窗组成

别贵贱"的"礼"的需要，中国古代建筑贯穿着一整套严密的等级制度，这套等级制度在门的规制上表现得特别突出，有一系列以门制等差标志门第等级的规定方式，粗略归纳至少有以下几方面：

1. 面街限定

汉唐时期，城市采用里坊制布局，宅第大门能否临街开设，有明确的等级限定。汉制规定：列侯公卿食邑万户者，其住居称为"第"，可以门当大道；不满万户者，只能称"舍"，出入须由里门。唐代也规定，非三品以上的高官或具特殊资格的人，不准凿开坊墙，面街开门。这样只有高官贵戚才能面临大道开门，具有先声夺人的特殊显赫标志。白居易《伤宅》诗："谁家起甲第，朱门大道旁"，描写的就是这种景象。而从三品以下的官员到庶民都只能在里巷内开门。当时街上设有"街鼓"，早晚坊门随鼓声启闭。坊内的"穷巷掩双扉"与大街的"高高朱门开"，形成了门面环境尊卑等级的鲜明对比。

2. 门座限定

《易·系辞下》："重门击柝，以待暴客"。形象描写帝王的宫殿总是以一重又一重的门阙，形成深院重重的布局。这种门禁森严的防卫功能需要，往往也转化为礼制的规范要求。周朝有"天子五门"的制度，规定自外至内分别为"皋、库、雉、应、路"五座门阙。《诗经·大雅·绵》描述古公亶父在周原营建城郭宫室的情况，提到"乃立皋门，皋门有伉，乃立应门，应门将将"。根据朱熹的考证，"皋门"是王室宫殿的郭门，"应门"是王室宫殿的正门，因为周始祖古公亶父建立了这两座门，因此到了周王室统有天下，就把这两座门尊为天子专用的门。而诸侯则只能立库、雉、路三门。这种以门阙的数量、品名来表示建筑品位的等级高低，一直是中国古代建筑布局的重要原则。直到清代，北京紫禁城仍然延续着"天子五门"的体制，沿紫禁城中轴线上自外而内分别为：大清门、天安门、端门、午门、太和门。曲阜孔庙在大成殿之前由外而内也重叠着五重门，分别为圣时、弘道、大中、同文、大成，意味着在门座的配置上，采用了与天子等同的最高规格。一般的大宅通常设大门、二门两重门，小宅则只剩下一道大门；门座数量多寡与建筑等级的关系是十分明显的。

3. 制式限定

门的制式是门第等级的精确标志。《礼记》上记述体量高大巍峨的台门，是天子和诸侯专用的。据《唐六典》和《宋史·舆服志》的记载，乌头门的使用也有明确的限制，必须是六品以上的官员才准许用。至于上至王府、下至庶民都广泛使用的屋宇式大门，由于运用面极为广泛，因此从唐到清历代都从间架上作出精确的等级规定。唐制：官员三品以上，门三间五架；四、五品，门三间两架；六、七品以至庶人，门一间两架。明制：公主府第，正门五间七架；公侯和一、二品官员，门三间五架；三至五品，门三间三架；六至九品，门一间三架；对庶人虽无明文规定，但顶多也只是一间而已。北京的一般宅院大门都是一间，就是这种等级限定所造成的。而王府大门则是"五间启三"或"三间启一"的高体制。门第的尊卑只要看大门的间架就能一目了然。

4. 辅体限定

大门不是孤立存在的，而是有一系列辅助性的陪衬建筑。早在西周时期，已有在大门树立影壁的做法，当时称之为"树"、"屏"或"塞门"，只有天子、诸侯或采邑领主的宫廷、宅邸、宗庙才能用，是一种极其显赫

的象征性等级标志。春秋时期礼制松弛，管仲宅第也树起"塞门"，孔子曾经严厉批评说："邦君树塞门，管氏亦树塞门……管氏而知礼，孰不知礼"（《论语·八佾》）。除立影壁外，门前列戟也是表示身份地位的重要标志。最晚到北周时期已有高官列戟的制度，隋代也有官员三品以上"门皆列戟"的规定。唐代制定得更为具体：天子二十四戟，太子十八戟，一品十六戟，二品十四戟，三品十二戟，戟数依次按等级减少。宋代把戟刃改为木质，戟至此完全失去兵器功能，而成为纯粹标志身份的仪仗。此后列戟的做法渐趋于淘汰，但清代王府门前仍设立有"行马"和"下马桩"，同样具有标志等级的实质意义。

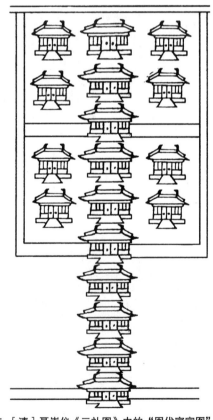

图5 ［清］聂崇仪《三礼图》中的"周代寝宫图"，"五门"是帝王宫殿的规格

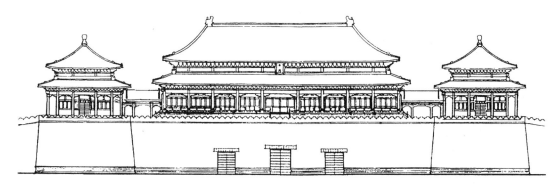

图6 北京故宫午门，用"Π"字形墩台的台门，正门楼用面阔九间、进深五间的平面，屋顶为重檐庑殿顶，它是门制中的最高等级
（描自傅熹年《中国古代城市规划建筑群布局及建筑设计方法研究》）

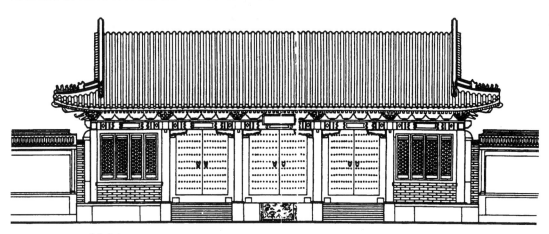

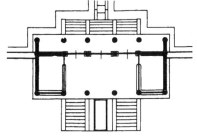

图7 北京颐和园东宫门，采用"五间启三"的王府大门形式
（引自清华大学建筑学院《颐和园》）

5. 门饰限定

等级的限制在门饰上达到极其细腻繁复的程度，其涉及面很广，举凡门的油漆色调、门钉数量、铺首样式以至门环材质等等皆是。明制公主府门绿油、铜环；公侯大门金漆、兽面、锡环；一至二品门绿油、兽面、锡环；三至五品门黑油、锡环；六至九品门黑油、铁环。门钉原本是作为加固门板与穿带用的，后来逐渐将钉帽夸张成泡头形状，而转化成富有装饰性的等级标志。清代门钉数量的规制，按《大清会典》记载：亲王府金钉纵九横七，公门金钉纵横皆七，侯以下至男递减至五五，均以铁制。门钉在这里通过不同的数量和色质，醒目地标示着爵位的高低。大门中还有一个锁合中槛与连楹的梢木，称为门簪。这个门簪通常大户用四枚，小户用两枚，也带有标示门第高低的意义。几乎可以说，只要是与门有关的、能够显示等级差别的要素，从宏观的门座数量、门阙制式，一直到细枝末节的门钉、门环、门簪，都被调度成为表征门第的等级符号。

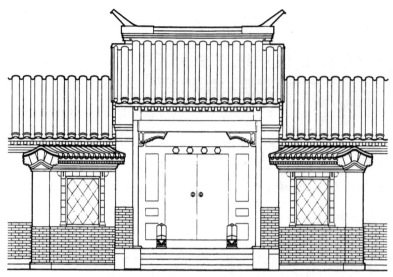

图8 北京四合院中的高规格宅门，用广亮式大门，带撇山影壁和四枚门簪
（引自马炳坚《北京四合院建筑》）

三、门与风水

无独有偶，门不仅受到礼制的极端关注，也同样受到风水的极端关注。风水师特别强调"气"的作用，把大门视为全宅的"气口"：

"宅之受气于门，犹人之受气于口也，故大门名曰气口。"（《[清]高见南：相宅经纂》卷二）

"气口，如人之口。人之口正，便于呼吸饮食；宅之门正，便于人物出入。"（[清]孟浩：《辨论篇·阳宅门向》）

"门户运气之处，和气则致祥，乖气则致戾，乃造化一定之理。故先圣贤制造门尺，立定吉方，慎选月日，以门之所关最大耳。"（[明]王群荣：《阳宅十书·论开门修造第六》）

风水术对于门的一系列凶吉判断，看上去充满了神秘感，但是透过扑朔迷离的词句，也不难察觉其中有一些是蕴含着古人对于门的经验认识，在神秘的、迷信的外壳里面包含有一定的合理内核。

其一是涉及安居功能。风水确定坐北朝南的坎宅，大门应开在离（南）、巽（东南）、震（东）三个吉方。视巽方为最佳，称为青龙门。传统庭院式民居多是如此。一般宅门开于东南角，可避免通视内宅，有利于私密、安宁。王府大门则取"离"位，因大宅有多重殿屋，内宅退后，大门坐中无碍于私密而有利于观瞻，也是很得体的。风水的这种认定显然是符合安居生活的需要。《阳宅十书》列举门的种种禁忌："凡宅门前不许开新塘，主绝无子"；"凡宅门前忌有双池，谓之哭字"；"门口水坑，家破伶仃，大树当门，主遭天瘟"等等，说得很玄。实际上，因为水塘逼近门前，易致小儿落水；大树当门，既不便出入，又遮挡阳光，且易招雷击，这些在布局上确是应该禁忌的。

其二是有关环境协调。风水注意到宅门与自然的地势协调，与邻里的人际协调。大门的朝向讲求远对山峰，近避山口。因为门对远峰可以建立建筑与自然的有机联系，避开山口可以免受山凹谷风的迎面肆扰。一些处在山林环境中的寺庙，常常借助风水的说法，把山门与环境的关系处理得十分融

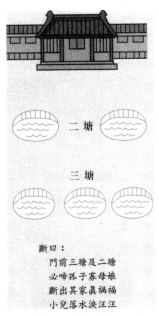

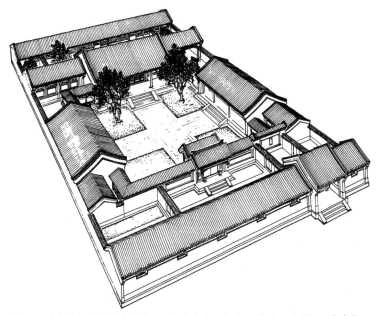

图 9 《阳宅十书》中关于阳宅门 吉凶的一则图解

图 10 北京典型的四合院住宅——"坎宅巽门"，正房朝南，大门设于东南角
（引自马炳坚《北京四合院建筑》）

洽。天台山国清寺的山门有意不设在寺的正面，而代之以书写"隋代古刹"四字的大影壁，把山门隐蔽于影壁东侧。据说一是以影壁锁住八柱峰山脊延伸的风水气脉，二是以朝东的开门吻合风水的"紫气东来"。实际上这种处理妥帖地取得寺前空间与高峰、凹谷、双溪、石桥、山径的协调，并增添了"步至佛寺不见寺，伫立门前不见门"的幽隐意趣。对于处在街巷林立、万家比户环境中的城市住宅，风水术宣称"一层街衢为一层水，一层墙屋为一层砂，门前街道即是明堂，对面屋宇即为案山"。把对邻里、街道的关系，同样按龙、穴、砂、水的原则来协调处理。如要求各家屋脊成行如一条龙，以取得全局的齐整；要求"门不相对"以避免相互的干扰，等等。

其三是吻合美学法则。《鲁班营造正式》对造门风水问题，有"门高胜于厅，后代绝人丁；门高过于壁，其家多哭泣"；"门扇两

样欺，夫妻不相宜"等口诀。诸如此类，实际是涉及门与厅、门与墙的合宜比例和门扇的对称均衡。至于为"遮风收气"而设立影壁，为避免"气冲"而安置屏墙，为追求"偏正"而错开门位，为回避"煞气"而偏斜门的朝向等，处理得当，都能增添空间的灵活多变和曲折幽致。

其四是迎合民俗心理。风水术中收纳了大量民俗积淀的避凶求吉的符镇手段。与门相关的，当以"石敢当"为最典型。石敢当只是一块长方形的简易小石碑，上刻"石敢当"或"泰山石敢当"字样，通常立于宅门墙边或街衢巷口，民间信仰它具有辟邪止煞、禳灾纳福、保佑平安的作用，南北各地都用得很广泛。宋庆历年间在福建莆田曾掘出一块唐大历五年（770年）埋设的石敢当，石上墨迹文曰："石敢当，镇百鬼，压灾殃，官吏福，百姓康，风教盛，礼乐张"，说明石敢当最晚在唐代已经出现。早期是埋在地

图11　山西怀仁城关镇某宅"泰山石敢当"
（引自李玉祥《老房子·山西民居》）

根横木，就构成最原始、最简易的墙门，东北地区的偏僻农宅至今还能见到这种门的形象，俗称"光棍大门"。衡门经过逐步演进，形成了一种高等级的墙门，名曰乌头门，也称阀阅。古人以"积功为阀"，"经历为阅"，这种门含有旌表门第、隆崇门庭的含意。《唐六典》规定六品以上才能用乌头大门，宋以来也都是在很隆重的场合，如文庙、陵墓、道观的正门才用。但乌头门本身的做法并不复杂。我们从敦煌431窟壁画中可以看到，初唐时期的乌头门形象只是两根圆柱横安衡木，柱顶套黑色柱筒，衡木两端出头并翘起，门上安有两扇带直棂窗的门扇。宋《营造法式》中绘有乌头门的定制形象。《册府元龟》说：阀阅"柱端安瓦筒，墨染，号为乌头染"。可知乌头之名正是由于原先柱头套墨染瓦筒而来。乌头门后来进一步演变为"棂星门"，成为礼制建筑中的一种具有重要礼仪标志的门式。

衡门、乌头门都是门比墙高，都属于低墙门之列。在民间建筑中，还有一种用得非常普遍的、带有屋顶的低墙门，称为"门楼"。门楼的形式很多，吉林民居有木柱板顶的板门楼和砖垛瓦顶的瓦门楼；许多地区的门楼都带有精细丰美的木雕、砖雕。这种门楼还可以做成华丽的花门。北京紫禁城的建福门就是一座十分隆重的琉璃花门。门本身由须弥座、门垛、额枋、斗栱和歇山屋顶组成，为增强气势，门的左右各簇拥着一道"一"字影壁，门与影壁都满饰琉璃贴面，充分显现出宫廷的豪华气派。

在许多场合，由于墙体很高，门只能依附于墙上而不能高于墙身，这样就形成一种高墙门，俗称"随墙门"。随墙门受墙体的限制，进深方向无法向墙里延伸，一般做得较简易，只是在墙上辟出门洞，隐出门上过

下，后来才树植于墙壁或地上。在当时人们心目中，其镇邪纳福的作用是很广的。风水术迎合民俗心理，采用了石敢当之类的符镇手段，以一种很简便的、廉价的方式"破除"难以回避的"凶煞"，是十分讨巧的。这种做法，使风水术自身也转化成了民俗文化的一大内涵。

四、婀娜多姿的墙门

千姿百态的区域门、单体门，大体上可以分为墙门、屋宇门、台门和牌坊门四大类别。这里先从墙门说起。

墙门出现得最早。《诗经·陈风》提到："衡门之下，可以栖迟"。古文"衡"与"横"通，衡门就是横木为门，用两根木柱加上一、二

梁。讲究的则在门洞上方挑出简洁的或丰富的门罩，还可以在门洞两侧砌出砖垛，以扩大门的形象。江浙一带把这类随墙门也称为门楼，《营造法原》上列有三飞砖门楼、牌科门楼、衣架锦门楼等诸多样式。在墙体制约下，高墙门也能做得很隆重。北京紫禁城的锡庆门，采用三门并立，每门均由白石须弥座、琉璃门垛和琉璃庑殿顶挑檐组成，做得很有气势。紫禁城的皇极门更进一步，在高大的宫墙上开辟三座拱券洞门，门洞上都做出一组三间七楼的随墙琉璃牌楼。把三座独立的门洞连成了尺寸庞大的组合体，其气势之大堪称墙门之最。

在墙门系列中，选有一种在墙上开各式门洞的"洞门"，也称"什锦门"。它主要用于园林，有圆、横长、直长、长六角、正八角、长八角、执圭、海棠、葫芦、汉瓶、如意等多种形式。一般在分隔主要景区的院墙上，多用较为简洁的、直径较大的圆洞门或八角洞门，以便通行，并预示门内空间较为宽敞。在小院、走廊等处，则采用直长、圭角、汉瓶等窄长形的、轻巧玲珑的洞门，同时也点示门内空间较为窄小、亲切。这些洞门的边框通常用灰青色方砖镶砌，刨成挺秀的线脚，在白墙配衬下，十分素雅。各式各样的门洞，在园林中都成了饶有趣味的取景框，可以镶出一幅幅优美的园景画面。苏州拙政园中的枇杷园，云墙上的"晚翠"圆洞门就是这方面的杰作。从枇杷园外透过此门南望，以嘉实亭为主体构成了一景；自枇杷园内透过此门北望，以掩映于林木中的雪香云蔚亭为主体又构成一景。"晚翠"洞门在这里成了园林对景的最佳中介，充分显示出洞门在园林中灵活的组景潜能。

图12 吉林东部民舍的简陋大门
（引自《刘敦桢全集》第一卷）

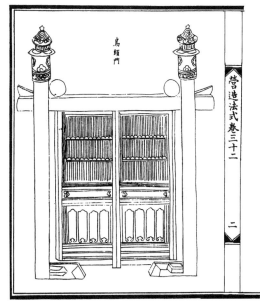

图13 宋《营造法式》中所绘乌头门

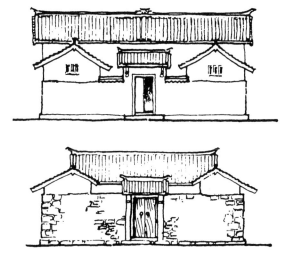

图14 民居中的低墙门，图为陕西民居低墙门二例
（引自张壁田、刘振亚《陕西民居》）

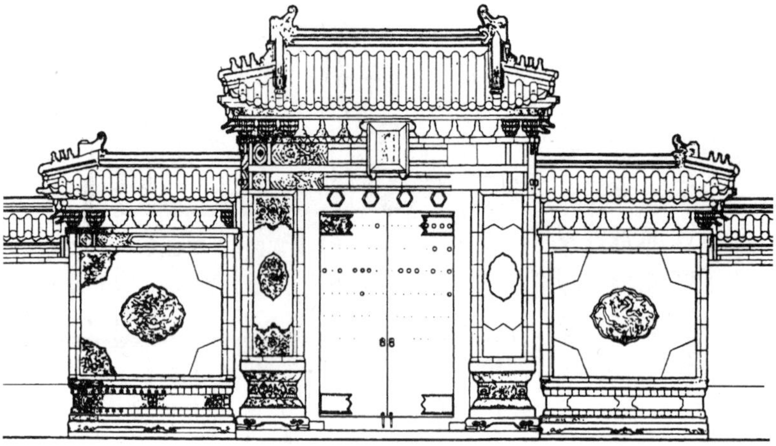

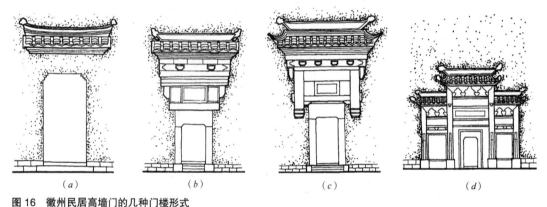

图15　低墙门中的豪华型，图为北京故宫建福门
（引自天津大学建筑工程系《清代内廷宫苑》）

图16　徽州民居高墙门的几种门楼形式
（a）瓦檐门楼；（b）字匾门楼；（c）垂花门楼；（d）牌楼式门楼

图17　北京故宫皇极门——
三间七楼式的随墙琉璃花门
（引自建筑科学院建筑理论及历史研究室《北京古建筑》）

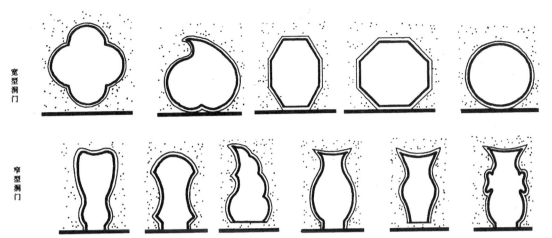

宽型洞门

窄型洞门

图 18 洞门的两种类别：宽型与窄型

图 19 苏州拙政园内枇杷园"晚翠"月洞门

五、亦门亦屋的屋宇门

屋宇门呈门屋、门殿的形态，以"亦门亦屋"为主要特征。上自帝王宫廷的殿门，下到庶民房舍的宅门，都经常采用这种门式，它是运用得最为广泛的一种单体门。不同性质、不同等级的屋宇门，乍看之下可谓千差万别，如加以归纳，大体上可概括为三种类型：塾门型、戟门型、山门型。

1. 塾门型

塾门型出现得很早。迄今为止所发现的华夏最早宫殿——偃师二里头晚夏一号、二号宫殿遗址，它的大门都是塾门型的屋宇门。据专家复原，一号宫殿大门面阔八间，进深两间，中部四间为开敞的穿堂门，左右各两间为闭合的"东西塾"。二号宫殿大门面阔三间，进深一间，东西塾和穿堂各占一间。这两座大门，是我们现在所知的最早的塾门形式。陕西岐山凤雏宗庙建筑遗址又为我们展示了一座更为完整的西周初期的塾门。这座门面阔七间，东西塾各占三间，当中一间为穿堂式的门道，古人称为"隧"。隧的前方立有一座版筑的影壁，古文献中称为"树"或"屏"，这在当时是王室、诸侯或采邑领主的建筑才能用的，标示着建筑等级的显贵与尊崇。

塾门显然是符合礼仪的规范门式，不仅为宫殿所用，也为士大夫第宅所用。清代张惠言根据《仪礼》所载礼节，推测春秋时代士大夫的住宅，用的也是这种以明间为门道，以次间为东西塾的塾门。这种门式的生命力很强，直到近代，辽宁、吉林等地民居还常

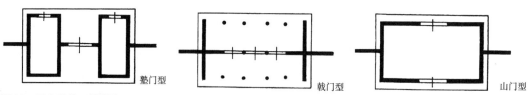

图20　屋宇门的三种类型

见三开间或五开间的塾门型大门，只是左右间不再称"塾"，而统称为"门房"。

2. 戟门型

在高体制建筑中，塾门型的人门后来普遍为戟门型的大门所取代。戟门的特点是前后敞檐，门殿空间完全敞开，大门门槛安装在正中的脊檩部位，整个大门非常疏朗、气派。古代高级官吏有门前列戟的制度，顾名思义，这种戟门当是因列戟而得名的。由于列戟意味着高品级，戟门也自然成了高等级的门式。在明清建筑组群中，宫殿、坛庙、陵墓的主殿前方的殿门几乎都是戟门型的。如北京紫禁城的太和门，北京天坛的祈年门，明长陵的祾恩门，曲阜孔庙的弘道门、大中门、同文门、大成门等。在这些戟门中，太和门的形制最高。它面阔九间，进深四间，上覆重檐歇山顶，下部坐落在钩阑环立的白石须弥座上。太和门的三槽大门较为特殊，不是安装在正中的脊檩部位，而是后退到后金柱列。这是因为太和门不仅仅作为门座，还兼有"御门听政"的常朝功能。门槛后移，门殿空间便于御朝，是很得体的设计。

值得注意的是，北京四合院住宅的广亮大门，实质上也属于戟门型，只不过开间仅为一间而已。这种门槛居中，前后敞檐的广亮大门，内部彻上明造，门框槛可以做得比较高，显得很有气势，在宅门中属于较高的等级，必须有相称的官品、地位才准使用。品位低的只能把门槛前移安装于金柱部位，成为金柱大门；或是把门槛立于外檐柱上，成为蛮子门。还有一种干脆在前檐用砖包砌成窄小的门口，称为如意门。这种门的等级很低，但可以在门楣上满布各种精致的砖雕纹饰，虽不能显贵，却可以夸富。这几种门都可以说是广亮大门的变体。

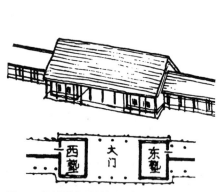

图21　杨鸿勋复原的偃师晚夏一号宫殿遗址大门，呈塾门型

（引自杨鸿勋《建筑考古学论文集》）

图22　吉林民居中的塾门型大门

（引自王其钧《中国民居》）

3. 山门型

山门型的屋宇门主要用于寺庙建筑，以前后檐墙封闭，门内空间可供神像陈列为其特色。它是名副其实的亦门亦殿。当它作为头道山门时，门殿内部左右各塑一尊面貌雄伟，作愤怒相的金刚力士。左像怒颜张口，右像忿颜闭唇，状甚威严。当它作为第二道门殿时，内部左右两侧供四大天王，殿中间立板壁，前部供弥勒，面对山门；后部供韦驮天面对大雄宝殿。这个二道门通常称为天王殿，是典型的门殿合一。严格说，有的寺院中大雄宝殿后檐还开门通向后部的法堂区，这个大雄宝殿实质上也附带有前后穿行的门的作用。有趣的是，在这些亦门亦殿的空间中，如果说山门的金刚分立两侧，留出中部空间便

于畅通，功能上是以门为主，以殿为辅；那么天王殿内，两侧和中部都有供像，穿行也比较顺当，功能上呈门殿平衡；而大雄宝殿则通过大片屏壁隔断，殿内主体空间用于供佛，人们可以曲折地绕

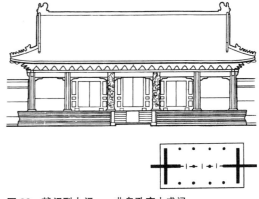

图 23　戟门型大门——曲阜孔庙大成门

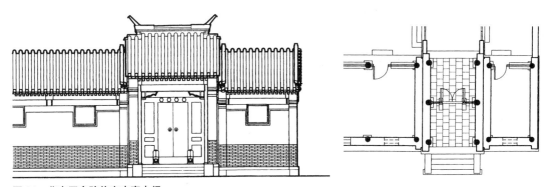

图 24　北京四合院住宅广亮大门
（引自马炳坚《北京四合院建筑》）

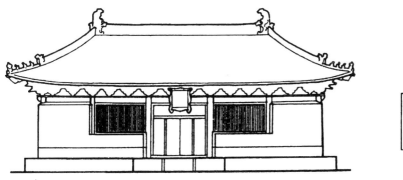

图 25　山门型大门——河北蓟县独乐寺山门

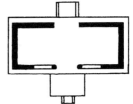

过后屏穿行，是明显的以殿为主、以门为辅。由此不难看出，古人对于寺院门殿空间的功能设计和人流组织，是颇为细腻、颇为妥帖的。

六、台门与阙门

《礼记·礼器》曰："天子诸侯台门，此以高为贵也。"台门的体量最大，尺度最高，戒卫性最强。除了城市的城门外，只有皇城、宫城、苑囿的行宫城、陵墓的宝城和分封各地的亲王、郡王的王城才能用这种门。台门总是与城墙相匹配，下部是高大的、辟有门洞的敦实城台，上部是轩昂的、带高体制屋顶的宏伟城楼，具有强固的防卫性能和森严巍峨的形象。在明清北京城的中轴线上，从永定门到太和门的九重门阙中，台门就占了七座。骆宾王诗曰："山河千里图，城阙九重门；不睹皇宫壮，安知天子尊。"从北京外城、内城、皇城、宫城轴线上的重重台门，不难体验台门的威严雄姿对于表现都城和宫禁的森严气氛，起到了何等重要的作用。

台门的具体形式，从前期到后期，经历了由木构门顶的"排叉门"向砖石结构的"券洞门"演进。我们在敦煌石窟的唐代壁画上可以看到许多木构门顶的台门形象。这些台门的门洞上方由单层或双层木梁荷重，洞顶呈方顶或盝顶，门洞两侧排列着很密的排叉柱。北宋张择端《清明上河图》所画的汴梁城门，也是这种做法。从南宋到元，随着攻城火器的进步，城门洞的木构门顶成为城防的薄弱环节，门顶结构逐步向坚固耐火的砖砌券门转变。南宋静江府城（现广西桂林）的城门已开券洞门的先河。元大都和义门的瓮城门洞和元代居庸关云台的城门都反映出转变期的特色。到明清则普遍都是券洞门了。台门上部的城楼也经历明显的变化，唐宋时期基本上以单层为通行形制，到明清则有不少两层、三层的城楼。一种高两层、上冠重檐歇山顶，中部带平座腰檐的城楼，俗称"三滴水"，成了高体制城门楼的典型形象。这些城楼高高耸立在城台上，构成了中国传统城市最醒目的天际线。

与台门相关的，有一种独特的建筑，称为"阙"。阙原是显贵建筑的门前陪衬小品。《白虎通义》说："门必有阙者何？阙者，所以饰门，别尊卑也。"从遗存的汉阙来看，

图26　敦煌晚唐第9窟壁画显示的排叉门结构的城楼型台门
（引自萧默《敦煌建筑研究》）

图27　北宋《清明上河图》显示的排叉门结构的城门楼

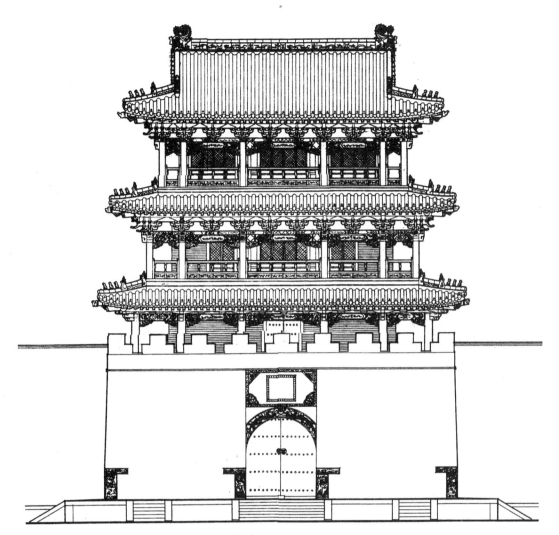

图28　沈阳清福陵隆恩门——带三层门楼的城楼型台门
（哈尔滨建筑工程学院建筑 82 级测绘）

都是双阙孤植，"中央阙然为道"的形象，有宫阙、城阙、坛庙阙、墓道阙之分。据专家考证，从东汉中期到北朝，在民间衍生出一种坞壁阙。坞壁阙突破双孤弧植的形态，不再孤立于门外，而是与大门、院墙联结在一起，形成了门阙一体的新形象。这种门阙的结合体后来在宫阙中演变成主体门殿两侧"左右连阙"的"门"形阙门。隋东都洛阳宫城的则天门，唐长安东内的含元殿（此殿实际上起宫城正门的作用），唐长安西内的承天门，宋汴梁大内的宣德门，宋西京洛阳的五凤楼，金中都宫城的应天门，元大都宫城的崇天门，一直到明清宫城的午门，一脉相承都是这种"门"字形阙门形式，说明隋以来宫城正门形式是从汉代的双阙孤植的形制，经过魏晋坞壁阙的过渡形态而逐步演变而来的。北京故宫午门是这类宫阙门的最后一座。它以庞大的巍峨体量，强化的空间深度；极度宏阔的森严气氛，把这种"门"字形阙门的威势发挥到淋漓尽致的地步。

图 29 河南汉墓画像石中的祠阙，一对木阙分立祠门前方
（引自杨宽《中国古代陵寝制度史研究》）

图 30 河南嵩山少室石阙
（引自梁思成《中国建筑史图录》）

图 31 四川羊子山东汉墓出土的门阙画
像砖显示出坞壁阙的形象
（引自闻宥集《四川汉代画像选集》）

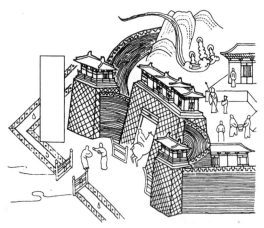

图 32 敦煌晚唐第 9 窟壁画显示的城阙形象
（引自萧默《敦煌建筑研究》）

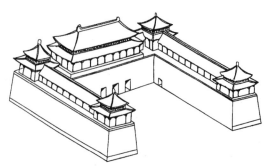

图 33 北京故宫午门——宫阙型台门的最后实例
（引自刘敦桢《中国古代建筑史》）

七、牌坊：独特的门

牌坊，也称牌楼，是中国建筑中的一种独特的门。平面为单排柱列的"一"字式，只有面阔，没有进深。通常都不与围墙衔接，也不设框槛门扇，因而不具备门的防卫功能和启闭作用，是一种表彰性、象征性、纪念性的门。

牌坊与牌楼基本上是一回事，一般地说可以不加区分，统称牌坊或牌楼均可。也有专家认为两者应予区别，牌坊指的是额坊上不起楼的，牌楼则以起楼为其特征。

牌坊的出现当与中国古代城市里坊制的废弛有关。从西周到秦汉，城邑中居民聚居的基本单位称为"里"。里是封闭的，设有里门，称为"闾"。从北魏开始，"里"也称为"坊"，坊门早晚定时启闭，管理得很严。一直到后周世宗扩建汴州外城时，鉴于城市发展的新形势，下了一道诏书："其标识内，候官中劈划，定军营、街巷、仓坊、诸司公廨院务了，即任百姓营造。"（《五代会要》卷二六〈城廓〉）

就是说在指定的地区，待官府按计划分划军营、街巷、仓库、官署用地后，可让百姓随宜筑宅。由此，百姓不必强制住在里坊之内，城邑突破了里坊制，转向街巷制。从这以后，原有的"闭其门、塞其途"，维系夜禁治安的坊门失去了作用，转化成了通行无阻的、标注坊名、仅起标志作用的牌坊。我们从南宋《平江府图碑》可以看到图上绘有牌坊65座，各个巷口多有二柱一楼的牌坊，均与坊墙脱离而独立，并标有坊名，可证牌坊最初确是从坊门演化而来。

到明清，牌坊、牌楼已遍及城乡各地，成为最常见的一种礼制建筑小品。它的构成很有规律。牌坊不起楼，品类较为单纯，几乎全是石材构筑的，全是柱出头的冲天式，通常多为一间二柱式或三间四柱式。牌楼的品类则相当庞杂，论材质，有木牌楼、石牌楼、琉璃牌楼、木石混合牌楼等多种；论制式，有柱出头的冲天式和柱不出头的非冲天式；论规模，主要依据间数、柱数和正楼、次楼、夹楼、边楼等檐顶的楼数来衡量，有一间二柱一楼、一间二柱三楼、三间四柱三楼、三间四柱五楼、三间四柱七楼、五间六柱五楼、五间六柱十一楼等不同的形制。早期的牌楼都是木构的，由于防火的要求和纪念性、永久性的需要，大约从元末明初开始出现石牌坊、石牌楼。自此以后，牌坊基本上全是石构的，牌楼也是以石构的占绝大多数。

民间的牌楼有少数突破"一"字式的平面，采用四面围合的"口"字形，或两端开杈的"＞一＜"形，前者如歙县的进士坊、许国坊，后者如宜兴的状元坊、汤阴的岳庙牌楼等，这种将牌楼立体化的尝试，也有助于改善牌楼的稳定结构。

八、丽丽垂花门

前面分别叙述了墙门、屋宇门、台门、牌坊门四大门类，实际上千姿百态的单体门远不止这四类，还有不少门介乎这些门类之间，处于中介的形态。如坛庙、陵墓中常见

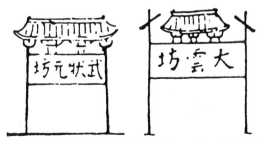

图34　南宋《平江府图碑》中的坊门，显示出由坊门演变牌坊的迹象

图 35　永乐宫壁画中的桥头牌坊

（引自杜顺宝 . 徽州明代石坊 . 南京工
学院学报 · 建筑学专刊，1983（2）.）

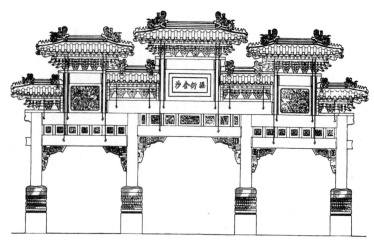

图 36　三间四柱七楼式木牌楼，图为北京雍和宫牌楼

（引自马炳坚《中国古代建筑木作营造技术》）

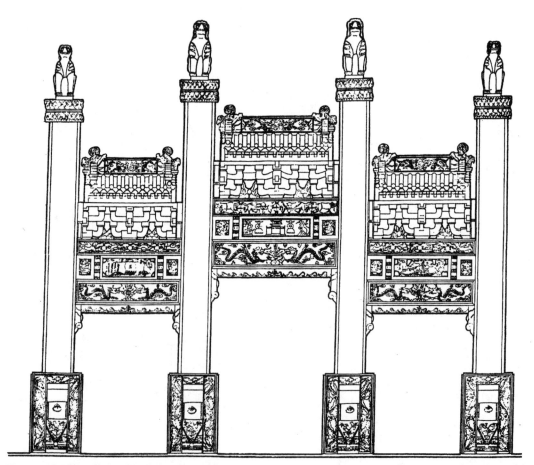

图 37　三间四柱三楼冲天式石牌楼，图为沈阳清福陵石牌楼

（哈尔滨建筑工程学院建筑 82 级测绘）

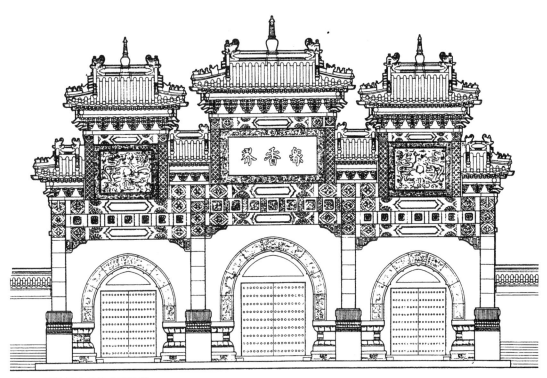

图38　颐和园众香界琉璃牌楼
（引自《上栋下宇——历史建筑测绘五校联展》）

的"棂星门"，呈现三座"乌头门"并列的形象，有人说它是乌头门的明清新姿，有人认为它是牌坊的一种变体，准确地说它应是墙门与牌坊的中介。像明十三陵大红门、曲阜孔庙圣时门那样的券洞门，整体很像屋宇门，却只有门洞而没有门屋空间；屋身也很像台门的墩台，却没有台上的城楼。它可以说是屋宇门与台门的中介。在墙门与屋宇门之间，也存在着一种中介的过渡形态，那就是大家熟知的"垂花门"。

　　垂花门广泛用于宅院、府邸、园林、寺观等建筑组群。在北京四合院中，它是内宅的入口，总是与正房配套，同处在中轴线上，进入垂花门，就来到正房院。因此，垂花门实质上是一道寝门，由它区划出内宅与外宅。在二、三进的四合院中，垂花门就处在二门的位置。在有厅堂的多进院中，垂花门则随

正房一起后退，夹于厅堂与正房之间，构成明显的"前堂后寝"。这道垂花门总是设计得十分精巧、雅致、亲切，成为宅院内部的装饰重点，有效地渲染出内宅的温馨气氛。在园林组群中，垂花门大多作为园中园的入口，有时也以廊罩的形式构成游廊的通道。垂花门在园林中可以起到隔景、框景、借景等作用，它自身也常以优美的风姿跃为园中的景点。

　　垂花门有多种多样的形式，常见的有担梁式、一殿一卷式、单卷式、廊罩式等。担梁式构造最为简洁，只有一排中柱落地，前后檐均挑出垂莲柱。这种垂花门最接近于门楼型的墙门。它的前后檐立面完全相同，大多用于园林之中，用以沟通两个相邻的、不强调正逆向序列的园庭空间。一殿一卷式是垂花门最常见的标准形态。它的定型规制推

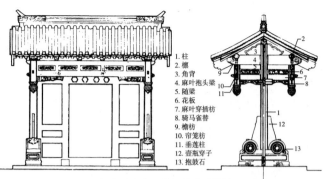

1. 柱
2. 檩
3. 角背
4. 麻叶抱头梁
5. 随梁
6. 花板
7. 麻叶穿插枋
8. 骑马雀替
9. 檐枋
10. 帘笼枋
11. 垂莲柱
12. 壸瓶穿子
13. 抱鼓石

图39　北海漪澜堂三檩担梁式垂花门
（引自马炳坚，徐新伟.垂花门的种类和构造.古建园林技术，4.）

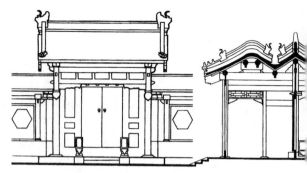

图40　一殿一卷式垂花门正立面（左）和横剖面（右）

敲得十分周到得体。门阔一间、门深四架半，门内两侧与抄手游廊连接。由于进深超过面阔，为取得匀称的立面比例，采用了一殿一卷的勾连搭屋顶，前部用带正脊的悬山顶，后部用卷棚悬山顶。平面上由前中柱和后檐柱四柱落地。前中柱之间设框槛，装走马板、余塞板和棋盘门。后檐柱柱间装四扇屏门，门上刻写着"延年益寿"、"福禄寿喜"、"斋庄中正"等字句。平时屏门紧闭，如同一道屏风，用以隔挡视线，保持内宅的私密深邃和安谧宁静；遇有婚丧大事或贵客临门，打开屏门，串通内外，可形成空间流通、院庭熙攘的热闹气氛。这种垂花门，前檐殿脊举架有意偏高；屋顶耸起正脊，大式用大脊，安吻兽，小式用清水脊，翘起蝎子尾；檐下挑出垂莲柱，柱间连以檐枋、帘笼枋、垂帘枋和花板、雀替等。前檐立面在华美中带有几分轩昂，很适合作为内宅大门的品格。后檐立面则由于采用卷棚顶，举架也有意偏低，加上素净的屏门，从内院看去几乎没有门的感觉，显得平静娴雅，用在正房院内也分外妥帖。由此可以看出，在此选用前殿后卷的屋顶是极具匠心的。

垂花门还有丰富的雕饰：倒悬的垂莲柱头，雕着仰覆莲、风摆柳、四季花，构成垂花门的独特标志；檐枋和帘笼枋之间，镶嵌着透雕蕃草图案的花纹；在帘笼枋的下部，

安装刻饰蕃草、如意草的雀替，或是满铺"子孙万代"、"岁寒三友"的花罩。垂花门也很着重油饰彩画。宫殿、坛庙、寺院中的垂花门多绘旋子彩画，园林中的垂花门多绘苏式彩画，都十分华丽；宅院的垂花门为求得与宅屋色调的协调，多不做彩绘，仅涂刷红绿油漆，或在枋檩两端掐上箍头，也非常雅致。

九、门面经营和门庭铺垫

从门第意识到风水观念，从空间组织到艺术表现，大门的门面经营和组群内部的门庭铺垫都是中国建筑设计的焦点。古代匠师在这方面投入了特殊的关注，建立了周到的规制，积累了成熟的手法，表现出独特的意匠。

从门面经营的处理方式和设计手法来看，大体上可以概括为七大招数：

一是门式调度。不同性质、不同等级的建筑组群，都有相应的门式，或台门、或阙门、或王府大门、或广亮大门，从大门的基本格式就标志出门面的基本品级。

二是间架调节。在同一类别的门式中，进一步通过不同的间架来细分。同是屋宇门，可以划分为一间三架、三间五架、五间七架等不同等级；同是台门，可以划分为单门洞、三门洞、五门洞等不同等级；同是牌楼门，

也可以划分为一间二柱一楼、三间四柱三楼、五间六柱十一楼等不同等级。

三是框槛放大。为壮大门面观瞻，大门门口的框槛多数都经过"放大"处理。门的框槛尺度没有局限于"门口"的实用尺度，而是在竖向添加"走马板"，在横向添加"余塞板"，把框槛的尺度放大了一圈，以显赫大门的气势。

四是影壁烘托。宅第的大门不是孤立的，有一套运用影壁组织空间、扩大形象的定型做法。如在宅门对面设"一"字影壁、"八"字影壁，在宅门两侧设撇山影壁、"一封书"影壁，在宅门内里设附着于厢房山墙的跨山影壁等。这些影壁有效地围合出过渡性的门面空间和门内空间，界定出门面领域，扩大了门面形象，显赫了门面气势。

五是小品点缀。大型的、尊贵的建筑组群，有一整套隆重的陪衬大门的建筑小品和石雕大件。如耸立的牌坊，簇拥的华表，横亘的弓河，跨河的石桥，威严的石狮，精雕的上马石等，这些门前小品参与了门面空间的界定，隆化了门面的场景。

六是门道铺垫。对于一些特殊的组群，门面经营还延伸到门前通道的精心处理。例如浙江东阳卢宅，在通向宅门的大道上曾经竖立过木、石牌坊达 17 座之多，形成隆重的门前导引和铺垫。许多处于山林胜地的寺院，也常常在寺门前方开辟香道，并沿香道设置牌坊、门楼、凉亭、岩洞，或雕凿摩崖石刻，以点染佛国气氛和导引香客。帝王陵墓更是在陵门之前安排长的神道，通过牌坊、碑亭、望柱、石象生、棂星门等的重重铺垫，把陵门前方的气势发挥到极致。

七是门饰妆点。在许多情况下，大门都是整个组群的装饰重点。门楼、门罩、门额、墀头都充满了精致的砖雕；门簪、门钹、门钉、

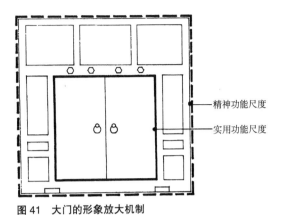

图 41　大门的形象放大机制

精神功能尺度

实用功能尺度

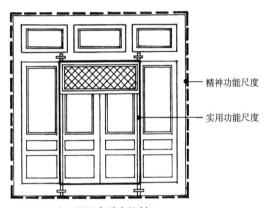

图 42　槅扇门的形象放大机制

精神功能尺度

实用功能尺度

包叶都极富装饰性；就连很不起眼的门枕石，也特地做成精工细琢的圆鼓石、方鼓石。簇拥着大门的影壁，壁心部分的雕饰也很丰富。这些都有效地突出了大门的丰美和华贵。

正是通过这一系列招数的综合调度，中国传统建筑的许多大门都给人留下十分深刻的印象。从徽州民居的精美砖雕门罩，到北京四合院高敞宁静的广亮大门，从富丽堂皇、气势巍然的皇城正门天安门，到端庄洒脱、宁静清雅的避暑山庄丽正门，每一处成功的门面设计都是在严密的等级规制制约下，恰到好处地展示出符合组群特点的性格特征，取得组群外显形象的良好艺术表现。

值得注意的是，传统建筑的大型组群在精心关注门面经营的同时，也十分重视在组群内部设置一重又一重的过渡性门庭。曲阜孔庙以圣时门为大门，以大成殿为主殿，在大门与主殿之间，精心部署了弘道门、大中门、同文门、大成门四重门庭和一座奎文阁，形成主殿前方五重院落的纵深格局。不难想见这种门庭的铺垫在造就院庭深邃、清肃庄严的境界中起着何等重要的作用。明清北京紫禁城更为突出。主殿太和殿也有赖前方大清门、天安门、端门、午门、太和门的重重铺垫而显出宫殿主体至高无上、唯我独尊的神圣威严。

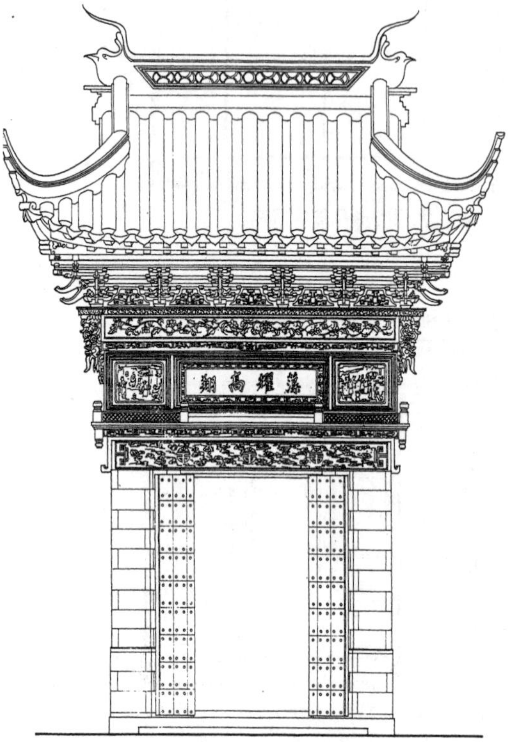

图 43　华丽的砖雕门楼，图为苏州网师园住宅墙门
（引自苏州民族建筑学会《苏州古典园林营造录》）

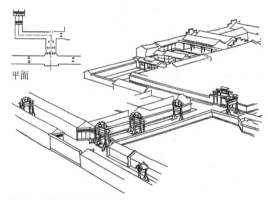

图 45　浙江东阳卢宅肃雍堂门前的牌坊群
（引自杜顺宝.徽州明代石坊.南京工学院学报·建筑学专刊，1983（2）.）

启圣门　　玉振门　　　　　　　　金声门　　　承圣门

图 44　曲阜孔庙大成门，由正门与边门组合成宽阔壮观的门面
（引自潘谷西《曲阜孔庙建筑》）

图 46　四川乐山大佛寺香道
（引自赵光辉《中国寺庙的园林环境》）

十、门神·门匾·门联

最后，让我们了解一下与门文化有关的三件事。

1. 门神

门神和灶神一样，是我国民间信仰的家庭守护神。旧时岁末，家家户户都在门上贴门神，以求辟邪驱鬼，保佑平安。门神信仰由来已久，先秦时代祭门神已列为"五祀"之一。大约从汉代开始，门神被赋予具体的形象。在历史演变中，门神形象层出不穷，大体有三种类别：

第一种用的是神话传说的人物，最著名的就是神荼、郁垒。《风俗通义》记载说，上古时候，有神荼、郁垒兄弟俩善于捉鬼。东海度朔山上有桃树，兄弟俩在树下审鬼，把不讲理的、祸害人的鬼就用苇索绑缚去喂虎。因此后人多在除夕之日"饰桃人，垂苇茭，画虎于门，皆追效前事，冀以御凶也"。在南阳汉画像石墓的墓门上，我们可以看到这种绘刻的神荼、郁垒形象。唐以后钟馗捉鬼的故事流传到民间，钟馗画像也成了神话门神的一种。

第二种画的是武士形象。《汉书·景十三王传》已有广川王刘去在殿门上画古勇士成庆像的记载。洛阳出土的北魏宁懋石室所画的门神，就是这类身披金甲、高大魁梧的武士像。武士门神中最负盛名的当数秦琼和尉迟敬德。他们二人都是唐太宗手下战功显赫的名将，传说宫中有鬼惊扰太宗，秦琼、敬德夜间戎装侍卫宫门，鬼不再来。于是太宗命画工绘二人像，悬于宫门，从此平安无事。这个故事后来流传到民间，明代还写入《西游记》，民间因此风行张贴秦琼、敬德画像的门神。画中的门神有立式、有坐式，有徒步、有骑马，有舞鞭锏、有持刀枪，形象丰富多样。除秦琼、敬德外，武士门神还有画温峤、岳飞、赵云、赵公明、燃灯道人、孙膑、庞涓等人的，品类相当多。

第三种画的是文官形象。到明清时期，盛行一种祈福门神，主要贴于宅院内部的堂屋门上，以区别于大门所贴的辟邪门神。这种门神画着天官、状元、福禄寿星、合和二圣和财神爷的形象。画上点缀着鹿、蝙蝠、喜鹊、花瓶、马鞍之类的吉祥物，借其谐音表达荣禄、赐福、喜庆、平安等语义。这是随着起居生活安全的进化，民俗心理对门神的功能已不满足于消极的避祸，还要求积极的祈福。

门神画像后来成了一种民间艺术品，最晚到宋代，汴京、临安的岁末市场上已有门神年画出售。家家户户门上贴着门神画，不仅浓化了门的辟邪祈福的语义，而且增添了门的喜气洋洋的风采。

2. 门匾

匾，古文做"扁"，也称匾额、匾牍、牌额。我国第一部字典《说文解字》解释说："扁，署也。署门户之文也"。门上立匾，有两大用意，一是命名，二是点题。中国许多重要建筑组群的门殿、门楼都有特定寓意的命名，如北京紫禁城的太和门、乾清门、

图 47　武士门神像——尉迟敬德（左）和秦琼（右）

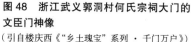

图48　浙江武义郭洞村何氏宗祠大门的文臣门神像
（引自楼庆西《"乡土瑰宝"系列·千门万户》）

图49　岳麓书院门联。大门悬挂一对四言门联，上联语出《左传·襄公二十六年》，下联语出《论语·泰伯》，门联简约有力，气势非凡，贴切地渲染了书院氛围
（引自杨慎初《中国书院文化与建筑》）

日精门、月华门、协和门、熙和门；曲阜孔庙的弘道门、大成门、仰高门、快睹门、启圣门、承圣门。私家园林、皇家园林的门则多有精心的点题，如苏州拙政园的洞门题刻着雅致的"晚翠"、"入胜"等砖框匾额，承德避暑山庄的景点门殿悬挂着"月色江声"、"梨花伴月"、"无暑清凉"、"青枫绿屿"等门匾。各类牌坊、牌楼的题匾更是点题的极隆重形式。一些地区的宅第大门也有立匾点题的风气。陕西韩城党家村的许多门楼书写着"忠恕"、"忠信"、"忠笃"、"和为贵"、"谦受益"、"天赐吉祥"、"诒谋燕翼"之类的匾文。这些门楼、门殿、门洞通过立匾命名点题，构成了"有标题的建筑"，大大丰富了门的文化内蕴。

3. 门联

门联的历史也很长远，过去都认为始于五代。现在谭婵雪女士根据敦煌写本遗书的材料，推论门联在唐代就已出现。贴门联如同贴门神一样是民间久盛不衰的习俗。一般老百姓的宅门，常常贴上"一元复始／万象更新"，"忠厚传家久／诗书继世长"，"向阳

门第春常在／积善人家庆有余"等年年更新的纸质春联；显贵大宅则有长年使用的、做工十分精致的永久性门联。曲阜孔府大宅的大门，就悬挂着一副这样的对联：

> "与国咸休安富尊荣公府第
> 同天并老文章道德圣人家"

这副对联是清人纪昀所书，文句、书法都极有气势，充分张扬出孔府不同凡响的尊崇气派。一些寺庙建筑、景观建筑也很注重在山门、香道、景点门殿上通过门联的抒发来强化特定的意蕴。四川乐山凌云寺的山门，挂着一副"大江东去／佛法西来"的门联，既描述了庙门临江的雄浑景象，又突出了佛法流传的庄严历史，言简意赅，气势磅礴，大大深化了凌云寺门面的环境意蕴。

可以说，门联与门匾、门神的综合运用，把文学意象、绘画意象、书法意象融合到建筑意象之中，把中国建筑的门的艺术，升华到了更深的境界。

"门"的构成简表

门						
门	堂房门	制式	板门	宝榻门		
				棋盘门		
				撒带门		
				屏门		
			槅扇	槅扇门		
				风门		
				帘架		
				碧纱橱		
		分件	框槛	框	抱框、门框、短抱框、短立框	
				槛	上槛、中槛、下槛（门槛）、腰枋	
			板扇	门板		
				走马板		
				余塞板		
				槅扇	抹头	四抹头、五抹头、六抹头
					边框	
					隔心	平棂隔心、菱花隔心
					裙板	
					绦环板	
			附件	门枕	门枕木、门枕石	
				门鼓石	圆鼓石、方鼓石	
				门簪	两簪、四簪	
				铜铁饰件	门钉、门钹、兽面、包叶、寿山福海	
	区域门	制式	墙门型	低墙门	衡门、乌头门、低墙门楼	
				高墙门	随墙门、随墙琉璃花门、高墙门楼	
				洞门	圆洞门、八角门、如意门、海棠门、汉瓶门、执圭门	
			屋宇门型	垫门式		
				戟门式		
				山门式		
			台门型	城楼式		
				阙门式		
			牌坊型	间柱	牌坊（无顶楼）	一间二柱式
						三间四柱式
					牌楼（有顶楼）	一间二柱一楼
						一间二柱三楼
						三间四柱三楼
						三间四柱五楼
						三间四柱七楼
						五间六柱五楼
						五间六柱十一楼
				材质	木牌楼	
					石牌楼	
					琉璃牌楼	
			中介型	墙门、牌坊门中介	棂星门	
				墙门、屋宇门中介	垂花门	
				台门、屋宇门中介	券洞门	
		品类	功能品类	城市、宫门、陵门、园门、寺门、坊门、宅门、院门		
			位置品类	大门、二门、后门、中门、掖门、角门、侧门		

（本文原载台湾《中国建筑》旬刊005期，2001年9月20日出版。该刊由中国建筑工业出版社与台湾锦绣出版事业股份有限公司合作编辑，锦绣公司出版。本文在台湾出版时，对原稿文字略有改动，原线条图均加着色，并配有79幅彩照。此次收入本书，文字已按原稿恢复，着色线条图和彩照均未收录，另配了新的插图。）

中国建筑

——台基

一、台基：木构架建筑的"下分"

　　说到中国建筑，大屋顶是令人难忘的，台基也是令人难忘的。

　　不能小看台基，它是中国木构架建筑的基本部件之一，北宋匠师喻皓在他所撰的《木经》中，把房屋竖分为上、中、下"三分（fèn）"："自梁以上为上分，地以上为中分，阶为下分"。这里的"阶"是台基的古称，在"屋有三分"中它占据了一分（图1）。

　　梁思成先生研究中国建筑，对台基给予了特别的关注。在他主编的《建筑设计参考图集》中，把台基列为第一集，把台基的重要附件石栏杆列为第二集。这两集都由他自己执笔撰写。梁先生盛赞中国建筑的屋顶、屋身和台基"三部分均充分的各呈其美，互相衬托"。他满怀深情地写道：

　　这三部分不同的材料、功用及结构，联络在同一建筑物中，数千年来，天衣无缝的在布局上，台基始终保持着其间相对的重要性，未曾因一部分特殊的发展而影响到他部，使失去其适当的权衡位置，而减损其机能意义。（《梁思成文集》二，第224页）

　　为什么台基成了中国建筑的"下分"，为什么把台基摆到这么突出的地位，这要从台基的原始功能和派生功能说起。

　　大家知道，中国建筑的主体属于木构架

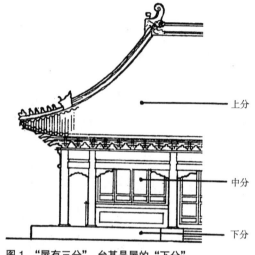

图1　"屋有三分"，台基是屋的"下分"

体系，以木构架为承重构件。木质构件既怕火，也怕水，妥善地解决承重木柱根部的防水避潮问题是发展木构架的前提和关键。在起居方式上，中国的先民最初是席地而坐的，特别需要强调"居必爽垲，以避湿毒之害"。正是在木构的、席坐的双重防水避潮的要求推动下，黄河中下游的华夏先民，利用天然的黄土资源，运用夯土技术，创造了夯实土阶的办法解决了这个问题。这种土阶，不仅为承重木柱提供了坚实的土基，而且通过土的夯实阻止了地下水的毛细蒸发作用，通过阶的提升排除了地面水的浸蚀，有效地保证了工程寿命，也为席地坐创造了有利条件。因此，台基一开始就不同于通常意义上的基础，而是有一部分露明到地面之上，发挥着防水避潮的关键作用。正是夯土台基的运用，

图2　傅熹年复原的唐大明宫含元殿
（引自傅熹年. 唐长安大明宫含元殿原状的探讨. 文物，1973（7）.）

奠定了中国建筑以"筑土构木"为特色的土木相结合的技术体系。古希腊的早期建筑也是木结构的，由于木材易受地中海潮湿空气的浸害而不得不演化为石构体系。中国建筑却能长期延绵不断地维系木构架体系，除了黄土地区半干旱的气候因素外，就是中国人找到了夯土台基的办法，完成了木与土的结合，以土木相结合的技术优势，取得了建筑体系持久的活力。

基于台基的这种原始功能，自然引发出一系列派生功能：

（1）调适构图

台基露明于地面，理所当然地成为建筑艺术表现的重要手段，特别是在一些重要的殿堂中，台基所起的造型作用更为显著。它为殿屋立面提供了宽舒的、很有分量的基座，避免了"上分"庞大屋顶可能带来的头重脚轻的不平衡构图，大大增强了殿屋造型的稳定感、庄重感。台基的砖石用材也为殿屋造型突出了材质和色彩的对比，汉白玉、青白石包砌的台基被誉为"玉阶"，与红柱黄瓦相辉映，在蓝天衬托下，色彩分外纯净、强烈。

（2）扩大体量

木构架建筑由于自身结构的限制，单体建筑的屋身间架和屋顶悬挑都不能采用过大的尺度，而台基则有很大的展扩余地。提升台基的高度，放大台基的体量，能够有效地强化殿堂的高崇感、宽阔感。唐大明宫含元殿，利用龙首岗的地形高差，把殿基建立在大墩台上。从遗址可以看出，两层阶基连同大墩台组成特大型的、高十余米的基座，台前还伸出三道长长的龙尾道，如此隆重的基座自然大大强化含元殿宏伟壮观的气概（图2）。大家熟知的北京紫禁城三大殿和北京天坛祈年殿的三重台基，也都是以放大的阶基来壮大建筑的整体形象，以突出其宏大、庄重、高崇的气势。

（3）调度空间

在建筑组群构成中，台基还能起到组织空间、调度空间和突出空间的作用。这主要体现在运用月台和多重台基。月台多用于建筑群轴线上的主体建筑和重要门殿的台基前方，成为台基前部的延伸部分，月台上点缀着陈设小品，既扩大了主建筑的整体形象，也为主建筑前方组织了富有表现力的核心空间，密切了建筑与庭院的联系。多重台基在这方面的作用更为显著。明长陵祾恩殿、曲阜孔庙大成殿等都是采用层层扩展的台基来壮大主体建筑的形象，以突出空间重点和空间高潮。

（4）标志等级

台基的重要技术性能和审美功能，使

得它很早就被选择作为建筑上的重要等级标志，对台基的高度制定了明确的等级规定。《礼记·礼器》在提到"以高为贵"时，列出了"天子之堂九尺，诸侯七尺，大夫五尺，士三尺"的台高规制。一直到清代，《大清会典事例》仍然延续着对台基高度的等级限定："公侯以下，三品以上房屋台基高二尺，四品以下至士民房屋台基高一尺"。这种压低绝大多数房屋台基的做法，自然突出了少数有权采用高台基的殿屋的雄姿。台基的高低，直接关联到台阶踏跺的级数，即"阶级"的多少，阶级多者，台基高，门第尊；阶级少者，台基低，门第卑。"阶级"一词后来衍生为表明人的社会身份的专用名词，可见台基的等级标志作用达到何等深刻的程度。

正是台基的这些多方面的重要功能，使得它与"上分"、"中分"一样历久不衰，促使木构架建筑长期维系着"屋有三分"的基本构成和基本特征。

二、从"土阶"起步

土阶的历史可以推得很远，大约距今4000～5000年左右，黄河下游的龙山文化已经出现了夯土台基的雏形。山东日照县东海峪遗址发现的九座属于龙山文化层的房

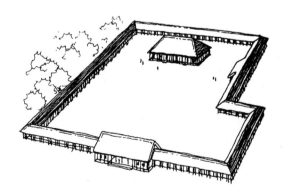

图3 杨鸿勋复原的偃师二里头晚夏一号宫殿遗址
（引自杨鸿勋《宫殿考古通论》）

屋，全部都是带土台基的建筑。这些土台基土质坚硬，分层明确，已经采用夯筑技术。从夯窝形状可以推测出当时是用手握石块逐层夯打，夯土技术还处在萌芽阶段。这一组原始土阶告诉我们，夯土技术刚刚萌芽就已经用来构筑土阶。而土阶的运用如前所述，是促使中国建筑形成"筑土构木"技术体系的关键，其影响是十分深远的。

到华夏跨入文明门槛的夏商之际，土阶更是风头十足，"茅茨土阶"成为当时大型建筑的基本构筑方式。河南偃师二里头一号、二号宫殿遗址，为我们展示了这时期土阶的大略情况。一号宫殿基址呈缺角方形庭院（图3），二号宫殿基址呈长方形庭院，它们都将整个庭院建造在低矮的大夯土台上，然后再在大夯土台上夯筑主殿堂、门屋和廊庑的土阶。这种筑基方式在奴隶社会前期的大型建筑中可能是通行的做法，陕西凤雏发掘的西周建筑遗址也是如此。后来，随着瓦的发展，茅茨草顶为瓦顶所取代，夯筑量浩大的大夯土台也被淘汰，而夯筑土阶的做法却保持着持久的活力，延续了很长时间。

满堂整铺的土阶基础，早期是像二里头宫殿那样，将承重木柱直接插入夯土柱洞，柱洞底部加垫卵石暗础。这种做法柱基承载力有限，埋柱较深，柱根易腐，木柱用料也耗费了一大截埋深长度。到西周中期的召陈遗址，开始在暗础的底部铺设砾石层，这个砾石层就是早期的"磉"。磉的出现加强了柱位的地基强度，减少了栽柱的埋深，是一个很大的进步。但是为了保持磉的稳定，仍然有赖夯实的土阶。汉唐时期，柱础石已露明到地面，木柱落在柱础之上，完善了木柱脚的防潮。柱础下面用承础石垫托，起磉墩作用。土阶仍继续沿用，到宋《营造法式》所列的"筑基

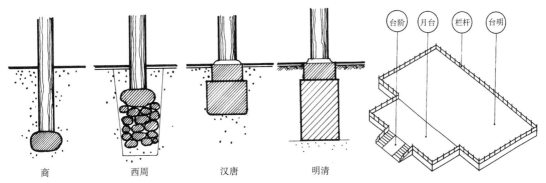

图 4　柱基演进与土阶变化

商：满堂夯土土阶，栽柱埋入较深，柱下设暗础。
西周：满堂夯土土阶，栽柱埋入较浅，暗础下设素土掺砑石的"礩"。
汉唐：满堂夯土土阶，采用明柱，柱础露明，柱础石下部设"承础石"。
明清：土阶淘汰，改夯土为回填土，采用明柱，柱础露明，柱础石下设砖砌的"礩墩"。

图 5　台基的基本构成

之制"还维系着满堂的夯土，只是增添了隔层的碎砖瓦、碎石渣夯层。一直到后期砖砌礩墩的出现，台基才形成重大的转折。砖礩墩自身有较大的埋深，有较强的承载力，有良好的稳定性，礩墩下部垫以灰土基底，礩墩之间砌以拦土墙。柱网的承重完全可以由礩墩独立承担，拦土墙内只需要回填土而不需要夯土，这才摆脱了对于土阶的依赖，终结了土阶的漫长历史（图4）。从这以后，台基已不再是露明的满堂基础，而变成了以砖石为台沿的、用以防护礩墩和提升居住面的平台。

　　台基的构成可以分为台明、台阶、栏杆和月台（图5）。台明是台基的主体。低矮的台基只需台明即可。台明增高就需要台阶。台明高到需要防护时，则加设栏杆。月台是台基前方伸出的附加平台，只用于重要的殿堂和门座。早期的台明有在土阶之上另设一层架空木地板层（木阶）的迹象，这是适合席地而坐，有利避潮的合理措施。刘敦桢先生在《大壮室笔记》中论及古代宫殿阶陛时，提到过这个问题。他说古代宫殿制度，下层为陛，上层为阶。陛可能为石、为砖、

为土，可以不拘一格，而上层的阶"当为木构"。因为"苟累土砌石为座，则潮湿依土上升，焉适席坐之用"。他赞同朱桂辛先生对"古代殿阶如今东瀛之状，以木柱为足而虚其下"的说法，并提出"阶制之变迁，与席坐之兴废互为因果"的论断。刘先生的论析是很有说服力的。汉画像石和北魏宁懋石室的壁面雕刻确有室内满布床或低地板的形象。四川雅安高颐阙的柱跗式基座，也折射出汉代殿屋设有木阶的资讯。唐李华在《含元殿赋》中有"环阿阁以周墀"的描述，据傅熹年先生阐释，"墀"就是阶，"阿阁"就是阁道，也就是用木地板架起平座。他根据这段描述，结合含元殿遗址状况，推测含元殿的副阶就是这种在殿陛之上设平座木阶的做法。

　　这种平座木阶的设置，虽是防潮所需，毕竟增加了一层地板构造，而且木质易腐、易燃，不能耐久，随着席地坐向垂足坐的演变，防潮要求放宽，木质的平坐式的阶基自然被砖石包砌的平台式台基所取代。这个转变期正如刘敦桢先生所说，是与坐姿的变化同步，"当在六朝、隋、唐之间"。这可以说

是台基发展中的另一个重要的转折。

三、台基的豪华型：须弥座

在台明的演进中，还有一个触目的现象，就是形成了台基的一种高体制的、豪华的独特形式，称为须弥座。为什么取"须弥座"这一奇特的名称？原来"须弥"二字是"喜马拉雅"的古代译音。佛经中以喜马拉雅山为圣山，为显示佛的尊崇，就将佛像的台座称为须弥座。它随着佛教的传入而进入中国，最初见于佛座、塔座，后来就用作高等级的殿座。它后来成了显示尊崇的一种符号，除佛座、塔座、殿座外，神龛座、经幢座、坛台座以至棺床座、石狮座、古玩座等等，都竞相采用须弥座以显贵。

须弥座的基本形态是带有叠涩层的基座。它的渊源可以追溯到古希腊建筑。雅典卫城的伊瑞克提翁神庙和雅典的音乐纪念亭都有带叠涩线脚的基座，很可能是古希腊建筑文化通过印度、犍陀罗而辗转渗透入中国，须弥座成了中国建筑融合外来建筑文化的最触目标记。

早期的须弥座轮廓比较简单，云冈石窟所显示的北魏塔基须弥座，上下枋线脚都是直线方涩挑出。敦煌壁画中的北魏、隋代塔基也是如此，座身光素无华。进入唐代后，虽然须弥座的各层线脚大多数还是直线方涩，但线脚和束腰上满绘图案，当是以花砖包砌或石材镌刻，形象已较为丰富。从中唐开始，壁画上的须弥座出现枭混莲瓣，这给须弥座带来更加华丽的形象。须弥座的这种华丽化趋势，可以从现存的古建实物上看到，建于五代的南京栖霞山舍利塔在这方面表现得尤为显著（图6）。这座八角五层密檐石塔，没有停留于单一的塔基，而是采用了放大阶

基和重叠塔座的做法。阶基有意做得很宽大，周边绕以轻快的勾片石钩阑。塔座自上而下，重叠着三重仰莲组成的千叶莲座、多重叠涩与枭混莲瓣组成的须弥座和两层方涩组成的

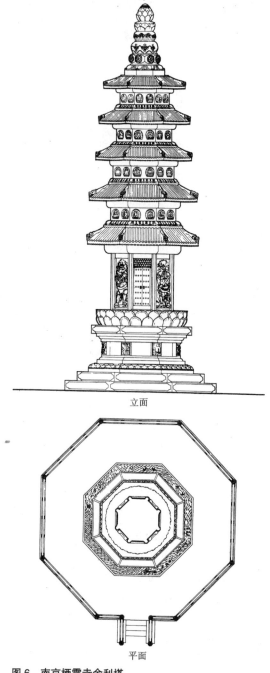

立面

平面

图6　南京栖霞寺舍利塔
（引自刘敦桢《中国古代建筑史》）

底座。须弥座的束腰部位浮雕着八幅精细的释迦八相图。这座石塔整体挺拔秀丽，遍身密布着精美的雕饰，可以说是一件大型的石雕精品。显然，精致、华美的须弥座塔基在这里起着举足轻重的作用。

从宋代到清代，须弥座明显地经历了由宋式定制向清式定制的演变。宋《营造法式》列有"垒砌须弥座"之制。自上而下分成九个水准层。而清式须弥座，据梁思成先生编订的《营造算例》所列,则简化为六个水准层。须弥座的这两种定制，呈现的形象大相径庭，给人的印象也迥然异趣（图7）。

宋式须弥座的特点是：（1）分层多，线脚相对纤细、单薄；（2）整体构图以壶门柱子为主体，上有出檐，下有渐次放大的底座，自身造型主次分明；（3）雕镌精细，枭混莲瓣尺度细密，壶门、柱子、方涩均有精雕细刻；（4）整体造型挺拔、秀气，自身权衡古拙可爱；（5）出现一些不合理的、带水平顶面的线脚，易积水，冬季积水入缝结冰，很容易胀裂石缝。

而清式须弥座的特点则恰恰相反：（1）分层少，各层线脚都很厚重、结实；（2）整体构图中删除壶门柱子层和单混肚层，束腰与各层分量大体近似，淡化主体，不强调自身造型的主次关系；（3）雕镌粗壮，纹饰简约，上下枭线的莲瓣粗大肥硕；（4）整体造型转向敦实、凝重、圆熟、硕壮；（5）消除了不合理线脚，各层均无可积水的水平面，细部处理完善。

为什么在演变中会出现如此鲜明的差异？这里不排斥宋清之间美学口味嬗变的影响，而主要的却是体现须弥座从宋式的仿木权衡到清式的完善石权衡的演进。这是因为，须弥座原先作为佛座，用的是木材。木的材质很自然地导致须弥座呈现层层重叠的单薄线脚，呈现细巧的雕镌和纹饰。处在室内的佛座也不存在防雨问题，带水平顶面的线脚并无不妥。而殿屋台基仿用须弥座，则处于室外，改为砖作或石作。材质虽然改变，而形式仍然沿袭木须弥座，这就是宋式须弥座所显示的浓厚的仿木特色。这种拘泥于仿木的形象，过于单薄的分层，过于细巧的雕镌，以及容易积水的线脚都不合石质的材性，因此经历数百年的推敲、改进，终于形成清式须弥座的定式，完善了石质的权衡。须弥座

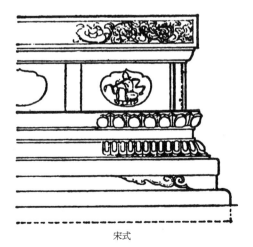 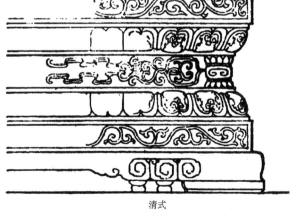

宋式　　　　　　清式

图7　宋式须弥座与清式须弥座

的这个现象，典型地反映出材质对于建筑造型的深刻制约，也从一个侧面生动地展示出明清建筑的高度成熟态势。

四、台基与台榭

春秋、战国时期，盛行一种独特的高台建筑，当时称为"台榭"。这种建筑是把夯土台基极度强化，演变为阶梯形的大夯土台，在台上和阶台四周逐层倚台建屋，形成庞大的、高达数层的巍峨建筑。

台榭建筑的鼎盛是当时列国争霸，群雄竞奢在建筑上的一种反映。各国诸侯通过兼并，财富集中，不惜耗费数年时间，投入大量人力物力，争相筑台。如魏有文台，韩有鸿台，赵有丛台，楚有章华台，齐有路寝台，这些都是历史上著名的台。《晏子春秋》曰：

> 景公登路寝之台，不能终而息乎陛，忿然作色，不悦曰："孰为高台，病人之甚也。"

可见这座路寝台是很高的，齐景公登台受累都生了气。《国语・楚语》曰：

> 灵王为章华之台，与伍举升焉，曰："台美夫？"对曰："臣闻国君服宠以为美，安民以为乐，听德以为聪，致远以为明。不闻其以土木之崇高、雕镂为美……今君为此台也，国民罢焉，财用尽焉，年谷败焉，百官烦焉，举国留之，数年乃成……臣不知其美也。"

可见这座章华之台是何等奢华，为建造此台付出了多么大的代价。台榭建筑原本是"榭不过讲军实，台不过望氛祥"的登高瞭望之筑。到春秋、战国时期却汇成一股"高台榭，美宫室"的建筑热潮。从建筑学的角度来说，此时风行台榭这种独特的建筑形态是很自然的。这时列国贵族需要高大的建筑，而当时木构架的技术水准尚未具备独立架构高大建筑的能力，不得不在台基上做文章，通过变夯土台基为大体量的阶梯形夯土台的办法，用层层倚台而筑的裙房、廊庑和耸立台上的主室，聚合成庞大的建筑体量。在当时条件下，应该说是了不起的创意，把中国建筑土木混合结构中的"土"的作用发挥到极致。

台榭建筑究竟是什么样的呢？山东临淄郎家庄出土的春秋时代的漆器残片，画有四室相悖的建筑形象很可能是台榭建筑的示意。战国的几件铜器，如河南辉县出土的铜鉴（图8），山西长治出土的铜匜（图9），上海博物馆收藏的铜栝等，也都刻画有台榭的形象。这些画面都显示出台榭的剖面，可

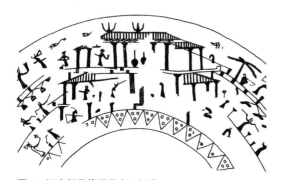

图8　河南辉县战国墓出土铜鉴
（引自中国科学院考古研究所《辉县发掘报告》）

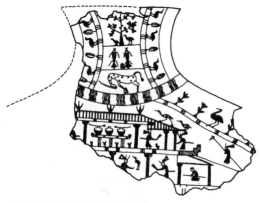

图9　山西长治战国墓出土铜匜
（引自山西省文物管理委员会. 山西长治分水岭古墓的清理. 考古学报，1957（1）.）

以看出台上耸立四坡顶主室，周边逐层环绕单坡廊庑的台榭基本面貌。画面上还能见到四周出挑的平座，周围环立的栏杆，两侧登台的磴道，正中矗立的都柱，安置于柱上的栌斗，装点于屋顶上的脊饰，陈列在室内的礼器，以及诸多人物在进行种种活动，生动地表现出台榭建筑的华美风采和热闹场面。

这种盛极一时的台榭建筑，现在还留下一些遗址。晋侯马故城、齐临淄故城、赵邯郸故城、燕下都故城等，都有规模很大的土台群遗存。燕下都在 1400 多米的轴线上，依次排列着武阳台、望景台、张公台、老姆台，其中武阳台东西约 140 米，南北约 110 米，高出地面达 11 米。赵邯郸的龙台尺度更大，南北长 296 米，东西宽 265 米，高达 19 米。从这些大尺度的残存土台，不难想见当时的台榭建筑达到何等庞大的规模。这类台榭的具体形象，古建筑专家通过两处遗址的复原

设计，已为我们展示出大体的轮廓。一处是战国时期的秦咸阳一号宫殿遗址（图 10），另一处是西汉长安南郊的礼制建筑遗址（图 11）。后者就是汉平帝元始四年（公元 4 年）王莽奏立的明堂。遗址显示出一组庞大的方院，四周围以宫墙、阙门和曲尺形配房，外绕一圈环形水沟，院心升起低矮的圆形夯土台基，台基中央突起折角方形的中心土台。据有关专家推测，中心土台上方建有太室，台体上下，双向对称地分布着"四堂"、"四室"、"左个"、"右个"等屋，其周边环水一周，就是所谓"圆如璧，雍以水"的"辟雍"。这个遗址的复原图让我们看到了以高台方式建造的明堂辟雍的基本面貌。

这种台榭建筑虽然高大宏丽，却有两大局限，一是外形体量庞大而内部空间甚少，很不实惠；二是土台夯筑工程量过大，耗费惊人。东汉以后，随着木构楼阁的发

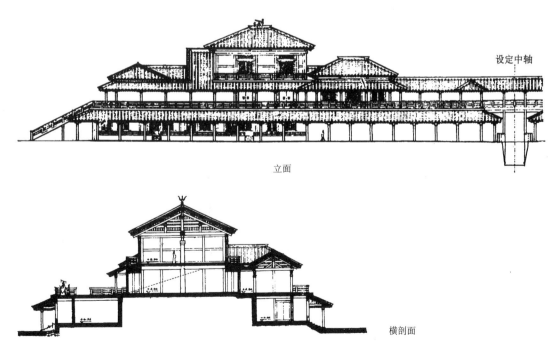

立面

横剖面

图 10 杨鸿勋复原的秦咸阳一号宫殿遗址
（引自杨鸿勋《宫殿考古通论》）

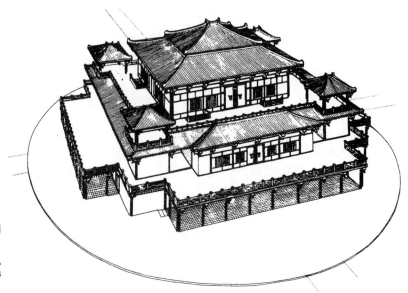

图 11　王世仁复原的西汉明堂遗址
（引自王世仁. 汉长安城南郊礼制建筑原状的推测. 考古，1963（9）.）

展，台榭建筑趋于淘汰。宋画中的黄鹤楼、滕王阁和北京宫苑中的团城，都是在墩台、城台上建造亭阁，已不同于层层倚台建屋的台榭形态。

值得注意的是，高建筑虽已绝迹，而以高台方式建造的层层重叠的、十字轴对称的明堂式建筑形态，却形成一种文脉，后期建筑中还能见到它的余韵。建于明永乐十二年（1414 年）的西藏江孜白居寺菩提塔（藏名贝根曲登塔）、建于清乾隆三十一年（1766 年）的承德普乐寺旭光阁，都显出这样的特点。

五、坛：台基唱主角

在"屋有三分"的构成中，台基只是建筑物的组成要素，而且是屈居底部的基座，难免充当陪衬的角色。但在特定的场合，台基也能极风光地唱主角。中国古代的"坛"，便是由台基担纲主演的。

坛是一种祭祀建筑，它的起源很早。新石器时代就已经出现原始的祭坛，浙江余杭瑶山顶部发掘的良渚文化祭坛遗址，就是三层方形的土筑台。成都羊子山春秋前期的土台遗址，也是三层的方台。用露天的台来作为祭坛的方式，一直是中国古代筑坛的传统。

坛主要用来祭祀自然神祇，有天坛、地坛、日坛、月坛、社稷坛、先农坛、先蚕坛等，以祭天为最隆重。古文献记载，虞舜、夏禹时已有祭天的典礼。到周代，周王被尊称为"天子"。此后，历代皇帝都是以天帝之子的身份统治人间，祭天就是"王者父事天"的一种仪式，都视为礼的头等大事。

如此隆重的祭祀，为什么不建造大型的祭殿而只在露天的"坛"上进行呢？这是因为祭天必须"烟祀"，古人对此有一套说法。《尔雅·释天》："祭天曰燔柴，祭地曰瘗埋"。郭璞注："既祭，积薪烧之，上达于天"。《礼记·祭法》："燔柴于泰坛，祭天也；瘗埋于泰折，祭地也"。孔颖达注："天神在上，非燔柴不足以达之；地示在下，非瘗埋不足以达之"。燔柴就是把奉祀的牺牲、玉帛以至祭文、祷辞都放在柴垛上燃烧，让烟火高高地升腾，用这种办法来"上达于天"。这就是祭天必筑坛露祭的缘由。这样，台基就派上了大用场，居然在极隆重的场合，充当了极显要的主体，也给古代匠师出了一道难题，以台筑坛不仅在使用上要满足盛大的、繁缛的祭天仪典的需要，而且要以台基为主要手段，创造出崇天的独特境界。明清北京天坛的圜丘，正是这种以台筑坛的范例。

这组圜丘始建于明嘉靖九年（1530年），清乾隆十四年（1749年）重建扩建。圜丘自身只是三层圆形台基，外环两重低矮的墙墙（图12）。北面建有一组供奉"昊天上帝"神版的皇穹宇，内外墙墙之间设有三座望灯，一座燔柴炉和十三座燎炉。如此简约的设计却取得了十分完美的效果。这里渗透着"天圆地方"的传统意识，以圆形的祭坛，圆形的墙墙，圆形的殿屋，圆形的回音壁，突出"天"的圆形母题。三层圜丘的尺度并不很大，通过两重带棂星门的方圆墙墙的衬托，强化了坛身的核心布局，扩展了坛身的开阔气势，形成了极庄重、极疏朗的格局。这里没有屋身，没有屋顶，辽阔的天穹仿佛成了无边的、

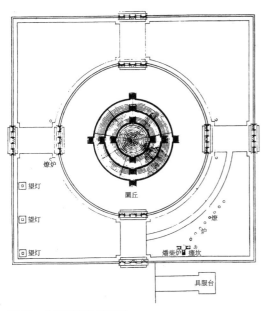

图12　北京天坛圜丘平面
（引自刘敦桢《中国古代建筑史》）

天然的顶盖。艾叶青的坛面，汉白玉的石栏杆，朱红色的墙墙，蓝琉璃的墙顶，配上洁白的棂星门，在蓝天衬托下，显得分外纯净、凝重。这里还充满着"象数"的表征，按《周易》"阳卦奇，阴卦偶"的约定，尽量将建筑数值取阳数"象天"。祭坛是阳数的三层。各层直径，上层9丈，中层15丈，下层21丈，均为1、3、5、7、9的阳数之积。坛面的铺石，除正中的一块圆石作为中心石外，上、中、下三层各环铺九圈，由内向外，第一圈为9块，第二圈为18块，如此逐圈递增9块，每圈均为阳数之极的"九"的倍数。坛周环立的石栏板也是如此，据《大清会典事例》卷八六四记载，乾隆十四年扩建时，拟定上层栏板72块，中层栏板108块，下层栏板180块，各层均取"九"的倍数，而总360则为周天之数。实际上现存圜丘的石栏板是上层36块，中层72块，下层108块。各层保持着"九"的倍数，总数216并不符合周天之数，这显然是考虑栏板合宜的比例尺度所做的明智调整。圜丘通过这些"数"的象征，取得了精心创意的"天数"含义，又能与形式美的构图合拍，设计手法是十分得体的（图13）。不仅如此，圜丘还拥有值得称道的特定环境。在选址上，天坛设在北京内城的南郊，处于远离市井的宁静地段（后来加筑外城，才圈入城内）。在规模上，天坛占地达273公顷，相当于北京紫禁城的3.7倍。坛内满铺大片苍绿的柏林，造就了肃穆、静谧的氛围。在布局上，天坛还设了一组祈祷丰年的祈年殿，并通过丹陛桥把祈年殿与圜丘联结成很有分量的主轴线，进一步突出了圜丘的显要地位。在这种环境的烘托下，以台基为主体组构的祭天场所确是达到尽善尽美的地步。当年由天子主持在这里举行祭天仪式时，坛上搭起七组天青色缎子的神幄，从皇穹宇正殿迎出

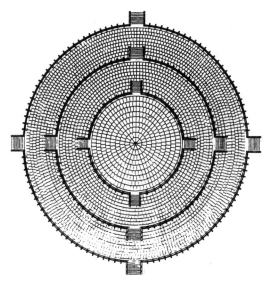

图 13　清乾隆圜丘坛图
（引自杨振铎《世界人类文化遗产——天坛》）

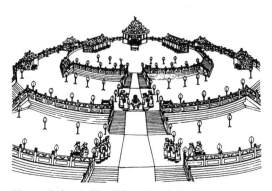

图 14　北京天坛圜丘的祭天仪式台基独立构成祭坛建筑主体
（引自王成用《天坛》）

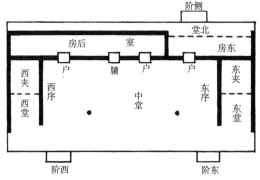

图 15　（清）张惠言《仪礼图》中的士大夫住宅堂前方设东阶、西阶

天神、皇祖的神版，从配殿迎出大明、夜明、星、辰、云、雨、风、雷的神牌，望灯高照，鼓乐齐鸣，燔炉、燎炉香烟缭绕，隆重的场面充分显示出"天帝"至高无上的神圣，也折射出皇帝家族的显赫威严（图 14）。如今人们到这里游览，站在圜丘坛面上，同样会感到分外广阔的天穹，领略到这里的特定的天的崇高、圣洁的境界，自然引发对于蓝天、宇宙、历史和人生的思索、遐想。台基的艺术表现力，在这里可以说是发挥得淋漓尽致。

六、东西阶与御路石

古人讲究礼节，台阶的设置要符合礼的规范。《礼记·曲礼》曰："**主人就东阶，客就西阶。**"东阶又称阼阶，在堂前左方，是主人用的，我们至今仍称请客的主人为"东道"或"东道主"，就是缘于此。西阶又称宾阶，在堂前右方，是客人用的。古习以西为尊，让客人登西阶，是对客人的尊敬。《仪礼》十七篇中，有许多篇都涉及东西阶的繁缛礼节。宋以来许多学者根据《仪礼》的记载推测春秋时代士大夫住宅堂的前方设有东西两阶（图 15）。两阶制盛行了很长的时间，从西安大雁塔门楣石刻上，可看到唐代佛殿的两阶形象（图 16）。1936 年刘敦桢先生到河南北部考察，在济源县济渎庙的渊德殿遗址上，见到用砖垒砌的高峻台基正面赫然伸出东西两条踏道（图 17）。刘先生当即意识到这就是经书所述的东、西阶，称它是除大雁塔门楣雕刻外，"国内唯一可珍的实证"。渊德殿在北宋开宝六年（973 年）有过一次大修，这组东西阶很可能是宋初的遗构，表明两阶制遗风可能延续到宋初。

值得注意的是，推行两阶制并不意味着所有的建筑都用双阶。即使在两阶制的盛期，也同时存在着"三阶"、"单阶"的现象。岐山凤雏宗庙建筑遗址中，作为主体建筑的堂，台基正面除阼阶、宾阶外，还设有中阶;《礼记·明堂位》也提到"中阶"的名称;敦煌中唐壁画上同样有三阶并列的清晰形象。单阶的做法在汉代也不少见，成都羊子山东汉墓出土的庭院画像砖中，主院正位有一座三开间的堂，堂前就只设居中的单阶;四川彭县汉画像砖上

图16 西安大雁塔门楣石刻显示唐代佛殿的两阶形态
（引自刘敦桢《中国古代建筑史》）

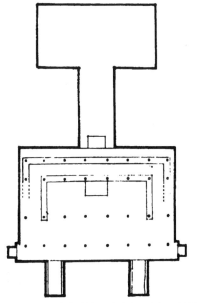

图17 河南济源济渎庙渊德殿遗址显示宋初两阶的遗迹
（引自梁思成《营造法式注释》卷上）

的粮仓也是如此。这说明，双阶很可能是达到一定规格、与礼仪密切相关的殿堂、门塾才设立，而规格较低的宅舍可以从简，辅助性的仓房则更无设双阶的必要。

东西两阶左右分立，适应了宾主揖让之礼，却带来了建筑艺术表现上的缺陷。庭院式建筑的组群布局，主体院落和主体殿堂都很注重左右对称，追求中轴突出，两阶的做法虽然维系着对称的格局，却没有坐中，形成台阶在中轴线上的空白，礼的规范与艺术的法则在这里发生了龃龉，这种情况当然需要调适。古代匠师透过靠拢双阶、中间连以陛石的方式，轻而易举地解决了这个难题。这种带陛石的踏跺，既保持着东西双阶的踏道，又把双阶连接成完美的整体，并使之坐中以丰富轴线的构成，可以说是极巧妙的创意。它的早期实物在河南登封碑楼寺唐开元石塔（建于722年）和少林寺初祖庵（建于1125年）都可以看到，这两处的台阶都是在两阶中间插入窄而未加雕饰的垂带石，严格来说是陛石踏跺的雏形;而在敦煌第231窟的中唐壁画中，已可以看到拓宽且满铺雕饰的陛石，意味着陛石踏跺已达到完备的形态（图18）。

用于宫殿台阶的陛石称为御路石。明清皇家系统的重要殿座，都把御路石视为台基的装饰重点，在上面刻饰云龙、云凤、云气、海水、江涯等图案;寺庙建筑则常在陛石上雕饰宝相花之类的图像。北京紫禁城太和殿、保和殿的特大型御路石（图19）和清东陵菩陀峪定东陵精雕的"凤引龙"御路石，都给人们留下极深刻的印象。从东西阶到御路石，我们看到了传统建筑在漫长的历史进程中，透过一步步的精化达到了高度成熟的建筑体系，也看到古代匠师在台基的创意中所展现的举重若轻、令人叹服的大手笔。

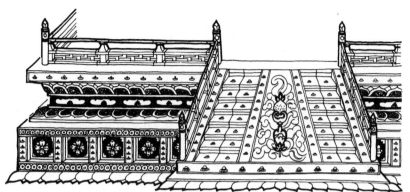

图18　敦煌中唐第231窟壁画御路石显现丰美雕饰
（引自萧默《敦煌建筑研究》）

图19　北京故宫保和殿后阶御路石
（引自建筑科学院建筑理论及历史研究室《北京古建筑》）

七、美的剪边：石栏杆创意

栏杆，古称钩阑，常见它环绕在台基的周边。"横木为栏，竖木为杆"，顾名思义，栏杆最初当是木质的，由横木和竖木交搭组合而成。

栏杆的历史十分悠久，距今六千九百多年的浙江余姚河姆渡遗址的出土遗物中已有直棂栏杆的构件；在传世的西周青铜器兽足方鬲上，可以看到屋廊前沿两端各有一小段短短的带十字棂格的木栏杆；易县燕下都出土的东周遗物，曾发现陶制的栏板砖，砖面上饰有形象生动的俯首、伏身、翘尾的双兽；到汉代，陶屋明器和画像砖石都留下很多栏杆形象，常见的有直棂、卧棂、斜方格等多种样式。有一幅被称为"函谷关东门图"的画像石，画面上的栏杆已出现横的寻杖、盆唇、地栿和竖的望柱、瘿项、间柱的做法，这种后来一直沿用的寻杖栏杆，似乎在东汉已经成形。到南北朝时期，优雅、疏朗的"勾片"栏板开始流行，云冈石窟和敦煌壁画都留下清晰的勾片形象。见于敦煌壁画的唐代栏杆，仍然是木质的，常见的形象除卧棂、勾片外，还有满饰花卉的华版做法。这种木栏杆绘有石青、石绿、深朱等色彩，构件节点用金属片包裹，显得十分华丽。画面上有一些转角部位的望柱呈白色，推测可能是局部采用石望柱。大明宫麟德殿遗址有少量石望柱残段和石刻螭首出土，而未见石寻杖、石栏板残迹，也透露出木栏配置石望柱的现象。这种木石的混用意味着此时台基栏杆渐由木质向石质过渡（图20）。

宋《营造法式》在"石作制度"中明确地列入石栏杆的做法，制定了重台钩阑和单钩阑的标准定式。这种宋代石钩阑保持着浓厚的木钩阑特点，显现出脱胎于木钩阑的印记。望柱稀疏，寻杖细长，栏板剔透，大小华版雕饰细腻，整个石栏杆照套木栏杆的基本构成，照用大量的榫卯联结，完全是仿木的设计，造型纤细挺秀，雅拙潇洒，但与石材的质性、构造不合。经过长期的演化，到清式钩阑时达到了形式与石材质的完全配合（图21）。清式的特点是把栏杆构件简化为望柱、地栿和栏板三大件，透过增添两条素边的办法，把原先零散的寻杖、瘿项、盆唇、华版联结成整块的栏板，摒除了过多的榫卯，加密了望柱的间距，镂空的勾片和雕饰的华版变成了带浅浅浮雕"落盘子"的实板，望柱、寻杖、净瓶都变得肥重。栏杆整体既延续着宋式钩阑的基本脉络，又取得石材与形式的完美谐调，只是形象肥硕，匠艺圆熟，相对于宋式钩阑的洒脱，显得有些板滞（图22）。

从整体来说，长列而环绕在台基周边的栏杆，如同为台基镶嵌上一条美丽的花边，大大地丰富了台基的剪影美。尽管清代宫式做法的石栏杆是高度制式化的，栏板、地栿和望柱柱身的形象几乎是千篇一律的标准样式，而望柱柱头却是千变万化的，常见的有云龙柱头、云凤柱头、云气柱头、狮子柱头、石榴柱头、莲花柱头、莲瓣柱头、二十四气柱头等（图23）。云龙柱头和云凤柱头并用时合称龙凤柱头，柱端龙凤出没于叠落的彩云之间，十分庄重、富丽，为帝王宫殿主要建筑专用。二十四气柱头顶部刻着二十四道旋纹，象征二十四个节气，下部以莲瓣八达马、连珠、荷叶组成基座，柱头轮廓丰富，

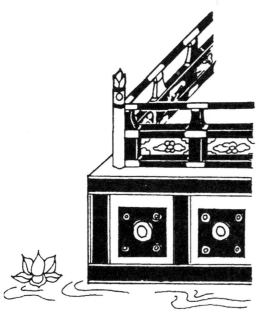

图20　敦煌晚唐第141窟壁画中的栏杆转角部位的白色望柱，显示出石质望柱的迹象
（引自萧默《敦煌建筑研究》）

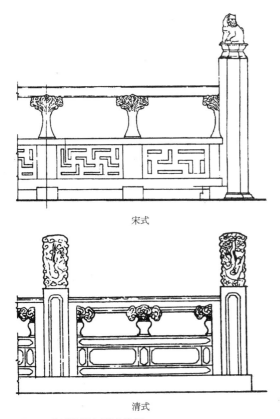

宋式

清式

图21　宋式钩阑与清式钩阑

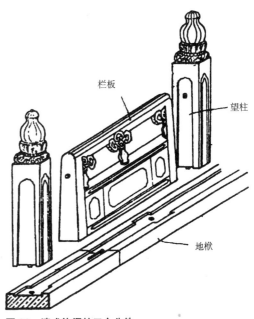

栏板

望柱

地栿

图22　清式钩阑的三个分件

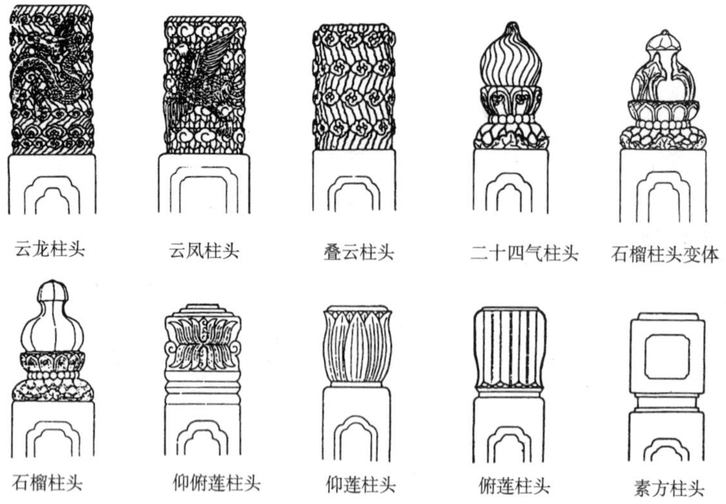

云龙柱头　云凤柱头　叠云柱头　二十四气柱头　石榴柱头变体

石榴柱头　仰俯莲柱头　仰莲柱头　俯莲柱头　素方柱头

图 23　清式望柱头的若干定型样式
（择自刘大可《中国古代建筑瓦石营法》）

形象优美，常用在宫殿和与自然神祇有关的坛庙。莲花柱头、莲瓣柱头可以做成仰莲、覆莲、仰覆莲等多种样式，形式活泼轻快，很适合在园林中使用。此外，变化多端的柱头样式同时也是不少地方建筑展现地域特色的栏杆构件。这些丰富的望柱头蕴含着多样的文化语义，赋予栏杆不同的等级与性格。这种集中在望柱头上变化花样的做法是特别值得称道的，因为望柱头是个末端，可以听任自由、方便地雕琢；望柱头又是栏杆最突出的部分，柱头的轮廓最能显示剪影的丰美；而望柱头的高度又贴近人眼，人们常有机会近距离地细观近赏，的确是台基中进行重点艺术加工的理想部位。

栏杆上还有一个同样值得称道的配件，名曰"抱鼓石"。它处在栏杆的尽端，主要靠它来顶住望柱，以防止端部望柱的倾斜。抱鼓石的出现比较晚，早期的栏杆上见不到它。现在见到的史料以金《卢沟桥图》中所显示的形象为最早，到明清时期已十分普及。抱鼓石的标准形象是石中雕一圆形的鼓状物，它的名称就是由此而来。为什么要筛选出这种抱鼓的形象呢？原来抱鼓石绝大多数出现于垂带栏杆的端部，垂带上的地栿是斜地栿，与望柱形成一个钝角。这种钝角的角度随台阶坡度而异，抱鼓石的形象必须适合于不同大小的钝角。中间抱个圆形的鼓，两端采用连续弧形的曲线，可以说是这个角落最佳的适形图式。整个抱鼓石所形成的斜曲轮廓，正适合它作为顶石承受推力的结构逻辑，并为栏杆的长列提供了优美的终结（图 24）。抱鼓石整体比例从早先的纵长形演变为后来的横长形，也意味着对推力适应的进一步推敲与完善，典型地体现出构件形象与力学逻辑的完美协调。

八、台基匠艺点滴

台基是石工驰骋的天地。宋《营造法式》和清《工程做法》中，"石作"所涉及的项目大部分都是台基的分件。由于石材具有耐压、耐水、耐潮、耐磨损、耐腐蚀、耐磕碰、不变形的优良性能和优美的材质纹理，特别适合做台基的用材。台基上的石件，包括用于台明、月台、台阶、钩阑的分件，细目达

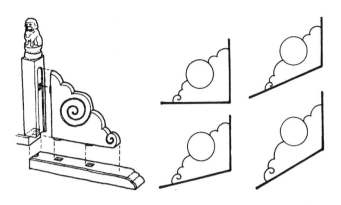

图 24　抱鼓石的构成及其所处的不同夹角

数十种之多。重要建筑的台基，几乎全部为石件所包砌，号称"满装石座"。石质的台基与木质的梁架、门窗，陶质的砖墙、屋瓦相互搭配，形成材质、色彩的良好对比，为传统古典建筑增添了许多韵味。

　　传统石工很注重台基用石的选材。青砂石质地细软、松脆，易于加工，也易风化，只用于小型建筑的台基。豆渣石质地坚，硬度高，不易风化，但纹理粗糙，不适雕刻，多用做阶条、踏跺和地面石。明清北京的高等级建筑，如宫殿、坛庙、陵墓的主要建筑，则选用青白石、汉白玉等上等石料。青白石色泽青白相间，质地较硬，质感细腻，既耐风化，又可雕镂，是高级台基的理想用材。汉白玉质地柔润，洁白晶莹，形如玉石，用它做栏板、望柱，有"玉石栏杆"的美称。这些石料的运用，经过打道、砸花锤、剁斧、磨光等多道工序，无论是贴面、镶边、抱角，都讲究严丝合缝。带雕刻的石件更有一整套细致的剔凿花活，在各种石雕件上通过圆雕、浮雕、隐刻、线刻等方式，刻出花草、异兽、流云、绶带等丰富多样的装饰，充分展示出古代石工技艺的精湛。台基匠艺可称道的事例很多，这里从施工和设计的角度，略述几则：

　　大石拽运。明代早期宫殿建筑讲究用整石大料，不但殿前甬道的石板要求采用很大的尺寸，台基上的阶条石也要求"长同间广"，如内廷乾清宫前条阶石的长度即相当于其明间7米的面阔长度；至于石材则是选用色泽青白相间的青白石或是洁白如玉的汉白玉石，大多采自北京城西南房山县的大石窝或门头沟的青白口。由于这类大石都重达万斤乃至数万斤，要将之从石料产地运至北京城内无疑是一项相当艰巨且耗时费力的工程，通常必须借助滚木、旱船、轮车之类的运具长途拽运。还有一些特大型的石材，如保和殿后阶的一块御路石，长16.57米，宽3.07米，厚1.7米，估计重量在250吨以上，非常规运石方法所能奏效，它们究竟是怎样搬运的呢？明工部营缮司郎中贺盛瑞撰写的《两宫鼎建记》中有一段记述："三殿中道大石，长三丈，阔一丈，厚五尺，派顺天等八府民夫二万，造旱船拽运……每里掘一井，以浇旱船资渴饮，计二十八日到京，官民之费总计银十一万两。"古建筑专家分析，这种重达180吨的中道大石和保和殿那块比它更重的御路石当是在冬季，沿途打井泼水成冰道，使旱船在冰道上滑行而运成的；传说明长陵神道的大体积石象生也是采用这种冰滑的方法。这是以巧智解决了巨石拽运的难题。

　　拼石掩缝。台基石作的精湛技艺也表现在石构件的智巧拼接上，其中最为人所称道的莫过于北京故宫太和殿前阶的那块御路石的拼接。这块御路石所需尺寸特大，没有物

图25　北京故宫太和殿前御路石　这块御路石尺寸
特大，由三块石料拼接
（引自建筑科学研究院理论及历史研究室《北京古建筑》）

图26　《木经》记述的"阶级有峻、平、慢三等"
（a）峻道；（b）平道；（c）慢道
（引自清华大学《梦溪笔谈》注释组，《梦溪笔谈》选注）

色到这么大的整石料，不得不采用三块石
材来拼接。匠师们在拼接时，为避免暴露
接缝，并非简单地直缝对接，而是巧妙地
随云纹突起的曲线形成拼合缝，使石料之
间的接触面形成高低起伏、凹凸交错的弯
曲面，将拼接缝隐藏在凸起纹样的下面，
因此虽是三石拼合，却能严丝合缝地咬合
为一体，从表面上完全看不出拼接的痕迹
（图25）。一直到后期石块走闪，显出缝隙，
才发现原来是拼接的。

　　台阶定坡。台基的设计，涉及台阶的合
理坡度。《梦溪笔谈》在记述北宋喻皓所撰的
《木经》时，引述了《木经》的台阶定坡方法：
"阶级有峻、平、慢三等，宫中则以御辇为法：
凡自下而登，前竿垂尽臂，后竿展尽臂，为
峻道；前竿平肘，后竿平肩，为慢道；前竿
垂手，后竿平肩，为平道。"这段引述相当珍
贵，显示宋代匠师已明确地将台阶定为三种
不同的坡度，每种坡度都考虑到抬轿上阶时，
轿身保持平正，轿夫或展臂、或垂臂、或平肘、
或平肩，都适合抬轿的操作和施力（图26）。
这在当时应该说是考虑得很细致、很科学的。
宋《营造法式》中关于踏道有"*每踏厚五寸，
广一尺*"的规定。清《工程做法》中关于踏
跺石有大式宽一尺至一尺五寸，厚三寸至四
寸；小式宽八寸五分至一尺，厚四寸至五寸
的规定，这些尺度都与现代踏跺相符，为适
合人体登级迈步的合宜步长。现代有一门新
学科叫"人体工学"，研究的就是工程设计
如何适应人体的需要。台阶定坡的以御辇为
法，踏跺高宽的以步长定分，可以说都已吻
合人体工程学的科学要求。

九、台基宏构——紫禁城三台

　　传统建筑中台基的规模之大，气势之雄，

当数北京紫禁城内的外朝三大殿为最。

三大殿初建时分别称为奉天、华盖、谨身。明中叶时改称皇极、中极、建极。清初易名为太和、中和、保和。它们是宫城的核心，外朝的主体，位于紫禁城的中心地带，坐落在纵贯北京城内将近8公里长的中轴线上的显要位置。其中太和殿俗称为金銮宝殿，是宫廷举行最隆重仪典的场所，中和殿、保和殿则是太和殿的配套殿宇，三殿连称寓意"三朝"，是帝王至尊、皇权至上的建筑象征。这样一组最尊贵、最显赫的建筑，当然需要与之相称、当之无愧、能为其添姿增色的台基来烘托。

三大殿的台基完美地体现了这一点。它采用了三殿联做、以"工"字平面加前方丹陛（月台），形成"土"字形的三重须弥座大台基，号称"三台"（图27）。这样的设计呼应了前三殿位居中央，在阴阳五行学说中"土"属中央的涵意。为突出三大殿的宏大气势，三台选用了罕见的大尺度：南北长227.7米（连踏步达261.5米），东西宽130米，台心高8.13米，台缘高7.12米，台基总面积达2.5万平方米。三重须弥座的周边都由汉白玉石栏杆围绕，并配以镌刻精致的栏板与望柱。巨大的尺度、

丰美的剪影以及洁白晶莹的色质，给人留下了极为深刻的印象。

这组壮丽的台基宏构发挥了多方面的作用：一是标志三大殿的最高等级，体现三大殿的崇高地位。三重须弥座是台基形式的最高规制，只用于天坛祈年殿、太庙正殿、长陵祾恩殿等极少数最高级别的建筑。醒目的紫禁城三台，从礼制所规范的高度中，体现了帝王至尊的建筑规格。二是扩大太和殿的体量，壮大主殿堂的宏伟形象。太和殿为十一开间、重檐庑殿顶的大殿，殿宽60.01米，殿高26.92米，虽然已是明清时期尺度最大的殿座，但相对于宽230余米的广阔庭院空间，仍然显得主体建筑不够分量。透过三重台基的垫托，把殿身抬高至8.13米，座基则拓宽到130米，显著放大了太和殿的巍峨体量，大大地突出了太和殿的恢宏气概。三是联结三大殿为有机整体，突出三大殿的整体分量。三大殿顺纵深轴线前后分立，全赖联做的三重须弥座台基把它们联成一气，严密了三大殿的空间组织。据傅熹年先生分析，这组台基的长宽尺寸还构成九与五的比例关系，是以九五之数隐喻王者之尊，更加浓化了三朝的寓意。四是提供殿前的宽阔丹陛，进一步浓郁了金銮殿的场所精神。丹陛上下

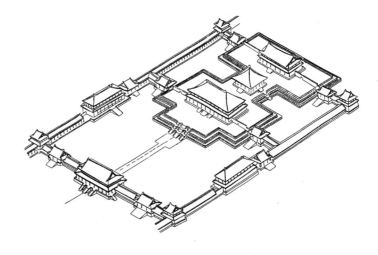

图27 北京故宫三大殿鸟瞰 "土"字形的三层台基将三大殿联结成一个整体
（引自刘敦桢《中国古代建筑史》）

陈列着象征江山一统、社稷永固的镏金铜鼎，象征龟龄鹤寿、延年益寿的铜龟、铜鹤，象征天下平准、统一法制的日晷、嘉量。在重大仪礼的场合，只有位居"八分公"以上者，才有资格在丹陛之上立位，"八分公"以下及文武百官只能在丹陛之下按品级序立。五是丰富三大殿的独特景观，强化三大殿的壮丽形象。三重须弥座台基周边都环绕着洁白的汉白玉栏杆，整齐地挑出一列列螭首。栏杆望柱达1458根，大小螭首达1142个。台阶上有巨石雕镌的云龙御路石，栏杆上有云龙、云凤相间的望柱头。洁白优美的栏杆构成层层叠叠的玉石饰带，把三大殿烘托得更加雍容华贵，就连为排瀑泄台面雨水而设置的泄水孔道也因雕镌成龙头形的螭首而形成了三台的独特景象。晴天，在阳光照射下，千余个螭首的投影点洒在须弥座上，闪动着奇趣的光影画面；雨天，三层台面的大片雨水分别从大小螭首口中喷出，大雨如白练，小雨如冰柱，宛若千龙吐水，蔚为奇观。

十、虚台基

台基是中国建筑的"下分"，但中国建筑的"下分"并非都是用台基。我们熟知的干阑建筑的"下分"就是架空的，正好与实台基相反，不妨把它视为一种"虚台基"。

干阑的历史十分悠久，距今六千九百多年的河姆渡建筑文化，即是一种木构干阑，它表明虚台基的出现远比实台基还早。干阑的生命力很强，在中国的云南、贵州、四川、湖南、湖北、广西、海南等许多地区，在傣、侗、苗、壮、黎、景颇、布依、佤瓦等十多个少数民族中，至今仍盛用不衰。干阑以架空提升居住面为其基本特征，有傣族干阑、景颇干阑、壮族麻阑、黎族船屋、苗族半边楼等诸多形式，有高楼、低楼、重楼和竹构、木构、混构等不同类别。土家族和汉族使用的吊脚楼，也是干阑的一种变体。这种以虚代实的做法，主要是西南地区湿热气候的需要。居住面架空具有防潮、通风、散热的作用与防洪、泄洪的功能，也便于燃熏浓烟，驱蚊防瘴。架空的底层空间还可用来堆放杂物，藏储柴米，豢养牲畜。在宅基用地不足的陡岸、急坡、高坎地段，建造地面建筑十分困难，干阑和吊脚楼却可随坡就坎地布置，占天不占地，既可以争取到架空的居住空间，又不需付出平整基面的代价，是十分灵便、经济的山地构屋方式。

这种临空构架的建筑，显得特别空灵、轻巧。在西双版纳的傣族村寨，一座座架空的竹楼散落在槟榔、棕榈、芭蕉、竹丛之间，极富热带雨林风情（图28）。在桂北、黔东南的壮族、苗族山寨，一幢幢麻阑、半边楼依山就势、高低错落；建筑与地形镶合得分外有机（图29）。在重庆山城的江岸、陡坡，吊脚楼或鳞次栉比地成排拔起，或随坡顺势

图28 西双版纳景洪曼景傣族民居架空的竹楼呈现"虚台基"的形态
（引自云南省设计院《云南民居》编写组《云南民居》）

图 29 桂北三江马安寨民居 架空的"干阑"呈现"虚台基"形态
（引自李长杰、全湘、鲁愚力《桂北民间建筑》）

地上爬下落，如同演出惊险奇绝的建筑杂技。

这种虚台基在江南园林中也派上了用场，一些亲水建筑，如伸入水面的水榭、水亭、水廊、水阁，都把台基架空于水面，使得建筑与水体融合得更为贴切（图 30 ）。

在强调"屋有三分"的传统建筑体系中，像干阑、吊脚楼这样能够因地制宜，因势利导地以虚代实、创造出种种架空底层、虚化基座的变通做法，无疑是很可贵的。从这里我们看到了台基匠艺的理性逻辑，民间建筑的理性传统，传统建筑的理性精神。

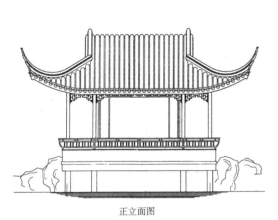

正立面图

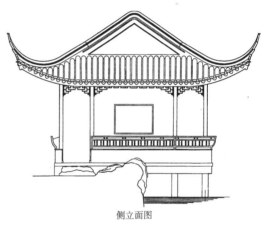

侧立面图

图 30 苏州拙政园芙蓉榭 显现临水的"虚台基"
（引自苏州民族建筑学会《苏州古典园林营造录》）

清式台基构成简表

台基				
台明	制式	平台式	砖砌台明、满装石座	
		须弥座		
	组合	单重台明		
		双重台明		
		三重台明		
	分件		阶条石、两山条石、角石、角柱石、陡板石、土衬石、柱顶石、分心石、槛垫石、上枋石、上枭石、束腰石、下枭石、下枋石、圭脚石	
月台	制式	平台式		
		须弥座		
	部位	正座月台	用于殿堂	
		包台基月台	用于门座	
	组合	单重月台	与单重台明配用	
		双重月台	与双重台明配用	
		三重月台	与三重台明配用	
	分件		滴水石、地面石、阶条石、陡板石、角柱石、角石、土衬石、上枋石、上枭石、束腰石、下枭石、下枋石、圭脚石	
台阶	制式	踏跺	垂带踏跺、如意踏跺、陡石踏跺（御路石踏跺）、云石踏跺	
		礓磋		
	部位	单踏跺	位于前后檐的单间踏跺	
		连三踏跺	位于前后檐的三间连做踏跺	
		正面踏跺	位于前后檐的三间分做的居中踏跺	
		垂手踏跺	位于前后檐的三间分做的两侧踏跺	
		抄手踏跺	位于山墙侧的踏跺	
	分件		踏跺石、砚窝石、如意石、垂带石、象眼石、礓磋石、陡石（御路石）	
栏杆	制式	石栏杆	寻杖栏杆、栏板栏杆、杂式栏杆	
		砖栏杆	花墙栏杆、花砖栏杆	
	部位	长身栏杆	位于台明、月台周边的栏杆	
		垂带栏杆	位于垂带石上的栏杆	
	分件	望柱	云龙望柱头、云凤望柱头、叠云望柱头、二十四气望柱头、石榴望柱头、莲瓣望柱头、狮子望柱头、素方望柱头	
		栏板	寻杖栏板、罗汉栏板	
		地栿	长身地栿、垂带斜地栿	
		抱鼓石	素面抱鼓石、雕饰抱鼓石	
		螭首	大龙头、小龙头	

（中国建筑：台基）附记

（本文原载台湾《中国建筑》旬刊006期，2001年9月30日出版。该刊由中国建筑工业出版社与台湾锦绣出版事业股份有限公司合作编辑，锦绣公司出版。本文在台湾出版时，对原稿文字略有改动，原线条图均加着色，并配有81幅彩照。此次收入本书，文字已按原稿恢复，着色线条图和彩照均未收录，另配了新的插图。）

关外三陵建筑

一、关外三陵建筑现状

1. 永陵

  永陵位于环山面水的优越地段,前临苏子河,背依启运山,两侧山峦簇拥,隔河有烟筒山遥相呼应。建筑组群规模不大,主体建筑仅为两重院落,周边围以低矮的红色陵墙,后部为略似钟形的宝城。陵墙西侧原有省牲亭院落一组,现已毁。陵墙外围原设三重桩木。里圈为 68 根红椿木桩,中圈为 64 根白椿木桩,外圈为 36 根青椿木桩。[①]当年以青桩为界,闲杂百姓不得进入禁区。整个陵区环境颇为壮阔、宁静。

  永陵陵墙南面正中面对神道设正红门。在正红门前方约 800 米处和正红门左右侧约 200 米处,分置四座下马碑。入正红门即为前院。启运门坐落在前院北墙正中,左右有琉璃袖壁衬托。门前对称地布置祝版房、齐班房、茶膳房、涤器房,呈"一正四厢"格局。院中心并列顺治年间增建的碑亭四座,分置肇祖原皇帝、兴祖直皇帝、景祖翼皇帝、显祖宣皇帝的神功圣德碑。启运门内为永陵主院,俗称"方城"。启运殿居中,左右设东西配殿,有焚帛炉一座位于启运殿月台前西侧。紧接启运殿后部,即是小尺度的宝城(图 1)。永陵无地宫,仅是捡骨迁葬的墓冢。土坟排列以兴祖福满居中,肇祖孟特穆在其东,景祖兴昌安、显祖塔克世在其前,武功郡王礼敦、恪恭贝勒塔察篇古分处前部下层。

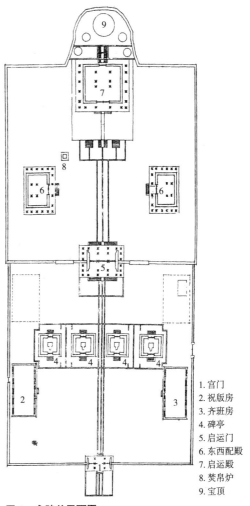

图 1 永陵总平面图

1. 宫门
2. 祝版房
3. 齐班房
4. 碑亭
5. 启运门
6. 东西配殿
7. 启运殿
8. 焚帛炉
9. 宝顶

  宝城上原有老榆树一株,曾被视为神树,乾隆作有《神树赋》,立碑树下。现树已枯死,碑已移到西配殿内。

---

① 《奉天通志》卷九十五。

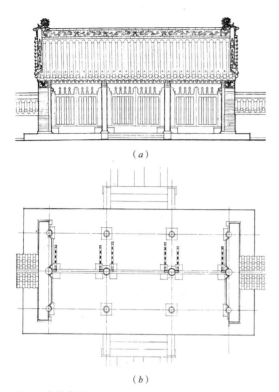

图2 永陵宫门
（a）正立面；（b）平面

下面，分述永陵建筑的现状：

（1）正红门

正红门是永陵陵园的正门，俗称宫门，是一座面阔三间，进深二间，中柱无廊式的戟门（图2）。

正红门建筑规格很低，采用小式做法，硬山顶。尺度也很小，通面阔8.30米，通进深3.35米，檐高2.54米，脊高4.68米。尺度小巧、形制质朴的正红门与两侧高仅2.15米的低矮陵墙配衬得很协调，表现出通透、轻巧、素朴、近人的格调。

正红门台基很矮，前后各出一路与明间等宽的垂带踏跺。前后檐敞空，中柱部位明、次间各设双扇栅门。栅门框槛做法简便，下设门枕石和高门槛，槛上两边立抱框，抱框顶端悬空，作如意曲线收束。门扇用直棂栅，明间每扇四棂，次间每扇三棂，各棂间隔匀

称、合度。直棂出头和栅门大边出头也作如意曲线，与抱框头相协调，栅门形象空透、优美。

正红门构架十分简洁，前后檐柱与中柱之间仅以抱头梁和随梁枋连接。抱头梁、随梁枋都向外檐出头，作麻叶云和曲线头饰。中柱、檐柱上分别架脊檩、檐檩，檩下均重叠圆木，是一种地方性的檩枋梁架做法。

两山山墙，上身退入下碱0.5厘米，出一道花碱。下碱与上身均为淌白砌造。下碱周边没用压面石、腰线石、角柱石，墙面颇素净。下碱下部出一层压脚石，与柱础同高，形成墙体的一圈基座。硬山前后檐的墀头做法不同。前檐盘头部分挑出四层砖做"梢子"，自下而上为直檐砖一层、混砖二层、盘头一层，较清式定制的五层、六层做法简略。梢子转向山面，也作"梢子后续尾"。梢子上方，嵌琉璃戗檐砖。戗檐砖雕饰花卉图案，构图和雕饰手法均低劣。后檐墀头也用四层砖做"梢子"，但位置提高二砖，上方不做戗檐砖，转向山墙面不作"梢子后续尾"，显示出宫门正背面的区别。

正红门硬山屋顶全用黄色琉璃瓦件。檐口勾头采用带滴水形的"滴水勾头"。正脊饰游龙戏珠，正吻卷尾漏空。垂脊的兽后段比兽前段还短。兽前用仙人一件、走兽两件，排距稀疏。山尖做排山勾滴，贴琉璃博风板。琉璃悬鱼呈如意形，面饰宝棍、飘带。悬鱼上有琉璃工匠刻记的"永前三门"字样。这里的"前三门"当是指正红门和两侧角门。

（2）启运门

启运门相当于一般清陵的隆恩门性质，建筑为面阔三间，进深二间，带周围廊的中柱式门殿。上冠单檐歇山琉璃瓦顶，左右出五彩琉璃蟠龙袖壁，整体形象宽大、宏阔，显现出端庄、隆重的气势（图3）。

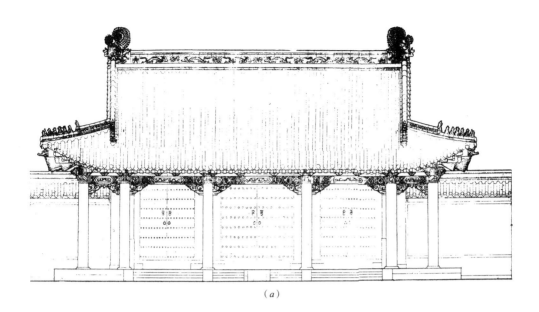

（a）

启运门采用"周围廊歇山"的做法，两山撒头构造简明，但身内构架组合较复杂。明间左右两缝梁架，为七檩中柱前后廊式，中柱与前后金柱之间，用双步梁、单步梁搭构。次间两侧包砌着山墙的山金缝梁架，上部也属于七檩中柱前后廊式，下部实际上是在进深三间带前后廊的基础上增添一根中柱，形成七柱落地的局面。这样一来，整个构架的上金檩分位与山上金柱分柱形成错位，不能对齐，构架组合不够有机，各步架距离也不一致。各组檩、垫、枋的做法也不统一。脊檩分位具备完整的檩、垫、枋三件套、脊垫板较通常垫板略高，脊枋同时兼作大门的上槛。檐檩分位也具备檩、垫、枋三件套，但垫板与檐枋脱空，垫以荷叶墩，使檐额呈现空透的轻盈感。上金檩、下金檩分位则以圆木重叠，属于檩杦梁架做法。整个构架可说是檩枋梁架和檩杦梁架的混合体。

启运门不用斗栱。檐部抱头梁出头雕饰成兽头，抱头梁下的随梁枋也伸出近似三曲线的雕饰。雀替比例短硕，刻饰云栱番草，不带大边。梁架上施用较大尺度的角背，与

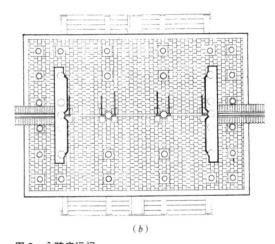

（b）

图3 永陵启运门
（a）正立面；（b）平面

雀替一样不留大边，满饰番草，很像倒置的雀替。

门殿顺着中柱开辟三间大门，中门为神路，是皇帝专用通道，东门供祭祀官员出入，西门供平时司事人员出入。[①]每间安装双扇朱漆实榻门，左右无余塞板，仅上部带走马板，连楣出四朵门簪，大门造型颇简洁。明

---

① 《奉天通志》卷九十五。

间中槛上悬挂门匾。以满、蒙、汉三体文字书写"启运门"三字。

启运门台基低矮，前后均出三路联体垂带踏跺。中路踏跺带御路石。门殿地面满铺"十"字缝方砖。屋顶全用黄色琉璃瓦件。檐部用滴形勾头。正脊饰行龙、云珠。正吻作透空卷尾，脊兽呈"乙"字形。两个正吻的剑靶均作圆形火焰圈，圈内分别镶"日"、"月"二字。垂兽、戗兽均用狮头兽。戗脊兽前列仙人一，走兽五。整套琉璃瓦件均为辽沈地区本时期的习见做法。

启运门左右两侧院墙，各出一道袖壁。袖壁下砌砖须弥座台基，上冠悬山式琉璃瓦顶。檐部显露砖檩、砖垫板和大枋子。壁面左右砌砖柱子，柱下作马碲磉，柱上出瓶牙子、三岔头，都属习见的标准形制。壁面周边砌一圈线枋子，红底色的壁面中心做海棠盒子，盒内镶嵌五彩琉璃蟠龙，翻翔于云天、山岩、海水之间。四个岔角，两个上角镶琉璃朵云，两个下角镶琉璃卷草花卉。袖壁正反两面同一格式。左右袖壁簇拥着门殿，大大展延了启运门的形象，增添了启运门的隆重气势。

（3）齐班房

齐班房为面阔五间、进深两间的硬山顶建筑。各间面阔：明间 3.55 米，次间 3.60 米，梢间 3.70 米，次、梢间面阔反而递增，是很罕见的现象。屋身内为彻上明造，南侧明间、次间两缝梁架均无中柱，而北侧两缝梁架均有中柱，故南侧梁架为五檩无廊五架梁式，而北侧梁架为五檩中柱前后双步梁式。各分位的檩子做法也很不一致。前檐檐檩、前后金檩之下，用矩形断面的檐枋、金枋，而脊檩和后檐檐檩之下则重叠圆枋，也属于檩枋梁架和檩枋梁架的混用状态。构架有扶脊木、飞椽，但无角背、随梁枋，是不完整的大式做法。

齐班房两山砌硬山墙，前后檐砌"老檐出"檐墙。檐墙上身抹红泥，刷红浆，签尖作馒头顶收束。正立面明间辟夹门窗，设带横披的对开大小扇门扇，左右夹窗为单列支摘窗。次间、梢间各辟双列支摘窗。后檐墙各间均为双列支摘窗。屋身立面颇简略。两山前后均出墀头，用素面戗檐砖。山尖部分做排山勾滴，砌博缝砖板，出博缝头。这些做法基本符合标准的低等级形制。

齐班房用青灰瓦顶，屋面大片铺设仰瓦，两头端部各砌五垄覆瓦，以打破过长的屋面的平板格局。正脊简洁无饰，正吻呈透空卷尾形，垂脊带吞脊兽，与琉璃件做法很相似。

齐班房正面显现双重台基的特殊做法，除前檐出小台，两山和后檐出金边，形成硬山基座外，在前檐又伸出一段平矮的台基，显得有些累赘。

（4）碑亭

永陵有四座碑亭，是顺治年间增建的，它们在启运门前排成"一"字横列，分置肇祖、兴祖、景祖、显祖四代皇帝的神功圣德碑（图4）。四亭大小形制相同，均为面阔、进深各显三间的正方形平面。明间面阔 4 米，次间面阔 1 米，尺度较福、昭两陵的碑亭小。屋身四面包砌厚 1 米的"老檐出"砖墙，仅南北两向正中各辟一券门。墙身下碱部分用磨砖对缝砌造，转角部位镶角柱石、压面石。角柱石雕饰升龙、降龙，压面石雕饰行龙。上身墙面收分，抹红泥，刷红浆。签尖部分出一层拔檐砖，以宝盒顶收束于额枋下皮。券门砌以券石，饰二龙戏珠浮雕。券洞形较半圆券略增矢高，曲线圆柔、挺健。碑亭檐部显露额枋、平板枋，上置七踩三重翘品字斗栱。明间用平身科三攒，次间无平身科，各攒间隔均匀。各科斗栱均不用厢栱，改用刻饰番草、朵云的替木，形同扁长形的雀替。

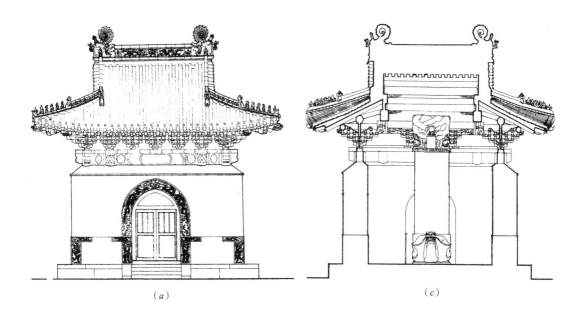

（a）　　　　　　　　　　（c）

平身科无撑头木。耍头木前出头作麻叶云，后出头作麻叶头。柱头科无桃尖梁，挑檐檩直接落于耍头木上，耍头伸出作兽头，与雕饰的替木一起，组成斗栱部位的重点雕饰。

　　碑亭仅用单檐歇山顶，与清陵碑亭通用的重檐歇山相比，形制偏低。屋面全部采用黄琉璃瓦件。滴水形的勾头，透空卷尾的正吻，狮首形的垂兽、戗兽，都是辽沈一带本时期琉璃作的通行做法。

　　碑亭台基简朴，台面周边砌一圈阶条石，内铺一圈半块宽的地面砖。由于碑亭横向排列间距很近，故屋身仅辟南北向券门，台基相应地也只在前后各出一路垂带踏跺，左右无台阶。

　　碑亭身内无柱，空间完整，正中置神功圣德碑。碑正面以满、蒙、汉三体文字，分别书写所追封的四代皇帝。碑座用龟趺、水盘。碑头镌刻四龙盘交，正中刻出一块匾石。全碑总高 6.06 米，石碑体量与碑亭内部空间尺度很和谐。

　　碑亭构架组合简洁、明晰。四角各搭一根抹角梁，立金瓜柱，上承五架梁、三架梁。

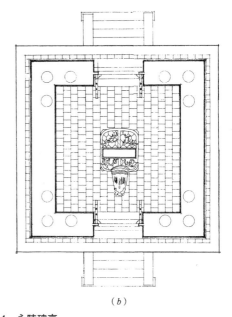

图 4　永陵碑亭
（a）正立面；（b）平面；（c）纵剖面

三架梁同时也作为支承歇山撒头椽条后尾的"踩步梁"。各组檩、垫、枋形态均为习见做法，整个构架很接近清初关内的通行形制。

　　（5）启运殿

　　启运殿是永陵的享殿，相当于隆恩殿的性质，每年的四时大祭、忌辰大祭和每月的朔望小祭，都在这里进行。殿处陵园主体庭院中心，上冠单檐歇山琉璃瓦顶，下出一层台基和一层宽大、突出的月台，殿身为面阔、进深各三间，带周围廊的构架。由于前檐安装金里装修，后檐砌檐墙，两侧在金山部位做夹山墙，因而形成前、左、右三面出廊，殿内带后金柱的平面格局。它是永陵组群中尺度最大的建筑，从布局、规模到形制，都显示出陵园主体建筑的地位和气势。

启运殿内部为彻上明造，歇山山面构架采用"周围廊歇山"的做法，在山金缝梁架内做"踩步梁"支承两山撒头的椽木，不用另加踩步金，殿内构架较简便。它的两侧山金缝梁架做得很结实，除下金位做瓜柱外，山中金柱和山上金柱均落地，立柱密集，横梁交叠，加上夹山墙的包砌，构架稳固程度很高。而它的明间两缝梁架则为七架梁做法，前后金柱相距达 10.8 米，七架梁的跨度相当大，特地增做加固措施。在七架梁下，除作随梁枋外，并在中柱、后上金柱分位增加两根加固柱，紧贴前金柱里侧，又加一根断面八角形的加固柱。相应的七架梁、五架梁上的脊瓜柱、上金瓜柱分位，均垫入宝瓶等垫木，形成明间梁架的加固体系。这些加固措施在技术上是有效的，但给殿内空间带来过多的立柱和补缀的痕迹，观瞻上是很不利的。

启运殿不用斗栱，檐柱与檩、垫、枋组成较简朴的外檐。檐柱上承抱头梁。抱头梁高厚为 32.5 厘米 ×28.5 厘米，与清工部《工程做法》比较，九檩大木作的抱头梁，"以檐柱径加二寸定厚，按本身之厚每尺加三寸定高"，梁的高厚应为 68.1 厘米 ×52.4 厘米，相形之下，启运殿抱头梁高厚比《工程做法》定制小很多。但抱头梁下皮加了一层随梁枋，可起到辅助作用。

抱头梁头刻成兽头，随梁枋也出头，刻成简单的三曲线头，它们与外檐雀替一起组成檐部的重点雕饰。

前檐金里装修，明间作四扇六抹头槅扇，花心为正搭斜交菱花，裙板光素，略显粗简。次间作四扇四抹头槛窗，花心也用正搭斜交菱花。槅扇与槛窗上方都带横披。但明间槅扇的中槛低于次间槛窗的中槛，导致明次间的槅扇抹头与槛窗抹头不能水平对位，使前檐金里装修高低参差不齐，有失规整。

启运殿两侧夹山墙外墙面直砌到廊顶并接连山尖，内墙面砌至七架梁下 20 厘米处，以宝盒顶结束。后檐墙为"老檐出"做法，里外墙面均止于檐枋，也以宝盒顶结束。后檐墙明间正中设双扇对开的棋盘门，通向殿后的宝城。

启运殿内有大暖阁四座，阁内设宝床、帷幔、衾枕、桦橙。小暖阁四座，各供神牌两座，阁前并置有龙凤宝座八个，五供案桌四张和朝灯八盏。

殿内彻上明造的梁架构件，有的与清式定制很接近，有的则相差甚远。各组檩、垫、枋的断面已呈定制的形式，尺度也近似定制，但七架梁、五架梁、三架梁的断面用材、比例，都与定制差别很大。七架梁按定制高厚应为 77.2 厘米 ×59.4 厘米，现为 60 厘米 ×60 厘米，即以定制的厚度作为高厚；五架梁、三架梁按定制高厚分别应为 70.8 厘米 ×54 厘米，64.4 厘米 ×46.6 厘米，现均为 54 厘米 ×54 厘米，即相当于以定制的五架梁厚度作为五架梁、三架梁的高厚。这种把三、五、七架梁都做成高厚相等的正方形断面的做法，是很罕见的，其受力关系是不合理的。各缝梁架上的脊瓜柱、金瓜柱，都用抹斜的方柱，也是很特殊的。各组檩、垫、枋下皮与山柱、瓜柱交接处，都做雀替，檐部抱头梁后尾伸出金柱后，也做雀替。各缝七架梁、五架梁、三架梁与金瓜柱、脊瓜柱、山中柱、山金柱交接处，都做角背，形成殿内聚集着众多雀替、角背的喧闹场面。

这些雀替、角背带有本时期的地区特色。内檐雀替与外檐雀替形态不同。外檐雀替高47厘米，长63.5厘米，长度远小于通常规定的"四分之一面阔"。比例颇为短硕。雀替面刻卷草纹饰，不留大边，以卷草轮廓作边，下端伸出栱子，前端略带向下的卷头，整体形象较拘束。内檐雀替则不出栱子，同样面刻卷草纹饰，不带大边，但比例颇扁长。抱头梁尾部的大号雀替，高38.5厘米，长104.5厘米，枋木下的小号雀替，高22.5厘米，长67.5厘米，都很修长、秀气，形象生动、流畅。殿内角背也采用不带大边的卷草纹饰。如同倒置的雀替，它自身的形象也很秀雅。但长度、高度都比定制大很多，虽然宽度很薄，仍显得过于显眼，而且用的数量过多，有悖于启运殿应有的肃穆、静宁格调。

启运殿屋顶全用黄琉璃瓦件。檐口勾头采用带滴水形的"滴形勾头"；正脊、垂脊饰游龙戏珠；正吻尾部突出，卷曲漏空，剑靶斜插，背兽伸出"乙"形颈；垂脊上端带"吞脊兽"；垂兽、戗兽用獬头形；小红山部位，博脊两端不带挂尖，而与戗脊通连。这些琉璃做法，都是地区性琉璃作的特色。

启运殿台基高30厘米，南向出一路垂带踏跺，二级。北向凹入登宝城的一路垂带踏跺三级。前后踏跺中部均有御路石，石面光素，天雕饰。台基东、南、西三面"下檐出"相等，而北面下檐出明显加大，已越出后檐的上檐出。台基周围砌阶条石，前檐明间正中铺与御路石等宽的中心石。前檐槅扇门部位和后檐棋盘门部位，均铺门道石。檐柱柱础均为素面覆盆。整个台基面满铺十字缝方砖，殿身地面同样也铺"十"字缝方砖。

启运殿月台尺度很大，东西宽22.5米，南北长27.34米。月台三面环包台基，实际上可视为双层的重台。月台南向出三路垂带踏跺，中路踏跺带素面御路石。月台四周无石栏杆，周边砌阶条石，台面满铺"十"字缝方砖。中轴线上，用中心石砌出一条御路。整个月台质朴、舒朗、场面开阔，有效地烘托出启运殿的庄重气势。

（6）配殿

东、西配殿坐落在启运殿前两侧，是一组对称的、面阔三间、带周围廊的单檐歇山顶建筑。东配殿平时藏祭器，当隆恩殿修缮时，将神牌移入此殿。西配殿内藏有乾隆《神树赋》刻石。

东、西配殿形制相同。前檐做金里装修，两侧在山金缝砌夹山墙，后檐砌"老檐出"檐墙，形成三面出廊，身内带后金柱的平面格局。殿内为彻上明造。明间两缝梁架为七檩前后廊式，前后金柱之间架五架梁、三架梁，两侧山金缝梁架，除檐柱、金柱外，另有山明间的二柱和中柱落地，形成七檩前后廊七柱落地式。这种做法，使得山金缝梁架的上金檩与山明间二柱不能对位，构架整体显得不够有机。

配殿采用"周围廊歇山"的构架做法，在山金缝作"踩步梁"。各檩分位做法很不一致。脊檩、前后檐檩采用完整的或架空的檩、垫、枋三件套，上、下金檩则用叠加的圆木，属于檩枋做法，是檩枋梁架与檩枋梁架的混用状态。构架上的各个瓜柱，都带角背。角背尺度颇大，刻饰番草、朵云。五架梁中部加垫宝瓶，下沿无随梁枋，与金柱交接处设雀替。这些角背、雀替，与梁枋彩画一起，组成殿内的重点装饰。

配殿前檐金里，明间辟四扇六抹头菱花隔扇，次间辟四扇四抹头菱花槛窗。明、次间均带横披，抹头横向对位整齐。槛墙用磨砖对缝砌造。两侧夹山墙和后檐墙不分上身、下碱。后檐墙签尖用宝盒顶收束。殿身墙体周围出墙基一圈。

檐部无斗栱，无挑檐檩。抱头梁伸出做麻叶头，随梁枋出头做简易的三卷曲线。檐部雀替短硕，雀替长度仅略大于高度，刻饰番草、云栱，不留大边，与启运殿、启运门雀替式样相同。

配殿屋顶全用黄色琉璃瓦件。檐部滴水形勾头。正脊饰二龙戏珠，正吻吻身扁长，吻尾卷曲、透空。背兽呈"乙"形，垂脊带吞脊兽。歇山博脊与戗脊相交，不用挂尖。这些做法，都符合本时期典型的琉璃作地方特色。

（7）焚帛炉

焚帛炉是焚烧金银锞的燎炉，位于启运殿月台的西南角。举行祭祀仪式时，用金箔、银箔制成元宝形的金银锞子，供奉在启运殿内，祭祀完毕后，送入焚帛炉焚化。

永陵焚帛炉整体均为石质，现炉顶已失，仅存炉身、炉座。中国第一历史档案馆所藏《永陵图》上，绘有焚帛炉形象，可知焚帛炉的炉顶是歇山顶。

炉身平面为正方形，边长1.6米。南面辟一券门，东、西、北三面各辟一圆洞方窗。炉内呈圆筒状，直径约0.8米，筒底作锅底形，焚烧的烟由炉顶和三个圆洞排出。

炉身立面为单开间，正面除正中辟券门外，上部隐出檐檩，两边刻出角柱，檐檩在角柱上交搭出头，檩头下出三曲线头。券门两侧各雕一扇槅扇门。槅扇为四抹头，槅扇心用龟背锦，裙板饰如意纹。侧面、背面除檐檩、角柱外，墙面光素，仅有一小方窗，窗内作圆洞通烟口。

炉座为须弥座形式，各层叠涩权衡与清式定型做法不同。束腰颇高；上枭甚厚，呈混枭曲线；上枋很薄；下枭分成两层，一层混线，一层枭线；下枋直接落地，无圭角层。整个须弥座素面无饰，简洁大方，比例权衡尚好。须弥座四周出散水一圈，周边砌牙子石两道，内铺方砖。散水较宽，起到了扩展焚帛炉形象的作用。

（8）下马碑

永陵有四座下马碑，两座位于正红门前方约800米处，峙立在神道两侧，两碑相距约100米。另两座分立于正红门左右侧约200米处。

下马碑碑身呈笏头形。碑座为正方形平面，每面长2.57米，座高0.74米。由两层石块砌筑。下层为高0.20米的方石，上层为高0.54米的三块石组成。座石上砌一块高0.33米、长1.34米、宽0.84米的碑底石，上立碑身石。碑身石高4.15米、宽1.06米、厚0.44米。碑身石下部四角各砌一块带壶瓶牙子和鼓子的滚墩石，石面光素。碑身石上没有另加碑首，仅以简洁的笏头收顶。碑身石上下各刻一方海棠池，池内镌刻一组硕大的如意纹。碑身正背两面以满、蒙、藏、回、汉五体文字，书写"诸王以下官员人等至此下马"字样。整个下马碑结构合理，构造坚实，造型简洁，尺度适宜，饰纹简约，形象端庄，是设计得很得体的建筑小品。

2. 福陵

福陵陵园布置在自南而北地势渐高的丘陵地段。前临浑河，后依天柱山，周围山丘起伏，古树参天。陵园四周绕以红墙，随着地势，呈现不规则的纵深长方形，南北长约700米，东西宽约270米，占地约

19.4万平方米。陵园南面正中设正红门，作为陵园的主入口。正红门前，左右对称地耸立石牌楼一对，华表一对，石狮一对，摆开了恢宏的陵园门面阵势。陵园东西两侧围墙各设东西红门一座。正红门内，中轴线的甬道两侧，排列着四对石象生。石象生的前后各耸立一对华表，周围是浓茂的苍松。甬道向北延伸，山势急剧陡升，结合地形坡度，设高陡的砖台阶108级，俗称"一百零八磴"。甬道过砖台阶后继续平缓上升，正中建碑楼一座。越过碑楼，即到达陵园主体建筑前（图5）。

福陵主体建筑采用很特殊的城堡式布局。城呈长方形，俗称"方城"（图6）。方

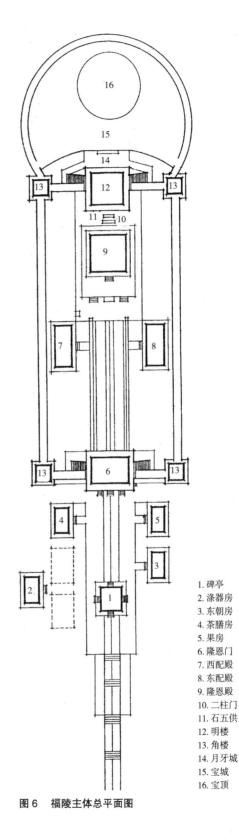

图6 福陵主体总平面图

1. 碑亭
2. 涤器房
3. 东朝房
4. 茶膳房
5. 果房
6. 隆恩门
7. 西配殿
8. 东配殿
9. 隆恩殿
10. 二柱门
11. 石五供
12. 明楼
13. 角楼
14. 月牙城
15. 宝城
16. 宝顶

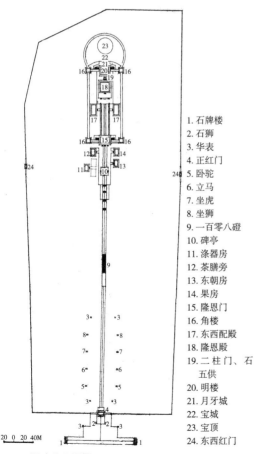

1. 石牌楼
2. 石狮
3. 华表
4. 正红门
5. 卧驼
6. 立马
7. 坐虎
8. 坐狮
9. 一百零八磴
10. 碑亭
11. 涤器房
12. 茶膳旁
13. 东朝房
14. 果房
15. 隆恩门
16. 角楼
17. 东西配殿
18. 隆恩殿
19. 二柱门、石五供
20. 明楼
21. 月牙城
22. 宝城
23. 宝顶
24. 东西红门

20 0 20 40M

图5 福陵总平面图

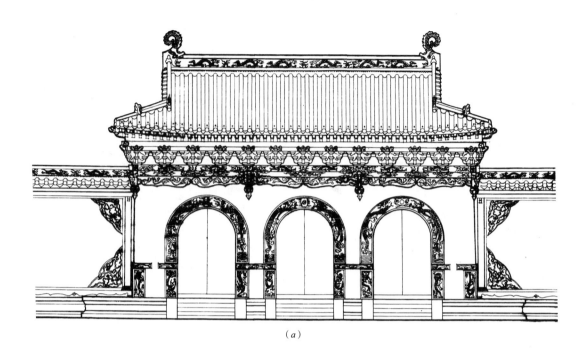

（a）

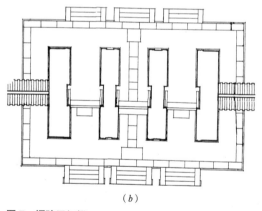

（b）

图7　福陵正红门
（a）正立面；（b）平面

城南墙正中设隆恩门，北墙正中设明楼，四角建角楼。隆恩门前左右分布着朝房、梁房、茶膳房等。隆恩殿坐落在方城中轴偏后部位，两侧有东、西配殿，殿前偏西有焚帛炉一座，殿北有二柱门、石五供。方城北面连接圆形的宝城，内为隆起的封土宝顶。宝城内有道月牙城，与方城北墙一起围合成哑巴院。月牙城正中镶砌一道金刚墙。宝顶下部为地宫，

未经发掘，地宫情况不明。

下面，分述福陵单体建筑的现状：

（1）正红门

正红门是一座三孔券门、单檐歇山琉璃瓦顶的砖构建筑（图7）。台基宽大，采用不带圭脚的须弥座形式。前后各出三路垂带踏跺。台基部分除束腰转角刻出简略的玛瑙柱子外，均未加雕饰，显得光素、简洁。墙身立面上，下碱墙面直立，转角部位均设角柱石和压面石。上身收分显著。整个墙面抹红泥、刷红浆，沿袭明陵大红门的传统做法。三孔券门上，券脸石与压面石、角柱石均作高浮雕龙纹。墙身上方的琉璃瓦歇山顶，出檐短促，悬挑出两层很短的琉璃檐椽、飞椽。檐部由琉璃贴面组成挑檐檩、挑檐枋、斗栱、平板枋、额枋、花罩和垂花柱。花罩作如意曲线形。斗栱均为重翘五踩。每间都用平身科三攒。各攒斗栱的耍头都呈麻叶云，并贯穿三福云花版。垂莲角柱的中线正对屋身墙体边线。这样，檐部形成面阔相等的三开间，

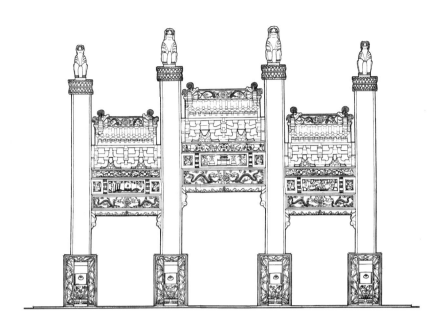

图 8　福陵石牌楼

便于选用统一规格的琉璃饰件。但这样一来，次间门券与次间檐部面饰无法对位，立面构图显得紊乱。

正红门两侧连接着两幅袖壁。袖壁上冠庑殿式琉璃瓦顶，下设与正红门形制、尺度相同的须弥座台基，袖壁中心嵌五彩琉璃蟠龙，四角嵌琉璃翻草花岔角。袖壁与大红门形成构图有机的整体，有效地扩大了正红门的尺度，增强了正红门的气势。但整个正红门由于石刻雕饰和琉璃饰件过分集中，显得纷繁、华丽，有碍陵门的肃穆、庄重气氛。

（2）石牌楼

石牌楼呈三间四柱三楼冲天式（图8）。明间面阔3.4米，次间面阔3米，通面阔9.4米。牌楼总高8.6米。通体石质呈深青色。台基宽大、低矮，台面以城砖墁铺，周边镶阶条石一圈，明间中心铺甬路石一道。四根冲天柱为四方抹角断面，柱顶做出仰覆莲座，上坐望兽。西牌楼望兽面东，东牌楼望兽面西，都面向门前空间。冲天柱下部设夹杆石。四根冲天柱的夹杆石尺度划一，露明部分构成

见方1.1米，高1.6米的长方形柱墩，前后并以抱鼓石夹峙，夹固作用显著，整个牌楼稳定性能良好。

夹杆石表面满布高浮雕，各面均作缠枝大叶宽边，两侧板心雕有松、鹿、麒麟、海马、犀牛等纹饰。抱鼓石基座雕成层次细密繁复的须弥座，鼓面刻莲花。明间两根冲天中柱的夹杆石顶面，置有绕柱双狮戏球圆雕。现东牌楼圆雕全失，西牌楼缺一球。

牌楼明次间的构件组合层次相同。各间自下而上，先由石柱挑出云墩石，上搭小额枋，立花板、间柱，再上为大额枋。无平板枋，斗栱直接落在大额枋上，上承楼顶。石柱不带梓框，也没有龙门雀替。小额枋下部添加一层与花板同样厚度，两端与云墩石连接的花罩，表面刻如意纹，这是石牌楼中很少见的一种做法。

额枋、花板表面也满布高浮雕。各间小额枋尺度都比大额枋还大。小额枋均饰二龙戏珠。大额枋则分别饰以二方连续的狮、牛或花卉图案。明间正中花板，朝外一面用作

匾额，用满、汉、蒙三种文字阳刻"往来人等至此下马，如违定依法处"等字，表明石牌楼最初还兼起"下马碑"的功用。其余花板全部雕镂着历史故事和吉祥图案，如"斩蛇起义"、"苏武牧羊"、"鲤鱼跳龙门"等。

牌楼斗栱均刻成重翘五踩平身科斗栱，明次间各设一个整攒、两个半攒。斗栱与楼顶相比，尺度偏大，形制很不规范。明间瓜栱、万栱的栱臂下凹，形象丑俗。栱垫板作珠光纹饰，没有把栱间全部堵塞，整个檐下斗栱部位，有意留下较多的通透穿孔，花板处理也同样留下镂空透孔，当是为减少石牌楼风压力所采取的措施。

牌楼的正楼、次楼均为悬山式楼顶。正脊厚高，正吻低扁，屋面坡度平缓，两山以博风板结束，出檐较大，檐口雕出勾头滴水和飞椽、檐椽，尺度适中。

整座石牌楼结构简明清晰，总体比例尺度匀称，素面的冲天柱与丰繁的楼顶、额枋、花板、花罩、夹干石形成明显的繁简对比。牌楼的宏观轮廓保持着传统的基本格局，而部分构件和细部装饰则掺杂着许多不规范的做法。整体形象尚好，而细部造型手法较拙劣。花板、额枋的装饰题材，也不符合陵墓建筑的正统，夹杂着民间俚俗画题，有些不伦不类。再加上大面积的满铺的高浮雕，使石牌楼失去雄健、宏壮的气势和端庄、肃穆的品格，未能充分展现陵园牌楼应有的格调。

（3）碑亭

福陵原无碑亭，现存碑亭是康熙二十七年（1688年）与昭陵碑亭同时增建的，当地通称"碑楼"。它既是神道碑楼，也是神功圣德碑楼。从所处位置来说，它与关内清代诸陵的神道碑楼相同，位于隆恩门前神道正中，但亭内耸立的却是"大清福陵神功圣德碑"，成了神道碑楼与神功圣德碑楼的复合物。

碑楼平面为正方形，亭身四面均为砖墙身，每面各辟一券门，上复重檐歇山琉璃瓦顶（图9）。下檐显三开间，上檐显一开间。上檐柱落于下檐四根抹角梁上。上下檐均外露额枋和平板枋，额枋上饰旋子彩画。下檐用重昂五踩斗栱，上檐用单翘重昂七踩斗栱。上檐面阔与下檐明间面阔取齐，均用八攒平身科，对位整齐。碑楼墙体上身明显收分，墙面抹刷红灰、红浆，下碱直立，磨砖对缝砌造。角柱石、压面石和腰线石均为素面，门洞券脚的角柱石明显加宽，以突出券门入口。

碑楼台基为素面须弥座，四面各出一路垂带踏跺。由于神道随地势上升，路面明显倾斜，碑楼须弥座台基之下，特地加做一层月台，东、南、西三面出垂带踏跺，月台北面与神道取平。

碑楼内部构架井然有序，构件层次清晰。顶上作井字天花，露明的额枋、承椽枋、水平枋、抹角梁等均饰以旋子彩画，亭内空间尺度与碑身龟趺尺度很协调。全碑总高约6.8米。其中，碑头高2.1米，碑身高3.45米，龟趺高1.15米，水盘较矮，仅高0.10米。碑身所书"大清福陵神功圣德碑"文是康熙二十七年所撰，用满、汉两体文字。碑头雕饰繁密的六龙盘交。龟趺长4.9米，宽2.1米，与碑身比例相称，形象壮实，强劲有力。低矮的水盘满雕江洋海水，四隅带旋涡，均为龟趺碑座的通行形式。

整个碑楼，从平面、墙身、屋顶、台基到装饰细部，形制均与昭陵碑楼相同，也与关内清孝陵、清景陵的神道碑楼相同，各部分尺度也几乎相符。经现场量测，福、昭、孝、景四陵碑楼局部尺寸列表比较如下：

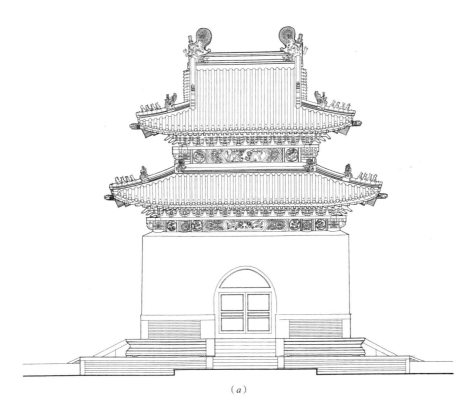

(a)

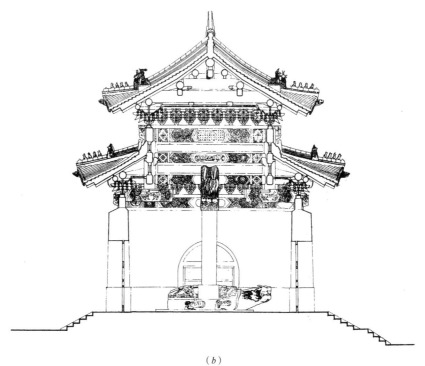

(b)

图9 福陵碑亭（一）

（a）正立面；（b）横剖面

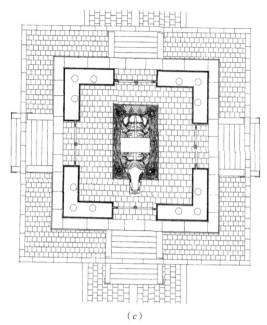

（c）

图9 福陵碑亭（二）
（c）平面

福、昭、孝、景四陵碑楼部分尺寸 单位：米

	福陵碑楼	昭陵碑楼	孝陵神道碑楼	景陵神道碑楼
须弥座台基长度	11.16	11.16	10.96	11.01
须弥座台基高度	0.86	0.86	0.86	0.80
墙身长度	9.76	9.76	9.66	9.71
门洞宽度	2.90	2.90	2.90	2.89
碑座宽度	1.96	1.96	1.96	1.96
碑座厚度	0.94	0.94	0.94	0.90

由上表可见，福、昭两陵的碑楼当是以关内孝、景两陵的神道碑楼为蓝本的。

福陵碑楼北距隆恩门约48米，与朝房、涤器房、果房、茶膳房等围合成隆恩门前的门面空间，碑楼实际上成为神道的末端和陵寝主体建筑组群的起点。

碑楼所处位置，很好地起到了观赏视线的组织作用。高大的隆恩门耸立在城墙上，由于有碑楼的遮挡，来自神道的视线一直都看不见它，直到绕过碑楼，才突然展现出隆恩门的庞大雄姿。可以说碑楼从空间组织、视线组织和布局定位上都是很成功的。

（4）茶膳房

茶膳房位于隆恩门前西侧，为几幢制办祭祀供品的用房之一，是烧制奶茶和备做膳品的地方（图10）。

茶膳房面阔三间，进深显二间，带周围廊，单檐歇山顶。其用廊形制和屋顶形制，属于大式建筑，其内部梁架做法，属于小式建筑。这种糅合大小式于一身的现象，恰当地适应了陵墓组群性质的高等级与单体建筑自身功能性质的低等级的矛盾。

平面上沿金里四面均设砖墙。前檐金里明间辟一带门头窗的双扇门，次间设支摘窗。后檐金里和两侧夹山墙也设支摘窗。室内地平较廊步地平高0.1米，支摘窗榻板离室内地平高仅0.7米，有意做得很低，当是适应烧制膳品的功能需要。

各缝梁架为七檩前后廊式，彻上明造。脊檩、上金檩、下金檩均重叠圆木，属于地区性的檩枋梁架做法。角背、随梁枋皆无，完全是小式梁架。周围廊的檐柱均为方柱。柱头不用抱头梁，而代以双重重叠的穿插枋，并自方柱穿出，饰麻叶云。檐檩下作大额枋、小额枋，大小额枋之间不用垫板，以雕饰的垫块支垫。柱枋交角处作雀替，尺度甚小。山面构架采用"周围廊歇山"做法，构架简便。歇山屋顶用灰瓦。整体形象素朴无华。

（5）隆恩门

福陵隆恩门是城门型的门楼，与关内明清诸陵殿门型的祾恩门、隆恩门截然不同（图11）。

隆恩门门楼坐落在宽15.5米，深12.1米，高5.65米的墩台上。门楼自身为三层带周围廊的歇山顶楼阁。门楼一层通面阔12.88

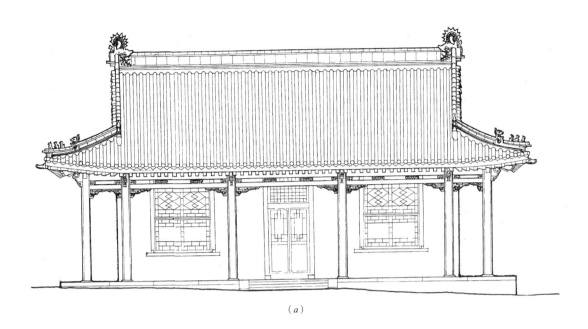

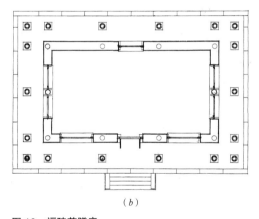

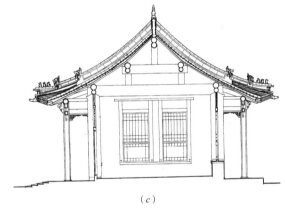

图 10 福陵茶膳房

（*a*）正立面；（*b*）平面；（*c*）横剖面

米，通进深 9.3 米。门楼自城上地平算起，高 13.75 米，加上墩台整个隆恩门总高达到 19.4 米，是一座体量庞大，高耸触目，气势宏伟的陵寝建筑。

隆恩门墩台以城砖砌造，正中辟洞门。台身下碱直立，上身明显收分。向上收分的墩墙到洞门处收进成直壁。墩墙无腰线石分隔，上身与下碱联成一体，但下碱迎面的四个边角砌着带雕饰的角柱石、压面石，形成

左右两片墩墙夹峙洞门的立面构图。洞门上截夹的门券石雕饰着二龙戏珠。门券石上方镶着大幅带琉璃边框和岔角花饰的门额，额面中心为石刻的门匾，上刻满、蒙、汉三体文字的"隆恩门"字样。墩台顶部，外檐作品字垛口，内檐作裹衣顶女儿墙。正立面上正好划分出"七整两半"的品字形垛墙，垛口尺度比例良好。

由于方城里外地面有高差，故墩台前方

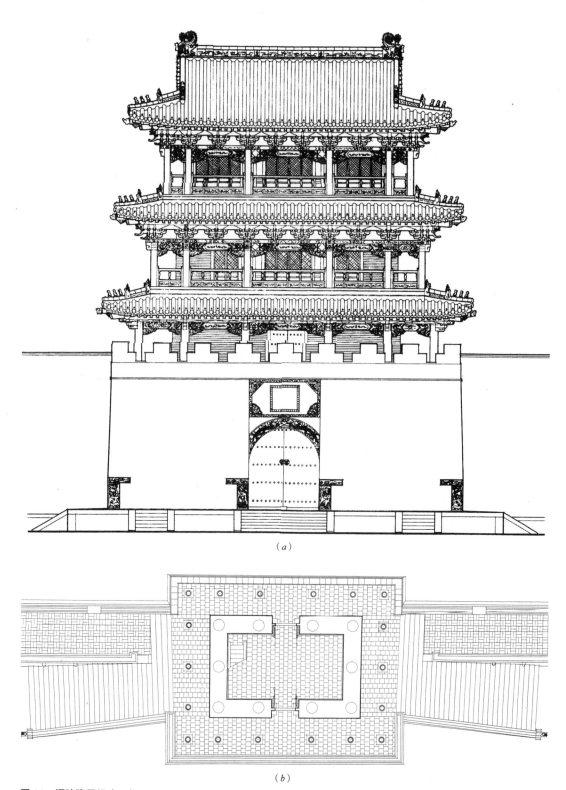

(a)

(b)

图 11　福陵隆恩门（一）

（a）正立面；（b）平面

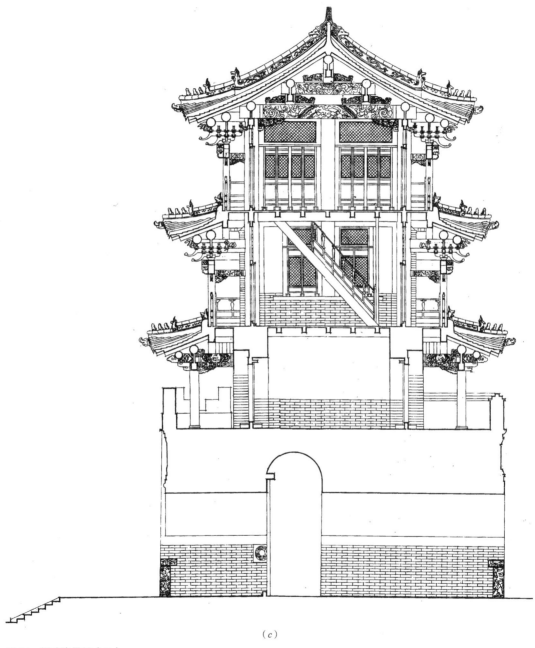

（c）

图 11　福陵隆恩门（二）

（c）横剖面

（d）

图 11　福陵隆恩门（三）

（d）侧立面

伸出一个高 0.87 米的月台。月台南向出三路垂带踏跺，东西向各出一路垂带踏跺。台面平墁城砖，周边砌阶条石，台面中心铺与门洞等宽的甬路石，一直伸入门洞。门洞内为半圆形券顶。在门扇处，券洞稍为拓宽，另砌一段高起的横券，与纵向券洞十字交叉，这是门扇开启所需要的空间。两扇朱漆大门，每扇有门钉五路，每路八枚，以阴数作为陵寝大门的表征。

门楼各层平面均为面阔三间，进深显二间，外饶周围廊。一层金柱、角金柱全部包砌厚砖墙，墙身厚 1.2 米，有收分。外墙面不分上身、下碱，全部以磨砖对缝砌到楼板。内墙面下碱也作磨砖对缝，上身则为抹面、刷浆。屋身仅明间前后各开一券门，无其他门窗。券门光素、简洁。一层周围廊深约 2 米，檐柱径较细。柱上直接搁桃尖梁，承檐檩、挑檐檩。二层周围廊的檐柱脚也架在此挑尖梁上。桃尖梁下特地添加一层随梁枋和一只雀替，以增强负荷上层檐柱的承载力。随梁枋头和雀替尾均伸出檐柱，在桃尖梁头之下构成重翘丁头栱。它与挑尖梁的麻叶头和雀替形三幅云一起，组成简化的斗栱。檐檩与檐枋之间，采用了加高的檐垫板，板面隐刻一斗二升的平身科。明间隐刻三攒，次间二攒，廊步一攒。整个檐部结构简明、清晰，构造合理。由于不在柱顶上用斗栱，大大降低了一层周围廊檐口的标高，有效地压低了立面上的一楼檐高。

门楼二层平面上，金柱部位的面阔、进深尺寸均与一层等同，而廊深缩小为 1.46 米。为减轻荷载，二层明显地少砌砖墙，仅在两侧角金柱之间做夹山墙，在前后次间各做半开间的金内扇面墙，并在夹山墙上辟槛窗。这种做法，在尽量减轻荷重的同时，保证了四根角金柱的稳固性，有利于承受上层的重荷，结构处理很妥善。

这些夹山墙、扇面墙均有收分，按露檐出做法，用馒头顶墙肩。外墙面为磨砖对缝砌造，内墙面上身抹面、刷浆，下碱用磨砖对缝。

二楼金里安装的装修占较大比重。前后次间各作两扇槅扇，前后明间各作四扇槅扇，外加两扇余塞扇。上部均有较高的横披。二楼周围廊檐柱用方柱，断面 0.22 米 × 0.22 米，柱身细长。檐部用额枋一层，平板枋一层，上置五踩重翘斗栱。明间平身科两攒，次间平身科一攒，廊步无平身科。各间斗栱间隔疏密不一，但差别不大，大体上还算匀称。桃尖梁下同样增添随梁枋一层，以承荷上层檐柱脚的重载，结构清晰、合理。二层周围廊四面都装木栏杆。栏杆为重台瘿项钩阑形式。立面上栏杆下部被屋顶围脊遮挡，看不见小华版，只显出单钩阑的外观。瘿项特别瘦高，寻杖与盆唇之间空挡很大，整个栏杆显得轻巧空灵。

门楼三层平面上，金柱部位的面阔、进深轴线同样与下二层对准。廊深进一步缩小，宽度不及一米。三楼全部不砌砖墙，金里周圈都安装修。各间均为四扇槅扇，前后明间外加两扇余塞扇，槅扇上方都带横披。三楼室内空间疏朗，彻上明造，显露出各缝梁架，金瓜柱、脊瓜柱均带大尺度的角背，空间整体尺度良好。三楼周围廊也用细长的方檐柱和空透的重台瘿项钩阑，檐部也是在额枋、平板枋上置五踩重昂斗栱。除了桃尖梁下不做随梁枋，廊步雀替改用骑马雀替外，其余做法均与二楼相同。

隆恩门门楼的歇山屋顶和两层腰檐都用黄色琉璃瓦件，整套琉璃均为辽沈地区本时期的习见做法。

整个说来，隆恩门高踞在墩台上，门楼

本身为三层楼阁，形象高大，造型稳健，宏观整体是很有气势的。而周围廊身的空间舒朗，檐柱修长，栏杆空透轻灵，檐部无栱垫板，斗栱稀疏、通透，楼身处理显得较轻快，表现出宏伟中带有轻逸的韵味。

（6）隆恩殿

隆恩殿为祭祀用的享殿，是陵寝的主体建筑，坐落在方城北部的中心。殿身面阔、进深均为三间，带周围廊。通面阔 19.41 米，通进深 18.21 米，平面接近正方形。单檐歇山琉璃瓦顶，须弥座台基，台基周边出大月台，整幢建筑地位显要，月台宽敞，布局颇有气势（图 12）。

隆恩殿两侧包砌夹山墙，后檐包砌金内扇面墙。前檐金里明间做四扇槅扇，次间做四扇槛窗。槛墙、夹山墙、扇面墙均为干摆磨砌造。墙脚做出一圈略高于柱础的衬脚石，石面刻饰与柱础一致的覆莲瓣和串珠，雕工精致，做法考究。

殿内为彻上明造，用九檩前后廊式梁架。前后金柱上立七架梁，逐层叠立五架梁、三

架梁。由于前后金柱间进深达 14.19 米，七架梁跨度过大，因而在明间两缝七架梁的中心部位加立一根中柱。同时又在七架梁两端，靠近金柱里侧各加一根边柱。中柱为圆柱，前后带梓框。边柱为方柱，在边柱与金柱的夹挡中也带梓框。中柱、边柱上方与七架梁的随梁枋连接，形成七架梁下部相当坚实的加固框架。在七架梁、五架梁上，对应脊瓜柱和上金瓜柱的部位，都顶立着瓶状的垫木，进一步加固了整缝梁架。全部瓜柱都带角脊。上金瓜柱在角背之上还添加一层雀替。各组檩枋与瓜柱交接处，也加做雀替。这些都表现出对梁架节点牢固性的刻意追求。但后添的中柱、边柱难免显现补缀的迹象，对殿内空间的观瞻是不利的。

构架中的檩、垫、枋做法特殊。檩子为圆木，垫板和枋都用同样尺寸的、近似椭圆的断面，是带地方特点的檩枋梁架的做法。

隆恩殿的歇山构架做法十分利落。屋身内三开间构件整齐划一。承载两山檐椽后尾的构件，不用踩步金，而以包砌在夹山墙内的山金缝七架梁兼作"踩步梁"，形成"周围廊歇山"的构架，结构简明，传力合理。

殿内明间后部设一佛龛式的暖阁。尺度很小，面阔仅 3 米，进深仅 2.8 米。阁内置神座，座上供奉木主。阁正面与其他三面均辟四扇菱花槅扇。阁下基座由两重宽边横线条和低矮的须弥座组成。须弥座本身上高下矮，比例失当。暖阁上方覆盖近似悬山式的顶盖。整个暖阁体量不称。形象呆滞，基座头重脚轻，艺术水平低下。

殿内地面为方砖墁地。暖阁前方的明间地面，铺斜方缝，其余部位铺十字缝。殿身墙面下部做干摆细磨下碱，上身抹灰刷浆。墙身顶部止于金枋标高。沿墙顶一周，挑出叠涩四层的小砖檐。四层自下而上为仰莲瓣、

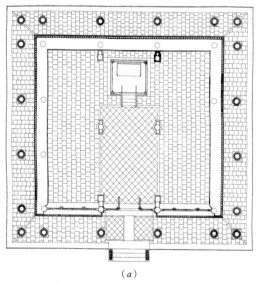

图 12　福陵隆恩殿（一）

（a）平面

图 12 福陵隆恩殿（二）

（b）正立面

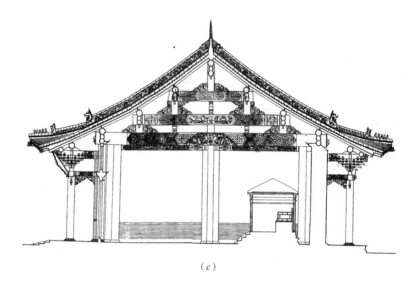

(c)

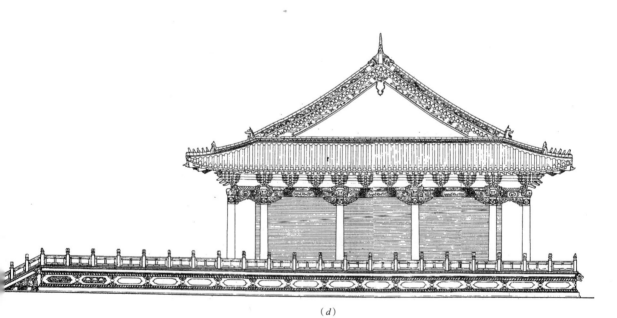

(d)

图12 福陵隆恩殿（三）

（c）横剖面；（d）侧立面

品字块、小椽头和曲线沿。这组线脚是盛京地区建筑中带喇嘛教特色的习见装饰。它实际上是喇嘛教建筑从汉族木构架建筑的檐部所提取的符号，经过长时期沿用，反而转化成了表征喇嘛教建筑的一种符号。

隆恩殿檐部做法带有浓厚的地方特色。檐柱间做额枋、平板枋。额枋断面0.36米×0.33米，接近正方形。平板枋断面0.22米×0.24米，高度均大于清《工程做法》定制，是辽、金、元平板枋与清式平板枋的过渡形态。

额枋下均带雀替。明、次间雀替长度相同，廊步用骑马雀替。雀替比例短硕，不带大边，满刻夔龙变卷草纹，轮廓呈不规则斜曲线，边沿含混。

明、次间各设平身科斗栱两攒，间隔疏朗、匀称。斗栱形制较特殊，用七踩斗栱，外拽为三重昂，里拽为三重翘，里外拽有昂翘之别，但组合构成却呈品字斗栱形态，可算是一种独特的"翘昂品字斗栱"。里外拽的瓜栱、万栱、厢栱，栱端均抹斜成45°角，相应地全部三才升都扭成菱形。昂身下斜，昂身线挺直有力，昂背起棱线，昂嘴呈猪嘴形。平身科斗栱的耍头木两端都做成麻叶云，撑头木也外出头做云头，并横贯三幅云。在柱头科中，则在耍头木上搁置小尺度的桃尖梁。耍头木后尾延长交于金柱或山金柱，成为挑尖梁的随梁枋。这些构件组织得很简明、得体。

正立面檐部当中悬立匾额，上书"隆恩殿"三字，用满、蒙、汉三体文字。檐柱端部均贴带三幅云的兽头花饰。这些兽头花饰、三幅云饰和斜抹栱头的斗栱，短硕、满铺卷草的雀替，构成了檐部繁复、丰丽、俚俗的装饰格调，较集中地表露出地方性建筑的艺术趣味。

隆恩殿歇山屋顶满铺黄琉璃瓦件。正脊饰行龙、宝珠，垂脊饰行龙、云山。正吻高1.8米，规格介于清制"五样"与"六样"之间。吻尾卷曲漏空，垂脊上端带吞脊兽，垂兽呈狮豸形，均为清初盛京地区习见的做法。两侧山尖做琉璃排山勾滴。琉璃博风板饰行龙、朵云。悬鱼呈如意曲线。山花部位做光素抹面。博脊与戗脊做法相同，并直接交接，不用挂尖。整个山尖和撒头部分琉璃件组合得简洁、利落。

殿身台基低矮，高约0.30米，但下檐出达1.27米，较为宽舒。台基为简化的须弥座形式。上下枭刻仰覆莲瓣，束腰刻串珠，颇典雅、大方。

台基下面的大月台，尺度庞大，东西台宽为26.21米，南北台长达33.34米，台身高约1.4米。由于整个台基都坐落在月台上，实际上月台可视为又一重扩大的台基。

整个大月台为一巨大的须弥座。东、西、北三向均不设台阶，仅南向出三路垂带踏跺。中路踏跺带御路石，雕饰着二龙戏珠，翔舞于山崖、海水、云霞之间。月台周边，包括踏跺垂带均环砌石栏杆。须弥座和栏杆与清式定制不同，从整体构成到细部纹饰，都存在很多问题：

①须弥座没有圭脚层，直接以下枋着地，整个须弥座缺少了一层富有弹性力的、拓宽的底座，削弱了稳定、轩昂、舒放的气势。

②束腰过高，整体比例失当。束腰上刻饰的玛瑙柱子和大幅卷草花卉，尺度过大，与须弥座整体，及其他细部纹饰，均不相称，装饰尺度严重失控。

③栏杆做法已如清式石栏杆，由栏板、栏杆柱和地栿三种构件组成。栏杆柱头做高覆莲瓣下带莲座，柱身光素，未刻盒子心，尚简洁。但栏板仍保留宋式重台钩阑的构图

形式，雕出寻杖、荷叶净瓶、盆唇、大华版、蜀柱、束腰、小华版等，过于繁杂、琐碎。荷叶净瓶高度过低，栏杆空挡不足，比例权衡和虚实关系均失当。

④垂带踏跺的象眼和栏杆处理，存在许多败笔。象眼的三角形卷草花卉，与须弥座束腰卷草花卉一样，硕大无度；垂带栏杆在转折处做法失误，寻杖被扭折成细颈；中部荷叶净瓶勉强与寻杖垂直，形成不协调的扭态；栏杆一直做到垂带端部、结束端处理很生硬，不做抱鼓石，而代以带须弥座的蹲狮，显得格格不入。

⑤整个须弥座和栏杆，雕镂过深，呈密集的高浮雕效果，栏板上并做出部分透雕，过于繁琐、花俏、喧闹。

整个说来，大月台的巨大尺度和舒放场面，突出了隆恩殿布局上的显要和气势上的宏伟，起到了衬托主体建筑的重大作用。而它的过度装饰和繁复镂刻，丰丽有过而端庄不足，则损害了隆恩殿应有的肃穆、庄重的陵寝建筑品格。

（7）配殿

东西配殿形制相同，均为面阔五间、进深显二间，带周围廊的歇山顶建筑（图13）。台基用青白石须弥座，台明高0.88米。须弥座无圭脚，直接以下枋落地。束腰尺度略偏高，上下枭隆凸较著，须弥座通体光素无雕饰，颇简素。台基正面出垂带踏跺一路，与明间等宽。台基周边砌阶条石，内墁十字缝方砖，明间正中铺一横二竖的三块甬道石。

配殿前檐按装金里装修。明、次间各按四扇槅扇门，梢间按四扇槛窗。槅扇门与槛窗上方均带横披。其余三面不设装修，由后金扇面墙、两侧夹山墙和前檐金里梢间槛墙形成环绕的墙身。墙脚出一圈略高于柱础、带下枭、下枋线脚的衬脚石。外墙面通砌干摆细磨到顶，内墙面做干摆细磨下碱，上身抹灰刷浆。内外墙身均止于金枋下皮。

配殿各缝梁架均用七檩前后廊式，彻上明造。五架梁下无随梁枋，梁下两端加雀替一对。脊枋、上金枋下皮也加雀替。脊瓜柱、金瓜柱均带尺度较大的角背。角背形同倒置的雀替，刻饰的卷草纹也与雀替相同。室内梁、枋、檩、垫满饰彩画。现有彩画略似变态的苏式彩画，无箍头，仅分枋心、藻头。枋心包袱内饰龙形卷草，藻头饰粗线卷草，彩绘技法较粗率。

山面构架采用"周围廊歇山"做法，以梢间缝五架梁作"踩步梁"，构件组合很简便、规整。檐部用额枋、平板枋各一层。额枋断面为0.28米×0.40米，平板枋断面为0.13米×0.21米。按配殿斗口为6.6厘米折算，额枋高度正符合清《工程做法》"以斗口六份定高"的定制，而厚度则小于所规定的"以本身高收二寸定宽"的做法。平板枋则高宽均符合"以斗口三份定宽，二份定高"的标准做法。雀替短硕，不带大边，刻饰卷草纹，为福陵通用形式。斗栱排列细密，明间有平身科四攒，次、梢间有平身科三攒，廊步有平身科一攒。斗栱为七踩单翘重昂，做法基本上与清式定制的七踩翘昂斗栱相同，但要

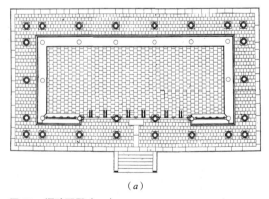

（a）

图13 福陵配殿（一）

（a）平面

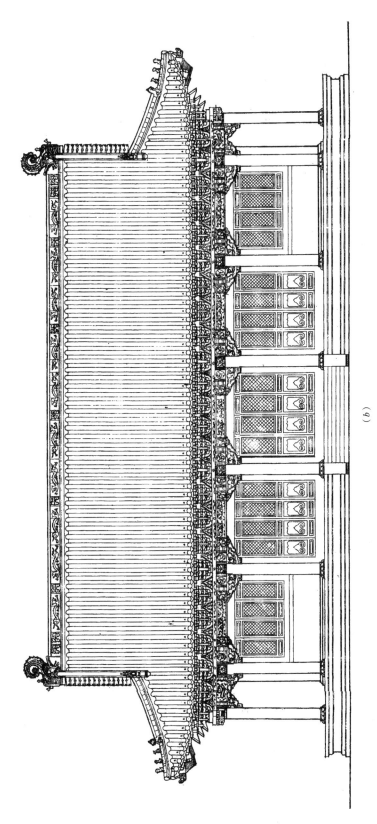

图 13　福陵配殿（二）

（b）正立面

（b）

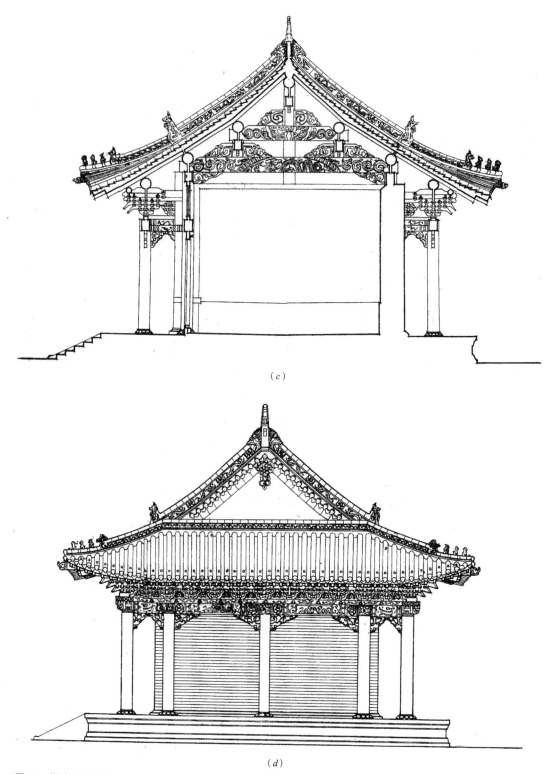

(c)

(d)

图 13　福陵配殿（三）

（ c ）横剖面；（ d ）侧立面

头木的蚂蚱头部位做成了麻叶头，柱头科的耍头木后尾延伸做为桃尖梁的随梁枋，挑尖梁头和平身科撑头木出头均做成卷云头，并横贯三幅云，也带地方性的特点。

配殿琉璃瓦件富有地区特色。正脊、垂脊饰游龙戏珠，正吻卷尾漏空，垂脊端部带吞脊兽，垂脊、戗脊用坐式獬豸，围脊与戗脊直接贯连，不做挂尖等，都是本时期奉天地区的典型琉璃做法。

整个配殿外观扁平、舒展，结构明晰、简练，表达出适度的端庄、华贵，艺术手法较完美。

（8）角楼

角楼位于方城四角的墩台上，均为高两层的歇山十字脊重楼建筑（图14）。平面为正方形，单开间，单进深，带周围廊。底层

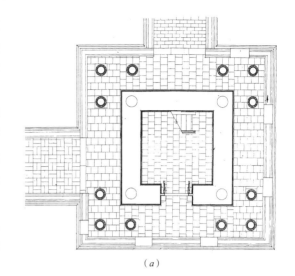

（a）

图14　福陵角楼（一）
（a）平面；（b）立面

（b）

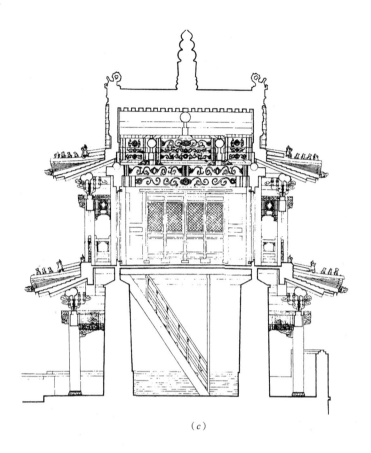

图 14　福陵角楼（二）

（c）

（c）剖面

沿四根角金柱包砌一圈厚砖墙。墙体为城砖干摆细磨砌造。外墙面不出下碱，从墙脚一直收分到顶。内墙面下碱部分直立，退入花碱后，上身也显著收分。墙顶内外签尖均以宝盒顶收束。

四个角楼，入口都开在南向。这种一律在南向开门的做法，对于东北角、西北角的角楼，门的开向正好迎着城墙通道，而对于东南角、西南角的角楼，门的开向则与城墙通道相悖。

角楼直接坐落在墩台上，未另做台基层。墩台平面也是正方形，标高比城墙地平高出约0.2米，可以起到台基作用。墩台四周，朝城外的外檐做垛口墙，朝城内的内檐做女儿墙。垛口形式不同于隆恩门台墩的"品"字形，而与城墙垛口相同，开简单的方形口，

尽量保持墩台与城墙的整体感。墩台的下檐出，即檐柱至垛口墙、女儿墙的距离，不超过1.1米，小于角楼下檐的上檐出，排水处理恰当。

角楼底层入口门外观简朴，门洞用平过梁，仅在外墙面隐出一道很薄的门券，形成券门式的门脸。底层其他三面不开门窗，室内空间昏暗、闭塞。

底层檐部做额枋、平板枋各一层。额枋断面0.27米×0.40米，平板枋断面0.14米×0.20米，很接近清式定制。雀替比例短硕，不加大边，满刻夔龙变卷草纹，形式与隆恩门雀替相同。明间平身科四攒，排列较疏。廊步平身科一攒，排列较明间略密。斗栱形制较特殊，外拽是三踩做法，里拽是五踩做法。外拽仅出单翘，承厢栱。撑头木前

端伸出卷云头，并横贯三幅云。里拽出重翘，撑头木后尾做麻叶头。柱头科上出桃尖梁头，挑尖梁兼做柱脚枋，承载楼层檐柱。由于外拽仅出单翘，挑檐檩与檐檩相距过近而紧塞在一起。

角楼楼层全部做金里装修。各面均做四扇开启的槅扇门，外加两扇固定的余塞扇。因层高较低，未做横披。

楼层周围廊廊深仅1米。周圈设木栏杆。木栏杆为宋式重台钩阑形式，立于下檐围脊之上，直接以围脊为地栿。瘿项瘦高，寻杖与盆唇之间空挡疏朗，地栿、小华版统一成透空的如意曲线，栏杆整体颇轻盈、秀雅。

楼层檐部的平板枋、额枋、雀替、斗栱做法与底层相同。同样用外拽三踩、里拽五踩的斗栱。明间平身科仍为四攒，廊步无平身科，斗栱排列颇匀称。

角楼歇山十字脊构架组合很得体。在前后金枋和左右山金枋中部，搭出四根抹角梁。抹角梁上立瓜柱，承载双向交叉的脊檩、脊垫板、脊枋。歇山四面撒头的檐椽后尾，直接搭在下金檩上，无附加的踩步金。整个角楼构架，包括十字脊梁架和楼层梁架、构件组合清晰，传力关系合理。在彻上明造的楼层室内，组成十分和谐的、规则有序的顶部梁架。

角楼屋面满铺黄琉璃瓦件，上下檐均用滴水形勾头。正脊饰行龙、宝珠，正吻卷尾漏空，剑靶斜插，背兽作"乙"字形。垂脊饰行龙、云山，上端带吞脊兽，垂兽呈獬豸形。下檐围脊转角处无合角吻，而在角脊上端做吞脊兽。山尖的博风板和山花板均光素，悬鱼尺度瘦小，呈如意纹。排山勾滴没做到底角即截断，博脊与戗脊交接处不用挂尖。十字脊交叉中心耸立宝顶。宝顶径长约0.65米，高约2.1米。顶座用三重混线，顶身呈喇嘛塔塔肚形，顶珠为葫芦形，整个宝顶很像一座瘦长的喇嘛塔。

整体看上去，歇山十字脊垂楼式的角楼，以复杂的体形，秀雅的装修，丰富的轮廓线，与敦实、简朴的墩台形成强烈的对比，构成既宏壮又华美的角楼形象，对造就福陵组群的独特面貌，起到了重要作用。

（9）明楼

明楼及其墩台，在明清各陵合称"方城明楼"。因福陵的整个城堡通称"方城"，为避免混淆，此处明楼墩台不再称为"方城"。这组建筑建于康熙年间，是以清孝陵的方城、明楼为蓝本的，在形式、规格、用材、尺度和细部做法上，基本上都与清孝陵、景陵的规制相同。

明楼墩台位于方城北墙正中，以北墙作为看面墙，横轴也正对北墙中线。墩台约为20.5米见方，台高约6.1米。伸入方城院内的墩台与它们毗连在一起，形成不很协调的组合（图15a）。这是在福陵的特定城堡格局中，生硬地照套明清"方城明楼"的模式所带来的矛盾。

墩台上的明楼，于1962年毁于雷火。现在的明楼是1982年仿原式新建的。明楼建筑类同于碑亭，平面为正方形，四面砌砖墙，墙厚达3.65米，每面辟一券门。重檐歇山琉璃瓦顶。上下檐均显三间。楼内立明楼碑一座，上刻"太祖高皇帝之陵"，用满、蒙、汉三体文字。碑头呈矩形笏头，碑座用须弥座，未用龟趺。碑身高3.25米，碑头高1.5米，须弥座高1.45米，形制与尺度均与清孝陵、景陵很接近（图15b、c）。

明楼墙身里外面均做干摆细磨城砖下碱，镶压面石、腰带石、角柱石。上身外墙面墙肩以宝盒顶止于额枋下皮，内墙面墙扇亦做宝盒顶，止于承椽枋下皮。在承椽枋上

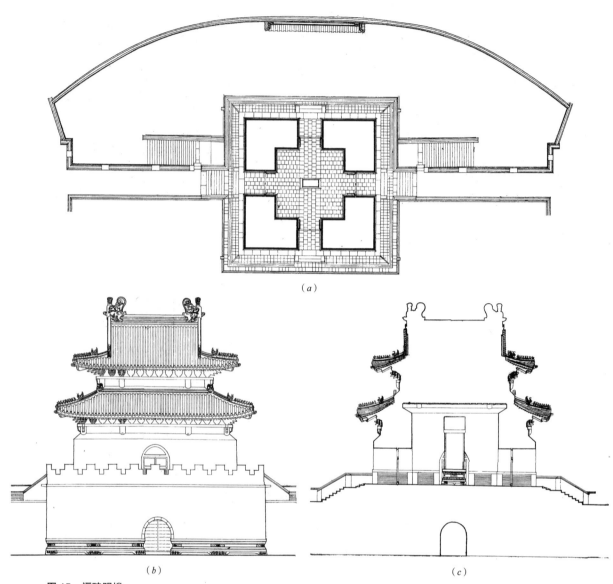

图15　福陵明楼

（a）月牙城与明楼平面；（b）正立面；（c）纵剖面

皮部位做井字天花封顶。

明楼上下檐均带斗栱，下檐外拽做单翘重昂，下檐外拽做重昂，上檐里拽伸入天花板内，下檐里拽隐于券墙之内。

明楼台基高二步，四面出垂带踏跺。周围做散水并外环明沟。东西两面垛口墙下各出两个挑头沟咀，以排泄明沟雨水。所有这些细微做法，均与清孝陵、景陵无异。

（10）二柱门

二柱门建于嘉庆年间，形制与关内清陵通用的二柱门相同，是一座单间二柱一楼冲天式牌楼门（图16）。

两根冲天柱为青白石的方柱，柱顶做方形须弥座，上置蹲坐的望兽，均面北背南，望着明楼，与一般二柱门望兽相向而对的做法不同。柱身下方用带滚墩石的基座，雕凿

图 16　福陵二柱门

出圭脚、下枋、麻叶头和鼓子，并做石质的
壶瓶牙子。这些石构件前后对称地夹峙着石
柱，起到了稳定柱身的作用。石柱全高为 8.15
米，两柱间的通面阔为 7.15 米，整个二柱门
正立面大体上接近正方形的比例。

　　二柱门的梁枋均为木质构件。自上而下
为平板枋、大额枋、花板、小额枋。平板枋
上施斗栱十攒，用七踩品字斗栱，里外拽各
出三重翘。十攒斗栱中，中部八攒呈平身科
形式，两端各一攒呈柱头科形式，坐斗、头翘、
二翘、三翘均显著加宽，上承露明的三架梁

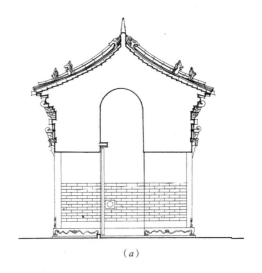

（a）

（b）

图 17　福陵西红门（一）
（a）横剖面；（b）正立面

头。楼顶为悬山式，两山面以勾头滴水和博风板收束。楼顶与冲天柱之间留较大的空挡，显得较为轻快。

紧贴小额枋下皮，即为上槛，它与抱框、门框、下槛组成二柱门的装修框架。两侧为固定的余塞扇，余塞板尺度宽大，板面简素。中间为开启的两扇门扇，用五抹头槅扇门。槅扇心为直棂，绦环板刻盒子心，裙板刻如意纹，与通常龙凤门所用的门扇做法相同。

二柱门本身，木石合构，比例合度，形象优美。因是后期添建的，所处空间过于狭促，整体布局上未能摆脱填塞感。

（11）西红门

西红门与东红门形制相同，均为单孔券门、单檐歇山琉璃瓦顶的砖构建筑（图17）。台基低矮、宽大，由于门里门外地平标高不同，台基西向出垂带踏跺一路四级，东向已贴近地平，无踏跺。台基边沿砌阶条石，正中铺与门洞等宽的甬道石和地面石。墙身四面均做干摆细磨下碱，周边除镶砌习用的压面石、角柱石、腰线石

（c）

图 17　福陵西红门（二）

（c）侧立面

图 18　福陵华表
（*a*）正红门外华表；（*b*）正红门内华表

外，还另加衬脚石。这些石件均用高浮雕，满饰卷草、方胜、瓶花等图案。下碱下部另做一层基座，刻成圭脚形式。上身抹红灰、刷红浆。券脸石雕饰密布的去边云卷纹。券门角柱石较特殊，下部刻仰覆莲带联珠底座，上部围出海棠池，内刻缠交树。券门、下碱和基座之间的雕饰组合得不够有机，显得重叠、零乱。

屋顶与檐部的琉璃做法与大红门相同。由琉璃件组成挑檐檩、挑檐枋、斗栱、平板枋、额枋、花罩和垂花柱。平板枋、额枋饰缠枝花卉，花罩以卷草组成如意形轮廓。斗栱用五踩重翘，耍头做麻叶云并横贯三幅云花版。这些细部装饰也与正红门大体相同。

（12）华表、石象生

①正红门外华表

华表柱身平面为八角形，直径 0.43 米，上部贯穿一块东西向的云板，东面华表云板上托一"日"字，两面华表云板上托一"月"字（图 18*a*）。华表柱头覆圆形承露盘，盘身雕仰莲瓣两重，上蹲望兽。两华表上的望兽东西相对，不同于通常面南面北的"望君出"、"望君归"。华表柱身下部做圆形混线柱础。台基为正方形须弥座，形制很奇特，自上而下共分十层，依次为重叠的上枋两层，皮条线一层，上枭一层，束腰一层，下枋一层，下枭一层，重叠的下鸡子混两层，圭脚一层。束腰收缩显著，上枭层加高，托举感很强。下枋与下枭易位，破格地把下枋改在下枭之上，这两层逐层显著伸出，拓宽了须弥座的下部。下枭与圭脚之间，添加了两层重叠的下鸡子混。圭脚不外伸，圭脚层面饰卷云、缠枝、宝珠等，与通常的圭脚面饰有别。除圭脚层外，其余各层均为素面。整个须弥座显得格调新颖、素朴、挺健。须弥座下部再设方形基座一层，1.94 米见方。基座四周铺散水一圈，由墁砖与牙子砖构成。华表总高5.4米，整体比例苗条，颇有清新、素雅、秀美的风姿。

②正红门内华表

正红门内有两对华表，一对位于石象生的南端（图18b），一对位于石象生的北端，基本形式相同。南面一对华表，柱身平面为八角形，直径0.75米。整个柱身为缠柱二龙戏珠。上部贯穿一块东西向的云板，云板上分别托"日""月"两字。柱头顶着八角形的承露盘，盘身八面刻一条行龙横贯其中，八角均刻出竹节式的玛瑙柱子，下带垂花。盘上蹲望兽，东柱望兽面西，西柱望兽面东，成东西相对状态。柱身下部为须弥座，形制颇为奇特。上枋、束腰、下枋平面均为八角形，而下枭、圭脚平面则为正方形。束腰很高，八角刻出细长的竹节式的玛瑙柱子。束腰八面均分成上下两幅画面，刻以封侯、斩蛇等历史故事和丹凤、犀牛等吉祥图案。束腰之上无上枭，直接做上枋。上枋尺度很厚，各面刻二龙戏珠浮雕，下缘雕成双重垂幔边饰，上部再覆盖一幅八角下垂的垂幔。束腰之下即为下枋，四个斜面各雕一伏卧的怪兽，羊角、双耳、大嘴，兽身有鳞。下枋之下，设下枭一层，下鸡子混两层和圭脚一层，平面均为正方形。圭脚刻卷云、缠枝、如意纹等，与正红门外华表的圭脚很近似。圭脚下方铺阶条石和牙子石各一周，形成见方2.2米的须弥座基座。基座四周伸出很宽的散水。墁砖与牙子石构成的散水达到4.8米见方。北面一对华表基本上与南面这对华表相同，仅柱身改为云龙缠柱，云板上无"日""月"字样。其东侧华表上的望兽已不存。综观这两对华表，须弥座与承露盘均不合规范，地方匠师的变体手法不够高明，华表轮廓臃杂，装饰赘劣，总体形象欠佳。

③正红门前石狮

正红门前一对石狮，面南蹲坐于须弥座上（图19）。雄狮位东，脚踩绣球；母狮位西，幼狮嬉于脚下。狮身高1.6米，长1.2米，宽0.65米；须弥座高1.13米，长1.7米，宽1.17米。体量适中，狮身与基座比例配当。须弥座已接近清代程式做法，唯束腰甚高，上枋略薄。上下枭雕饰莲瓣巴达马。上下枋只留上下边框线，不留竖边框线，四角以缠枝宝相花折角，枋心做卷草花。束腰四角做玛瑙柱子，当中做大花朵卷草，花朵尺度过大，与其他纹饰，与整体比例，均不协调。圭脚雕饰如意曲线，刻纹较深。整个须弥座由于采用高浮雕纹饰，略显繁缛。

狮身取传统习见体势，颔首挺胸，瞠目张口，肌肉饱满，肢腿强劲有力，发须开旋螺纹，装点着绶带、铃铛等传统饰物，形象颇显威武。

④石象生

福陵石象生共四对，排列于正红门内甬道两侧，面向甬道，夹在前后两对华表之间，自南至北，顺序为卧驼、立马、坐虎、坐狮（图20）。每对象生东西相向的距离约60米，南北排列的间距约32.5米。四对象生加上头尾两对华表，共排列成由正红门起，长约182米的区段。由于华表东西相向距离缩小，导致华表与石象生构成的行列，形成两端收束的梭形布置格局。

与明陵象生立于低矮基座上的做法不同，福陵象生均置于较高的须弥座上。兽身用黑褐色石，须弥座用小豆色的"本溪红小豆石"。象生尺度不大，体量矮小，具体尺寸如下表：

图 19　福陵石狮

(a)

图 20　福陵石象生
(a) 坐狮；(b) 卧驼；(c) 立马；(d) 坐虎

单位：米

		卧驼	立马	坐虎	坐狮
兽身	高	1.16	1.55	1.53	1.55
	长	2.10	2.35	0.96	1.08
	宽	0.69	0.65	0.73	0.66
须弥座	高	1.28	1.19	1.47	1.49
	长	2.71	2.19	1.81	1.73
	宽	1.40	1.36	1.51	1.45
总高		2.44	2.74	3.00	3.04

　　四对象生须弥座的形制基本相同，已接近清式须弥座的程式做法，分成上枋、上枭、束腰、下枭、下枋、圭脚六层。但各层权衡比例与后来的定制不符。束腰较高，上下枭厚度偏大，上下枋过薄，圭脚也偏于低矮，整体比例欠佳。须弥座上均刻出搭袱子，袱面满饰海棠菱形格锦，四沿带卷草边饰，四角各系宝轮垂贴于下枭上。束腰上下均留边框边，与皮条线形成重叠的双重水平线脚，

显得累赘。束腰四角刻玛瑙柱子，中间做盒子心，满填大朵的卷草花。上下枭均为莲瓣巴达马。上枋、下枋仅上下边留框线，竖边未留框线，四角直接以缠枝宝相花折于角上，致使竖边轮廓凹凸不齐，缺乏挺直感，更显出上下枋的单薄无力。圭脚雕饰如意曲线，由于高度不足，也显得不够敦厚、稳健。须弥座整体雕饰偏于繁缛。

四对象生中，坐狮雕刻保持着较多的程式化成分，采用传统的开旋螺纹，剔撕毛发等做法，狮身装点着绶带、铃铛、绣球等传统配饰，包容着较浓厚的文脉内蕴，只是缺乏饱满的肌肉，宁静的神态和威武的体势，没有表现出应有的端庄和威力。其余三对象生则过于写实，驼、马、虎全部是光素的自然形态，没有马鞍、缰辔、驼铃等人文配饰，缺少文脉积淀，既缺乏程式化的概括性，也缺乏程式化的装饰性，轮廓线绵软，形体缺少挺拔、强劲的力感。某些细部，如立马的鬃毛，齐崭爽利，尚属简练，但卧驼过于驯软，立马偏于板滞，坐虎失之稚谑，加上坐狮的欠缺威武，四对象生都没有显出雄壮、威猛的气势。总的说来，福陵象生品类、数量较少，体量矮小，相向距离过大，须弥座较繁缛，兽身形象又缺乏壮威气势，整个象生行列，没有表现出应有的气概。

3. 昭陵

整个昭陵布置在一片广阔的平坦地段，陵区范围很大，占地达 450 万平方米，设红、白、青三层椿木界桩。陵园四周绕以红墙，呈规则的长方形，南北长 492 米，东西宽 328 米。南面正中为正红门，东西两侧面设东、西红门。正红门前方约 400 米处，有下马碑一对。两碑东西向粗距约 60 米，碑身两面用满、汉、蒙三体文字阳刻"官员人等至此下马"八字（图 21）。从下马碑到正红门，

图 21　昭陵下马碑立面

为昭陵总体布局的前奏。沿中轴线从南到北，布置有擎天柱一对，石狮一对，三孔石桥一座，石牌楼一座。正红门前东侧设更衣亭院落一组，两侧设宰牲亭院落一组，这些形成了昭陵建筑组群门面的宏大、显赫气派（图 22）。现更衣亭与宰牲亭两组院落的主体建筑已毁，仅存院门，在更衣亭院落后部，尚存"净房"一处。

正红门以内，布局规制与福陵相似，只是由于地势平坦而没设"一百零八蹬"。从正红门到方城，沿甬道轴线依次布置着华表一对，石象生六对，碑楼一座，再经过碑楼北面的一对华表，即刻方城的隆恩门前。这里左右分列四厢，东侧为茶房、膳房，西侧为果房、涤房。在果房、涤房后方，另设有值班房。

方城呈城堡式，南为隆恩门楼，北为明楼，四角设角楼。隆恩殿坐落在方城核心部位，殿前左右分布东、西配殿和东、西配楼，也呈"一正四厢"格局。殿后有二柱门、石五供。方城之后即为圆形的宝城、宝顶。与福陵一样辟有月牙城，形成哑巴院。宝顶下

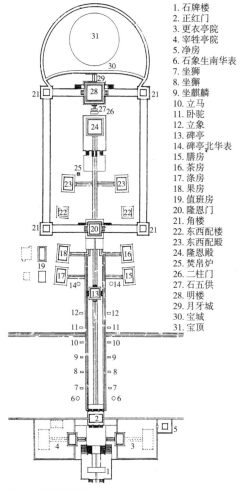

1. 石牌楼
2. 正红门
3. 更衣亭院
4. 宰牲亭院
5. 净房
6. 石象生南华表
7. 坐狮
8. 坐獬
9. 坐麒麟
10. 立马
11. 卧驼
12. 立象
13. 碑亭
14. 碑亭北华表
15. 膳房
16. 茶房
17. 涤房
18. 果房
19. 值班房
20. 隆恩门
21. 角楼
22. 东西配楼
23. 东西配殿
24. 隆恩殿
25. 焚帛炉
26. 二柱门
27. 石五供
28. 明楼
29. 月牙城
30. 宝城
31. 宝顶

图 22 昭陵总平面

部的地宫情况不详。

下面分述昭陵单体建筑的现状：

（1）正红门

昭陵正红门与福陵正红门基本形制相同，也是一座三孔券门、单檐歇山琉璃瓦顶的砖构建筑（图 23）。但形体尺度较大，通面阔 13.76 米，比福陵正红门约大 2 米；通进深 7.66 米，比福陵正红门约大 1.5 米；正脊标高 9.58 米，比福陵正红门约高 1.2 米。台基为须弥座形式，尺度也较福陵略大。须弥座形制已接近清式定制做法，唯束腰偏高，圭脚偏低，素面无雕饰。台基前后各出三路

垂带踏跺四级。沿台基周边和踏跺边沿，环砌一周石栏杆。栏杆形式与昭陵隆恩殿月台栏杆近似。明间垂带栏杆以带须弥座的蹲狮结束，次间垂带栏杆则以带须弥座的抱鼓石结束，显得较累赘。

正红门墙身立面上，下碱部位用干摆细磨做法，转角处砌角柱石、压面石。上身墙面抹红灰、刷红浆，为陵墓大红门的传统做法。三孔券门，门洞内置实榻门，门钉六路六钉。明间券脸石雕饰双龙戏珠，次间券脸石雕饰云纹。各券券脚石分成三段，形似栏杆望柱，柱头为扁方块，内做盒子心，柱颈为仰覆莲座，柱身光素，也做盒子心。整个券门雕饰不够有机，缺乏整体感。门券上方，各嵌一块门匾，匾面光素无字。

墙身上方做黄色琉璃瓦歇山顶，出檐短促，檐部由琉璃构件组成飞椽、檐椽、挑檐檩、挑檐枋、斗栱、平板枋、额枋、花罩和垂花柱等。按垂花柱定位，次间面阔反大于明间，次间平身科反比明间多一攒。次间立面上，花罩中心与券门、门匾中心未能对位，整个建筑立面构图显得紊乱。

正红门两侧做袖壁。袖壁长度比福陵缩短很多。上冠琉璃瓦顶，下设须弥座台基，袖壁前后两面中心嵌五彩琉璃蟠龙，四角嵌状如悬鱼的琉璃岔角。两侧袖壁左右簇拥，有效地增强了正红门的门面气势。

（2）石牌楼

石牌楼坐落在正红门前突出的方形月台上，呈三间、四柱、三楼式（图 24）。通面阔约 13 米，通高约 11 米，尺度比福陵石牌楼大，是一座中等规模的青石牌楼。

牌楼台基宽大低矮，周边砌阶条石，台面满铺地面石。中柱两侧和边柱内侧均设梓框。梓框上部与小额枋交接处设云墩，未做雀替。各柱都不用夹杆石，而代之以石雕狮

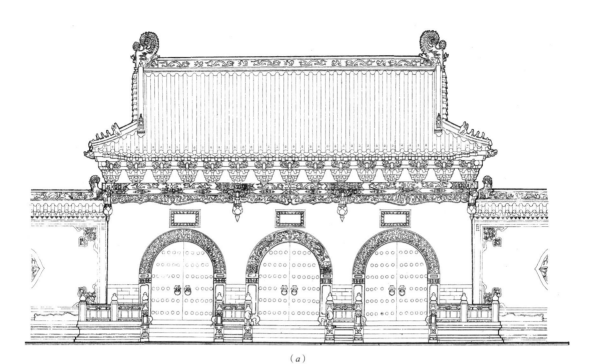

(a)

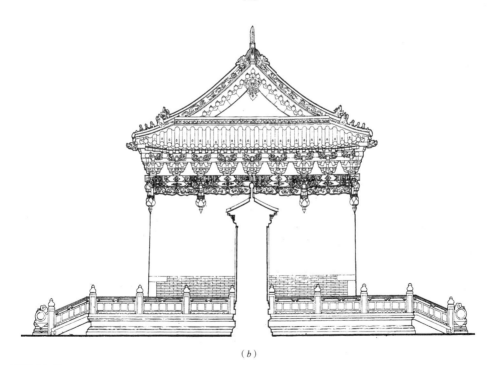

(b)

图 23　昭陵正红门

(a) 正立面；(b) 侧立面

图 24　昭陵石牌楼

兽。四柱前后两面用石狮，边柱外侧用双角怪兽。这四对石狮和一对怪兽均蹲坐在须弥座上。坚实的须弥座和高厚的狮兽尾部，紧紧夹住石柱，很好地起到夹杆石的作用。须弥座长 1.44 米，狮兽尾部夹护高度达 2.3 米，夹护功能很显著，有效地保证了牌楼石柱的稳定性。

　　牌楼构件组合清晰、有机。两根中柱一直通到正楼，不用高栱柱。明间自下而上，云墩上为小额枋，素面无饰。小额枋上设龙门枋，此龙门枋与两边次间的单额枋联成一体，成为一根贯穿整个牌楼的通长石枋，有利于加强牌楼的整体性。龙门枋上，中柱继续上延，正中做正楼匾额，素面无雕字，两旁辟花板四块，未设摺柱。匾额、花板之上为大额枋，再上为一组腰檐。腰檐之上为明间的单额枋，斗栱直接落置在单额枋上，没

设平板枋。明间斗栱共八攒，两攒属角科，六攒属平身科。角科直接插在中柱上，没有大斗，呈现七踩三重翘插栱形态。这是一种仿照木牌楼灯笼榫的做法，从柱身前、后、侧三面伸出的插栱，联结成一体，支撑着正楼歇山顶的山面，有力地加强了楼顶的坚固性、稳定性。平身科为九踩的重翘品字斗栱，撑头木前后伸出做成兽头，并横贯云版。斗栱为单栱做法，为取得较大的支座，大斗尺度放大，比例不称。由于正心瓜栱长度比定制用得短，整攒斗栱呈上大下小的瘦高形，斗栱轮廓欠佳。各组平身科斗栱都在头翘下部前后各立一根顶竿，顶竿下部呈花瓶状，架置在单额枋下面的腰檐上，以此来加固楼顶的稳定。这是有碍牌楼完美形象的不得已加固措施。

　　明间正楼屋顶檐部刻出檐椽、飞椽和勾

头滴水。屋顶坡度平缓，屋面凹曲显著。正脊薄而高，正吻尺度与脊高不相称，吻口未能吞脊，吻鼻凹塌。檐部缺少连檐的厚度，显得檐口过于单薄。

两个次间的构架做法，与明间基本相同，只是比明间少一层龙门枋。其腰檐形式、斗栱形式、顶竿形式、屋顶形式等都与明间一样。

石牌楼雕饰丰富，体现着横枋雕饰，立柱不饰的原则。腰檐刻出椽头、品字块和仰莲瓣等，这组饰物是关外地区带喇嘛教装饰特色的定型符号。龙门枋、大额枋、小额枋、正脊等雕刻二龙戏珠、缠枝花卉等图案，花板透雕八宝图样。这些大片纹饰采用深浮雕，雕镂凹凸显著，显得比较繁缛。加上檐部的细密斗栱和柱脚的精雕狮兽，整座石牌楼看上去丰华有余而气势不足，作为陵寝的牌楼，格调上不甚合宜。

（3）宰牲亭院院门

宰牲亭院落与更衣亭院落东西相对，两院院门形制大小相同，都是面阔三间，进深两间，中柱前后廊式的硬山顶门屋（图25）。

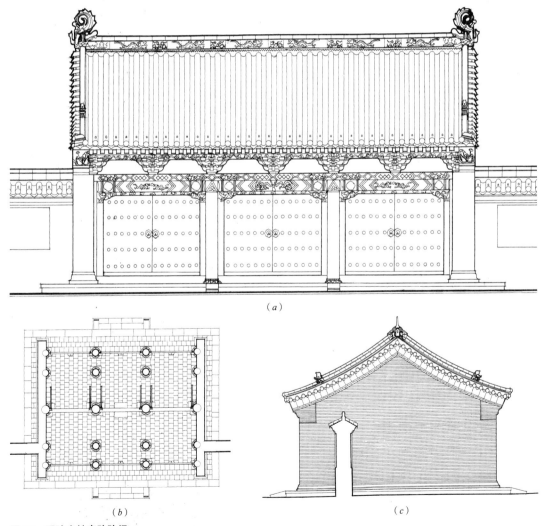

（a）

（b）　　　　　　　　　（c）

图25　昭陵宰牲亭院院门
（a）正立面；（b）平面；（c）侧立面

宰牲亭院院门台基低矮，前后檐明间各出垂带踏跺一路。两山不用"金边"，与前后檐一样做下檐出。山面下檐出尺度反而超过前后檐下檐出的尺度。

门屋沿中柱设三间大门，每间安装双扇朱漆实榻门，左右无余塞扇。梁架为七檩中柱前后廊式。前后金步均用单步梁、双步梁，并各带随梁枋。前后廊步出桃尖梁，也带随梁枋。各架檩、垫、枋做法不一致，脊檩部位为檩枋三重，上金檩、下金檩部位为檩枋二重，檐檩、挑檐檩部位则为檩枋组合。前后檐额枋用椭圆形断面，平板枋宽扁，上置三踩单翘斗栱。斗栱排列稀疏，各间均用一攒平身科，栱间不用栱垫板，显得很空透。明次间檐柱均加抱框，抱框上设云墩，与紧贴额枋下皮的花罩连接，抱框下部连以地栿，形成每间一道简洁的空心框槛。

两侧山墙外墙面不分上身、下碱，内墙面用干摆细磨下碱，上身抹灰、刷浆。里外侧墙脚均设枭混线脚的地脚石。墀头看面较厚，到盘头处收薄。屋顶用黄色琉璃瓦，脊件、瓦件均为昭陵通用形式。

整个院门，比例匀称，构架清晰，构图简洁，造型疏朗，既符合院门的自身性质，也恰到好处地配衬着正红门，与石碑楼、正红门一起组成了协调的门前场面。

（4）碑亭

碑亭当地俗称碑楼，昭陵碑楼与福陵碑楼一样，是康熙二十七年（1687 年）同时增建的。两亭的形制、规格、尺度都完全相同。前面已经提到，福、昭两陵碑楼实际上是套用关内孝陵的神道碑亭形式，只是亭内耸立的是"神功圣德碑"，成了神道碑亭与神功圣德碑亭合一的复合物。

昭陵碑楼有一点与福陵碑楼不同，台基仅一层，没有另加月台。这是因为昭陵地段

平坦，没有必要像福陵那样添加月台来找平坡度。个别细部，如洞门券脚角柱石的宽度，屋架的椽子根数，屋面的瓦垄根数等，两亭也略有差别。有关昭陵碑楼的描述，可参看福陵碑楼分析，不再赘述。

（5）茶房

茶房、膳房、果房、涤房是制办祭祀供品、烧制奶茶和存储涤器的用房。四座房屋大小形制相同，都是面阔三间，进深显两间，带周围廊的单檐歇山顶建筑（图 26）。

茶房位于东侧后部，台基平矮，周边砌一道阶条石，台面铺十字缝方砖，前檐出垂带踏垛一路。前后檐砌金里扇面墙，两山砌夹山墙。扇面墙停于下金枋下皮，墙肩做宝盒顶。前檐金里明间为双扇对开的棋盘门，次间为栖条榻支窗。后檐金里明间和夹山墙中柱两侧，也设栖条榻支窗。这些支窗窗台标高很低，离室内地面仅 0.6 米，适合制作茶膳的功能需要。

茶房梁架为七檩前后廊式，彻上明造。屋内梁架为小式做法，无扶脊木、角背、随梁枋。山面构架用"周围廊歇山"做法，以夹山缝梁架做"踩步梁"，构架简便、规整。

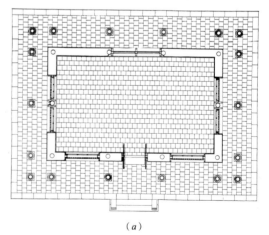

（a）

图 26 昭陵茶房（一）
（a）平面

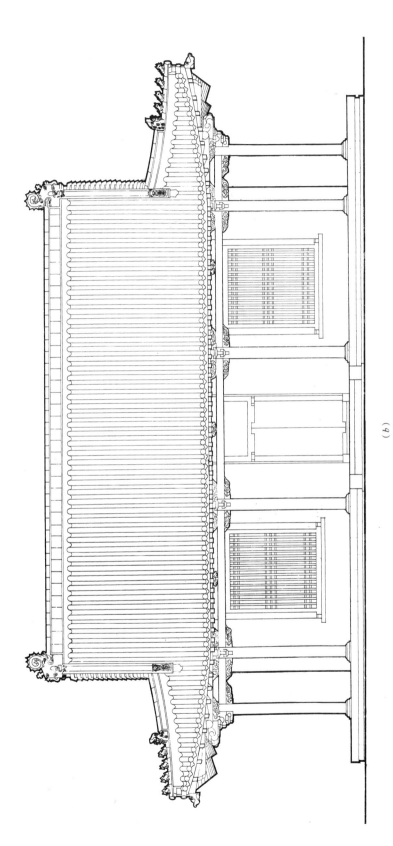

图 26 昭陵茶房（二）

（b）正立面

（b）

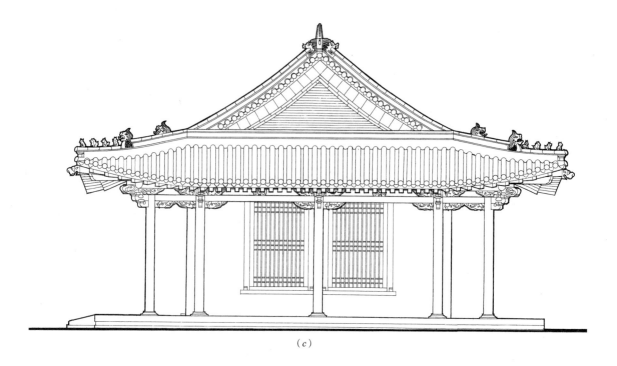

（c）

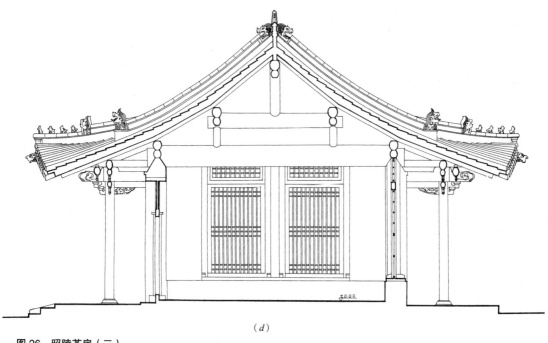

（d）

图26　昭陵茶房（三）

（c）侧立面；（d）横剖面

各架檩条均重叠圆枓。前后檐额枋也用椭圆形断面。廊步出桃尖梁。桃尖梁直接搁在檐柱上，上承椭圆形断面的挑檐檩，下设插栱二层。桃尖梁头做麻叶头，横贯云版。二翘插栱后尾伸长做桃尖梁随梁枋，头翘后尾伸出做雀替。前后檐立面上，檐枓与额枋之间架空，以雕饰的垫坱支垫。柱枋交接处做扁长的小尺度雀替。茶房外观显露的周围廊、歇山顶、飞椽、插栱等形象，呈现出大式建筑的形制，而尾内构架则为小式做法，整个建筑蕴含着端庄中的素朴，恰当地体现着陵墓组群中的附属用房的身份、性格。

（6）隆恩门

昭陵隆恩门与福陵隆恩门一样，是城门型的门楼，坐落在宽约 16 米，深约 14.3 米的墩台上。墩台为城砖砌造，正中辟一洞门。两陵门洞做法不同。福陵墩台门券与元大都"和义门"瓮城形式相同，是过梁式洞门向拱券式洞门过渡的形式。昭陵墩台门券与券脚已联成整体拱券，已形成完整的券洞门。

墩台门券上方镶大幅门额，额面中心为石刻门匾，上刻满、蒙、汉三体文字的"隆恩门"字样。墩台檐部饰有宽线条的琉璃贴面花饰。墩台顶部，外檐做品字垛口，内檐做蓑衣顶女儿墙。墩台北面左右两侧设马道登台，基本形式与福陵相同。

门楼高三层，各层平面均为面阔三间、进深三间，带周围廊。各层金柱上下对齐，均为明间面阔 4.1 米，山明间进深 2.8 米，次间面阔、进深各 1.4 米。前后檐金柱部位明间面阔几乎为次间面阔的三倍，大小至为悬殊。为此，周围廊上的次间檐柱全部缩减，形成门楼周围廊也呈面阔、进深各三间的格局。

一层平面通面阔 11 米，通进深 9.7 米，廊深约 2 米，前后檐明、次间面阔仅差 0.65 米，

不利于均匀布置平身科。两侧山面则次间反大于明间，主次颠倒，对均匀布置平身科也带来困难。这些显现出一层平面柱网布置上的明显缺陷。一层平面沿金里包砌一圈厚砖墙，墙身厚约 1.2 米，仅明间前后各开一券门，无其他门窗，空间较为闭塞。

二层平面通面阔 9.9 米，通进深 8.6 米，廊深减为 1.5 米。金里四角次间砌厚砖墙，保证了四个角部的结构稳定性。金里四面明间均做装修。左右山明间金里装修各辟四扇槅扇，前后明间金里装修则为四扇槅扇外加两扇余塞扇。二层墙体显著减少，装修数量上升，空间较为疏朗。

三层平面通面阔 8.94 米，通进深 7.64 米，廊深减为 1.02 米。金里全部安装装修，明间、山明间装修与二层相同，次间各装一槅扇，屋身无墙体荷载，空间轻快、疏朗。

门楼构架，顶部用七檩前后廊式，梁架举高很大，脊瓜柱高长，五架梁标高定位很低。各架檩、垫、枋做法不一致，脊檩下做垫板、圆枓；金檩下无垫板，直接与圆枓重叠；檐檩与正心枋之间则填以垫板。各层檐柱、金柱均很粗壮。檐部做法很特殊。柱头科斗栱上方没用桃尖梁，而采用类似抱头梁的构件，只支承檐檩，而不支承挑檐檩。挑檐檩改由撑头木支承。柱头科、平身科均为五踩重昂斗栱。撑头木前出麻叶头并带云版，耍头木前出麻叶云。撑头木、耍头木后尾延长做随梁枋，重叠于"抱头梁"下，以支承上层檐柱。檐柱之间设额枋一层、平板枋一层。平板枋宽度大于额枋，还保持着宋、辽、金的普拍枋的形态。

门楼外观为三层楼阁形象。顶层为歇山顶。顶层屋顶和两层腰檐均用黄琉璃瓦件，均为本地区习用的琉璃形制。各层檐口出檐较深，由于采用的斗口比福陵大，斗栱也比

福陵多一层耍头木，因此各层檐部尺度较大，额枋下皮标高较福陵明显降低，立面上檐廊的虚空面积很小而构件实体所占比重很大，再加上各层檐柱粗壮短硕，雀替高短厚重，栏杆低扁密实，整个门楼立面显得壮实有力。这种壮实的立面处理，更加突出了隆恩门的高大形象和宏伟气势。

（7）隆恩殿

隆恩殿是昭陵的主体建筑，坐落在方城北部中心。它的基本形制与福陵隆恩殿相同，也是面阔三间、进深三间、带周围廊的单檐歇山琉璃瓦顶建筑，同样带有触目的、大尺度的月台。看上去几乎与福陵隆恩殿无异，实际上具体尺寸和细部做法有许多差别，见下表。

单位：米

	殿身				月台		
	通面阔	通进深	檐高	脊高	长	宽	高
福陵隆恩殿	19.41	18.21	6.19	13.47	33.33	26.21	1.4
昭陵隆恩殿	16.25	16.25	6.25	13.33	33.88	22.14	1.9

从两陵隆恩殿尺寸比较表上，可以看出，昭陵隆恩殿殿身平面明显缩小，而殿身高度相近，月台宽度明显减小，而月台高度反而增大。

昭陵隆恩殿两山砌夹山墙，后檐砌金内扇面墙。夹山墙和扇面墙不辟门窗，形成三面包砌厚墙，前檐做金里装修的平面格局。

殿身内为彻上明造，用九檩前后廊式梁架。前后金柱上立七架梁，逐层叠立五架梁、三架梁。七架梁跨度较大，无随梁枋，而在梁中心部位顶立一根八角形的中柱，并在其上逐层垫入"宝瓶"，作为梁架的加固措施。这种做法与福陵隆恩殿不同，没有在金柱部位附加边柱，也没有附加抱框和随梁，加固

构件较为简略，但附加的中柱仍然与梁架结合不够有机，八角形的柱身和仰莲状的柱头在格调上也显得格格不入，有损于殿内空间的完整性和格调的统一性。

构架中的檩、垫、枋做法与福陵隆恩殿相同，均为地方性的檩垫梁架。全部瓜柱都带角背，中金瓜柱的角背变形成兽状的垫木。七架梁、三架梁两端带有雀替形的替木，各组檩枋与瓜柱交接处都带雀替，雀替云栱上的十八斗横贯着兽面形云版。梁枋、檩枋上绘有不很规范的苏式彩画，枋心有的绘正向包袱，有的绘倒置包袱。两根八角形的中柱则彩绘盘龙。这些雕饰和彩绘构成五彩缤纷的梁架面貌。

昭陵隆恩殿的前檐部分也与福陵大同小异。檐柱间用额枋、平板枋，平板枋上立七踩斗栱，用外拽三重昂、里拽三重翘的"翘昂品字斗栱"。栱端抹斜成45°。柱头科在耍头木上直接置桃尖梁。檐柱与额枋交接处施不带大边的番草雀替。这些构件形制大体上都与福陵隆恩殿相同而细部做法和尺寸却有很大差别：①额枋、平板枋的断面组合不同，福陵呈凸字形，昭陵呈"T"字形；②斗口尺寸不同，福陵斗口为7.5~8.0厘米，足材高15厘米；昭陵斗口为12厘米，足材高19厘米，昭陵斗栱尺度明显增大；③平身科斗栱攒数不同，由于昭陵隆恩殿开间缩小，而斗栱增大，导致明间、次间均用平身科一攒，比福陵减少一攒；④梁枋出头不同，福陵平身科撑头木出头刻云头，耍头木出头刻麻叶云，昭陵平身科撑头木出头刻兽头，耍头木出头刻扁云头；⑤栱昂形式不同，福陵栱身平直，带边颤线，昂头呈猪嘴形，昭陵栱身深凹，昂头近似琴面昂，昂面内颤，起棱线；⑥柱头兽面的云版不同，福陵柱头兽面两侧横贯直式云版，

昭陵则横贯倾斜式云版；⑦匾额悬挂的部位不同，福陵隆恩殿匾额悬挂于檐里明间正中，昭陵则悬挂于金里明间正中；⑧金里装修尺度不同，两陵隆恩殿金里装修形制虽然相同，明间均为四扇六抹头槅扇，次间均为四扇四抹头槛窗，由于昭陵开间尺度缩小，相应地槅扇、槛窗扇和抱框的宽度也缩小。福陵槅扇六方菱花为五整二破，昭陵槅扇六方菱花为三整二破，显现出装修适应不同开间尺寸的灵活调节机制。

昭陵隆恩殿内，明间后部设佛龛式暖阁，形制、尺度与福陵隆恩殿暖阁相同。暖阁面阔约 3 米，进深约 2.8 米，阁内置神座，座上供奉木主。暖阁覆悬山式顶盖，阁身四面各辟四扇槅扇，下部以两重宽边横线条和低矮的须弥座组成基座。正面出三级踏跺。整体形象刻板，比例不称。暖阁前方设一组供桌，两张横置，两张竖置。桌后并列两张龙凤宝座，供桌前方置五供器，包括一个香炉、两个烛台和两个花瓶，分置于木质凳台上。左右次间各置一组东西向的供桌，各设两把木质交椅和三盏立灯。殿内陈设目前保持得还比较完整。

殿身左右墙和后墙砌以干摆细磨下碱，上身墙抹红灰，周边饰卷草花边。墙身顶部止于金檩高度，沿墙顶一周、刻饰叠涩四层的小檐。小檐自下而上为仰莲瓣、品字块、小檐头和曲线沿，与福陵隆恩殿做法相同，是盛京地区建筑中带喇嘛教特色的习用装饰。

两陵隆恩殿琉璃瓦件的做法大体相同，宏观形制基本一致，细部略有差别。如戗兽定位，福陵延伸到角柱之外，而昭陵正落于角柱之上，较接近后来的定制做法。

隆恩殿大月台为一巨大的长方形须弥座台基，南向出三路垂带踏跺，周边环砌石栏杆，基本形式与福陵相同，但具体尺寸与细部做法也有许多不同：

①大月台须弥座与福陵一样，未做圭脚层，直接以下枋着地。由于月台高度比福陵高，束腰尺度过大的现象比福陵更为突出；

②部分细部雕饰尺度过大，束腰上的菱形卷草达到 2.75 米 ×0.77 米的巨大尺度，垂带踏跺象眼石上的三角形卷草也达到 1.20 米 ×3 米的巨大尺度，这些细部雕饰的图案比整间栏杆还大得多，装饰尺度失控的现象比福陵更为严重；

③栏杆形式、尺度有很大差异。福陵栏杆呈重台钩阑形象，昭陵栏杆呈单钩阑形象。福陵栏板两头已做出清式钩阑的垂直素边，而昭陵栏板则无素边。福陵望柱头在仰覆莲座上雕出壮硕的高覆莲瓣柱头，昭陵望柱头则在覆莲座上雕出细瘦的石榴柱头。福陵栏杆间距为 1.6 米，望柱高 1.08 米，栏板尺寸为 0.64 米 ×1.38 米，昭陵栏杆间距为 1.4 米，望柱高 0.87 米，栏板尺寸为 0.53 米 ×1.2 米。昭陵月台比福陵高，而栏杆尺度反比福陵明显减小，显得栏杆较为纤细。两陵隆恩殿月台栏杆在形制上均介乎宋式钩阑与清代钩阑之间，运用长条的地栿，整块的栏板，组合形式已接近清式定制做法，而栏板的构图，寻杖的尺度，透空的雕饰又带有宋式的特点。

④垂带端部的做法不同，福陵月台踏跺上的垂带栏杆一直延伸到末端，以落地的、须弥座的坐狮挡住。昭陵月台的垂带栏杆前部则添上抱鼓石，抱鼓石之前再加上带须弥座的坐狮，狮座置于垂带之上。这两种做法都很繁杂、难看，昭陵尤为累赘。两陵隆恩殿月台栏杆的艺术质量均为下乘。

（8）配殿

昭陵东西配殿为面阔三间，进深显两间，

带周围廊的单檐歇山黄琉璃瓦顶建筑。通面阔 14 米，通进深 10.9 米，通高 9.9 米。除面阔比福陵配殿少两开间外，其余形制相同，而构架细部做法则有明显区别。

台基为须弥座形式，无圭脚层，直接以下枋落地。须弥座无雕饰，全部光素。正面台阶出垂带踏跺一路，台阶宽度小于明间宽度。台基周边砌一道阶条石，台面和屋内地面满铺方砖，呈十字缝。

殿身前檐做金里装修，明间设四扇五抹头槅扇，左右次间各设四扇三抹头槛扇。门、窗上部均做横披。门格扇与槛窗格扇宽度相等。由于明间面阔比次间还小，因此次间抱框比明间抱框还大。殿身后檐做金里扇面墙，两侧做夹山墙，均不设门窗，形成殿内三面墙体封闭的格局。

槛墙、夹山墙、扇面墙的外墙脚，环绕一圈带下枭、下枋线脚的衬脚石。外墙面通砌干摆细磨到顶，不分上身、下碱。内墙面下碱用干摆细磨，上身抹灰刷浆。

各缝梁架均为七檩前后廊式，彻上明造，有扶脊木、飞椽、角背，但缺少随梁枋。山面构架采用"周围廊歇山"的做法，以次间夹山缝梁架做"踩步梁"，殿内梁架组合简便、规整。脊檩、金檩部位采用檩枕梁架。瓜柱与枋木交接处均加雀替，瓜柱自身均带角背，三架梁两端外加替木承托，五架梁中部，用宝瓶支顶三架梁，这些都是昭陵常见的做法。梁枋上的彩画形式较特殊，无箍头，枋心绘倒置的"包袱"。藻头、枋心均饰以卷草。

前后檐用额枋一层，平板枋一层。平板枋宽度大于额枋，仍保持宋式普拍枋形态。斗栱为三踩单翘重栱。斗栱排列稀疏。明、次间都只设一攒平身科，间隔均匀。整个配殿外观端庄、简洁、舒朗、合度。

（9）配楼

东西配楼为面阔两间、进深两间、带前后廊的两层楼房，大式硬山屋顶（图 27）。通面阔 7.7 米，通进深 8.92 米，正脊标高 8.57 米，檐口标高 4.82 米。整个配楼的体量比配殿明显缩小，形制比配殿低，布局上往后退，符合一正四厢格局中外两厢偏小的常规。在所处的方城空间中，这个体量尺度也较为妥帖、适中。

底层平面两山砌厚山墙，前檐做金里装修。左间设柳条式支窗一扇，右间为夹门窗，用板门夹柳条窗。后檐砌金里扇面墙，无门窗，屋内无门通向后廊。楼层平面前檐同样做金里装修，门窗式样与底层相同，但左间支窗宽度比底层支窗减小。楼层后檐金里扇面墙上，每间开一柳条支窗，尺度与前檐左窗相同。后檐金里未设门，后廊无门进入，形同虚设。

台基低矮，仅高 0.1 米，不需设踏跺。两侧山出与前后檐的下檐出同宽，与通常硬山建筑用窄条"金边"的做法不同。台明前后沿铺设阶条石一道，四角置好头石，两山台明各铺立砖一道。台基地面与屋内地面均铺方砖，方砖尺寸比清制尺二方砖还小，属小式墁地。地面缝子用十字缝。

配楼两侧为大式硬山山墙，正面伸出厚实的墀头。通长的雁翅板把立面分成上下两层。层高较低，底层层高仅 2.7 米，楼层地面到檐口的高度只有 2.12 米，到小额枋下皮的高度只有 1.65 米。楼层前后廊设重台瘿项钩阑，形式与宋《营造法式》所示的重台瘿项钩阑很接近，与宋代经山寺佛坛木栏杆也很相似。各间用通长寻杖，由四整二破的瘿项、云栱分隔成五个空挡，小华版也分成五段，而盆唇与束腰之间的大华版却分隔成六块。大华版分块与瘿项、小华版的分块未能

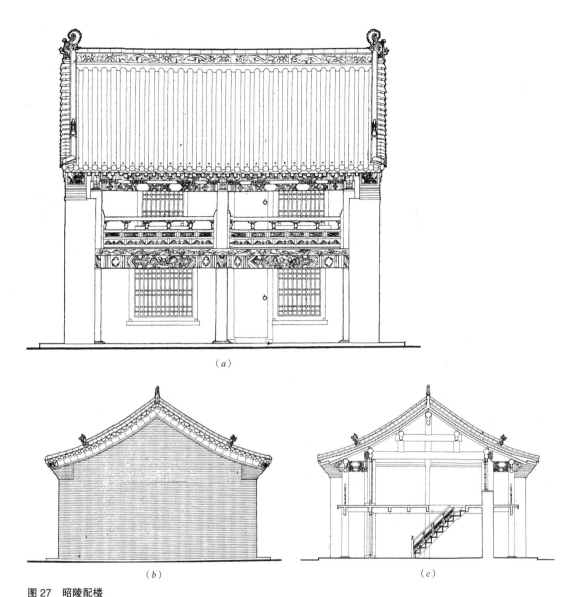

(a)

(b)   (c)

图 27　昭陵配楼
(a) 正立面；(b) 侧立面；(c) 横剖面

对齐，上下错位，构图有些紊乱。小华版高度、长度都超过大华版，有喧宾夺主的现象。瘦项空挡较高，整个栏杆显得很空灵。

　　两侧硬山山墙不分上身、下碱，上下连成一体。山尖做排山勾滴，垂脊兽前光秃，没用仙人走兽。整个山墙不用石件，侧立面非常简洁。但盘头部分出挑偏大，戗檐砖的倾斜夹角几乎达到 45°，使盘头显得不够稳重。

　　配楼构架为七檩前后廊式，采用小式做法，无扶脊木、角背、随梁枋，但有飞椽。各檩的垫板、枋木做法不一。脊檩之下重叠双枋，上下金檩之下重叠一平底椭圆断面的枋，檐檩之下则重叠两层矩形断面的大额枋、由额垫板和一层平底椭圆断面的枋。

　　前后廊上檐的抱头梁伸出做麻叶头，抱

头梁下做随梁枋，出头呈三曲弯头。

底层室内空间低矮，内设木楼梯登楼。木楼梯栏杆形式与前后廊栏杆近似，但大华版立框与小华版立框统成一根立木，分划较整齐。楼层室内为彻上露明，空间较高敞。但前后廊檐口压得很低，檐部檩、垫、枋几乎已阻挡视线。配楼属于辅助性建筑，无登楼观览的功能要求，低矮的廊檐，闭塞的后廊，对于配楼来说，都无关紧要。

总的说来，整个配楼外观造型尺度合宜，体量适称，比例良好，厚实、硕壮的墀头砖质部分与轻巧、空灵的栏杆、额枋木板部分，形成重与轻、粗与细的强烈对比。层叠的、收薄的盘头，在立面上起到了粗中有细、融合粗细的中介作用。在昭陵组群中，配楼可算是艺术水平较高的单体建筑。

（10）角楼

昭陵角楼与福陵角楼一样，都是高两层的歇山十字脊重楼建筑。平面为单开间、单进深，带周围廊。墩台平面也接近正方形，尺度较福陵略大。台顶四周，朝城外的外檐，均做垛口墙，朝城内的内檐，均做女儿墙。垛口形式与方城城墙垛口一致，为简单的方形洞口，女儿墙做蓑衣顶。整个墩台外观与城墙保持着良好的整体性。

角楼底层平面，明间面阔 4.8 米，廊深 1.6 米，通面阔、通进深均为 8 米，与福陵角楼尺度十分接近。沿金里一周包砌砖墙，裹住四根角金柱，墙厚约 0.95 米。墙体为城砖干摆细磨砌造，外墙面不出下碱，内墙面做出高 0.95 米的下碱。

四个角楼底层都朝南开门。其中东北角、西北角的角楼，入口能迎着城墙通道，而东南角、西南角的角楼，入口则与城墙通道相悖。底层除南向开门外，其他三向不设门窗，室内空间昏暗、狭小，靠近北墙处布置木梯登楼。

楼层平面，明间面阔与一层相同，廊深减为 1.1 米，通面阔、通进深均为 7 米。全部做金里装修。每面各作六扇槅扇和两扇余塞扇，上带横披。室内空间较为通透、舒朗。

角楼歇山十字构架做法与福陵相同，采用四根抹角梁，承载双向交叉的上金檩。其上再承担双向交叉的脊檩。梁架组合清晰、合理，形成良好的、规则有序的彻上明造内景。梁架断面做法则与福陵不同。脊檩、下金檩部位均为"檩—枕"构成，上金檩部位因瓜柱低矮，改用"檩—垫板"构成，檐檩部位则为习见的"檩—正心枋"构成。

底层、楼层檐部均用平板枋、额枋。平板枋宽度大于额枋，两者组合成"T"字形断面，仍保持普拍枋形式。额枋断面为上下平线、左右弧线的近似椭圆状，较为罕见。两层檐部所用斗栱形式相同，均为三踩单翘品字斗栱。平身科撑头木前后出头做卷云头、麻叶头，耍头木前后出头做瘦长卷云头。柱头科斗栱上没有桃尖梁。挑檐檩直接搁在撑头木上，檐檩搁在柱脚枋上。挑檐檩用材比檐檩还大，是一种反常做法。柱头科撑头木、耍头木后尾均延长为随梁枋，与柱脚枋重叠共同支承楼层檐柱。这种做法也与昭陵隆恩门楼相同。

昭陵角楼外观，宏观上看上去与福陵角楼相同，尺度也十分接近。由于昭陵角楼屋顶举架略高，楼层檐口标高相对降低，斗栱用材较大，楼层额枋标高显著下降，因此，楼层立面上的檐廊透空面积显著小于福陵角楼。加上斗栱较粗大，木栏杆较密实，整个立面显得粗壮、敦实。昭陵角楼一层檐口标高略低于福陵角楼，而墩台面积却大于福陵角楼，从方城下面望上去，角楼立面被女儿墙、垛口墙遮挡的"缩脖"现象较福陵更为严重。

角楼屋面满铺黄琉璃瓦件。上下檐勾头均做成滴水形。正脊饰行龙、宝珠，正吻卷尾漏空，剑靶斜插，脊兽作"乙"颈。这些均与福陵角楼相同，为当时的地区性琉璃的通行做法。但十字脊歇山顶的做法与福陵角楼有所不同，四面的歇山山尖的垂脊与戗脊都没有连通，形成少见的屋脊"断砌"状态。十字脊中心耸立的宝顶，呈葫芦瓶状。宝顶高 2.5 米，径长 1.3 米，尺度硕大。昭陵角楼的这些细部处理，取得了整体造型偏于浑厚、壮实的韵味。

（11）明楼

昭陵明楼与福陵明楼同建于康熙年间，都是以清孝陵明楼为蓝本，同出一辙，形制、规格、用材、尺度都基本上相同。这里不再赘述。但福、昭两陵明楼的墩台有若干区别：一是墩台高度不同，福陵墩台高 6.1 米，昭陵墩台高 7.35 米，比福陵明显增高；二是墩台门券洞口高度不同，福陵为 3.1 米，昭陵为 3.6 米，昭陵相应加高；三是墩台垛口尺度不同，福陵垛口高大，正好排列成规整的"九整二破"，昭陵墩台垛口较小，也排列成"九整二破"，其中"二破"的垛子做得很长；四是墩台两侧的方城北墙宽度不同，福陵净宽 2.8 米，昭陵净宽 5.5 米，相差较大。

昭陵明楼碑也与福陵形制相同。碑身刻"太宗文皇帝之陵"，用满、蒙、汉三体文字。碑头呈矩形笏头，正背两面刻游龙戏珠图案，背景刻山水流云，碑额方框内刻"大清"二字，也用满、蒙、汉三体文字。碑座为须弥座，上枋刻行龙流云，下枋刻八宝图案。全碑总高 5.9 米，其中碑头高 1.5 米，碑身高 2.95 米，碑座高 1.45 米。此碑与清孝陵明楼碑比较，形制完全相同，细部刻饰完全相同，碑头、碑座高度完全相同。仅昭陵碑身略高于孝陵碑身 0.15 米，足证福、昭两陵的明楼是仿照清孝陵明楼建造的。

（12）侧红门

侧红门分别称为东红门、西红门，两门形制相同，均为单孔券门，单檐歇山琉璃瓦顶的砖构建筑。通面阔 7.52 米，通进深 5.5 米，正脊标高 7.5 米，檐口标高 6 米，整体形制和尺度与福陵侧红门很接近（图 28）。

东、西红门用普通台基，前后各出一路礓磜，礓磜两侧用垂带。台面边沿砌阶条石，正中穿越门洞，铺三条甬道石和两条地面石。墙身底部鼓出一层圭脚石，墙面下碱用干摆细磨砌造。四角砌角柱石、压面石，下碱上部做腰线石，下碱下部加衬脚石一层。角柱石雕饰瓶花，压面石、腰线石、衬脚石均雕饰卷草。墙面上身抹红泥，刷红浆。门洞比例扁宽，券脸石满饰云纹，券脚石画面分成三段，构图显得较为零碎。

屋身上部为黄琉璃歇山顶，出檐短促。檐部做法与昭陵正红门相同。琉璃斗栱为五踩重翘，耍头做麻叶头，并横贯云版。七攒平身科分布均匀。由四根垂花柱将檐部分隔成三开间，中间两根垂花柱未能与平身科斗栱对位，整个檐部琉璃构件组合不够有机。

东、西红门左右两侧设袖壁。袖壁用黄琉璃瓦顶，墙面刷红浆，中心嵌五彩琉璃蟠龙，四角嵌琉璃岔角，图案与正红门袖壁相同。昭陵东西红门由于有袖壁陪衬，气势高于福陵东西红门。

（13）月牙城

方城北壁后部紧接大半圆形的宝城。宝城墙身与方城同式，周长约 202 米。宝城内以三合土填筑宝顶，作为地宫的封土。宝城南部另起一道长 96 米，高 7 米的弧形城壁，即为月牙城。月牙城与方城北壁及明楼墩台围合成一个封闭的空间，俗称"哑巴院"。

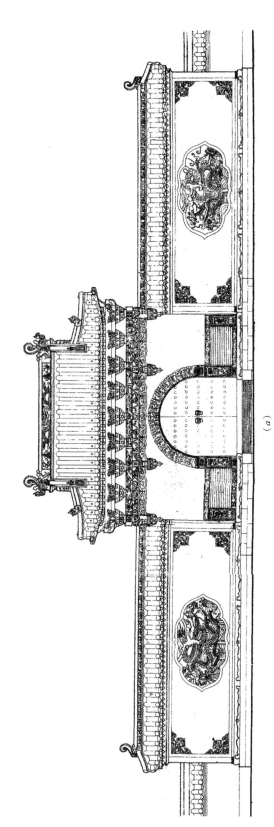

图28 昭陵西红门（一）

（a）正立面

（a）

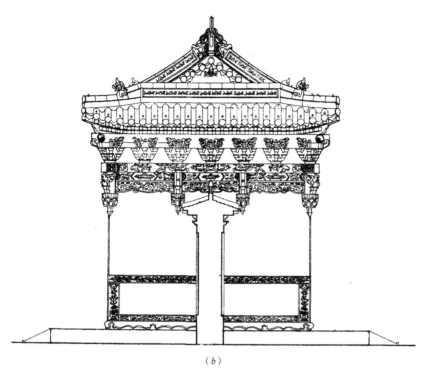

图28 昭陵西红门（二）
（b）侧立面

月牙城弧形墙正中部位设金刚墙，与明楼墩台洞门南北相对。金刚墙呈影壁形态，自身高4.7米，宽5.7米，从弧形墙面凸出厚度约0.55米。

金刚墙由琉璃饰件贴面。顶部做悬山顶，檐部显琉璃飞椽、檐椽、檐檩、檐垫板、檐枋。基座做须弥座。须弥座构成复杂，除上枋、上枭、束腰、下枭、下枋、圭脚外，束腰上下各加皮条线一层，鸡子混一层，形成十层垒叠。但各层光素无饰，仅在束腰两端略作椀花结带，并在束腰中心饰一花卉，整个须弥座还比较素朴。金刚墙墙身两侧立琉璃砖柱，柱下做马蹄磉。壁心四周各砌线枋一道，中心做海棠盒子，盒内嵌五彩琉璃缠枝瓶花。四角嵌琉璃翻草岔角（图29）。

金刚墙形成明楼墩台门洞的良好对景，恰当地构成了陵寝组群尽端的重点装饰。

（14）焚帛炉、华表、石象生

1）焚帛炉

焚帛炉是焚化祝帛、冥衣和金银锞子的燎炉，位于隆恩殿月台的西南角。整个炉身、炉顶、基座均为石质雕砌。炉身平面为正方形，呈单开间、单进深。用四根方形角柱，柱间刻

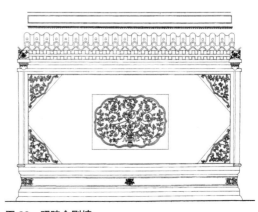

图29 昭陵金刚墙

成四扇菱花隔扇形象。正立面上，每两扇隔扇合并成一扇石门，门扇向内开启。炉内设圆柱状火膛，膛底为水平面。四面各辟一道风道，在须弥座四面束腰的正中各挖一通风洞口，镂空作铜钱形。炉膛上方，于歇山两侧山尖处留圆洞作为出烟气眼。炉顶为歇山顶。正脊刻饰卷草花卉，正中突起火焰珠，正吻呈卷尾形。垂脊上端带吞脊兽，垂兽头部胖大。戗脊简化，无戗兽、走兽。檐部于平板枋上刻仰莲上枭一层、上承"品"字块，作为斗栱象征，再上为檐檩、檐椽、飞椽（图30）。

焚帛炉基座用须弥座。座身雕饰丰富，分层比较合宜，圭脚雄大有力。加上周围散水的配衬，整个焚帛炉比例权衡良好。

2）华表

昭陵正红门内甬道上有两对华表，一对位于正红门北，石象生队列之前；一对位于碑楼之北，隆恩门前方。这两对华表互有异同。在尺度上，两对华表均高7.75米，台基大小、栏杆尺度也都相等，唯碑楼华表柱身直径0.72米，比正红门内华表柱身直径0.65米略粗。在形态上，两对华表的柱身全然不同。碑楼华表柱身平面为八角形，八棱微圆，整个柱身满布萦绕的流云，上部贯穿一块云版。柱头的承露盘由一层大片仰莲和一层上枋组成，上枋八面刻饰缠枝卷草和花卉枋心。承露盘之上，立一段缠龙圆柱，顶部以光素的海石榴收束（图31）。而正红门内华表柱身为圆柱形，整个柱身满雕缠柱盘龙，柱上贯穿云版。承露盘做法与碑楼华表相同，盘顶蹲望兽。两对华表的基座均为八角形，均出一圈八角形台基。台基做法也完全相同，均以八面石栏杆围护。石栏杆由望柱、栏板、地栿组成。望柱断面呈长五边形，望柱头均为带须弥座的蹲兽。八根望柱的蹲兽不一，向南、向北四根望柱头采用蹲狮，向东两根望柱头采用蹲麒，向西两根

望柱头采用蹲獬。栏板已是带竖边的清式整片做法，但板面仍呈宋式重台钩阑形式。大华版刻万字锦纹，蜀柱凿海棠池，池中心刻一朵花卉。束腰做一串盒子心，盒内再凿海堂池及池心花卉。两对华表，柱身形象都符合定制，显得华美、大方，但栏杆很不规范，造型欠佳，尤以三种不同望柱蹲兽的做法，更显伧俗。

3）石象生

昭陵石象生共六对，以一对华表为前导，大体上均匀地排列在正红门至碑楼之间长约115米的甬道两侧。从南到北，依次为坐狮、坐獬、坐麒、立马、卧驼、立象。其中立马名"大白"、"小白"，传说是仿皇太极生前略阵破敌的两匹坐骑雕作的。每对象生东西相向距离约28米，南北排列的间距约14.4米。昭陵石象生的基座与福陵石象生相同，均置于较高的须弥座上。兽身除立马、立象用白色石外，其余均为黑赭色石料。须弥座则全部采用小豆色的"本溪红小豆石"。象生尺度也不大，具体尺寸为下表：

单位：米

		坐狮	坐獬	坐麒	立马	卧驼	立象
兽身	高	1.90	1.70	1.82	1.99	1.50	2.15
	长	1.48	1.49	1.40	2.74	2.82	2.95
	宽	0.96	0.81	0.85	0.96	1.15	1.33
须弥座	高	0.92	0.92	0.92	0.92	0.92	0.96
	长	1.78	1.78	1.78	2.38	2.41	2.71
	宽	1.23	1.23	1.23	1.16	1.27	1.52
总高		2.82	2.62	2.74	2.91	2.42	3.11

昭陵石象生与福陵石象生有多处不同：

①象生数量：福陵仅四对，昭陵增至六对；②象生兽类：昭陵沿用福陵的卧驼、立马、坐狮，剔除坐虎，增添坐獬、坐麒、立象，已达到六兽齐全的局面。与明孝陵、明长陵的象生兽类品种相同。只是明孝陵、明长陵每兽均为两对，而昭陵每兽仅一对；③象生

（a）

图30　昭陵焚帛炉（一）

（a）正立面

（b）

图 30　昭陵焚帛炉（二）

（b）侧立面

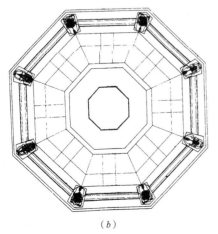

图 31　昭陵碑楼华表

（a）正立面；（b）平面

尺度：昭陵象生的兽身尺度普遍较福陵象生略大，而须弥座高度较福陵明显降低，福陵象生须弥座高度约为 1.2~1.5 米，昭陵象生须弥座高度统一减为 0.92 米，显现出缩小基座，突出兽身的意图；④象生排列间距：福陵象生东西相同距离为 60 米，南北间距为 32.5 米，昭陵象生东西相向距离为 28 米，南北间距为 14.4 米，排列密度比福陵大为紧凑，对福陵象生存在的过于稀旷的弊病有所改善。

昭陵象生的须弥座形制与福陵相同，也是清式定制的六层做法，同样存在束腰过高、圭脚偏薄的弊病。须弥座上同样刻出搭袱子，袱面满饰海棠菱形格饰，四角系宝轮垂贴于下枭。雕工较福陵更为精细。由于狮、麒、獬兽身均具有传统程式化的概括性、装饰性，象生行列的威壮气概较福陵略有改善。

二、关外陵的建筑特色

关外陵建筑是在特定历史条件下建造的，既不同于明代诸陵，也不同于关内的清东陵、西陵，有它自己的显著特色。

永陵属于特殊情况。明万历二十六年（1598 年）初建时，努尔哈赤刚统一了建州女真各部，当时努尔哈赤的身份还是明朝任命的地方官——正二品都督，晋封为龙虎将军。因此当初建造的这组建筑，只是地方官的祖坟，而不是皇族的祖陵。永陵的初始形制，大体上接近于明代的王墓。如果与建于明万历四十二年（1614 年）的河南新乡凤凰山明潞简王墓相比较，规模比后者小得多。经过康熙以后的屡次增建，添增了神功圣德碑亭等陵墓建筑特有要素后，才具备陵的格局。下面主要阐述福陵和昭陵的建筑特色。

福陵、昭陵在中国历代陵墓中也是十分

特殊的。它是满族王朝的皇陵，处在远离当时政治中心的辽沈地区，属于华夏文化的边缘地带。这里与汉文化的中心区不仅存在着地理上的自然隔离，而且存在着生产方式、经济结构、文化心态、民族习俗等方面的社会隔离和心理隔离。两陵兴建时期，正处于后金争夺中央政权的战争年代和清王朝入关前后的初创岁月。努尔哈赤、皇太极等新王朝的开创人物都受到较深的汉族文化影响，他们执行了仿照明制、实现封建化、集权化的政策，一些重大规章都比照大明会典办理。但是，在初创期，这种典制的吸收和制定都很不完善。再加上经济实力和地区技术力量的限制，必然给两陵带来一系列制约。因此，福陵、昭陵在形制上既承继了明陵的汉族传统规制，又糅合了满族的特定习俗；既采用正统的建筑工程做法，又带有本地区的乡土工艺特点；既体现了传统陵墓组群的一系列规划思想、规划手法，又夹杂着边远地区工匠的明显技艺局限，成为特定的民族，特定的政治、经济，特定的文化背景制约下的很有特色的陵墓建筑。这里，分别从总体布局、工程做法和建筑风貌三方面来考察。

1. 总体布局特色

考察福陵、昭陵的总体布局特色，有必要把它和明陵作一下比较，看看它与明陵有何异同？承继了明陵的哪些传统？出现了哪些变异？

明陵是中国陵墓建筑发展的重要阶段，陵墓建筑发展到明孝陵出现了重大的转折，奠定了明清陵墓的基本格局。这个转折需要从陵墓功能的变革说起。

传统陵墓是一种很独特的建筑文化现象，从陵墓的发生和演变来看，它曾经具有多方面的功能意义：

①侍奉功能：在"事死如事生"的观念支配下，陵墓被视为墓主灵魂起居游乐之所，前期陵墓中设有寝宫、下宫，陈设着神座、床几、被枕、衣冠等物，由宫人如同服侍活人一样侍奉，即所谓"随鼓漏，理被枕，具盥水，陈妆具"①，陵墓被当成死者的阴界寝宫。

②纪念功能：陵墓起到对已故帝王崇敬、颂扬、缅怀的纪念作用，是举行拜谒仪式的典礼场所，是表达"圣德荡荡，圣功巍巍"的永恒纪念碑。这种纪念性与宗法制度所崇尚的"孝"相联系，也成为帝王奉敬祖先，弘扬孝道的精神表征。

③荫庇功能：基于风水观念，陵墓相地的凶吉，被视为关系皇嗣政运的安危久暂，皇族后代的兴败荣衰的头等大事，对葬址的选择，山川形势、五行方位的择定，都极为重视，陵墓成了对风水要求最严格、最敏感的建筑。

④标示功能：陵墓组群以其最高的等级形制，宏大的尺度规模，端庄的建筑格局，巍然的山川景胜，造就建筑、雕塑与自然环境相结合的宏壮境界，这不仅显示了已故帝王的威势，也有力地强化了后代帝王的显赫身份。陵墓如同宫殿建筑一样，是张扬君权圣威的重要手段。

⑤戒卫功能：为保护陵墓内的尸身，为保证丰厚葬品的安全，都要求最严密的戒卫措施。受"阳寿有数，阴寿无限"的观念支配，这种森严的戒卫要求达到千秋万载永恒牢固的地步，这使得陵墓建筑成为防护性、坚固性要求极高的特殊建筑。

陵墓建筑的这些功能意义，体现着中国文化中"巫文化"与"史文化"的交织。巫文化是萌发于原始巫术和宗教的一种原生的文化形态，是建立在"万物有灵"观念的基础上，以崇信"怪力乱神"为标记。

陵墓的侍奉功能、荫庇功能显然都源于巫文化的意识。史文化是进入文明社会后继生的新文化趋向，是在宗法式农业社会条件下，形成以家族为本位，注重人伦关系的文化取向，以"不语乱力怪神"为标记。[2] 陵墓的纪念功能、标示功能、戒卫功能主要体现史文化的意识。这两种文化意识在陵墓建筑的演变中，呈现出巫文化逐步衰退和史文化相应增强的发展趋势。明孝陵作为中国陵墓建筑发展的转折点，正是在这个意义上的转折，它标志着陵墓日常供奉功能的终止，正如顾炎武所说的，"明代之制，无车马，无宫人，不起居，不进奉"[3]，它废止了留宿宫人，废止了日常供奉的做法，而更加突出朝拜性祭祀的隆重仪式。这是随着社会文化的进展，陵墓中巫文化的一部分最明显的、愚昧的迷信内涵被抛弃了，而由于统一王朝政治上的需要，史文化中的纪念性内涵、标示性内涵得到了加强。因而明孝陵在建筑布局上，废止了上下宫的制度，取消了下宫建筑，扩大了享殿规模，增加了享殿两侧的庑廊，新创了方城、明楼，并且改"方上"为圆形的宝顶，变方垣为长方形的三重院落，以后经过明十三陵的沿用，形成了明陵的基本模式。福、昭两陵在总体布局中，既承继了明陵的若干模式，又呈现了明显的变异。

（1）明陵模式的部分延承

①在构成要素上，福、昭两陵的早期建筑，已具备明陵的主要构成，包括祾恩殿（改称隆恩殿）、祾恩门（改称隆恩门）、石牌坊、大红门（改称正红门）、石象生、焚帛炉等。以后在康熙、乾隆、嘉庆年间又增添了明楼、碑亭、二柱门、石五供等，几乎明陵所具备的建筑构成，福、昭两陵都已补齐了。

②在总体布局上，两陵都沿袭了明陵的纵深布局模式，前区设神道，后区集中主体建筑。神道由石牌坊、正红门、华表、石象生、碑亭等组成长列的纵深轴线，形成疏朗、开阔的前导性空间格局；后区将主体建筑作封闭的、集中的布置，形成以建筑氛围为主的集聚性、内向性的空间格局。虽然福、昭两陵后区空间的具体形式有很大变异，与明陵后区空间形式不同，但前神道、后主体的基本格局还是符合明陵模式的。

③在对待环境上，两陵与明陵一样保留着巫文化中的风水观念，遵循传统陵墓对风水环境的高度重视，十分注重陵墓的地理方位，山原水势。福陵为选觅佳域花去三年时间。努尔哈赤卒于天命十一年（1626年），到天聪三年（1629年）才选定"川萦山拱，佳气郁葱"[4]的天柱山风水宝地。昭陵为弥补风水缺陷，完全以人工推起隆业山作为宝城后屏。两陵都体现了地貌优美，风景佳胜的环境质量，建筑布局与山形地势结合密切，重视绿化，大片植松，注重环境维护和警卫，陵区设红、白、青三层椿木界桩，突出陵园大环境的森严、静肃。

④在规划手法上，两陵也和明陵一样，承继了传统陵墓所体现的"以少总多"的规划手法。陵墓建筑存在着使用功能较简单，而精神功能（标示功能、纪念功能）要求非常高的不平衡性。简单的使用功能导致陵墓组群所需的单体建筑甚少，而它所处的天然环境却非常广阔，如何以有限的建筑体量，在广垠的山峦树海中显示出建筑组群的气势，明陵的布局模式很好地发挥了"以少总

---

① 《后汉书》卷二《明帝记》。

② 参看陈伯海.中国文化精神之建构观.中国社会科学，1988（4）.

③ 顾炎武《日知录》卷十五"墓祭"条。

④ 《清太宗实录》卷二十。

多"的手法。福、昭两陵在这一点上同样体现了这一手法，通过突出纵深的轴线，安排建筑与雕刻混合构成的神道，强化集聚的主体建筑，调动大片松林的陪衬等，创造了以少量的建筑手段造就宏大气概的空间境界。

⑤在某些局部处理上，两陵也明显地承袭明陵的做法。如福、昭两陵的"哑巴院"处理，过去曾误以为是关外陵的新创做法[①]，实际上也是仿明陵的。明孝陵的方城与宝顶之间，已出现"哑巴院"的雏形[②]。明十三陵中的献陵、景陵、裕陵、茂陵、泰陵、康陵也都有未完全闭合的"哑巴院"。[③]特别是明十三陵中的昭陵、庆陵、德陵则已呈现完整的"哑巴院"。这三陵的月牙城两端已与宝城相接，墙体完全闭合，而且琉璃影壁不再独立设置，而是镶嵌在月牙城上。[④]这种情况，与福、昭两陵的哑巴院相同，足证福、昭两陵的哑巴院完全是承继明陵后期哑巴院的做法（图 32）。

以上这些显示出福、昭两陵在很大程度上承袭了明陵的传统，具备明清陵墓建筑的一系列共性特点。

（2）总体布局的独特格局

由于上面提到的种种制约因素，福、昭两陵在总体布局中也呈现出很深厚的自身特色，主要表现在：

①没有组成陵区，既不同于在它之前的明十三陵，也不同于在它之后的清东陵、清西陵。福、昭两陵都在沈阳，而分设在相隔很远的两处，各自独立，自成一个完整的陵墓组群。这种独立型的陵园，处在夺取政权的战争时期，当然难以形成很大的规模，也不能像集中型的陵区那样，采用大型的主神道。我们只要拿福、昭两陵的神道和明十三陵的长陵神道，清东陵的孝陵神道，清西陵的泰陵神道作一下比较，

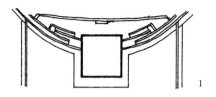

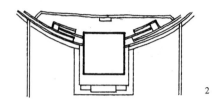

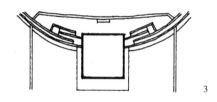

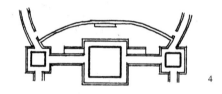

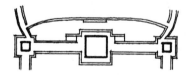

1. 明昭陵
2. 明庆陵
3. 明德陵
4. 福陵
5. 昭陵

图 32　明陵与关外陵的哑巴院
（明陵哑巴院图引自曾力.明十三陵帝陵建筑制度研究.天津大学硕士学位论文.）

就可以看出，福昭两陵的神道规格要简略得多，因而陵园的总的气势不能不受到较

① 参看刘敦桢.易县清西陵 // 刘敦桢.刘敦桢文集.二.北京：中国建筑工业出版社，1984.

② 参看南京博物馆编.明孝陵.北京：文物出版社，1981.

③④ 参看曾力.明十三陵帝陵建筑制度研究.天津大学硕士研究生毕业论文.

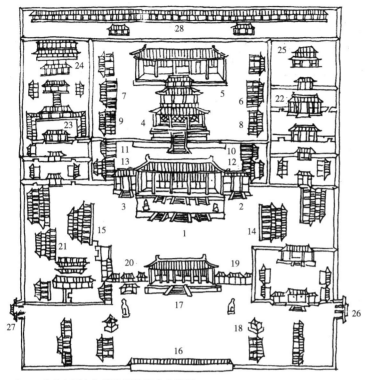

1. 崇政殿　　　2. 左翊门
3. 右翊门　　　4. 凤凰楼
5. 清宁宫　　　6. 关雎宫
7. 麟趾宫　　　8. 衍庆宫
9. 永福宫　　　10. 师善斋
11. 协中斋　　　12. 日华楼
13. 霞绮楼　　　14. 飞龙阁
15. 翔凤楼　　　16. 照壁
17. 大清门　　　18. 奏乐亭
19. 东翊门　　　20. 西翊门
21. 转角楼　　　22. 介趾宫
23. 保极宫　　　24. 崇愤阁
25. 敬典阁　　　26. 文德坊
27. 武功坊　　　28. 仓库

图 33 《盛京通志》载沈阳故宫大内宫阙

大的约制。见神道构成比较表。

②主体建筑采用城堡式的布置格局，这是两陵最独特的现象。在明陵中，主体建筑已形成模式化的三进庭院，以内红门为界，前部两进仿宫殿建筑的"前朝"，后部第三进仿宫殿建筑的"后廷"。而福、昭两陵则没有因袭这个模式，把三进庭院改成一个城堡。这是满族共同体的主要构成——女真族的生活习俗的反映。女真族是一个山地民族，长期生活在山区，从建州卫的建州老营到赫图阿拉城，从界藩山城、萨尔浒山城到辽阳东京新城，居住区都建在山上，并堆成高台，形成女真族王室贵族居住山城高台的传统。[①]沈阳故宫的大内清宁宫一组建筑就是建在高3.8米的高台之上，四周以高墙围绕，并设有一圈供夜间巡逻守卫的"更道"，形成一个面积为4428平方米的城堡式台院[②]（图33）。

这组内廷建筑的正门称凤凰楼，坐落在高台上，是一座高三层的歇山顶门楼，其形制与福、昭两陵的隆恩门如出一辙。显而易见，两陵的城堡式格局正是这种台院式后宫的翻版。

③崇尚楼阁，采用了多栋楼房。明陵和关内清陵，除明楼建于方城之上，带有"楼"的性质外，全部陵墓建筑都不用楼房，几乎是清一色的单层建筑。而福、昭两陵则用了不少楼房。两陵的隆恩门均为高高耸立的三层城门楼，城堡四角均为亭亭玉立的高两层的"角楼"。整个城堡，前有隆恩门楼，后有明楼，加上四角的角楼，形成极为触目的

① 铁玉钦，王佩环.关于沈阳清故宫早期建筑的考察.建筑历史与理论.第二辑.
② 刘宝仲.沈阳故宫及其建筑风格.建筑师，4.

神道构成比较表

神道构成	陵名	明长陵	清福陵	清昭陵	清孝陵	清泰陵
建筑物	石牌坊	1	2	1	1	3
	大红门	1	1	1	1	1
	神功圣德碑亭	1			1	1
	龙凤门	1			1	1
	神道碑亭	1	1	1	1	1
华表望柱	碑亭华表	4	6	4	4	4
	望柱	2			2	2
	单孔桥		1		1	
	三孔桥				3	5
石孔桥	五孔桥	1			1	
	七孔桥	1			1	1
石象生	坐狮	2	2	2	2	
	立狮	2			2	2
	坐獬	2		2	2	
	立獬	2			2	
	卧驼	2	2	2	2	
	立驼	2			2	
	卧象	2			2	
	立象	2		2	2	2
	坐麒	2		2	2	
	立麒	2			2	
	卧马	2			2	
	立马	2	2	2	2	2
	坐虎		2			
	武臣	2			6	2
	文臣	2			6	2
	勋臣	2				

楼阁崇立的景象。昭陵在隆恩殿前，除一对配殿外，还增添了一对小巧、优美的配楼。这种崇尚楼阁的现象，也可以归结为女真族的生活习俗。因为女真是个山地的狩猎民族，喜于居高，女真贵族早已形成住楼房的习惯。据《满洲实录》卷二记载，努尔哈赤在万历十五年（1587年）于呼兰哈达建造的办事机构中，就有不少是楼阁建筑。朝鲜使者曾描述努尔哈赤在呼兰哈达的住宅，共有房屋65间，而其中楼阁占23间，即三分之一以上的建筑均为楼房。[1]这种建楼的习俗，

① 铁玉钦，王佩环．关于沈阳清故宫早期建筑的考察//《建筑历史与理论》第二辑．

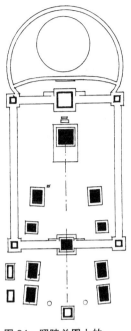 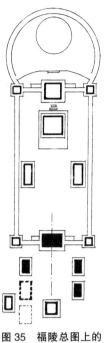 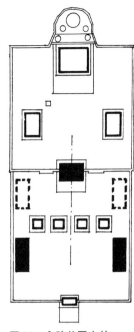

图34　昭陵总图上的　　　　图35　福陵总图上的　　　　图36　永陵总图上的
　　　"一正四厢"　　　　　　　　"一正四厢"　　　　　　　　"一正四厢"

在沈阳故宫中也有明显反映。据满文《黑图档》记载，沈阳故宫的早期建筑中，就有龙楼、凤楼、凤凰楼、厢楼、转角楼、七间楼、五间楼、内楼、炭楼等十四座，近百间，几乎占早期建筑的一半。[1]这种民族性的建楼偏好，在两陵中体现得很充分。

　　④建筑配置呈现"一正四厢"的格局。昭陵总图上表现得最为典型（图34）。隆恩殿前方设有东西配殿和东西配楼。东西配殿体量较大，形制较高，相距较近，地位较显；东西配楼，体量较小，形制较低，相距较远，向后退缩，组成主次分明的"一正四厢"形态。隆恩门前同样出现茶房、膳房、果房、涤房"四厢"，构成昭陵主体建筑前后双重"一正四厢"的格局。福陵隆恩殿前方虽然只有东西配殿，但配殿在庭院中明显地靠近主殿偏北布置，南侧留出大片空地，透露出原规划很可能也是"一正四厢"的布局（图35）。福

陵隆恩门前，东侧有朝房、果房，西侧有茶膳房、涤房，另有两栋房屋的基址。可以推测原先也是"一正四厢"布局，情况与昭陵隆恩门前相似。永陵启运门前，碑亭前方存有大班房、祝版房，碑亭后方可见果房、膳房屋址，表明当初也是"一正四厢"的布置格局（图36）。

　　这种"一正四厢"的格局，是满族住宅的一大特色。现在吉林地区的满族民居中还保留着很多"一正四厢"的住宅形式（图37）。吉林地区的蒙古族旗王府也是这种形式（图38）。可以推想出当时女真族贵族住宅很可能接近这种布局。沈阳故宫的大内清宁宫一组王室住宅正是这种布局形制的典型表现。它由清宁宫和关雎宫、麟趾

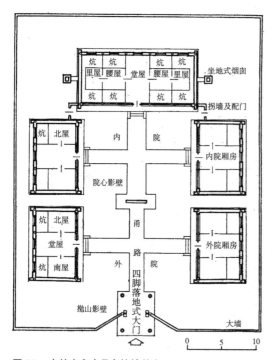

图 37　吉林省永吉县乌拉镇关宅
（引自张驭寰.吉林民居.北京：中国建筑工业出版社，1985.）

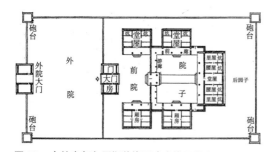

图 38　吉林省郭尔罗斯前旗王府屯旗王住宅
（引自张驭寰.吉林民居.北京：中国建筑工业出版社，1985.）

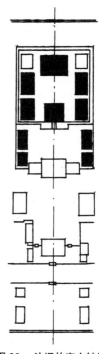

图 39　沈旧故宫主轴线
上的"一正四厢"现象

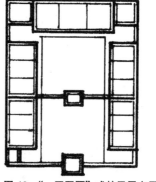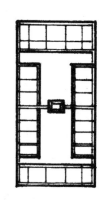

图 40　"一正四厢"式的民居布局
左：呼和浩特市旧城九龙湾某宅
右：山西平遥侯家院侯宅
（引自刘致平.内蒙古山西等处古建筑调查记略 // 建筑历史研究·第一辑.）

宫、衍庆宫、永福宫组成完整的"一正四厢"。这组建筑的正门——凤凰楼前方，也由师善斋、协中斋、日华楼、霞绮楼形成宫门前的"四厢"（图 39）。

这种"一正四厢"布局不是孤立的现象，山西、内蒙古等地的合院式住宅都有类似的布局形式，可以看出满族住宅与汉族、蒙古族住宅的文化渊源关系（图 40）。关外陵采用"一正四厢"的建筑格局，是陵寝建筑对王室内廷建筑的一种承衍，透过这种布局形式，凝聚着汉、蒙、满文化的融合。

2.工程做法特色

在工程做法上，关外陵建筑可分为两大类：一类是建于万历、天命、天聪、崇德、

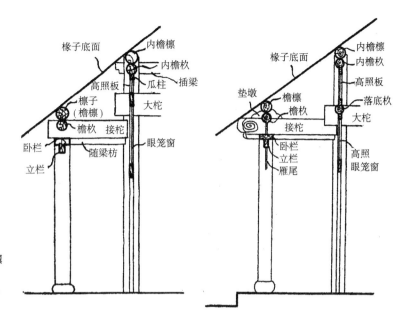

图41 吉林市满族住宅的檩枋构架

（引自张驭寰.吉林民居.北京：中国建筑工业出版社，1985.）

顺治年间的前期建筑，如各陵的祭殿、配殿、门楼、角楼、茶房、膳房等，带有较明显的地区性做法特点；另一类是康熙、乾隆、嘉庆年间增建的后期建筑，如各陵的碑亭、方城明楼、二柱门、石五供等。后者与雍正年间制定的《工程做法》基本一致，已是清代官式建筑的定型形制，几乎谈不上地区性特点。这里主要分析前期建筑的做法特色。

（1）独特的"檩枋"梁架

大木构架最显著的特点是广泛采用"檩枋"梁架。永陵的启运殿、启运门、东西配殿、宫门、大班房，福陵的隆恩殿、茶膳房，昭陵的隆恩殿、隆恩门、东西配殿、东西配楼、角楼、茶膳房、宰牲厅院门等，都属于这种梁架体系。它的主要特征就是在檩子下部采用圆形断面的"枋"来顶替"垫板"和"枋"，以"檩枋"组合取代"檩、垫、枋"组合。这种梁架是当时的地区性通行做法。吉林地区的民居曾长期沿袭这种解法（图41）[1]。"枋"这个名称就是吉林地区工匠的用语。吉林满族民居的梁架形式普遍沿用三

檩三枋式、五檩三枋式、五檩五枋式、六檩三枋式、六檩四枋式、七檩三枋式、七檩五枋式、七檩七枋式等。值得注意的是，吉林地区的汉族民居也通用这种做法[2]。因此，檩枋梁架并非满族的独特做法，早已成为地区性的习用工艺。这种做法始自什么年代，现在还难以确定。位于辽宁省北镇县医巫闾山脚下的北镇庙，已经采用这种梁架体系。北镇庙是奉祀北镇医巫闾山之神的大型山神庙，建筑规模宏大，庙中的神马门、御香殿、正殿、更衣殿、内香殿、寝殿全用的是檩枋梁架（图42）。北镇庙的现有建筑，基本上是明永乐十九年（1421年）重建和弘治八年（1495年）重修扩建的，表明这种构架形式早在明永乐年间已经盛行。

从关外陵建筑的檩枋梁架来看，枋的用法主要有三种方式（图44中的前三种方式）：

①"檩—枋"组合（图43中之(a)）：

①② 参看张驭寰.吉林民居.北京：中国建筑工业出版社，1985.

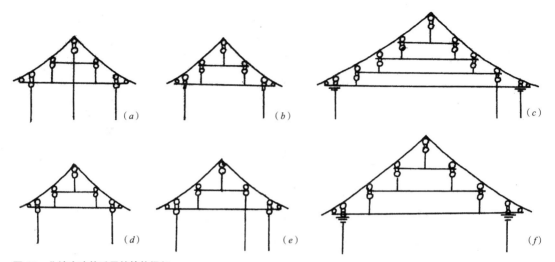

图42　北镇庙建筑采用的檩枋梁架
(a) 神马门；(b) 御香殿；(c) 正殿；(d) 更衣殿；(e) 内香殿；(f) 寝殿

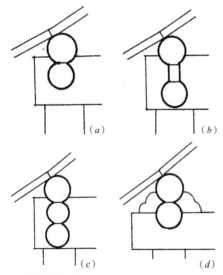

图43　檩枋的几种组合方式
(a) "檩—枋"组合；(b) "檩—垫—枋"组合；
(c) "檩—枋—枋"组合；(d) "檩—枋—热墩"组合

檩下重叠一枋，檩子搁于梁上，枋起随檩枋的作用；

②"檩—垫—枋"组合（图43中之(b)）：

檩子搁于梁上，枋起"枋"的作用，檩枋之间用垫板；

③"檩—枋—枋"组合（图43中之(c)）：

檩下重叠两枋，檩子搁于梁上，重叠的两层枋相当于"垫板"和"枋"的作用；

三陵建筑中枋的这些组合方式表明，枋主要用来做枋或垫板，是稳定梁架的联系构件。而在北镇庙等其他建筑上，枋有时也搁于梁上，与檩子重叠，并有"垫墩"加固，形成"檩—枋—垫墩"组合，起"组合梁"的作用（图43中之(d)）。

三陵建筑的檩枋梁架也呈现出多种形式，有三檩三枋式（永陵宫门）、五檩二枋式（永陵大班房）、七檩四枋式（永陵启运门、永陵东配殿等）、七檩五枋式（福陵茶膳房、昭陵西配殿、昭陵隆恩门楼等）、七檩六枋式（昭陵配楼、昭陵宰牲厅院门）、七檩七枋式（昭陵茶膳房）、九檩十四枋式（福陵隆恩殿、昭陵隆恩殿）等（图44）。

关外陵前期建筑中，也有少数不属于檩枋梁架，而是"檩垫枋"的做法，如永陵的启运殿、福陵的隆恩门楼、东西配殿、角楼等建筑。这些建筑未采用檩枋梁架，表明当时辽沈地区可能并存着檩枋梁架与檩垫枋梁架两种做法，没有形成划一的形制。三陵有

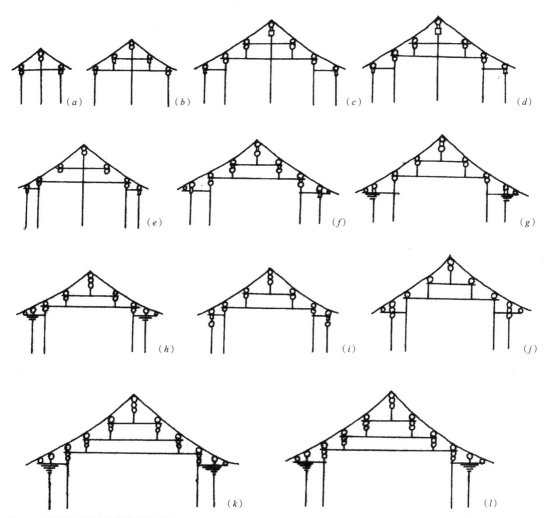

图44 关外陵建筑中的檩枋梁架形式
（a）永陵宫门（三檩二枕式）；（b）永陵大班房（五檩二枕式）；（c）永陵启运门（七檩二枕式）；（d）永陵东配殿（七檩四枕式）；（e）福陵茶膳房（七檩五枕式）；（f）昭陵西配殿（七檩五枕式）；（g）昭陵隆恩门楼（七檩五枕式）；（h）昭陵宰牲厅院门（七檩六枕式）；（i）昭陵东配楼（七檩六式）；（j）昭陵茶膳房（七檩七式）；（k）福陵隆恩殿（九檩十四枕式）；（l）昭陵隆恩殿（九檩十四枕式）

少数建筑就是两种做法兼用的。如永陵启运门、配殿，都是脊檩部位属"檩、垫、枋"组合，金檩部位属"檩枋"组合；而永陵大班房则是脊檩、后檐檐檩为檩枋组合，而金檩和前檐檐檩为檩枋组合。这些表明，檩垫枋组合与檩枋组合是可以交叉混用的。

（2）多样的斗栱形制

关外陵建筑中的斗栱，有隆恩殿、配殿、角楼、隆恩门、二柱门等木构殿门的大木斗栱，有正红门、东西红门等砖构建筑上的琉璃斗栱，还有用于石牌楼上的石质斗栱。在形制上，前期建筑和后期建筑的斗栱有很大差别。前期斗栱带有浓厚的明末清初的地区性做法特点，后期斗栱则基本上吻合清《工程做法》的形制。下面侧重分析前期木构斗栱的特色。由于永陵前期建筑都不带斗栱，这里分析的前期木构斗栱都集中在福、昭两陵。这些斗栱形制很不一致，大体上有以下四种形式：

①品字翘昂斗栱

福陵隆恩殿、昭陵隆恩殿和昭陵隆恩门门楼上、中、下檐的斗栱都属于这一类（图47）。它既不同于清式翘昂斗栱，也不同于清式品字科斗栱。这类斗栱里外拽出跳相同，外拽出昂，里拽出翘，上部枋木标高齐平，在翘昂分件的构成上与清式翘昂斗栱相似，而里外拽安装层数相等，枋木标高取平的做法，又与清式品字科斗栱相似，可说是品字科斗栱与翘昂斗栱的交叉形态。

福、昭两陵的这种斗栱有两等，一为七踩，外拽三重昂，里拽三重翘，用于两陵最高等级的隆恩殿檐部（图45之（a））；一为五踩，外拽重昂，里拽重翘，用于昭陵隆恩门门楼的上、中、下三层檐部（图45之（b））。

这种品字翘昂斗栱，柱斗科未形成挑尖梁，挑檐檩直接搁置在撑头木上。顶替挑尖梁的构件有两种做法，一是由撑头木和蚂蚱头延伸出尾枋，组成重叠的梁枋，与金柱联结，如福陵隆恩殿斗栱和昭陵隆恩门楼的上檐斗栱；二是除蚂蚱头、撑头木之外，再将桁椀做成枋木，都延伸出尾枋，组成三层重叠的梁枋与金柱联结，如昭陵隆恩殿斗栱和昭陵隆恩门楼中、下层斗栱。这两种做法，都体现了斗栱分件与梁架分

件的一体化，加强了柱头科斗栱与梁架的有机联系。

这种品字翘昂斗栱的细部处理也很有特色，蚂蚱头前方出头做麻叶云，撑头木前方出头做兽头或云头，并横贯花版。在平身科斗栱中，蚂蚱头后方出头也做麻叶云，撑头木后方出头则做云头或麻叶云。栱身分件，除正心爪栱、正心瓜栱外，其余里外拽瓜栱、万栱、厢栱均在栱端抹斜45°角，配用45°角菱形三才升。

②品字斗栱

昭陵的东西配殿、宰牲厅院门和角楼上下檐的斗栱都属于这一类（图46），均为三踩，里外拽各出单翘，上部枋木标高齐平，与清式单翘品字科斗栱十分接近，只是平身科多一层撑头木。这类斗栱的柱头科也未形成桃尖梁，桃尖梁部位的做法有两种：一是将挑檐檩直接搁置于撑头木上，由蚂蚱头、撑头木和枋状的桁椀木延伸出尾枋，组成三层重叠的梁架，与金柱联结，如昭陵东西配殿和角楼上下檐的斗栱都是这种做法；二是见于昭陵宰牲厅院门斗栱的做法，将撑头木与桁椀木合成一根相当于清式桃尖梁的构件，但材宽较薄，还不是真正的桃尖梁，姑且称之为"桃尖木"。挑檐檩和檐檩都搁置在"挑尖木"上，已经带有桃尖梁的雏形。这种做法，与前面品字翘昂斗栱一样，体现着斗栱分件

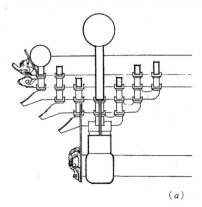

(a)

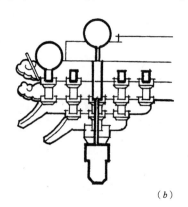

(b)

图45　品字翘昂斗栱

（a）七踩品字翘昂斗栱（福陵隆恩殿）；（b）五踩品字翘昂斗栱（昭陵隆恩门）

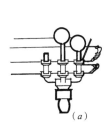
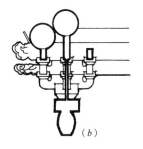
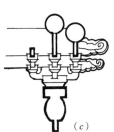
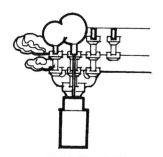

（a）　　　　　　　（b）　　　　　　（c）

图 46　品字斗栱
（a）昭陵西配殿；（b）昭陵角楼；（c）昭陵宰牲厅院门

图 47　福陵角楼四踩斗栱

与梁架分件的融合，保持着斗栱与梁架的有机联系。

品字斗栱的细部饰件与品字翘昂斗栱近似，不再赘述。

福陵角楼的四踩斗栱，做法很特殊，可列为这类品字斗栱的一种变体（图47）。这种斗栱外拽出一跳，用一层单翘，一层蚂蚱头和一层撑头木云头，与上述三踩品字斗栱完全一致。但里拽出两跳，里外拽出跳不等，上部枋木标高错落不齐，看上去与品字斗栱迥异，实质上是里外拽出跳不等的变体品字斗栱。

③翘昂斗栱

前期建筑中的翘昂斗栱仅有两例，一是福陵的东西配殿，采用七踩翘昂斗栱，一是福陵隆恩门楼的上檐、中檐，采用五踩翘昂斗栱（图48）。这两例虽然同属于翘昂斗栱，但做法并不相同。七踩翘昂斗栱与清式标准

形制基本相同，外拽为单翘重昂，里拽为重翘，上层昂后尾做菊花头，平身科蚂蚱头后尾做六分头，撑头木后尾做麻叶云，栱端未做45°抹斜，这些都符合标准形制。柱头科也已经形成桃尖梁，梁头和梁背分别搁置挑檐檩和檐檩。但桃尖梁头与梁身等宽，均为22厘米，约等于3斗口，尚未达到清式定制桃尖梁身宽6斗口、梁头宽4斗口的宽度。梁头做云头，并横贯花版，蚂蚱头前方做麻叶云，后尾延伸做桃尖梁随枋，这些局部做法也与标准形制有异。这个斗栱是关外陵前期斗栱中最接近清《工程做法》标准形制的一例。

五踩翘昂斗栱则很不规范。平身科外拽重昂，里拽重翘，这种里外拽翘昂对称的做法，与上述品字翘昂斗栱很相似。但里拽设厢栱承井口枋，外拽不设厢栱，改用雀替形替木，并省略挑檐枋，致使斗栱上部枋木

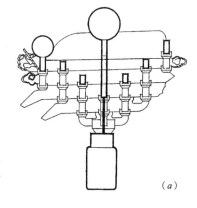
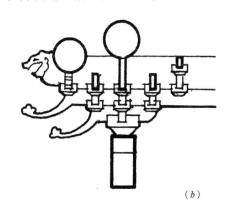

图 48　翘昂斗栱
（a）福陵东西配殿七踩翘昂斗栱；（b）福陵隆恩门上檐五踩翘昂斗栱

（a）　　　　　　　　　　（b）

标高错落不齐，实际上是介乎翘昂斗栱与品字斗栱的中介形态。这个斗栱里外拽均没有万栱，斗栱构成上相应地少了一层。整个斗栱高度降低15厘米，约合2斗口，当是为调节檐柱与斗栱的高度比以满足门楼立面权衡而采取的有效措施。这一例斗栱的柱头科也已形成桃尖梁，梁身与梁头宽度均为23厘米，约合3斗口，也少于定制的桃尖梁的宽度。梁头伸出兽头，上层昂后尾延伸做随梁枋，均同于七踩翘昂斗栱的做法。这例斗栱昂嘴呈如意头，卷曲上翘，是关外陵中的特例。

④插栱造斗栱

福、昭两陵各有一例插栱造斗栱。一例用于福陵隆恩门门楼下檐，一例用于昭陵茶膳房（图49）。两例做法基本相同，均在檐柱柱头部位做两层插栱，插入柱身。插栱承托着"抱头梁"的悬挑梁头。这根"抱头梁"是一根特殊的构件，它直接搁在檐柱顶部，上托檐檩，与通常抱头梁相同，但抱头梁梁头向外悬挑，上承挑檐檩，又具有挑尖梁的性质，是两种梁的中介形态。插栱尾部向后延伸，上层插栱延伸为抱头梁的随梁枋，下层插栱延伸为雀替。抱头梁端部出头做成麻叶云，斗栱结构功能明确，造型简洁，很像宋《营造法式》丁字栱的做法。

以上四种斗栱表明，关外陵前期斗栱的形式多样，未形成统一形制。以品字翘昂斗栱和品字斗栱居多。斗栱细部做法也不一致。昭陵全部前期斗栱均有栱端抹斜现象，而福陵除隆恩殿一例外，栱端均不抹斜。昂嘴形式也不统一，有昂背起棱线的猪嘴昂，有昂背呈圆弧形的馒头昂，还有昂头向上卷曲的如意昂，以猪嘴昂占多数（图50）。这些形制各异的斗栱也有统一的细部处理，为蚂蚱头头尾做麻叶云，撑头木头尾做兽头、云头或麻叶云，撑头木出头处大多横穿花版等，可算是前期斗栱的共同装饰手法。这些前期斗栱的形式，反映出很浓厚的地区性建筑特色。品字斗栱、品字翘昂斗栱的运用，是本地区习用的做法。重建于永乐十九年（1421年）的北镇庙，寝殿用的是七踩三重翘品字斗栱，正殿用的是五踩品字翘昂斗栱，御香殿用的是三踩品字翘昂斗栱，其做法与福、昭两陵的品字斗栱、品字翘昂斗栱如出一辙，具有明显的地区性文脉承衍关系（图51）。抱头梁挑出梁头来承挑檐檩的做法，北镇庙的神马门、更衣殿、内香殿和钟楼均已采用。钟楼的悬挑抱头梁下，还加上两层插栱，其做法与福、照两陵的插栱造完全一样（图52），表明插栱做法，在本地区也有文脉传承。

实际上，关外陵早期斗栱的这些形式，并非辽沈地区的特殊做法，从发展渊源上看，与晋南、豫北地区的明代中后期斗栱有着密切的亲缘关系。我们可以从山西万荣飞云

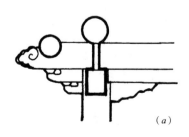
(a)

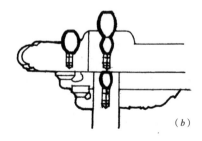
(b)

图49　插栱造斗栱
（a）福陵隆恩门门楼下檐；
（b）昭陵茶膳房

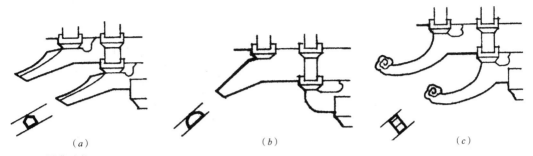

图 50　昂嘴形式
（a）猪嘴昂（昭陵隆恩殿）；（b）馒头昂（福陵配殿）；（c）如意昂（福陵隆恩门）

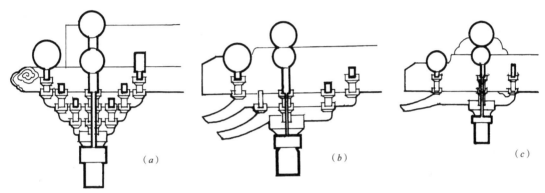

图 51　北镇庙的品字斗栱和品字翘昂斗栱
（a）寝殿；（b）正殿；（c）御香殿

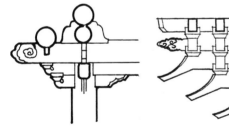

图 52　北镇庙钟楼插栱

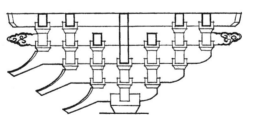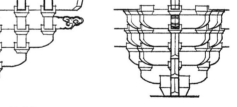

图 53　山西万荣飞云楼七踩品字翘昂斗栱
（引自孙大章．万荣飞云楼//建筑历史研究·第 2 辑）

楼的斗栱上看出这种端倪。①万荣飞云楼建于明正统年间（1506～1521 年），它的三楼上檐斗栱，就是采用七踩品字翘昂斗栱，里外拽出跳相同，外拽三重昂，里拽三重翘，上部枋木标高齐平，蚂蚱头前后均出头，做麻叶云，里外拽爪栱、万栱、厢栱均在栱端抹斜 45°，这些做法与福、昭两陵隆恩殿的七踩品字翘昂斗栱完全相同（图 53）。飞云楼斗栱采用的猪嘴昂、如意昂，

───────────────

① 参看孙大章．万荣飞云楼．建筑历史研究·第 2 辑．

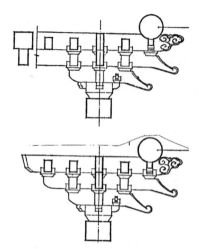

图54　山西万荣飞云楼五踩品字翘昂斗栱
（引自孙大章.万荣飞云楼∥建筑历史研究・第2辑）

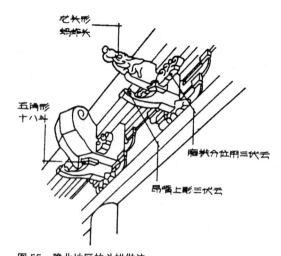

图55　豫北地区的斗栱做法
（引自刘敦桢.刘敦桢文集・二.北京：中国建筑工业出版社，1984）

也与福、昭两陵的斗栱同似（图53、图54）。建于明万历十三年（1585年）的河南博爱圪塔坡老君庙三清殿，外檐斗栱也用如意昂嘴，蚂蚱头出头也做兽头形，并横贯三福云花版（图55）。[①]这些现象有力地表明，关外陵早期斗栱的地区性特殊做法实际上是渊源于晋南、豫北地区的。辽沈地区的这支建筑文脉很可能是由晋、豫地区的工匠传承过来的。

3. 建筑风貌特色

关外陵建筑在风貌上，明显地反映出以下几点特色：

（1）官式体系中糅入乡土细部

关外陵位处远离当时政治、文化中心的辽沈地区，尽管是帝王的陵墓工程，基本上采用木构架建筑体系的官式形制，也不可避免地渗透着民间的、地区的乡土特色。这主要表现在建筑外观的某些部件，采用了地区性的习用式样，给建筑形象点染上特定的乡土色彩。

这在琉璃构件上表现得最为明显。三陵建筑运用了很多琉璃构件，包括应用于屋顶的琉璃瓦件、琉璃脊件、琉璃吻兽，应用于墙体檐部、墀头、山墙搏风、宇墙墙帽、门券、下碱、照壁等部位的琉璃构件。前期建筑的琉璃构件都出自辽宁海城县缸窑岭的黄瓦窑，不同于明清北京一带的通行形制，带有浓厚的地区性特色。

这些琉璃构件中，正吻的特色最为突出，具有以下几个明显特征：

①均为龙吻形态，普遍都以漏空的卷尾为突出特征，卷尾外轮廓突出显著的背鳍；

②吻身都不带仔龙，龙头带有虬髯；

③龙嘴张口吞脊，张口的高度不一，多数张得较小，仅能吞住脊盖瓦和正脊筒，近似清式正吻的龙嘴高度；少数张得很大，将脊盖瓦、正脊筒和群色条三部分都吞住，还带有明式龙嘴的特点；

④剑靶形式各异，剑柄不作明清定型的五杂祥云纹，有的呈火焰宝珠状，有的呈写实的剑柄状；

⑤正吻尺寸多样，尺寸最大者略大于清式"五样"，尺寸最小者略小于清式"七样"。

---

① 参看刘敦桢.河南省北部古建筑调查记∥刘敦桢.刘敦桢文集・二.北京：中国建筑工业出版社，1984.

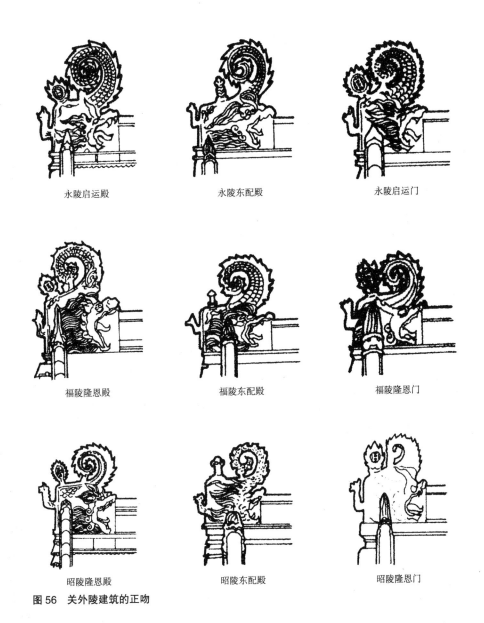

永陵启运殿　　　　　　　　永陵东配殿　　　　　　　　永陵启运门

福陵隆恩殿　　　　　　　　福陵东配殿　　　　　　　　福陵隆恩门

昭陵隆恩殿　　　　　　　　昭陵东配殿　　　　　　　　昭陵隆恩门

图 56　关外陵建筑的正吻

正吻高宽比例各异，外形活变多样（图 56）。

歇山顶垂脊、戗脊的脊饰也很独特。垂脊上端普遍都带有吞脊兽（图 57）。垂兽、戗兽的形象，不同于明清的定型兽头，也不同于山西一带的"五把鬃"兽头。兽身整体偏于窄高，鬃毛有的细长，往后飘展，有的粗短，向前反卷，形象多样生动（图 58）。

这些带漏空卷尾的正吻，带吞脊兽的垂脊、围脊和形态生动的垂兽、戗兽，都是当时辽沈地区习见的做法，是三陵建筑乡土韵味的重要表征。

其他如大木构件中的斗栱，也具有鲜明的乡土特色，斗栱的多样形制，栱端的45°角抹斜，栱身的凹曲卷杀，斗栱细部的兽头、云头、麻叶云做法，撑头木出头横贯的各式花版，以及形态各异的猪嘴昂、馒头昂、如

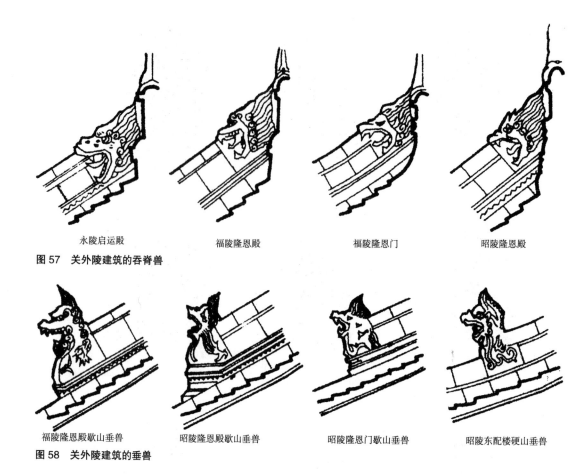

永陵启运殿　　　　福陵隆恩殿　　　　福陵隆恩门　　　　昭陵隆恩殿

图 57　关外陵建筑的吞脊兽

福陵隆恩殿歇山垂兽　　昭陵隆恩殿歇山垂兽　　昭陵隆恩门歇山垂兽　　昭陵东配楼硬山垂兽

图 58　关外陵建筑的垂兽

意昂等，都有别于明清的正统定式，都为三陵建筑增添了乡土气息。

（2）正统格调中掺杂俚俗趣味

这首先表现在陵寝主体建筑的等级规制上。三陵的享殿——永陵的启运殿和福、昭两陵的隆恩殿，都只采用面阔三间，进深三间，带周围廊的单檐歇山顶建筑。既没有用庑殿顶，也没有用重檐歇山顶，这在历来的陵寝享殿中是规格偏低的。这与沈阳故宫中路主殿——崇政殿只用硬山顶一样，是缺乏严格的建筑等级观念的反映。这种采用歇山顶的现象，同时也是对歇山顶的一种崇尚。三陵前期建筑中，除上述享殿外，永陵的启运门，福、昭两陵的隆恩门、配殿、以至茶房、果房、朝房、班房、正红门、东西红门等，全是歇山顶的系列，形成了以各式歇山顶为基调的局面。这可能是由于边远地区通常很少有资格选用庑殿顶，在工艺上对歇山顶的做法较为熟悉，习俗上也就形成了对歇山顶的崇尚、喜好。

福、昭两陵都有这现象，突出的表现是在建筑装饰上反映出缺乏节制、用量过滥的倾向。两陵隆恩殿大月台的须弥座表现得最典型。这两处庞大的月台，没有谨慎地采取简洁、大方的形象，而是无节制地在整个须弥座和栏杆上满铺纷繁的、触目的、高凸深凹的雕饰，使整个大月台的艺术格调失之繁缛、俚俗。两陵的正红门、东西红门所用的琉璃饰面也有同样现象。这几幢砖构建筑，除采用整套歇山顶琉璃件外，墙身上下部还镶嵌着整套琉璃贴面，包括檐部的琉璃斗栱、平板枋、额枋、花罩、垂莲柱和袖壁的琉璃五彩蟠龙、翻草岔角，再加上带刻饰的下碱腰线石、压面石、角柱石等，给正红门、东西红门都披上彩色斑斓、装饰绚丽的面装。这与传统陵门的格调是大相径庭的。相比之下，明长陵陵门仅为丹壁黄瓦，施琉璃斗栱，明长陵大红门甚至连琉璃斗栱都未用，仅为枭混曲线挑檐。南京明孝陵的四方城也是如此。它们都体现着与陵区建筑性格吻合的简洁、端庄、宏壮的美。而福、昭两陵的陵门则以过量的琉璃饰面，与月台须弥座一样，失之繁缛。

在雕刻的主题和性格上，也出现了一些反常的现象。如福陵的石牌楼，花板上的雕饰竟然镂刻着"斩蛇起义"、"苏武牧羊"、"鲤鱼跳龙门"之类的题材，完全与皇陵的主题无关，可以说是典型的民间趣味的展露。福、昭两陵的石象生，兽身体量矮小，放置在雕饰繁缛的须弥座上，显现不出威严的气势。一部分石兽偏于自然形态，过于写实，形体缺少挺拔强劲的力感。甚至有像福陵石象生中的坐虎那样，不仅缺乏威猛的气势，反而显出稚谑的神态。这些都有碍于肃穆、静宁、神圣、端庄的皇陵气氛，与陵寝总的品格是相悖的。

产生这种现象的原因，正是由于处在边远地区的新兴满族共同体政权，对汉文化正统形制的接受尚未达到足够严密和准确的程度，在许多细部处理上，当地工匠可以自行发挥，因而通过工匠的参与，把民间的、乡土的习用样式和艺术趣味渗透到陵寝的形象构成中，给堂皇的陵寝建筑抹上一笔民间意趣和乡土色彩。

（3）定型程式中显现个性差异

关外陵建筑属于程式化的木构架定型体系，但它的定型远未达到汉文化中心区那样严格的程度。作为边远地区仿用的定型形制，存在着颇为灵活的变动余地，这从福、昭两陵的比较分析中可以清楚地看出。福、昭两陵方城内的主要建筑，在形制上几乎是相同的。两陵的隆恩殿同为面阔三间，进深三间，带周围廊的单檐歇山顶建筑；两陵的隆恩门同为城门型的面阔三间、带周围廊的歇山顶三层门楼；两陵四角的角楼，都是正方形平面，单开间，单进深，带周围廊的歇山十字脊重檐建筑。它们的尺度也大体接近。值得注意的是，这两组形制上相同，尺度上接近的建筑，在局部构架处理、斗栱做法、用材大小、比例权衡和细部装饰上都有细微的区别，形成了相同形制下的不同格调，蕴涵着定型程式下的细微变化，显现出不同的微观个性差异。

两陵的隆恩门楼在这方面表现得最为明显，可用它来作典型分析。

这两幢门楼，有一系列相同的基本形制：①均为城门型门楼；②均为歇山顶三重楼的高耸形象；③殿身面阔均为三开间；④均带三层周围廊。两者的体量尺度也大体接近，福陵门楼一层通面阔12.88米，通进深9.30米，总高13.75米；昭陵门楼一层通面阔11.00米，通进深9.70米，总高14.57米。福陵门楼较昭陵门楼面阔稍宽，而进深、总高则略小（图59、图60）。因此，一眼看上去，仿佛这两幢门楼是相同的。

其实不然。这两幢门楼在保持上述基本形制相同的前提下，呈着若干不同的做法：

①两幢门楼虽然殿身面阔的开间相同，通进深尺度接近，但殿身进深的开间各异，福陵门楼殿身为进深两间，昭陵则为三间；

②两幢门楼周围廊的间数不同，福陵用面阔五间，进深四间；昭陵用面阔三间，进深三间，由此带来了两幢门楼立面上的较大区别（图61、图62）；

③两幢门楼的台基处理不同，福陵门楼不设台基，直接坐落在门洞墩台上。墩台面积较小，前方垛口墙外皮距前檐廊柱中线仅1.10米，后方女儿墙外皮距后檐廊柱中线为1.50米；昭陵门楼的墩台面积较大，在台面上另设一层台基。墩台前方垛口墙外皮距前檐廊柱中线达到2.30米，墩台后方的女儿墙外皮距后檐廊柱中线达2.35米。

④由于上述墩台边沿伸出的尺度不同，

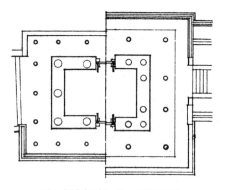

左：福陵隆恩门　右：昭陵隆恩门

图59　福、昭两陵隆恩门楼平面比较

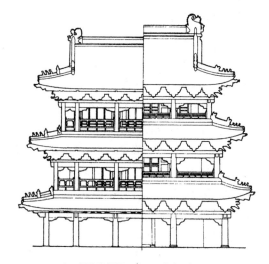

左：福陵隆恩门　右：昭陵隆恩门

图61　福、昭两陵隆恩门楼正立面比较

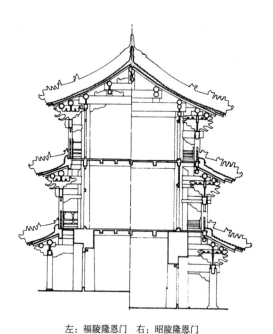

左：福陵隆恩门　右：昭陵隆恩门

图60　福、昭两陵隆恩门楼横剖面比较

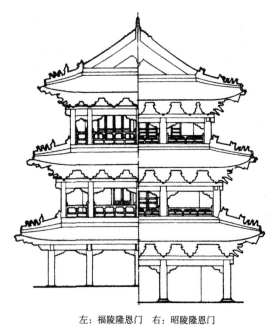

左：福陵隆恩门　右：昭陵隆恩门

图62　福、昭两陵隆恩门楼侧立面比较

直接影响到两幢门楼一层层高的不同。因为台下仰观门楼的视线，必须考虑弥补透视"缩脖"的现象，为此，昭陵门楼一层层高抬高到 4.31 米，比福陵门楼一层高出 0.86 米。

⑤两幢门楼屋顶的举高不同。昭陵门楼通进深略大，出檐略深，再加上举架略陡，正脊加高，因而屋顶总的高度比福陵门楼大约高 0.40 米，相应地一层、二层廊檐屋面的高度也比福陵高一些。

⑥两幢门楼所用的斗栱形制不同，福陵门楼下檐未用斗栱，仅于檐垫板上隐刻一斗二升的平身斜，中、上檐用不规范的五踩翘昂斗栱，外拽不设厢栱，并以雀替形替木顶挑檐枋，里外拽都省去万栱。这种五踩斗栱在高度上比一般五踩斗栱少了一层，尺度低了 2 斗口；昭陵门楼上、中、下三层檐廊都用五踩品字翘昂斗栱，里外拽万栱、厢栱俱全，保持五踩斗栱的正常高度，因此比福陵门楼的五踩斗栱高出 2 斗口。再加上昭陵门楼斗口约为 9 厘米，福陵门楼斗口仅为 7.5 厘米，这样一来，昭陵门楼的斗栱总高度就比福陵大很多。

⑦两幢门楼廊檐栏杆的高低不同。福陵门楼廊檐栏杆高 0.95 米，撮项细高瘦长，寻杖与盆唇之间的空挡宽大、稀透；而昭楼门楼廊檐栏杆高度很矮，仅有 0.58 米，寻杖与盆唇之间的空挡很小，几乎不用撮项，仅垫以云栱，显得十分密实。

上述一系列差别，导致两幢门楼在外观形象上呈现出不同的格调、风韵。福陵门楼立面上，开间多而密，分间构成丰富，一层压得很低，二、三层得到较充裕的高度，各层檐部较矮，斗栱低偏，分布匀称，檐廊高敞，檐柱细高，栏杆空透、疏朗，整个门楼显得典雅、清秀、优美、大方；昭陵门楼立面上，开间少而稀疏，分间构成简洁，一层提得很高，二、三层相应地减少高度，各层屋檐陡高，斗栱高大，分布不匀，檐廊低扁，檐柱粗短，栏杆密实、雀替厚重，整个门楼显得壮实粗重，强劲有力。

这种微观个性差异的现象，在福、昭两陵的角楼之间，也同样存在着，福陵角楼偏于典雅、优美，昭陵角楼偏于雄健、壮实，与两幢门楼的差异同出一辙。福、昭两陵的隆恩殿，形制完全相同，也有一系列的细微差别，福陵隆恩殿整体尺度略大而斗口偏小，一斗口约等于 7.5 ~ 8.0 厘米，昭陵隆恩殿尺度略小而斗口偏大，一斗口约等于 10.5 厘米，两殿的细部做法也很不一样，我们可以从两殿的翼角形式（图 63）和明间入口地面

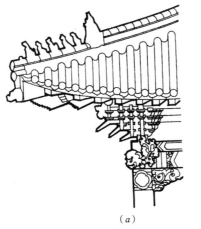
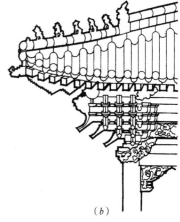

图 63　福、昭两陵隆恩殿翼角
（a）福陵隆恩殿；（b）昭陵隆恩殿

（a）　　　　　　　　　　　　　　（b）

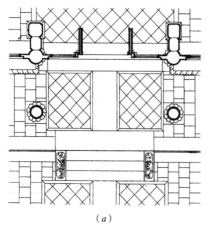 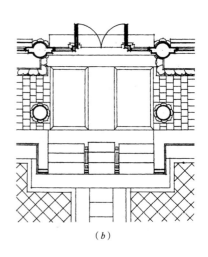

图 64　福、昭两陵隆恩殿明间入口的地面铺设

（a）福陵隆恩殿；（b）昭陵隆恩殿

铺设（图 64）的不同处理，看出它们之间的种种差异。

（4）规范手法中夹杂明显败笔

从设计手法上看，关外陵基本上沿用了木构架体系官式做法的规范化手法，但当时承担关外陵工程的匠师，处于辽沈边远地区，技艺上难免有较大局限，因此，关外陵建筑很自然地呈现出在运用规范化手法的同时，夹杂着不少手法拙劣的败笔。

这种设计手法上的失误最集中地表现在福、昭两陵隆恩殿的大月台上。

福、昭两陵隆恩殿的大月台均做成须弥座形式，体量庞大，非常触目（图 65、图 66）。前面已经提到，这两处大月台须弥座都失之繁缛、俚俗，有碍皇陵的肃穆、神圣、静宁的气氛，这既是地区性乡土俚俗趣味的

图 65　福陵隆恩殿月台平面　　　　**图 66　昭陵隆恩殿月台平面**

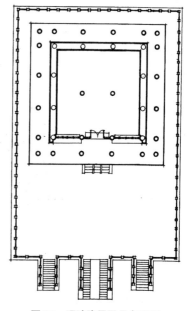

反映，也是石作工艺在艺术格调把握上的明显失误。这个失误就设计手法来说，存在着一系列的败笔（图67、图68）：

①与定型的清式须弥座（图69）相比较，两处月台须弥座都没有设圭脚层，直接以下枋着地。福、昭两陵前期所建的其他须弥座，如昭陵的正红门月台基座，焚帛炉基座和石牌坊石狮基座，两陵的石象生基座等，都已采用圭脚层，就连月台自身的垂带石狮基座，用的也是带圭脚的须弥座。然而，这两处庞大的月台须弥座却偏偏略去了圭脚层，这是设计上的失策，由于缺少圭脚层，整个须弥座少了一层富有弹性力的、拓宽的底座，削弱了须弥座整体的稳定、轩昂、舒放的气势。

图67　福陵隆恩殿月台须弥座

图68　昭陵隆恩殿月台须弥座

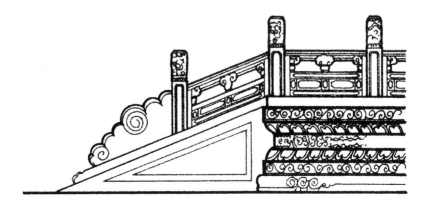

图69　定型的清式须弥座

②两处月台须弥座的束腰过高，座身比例失当，福陵月台束腰高 0.54 米，昭陵月台束腰更甚，高达 0.86 米。在这么大尺度的束腰上，仍然套用通常的束腰雕饰，采用过大的玛瑙柱子和特大幅的卷草花卉。两处月台垂带的象眼部位，也填饰尺度硕大的三角形卷草花卉，这是一种装饰尺度的严重失控，明显损害了须弥座的整体权衡。

③两处月台须弥座的雕镂过甚。从须弥座到石栏杆，都满铺过于密集的雕饰，而且选用高浮雕的做法，高凸深凹，雕镂过深，使整个月台显得过于纷繁、花俏、喧闹。

④两处月台的石栏杆形象欠佳。与明清定型栏杆相比，明显地暴露出寻杖过细，寻杖与盆唇之间的空挡过小，荷叶净瓶样式丑陋，过于扁矮，栏板过于单薄、繁琐，垂直素边过于瘦窄、脆弱等等弊病。

⑤两处月台的垂带栏杆出现多处差错，在垂带栏杆与台沿栏杆的交接处，垂带石定位不当，导致垂带栏杆的寻杖和栏板都形成不合宜的扭折。不仅如此，福陵月台垂带栏杆上的荷叶净瓶，竟然未保持铅垂形态，而是勉强与倾斜的寻杖垂直相交，形成不自然的歪扭。

⑥两处月台垂带端部处理生硬。福陵月台将垂带栏杆一直铺到顶端，不用抱鼓石抵挡，而代之以须弥座蹲狮。这种做法在构造上是坚固的，但在构图上远不如运用抱鼓石自然、有机。昭陵月台垂带之上虽设置了抱鼓石，但又在抱鼓石前方再挡以须弥座石狮，显得重叠、累赘。

这种设计手法的拙劣现象，也反映在琉璃饰件的组合上。从福、昭两陵的正红门、东西红门建筑上，都能看到琉璃饰件组合构图上的不成熟状态。

两陵的正红门、东西红门，都是砖构的琉璃贴面建筑。除屋顶采用整套歇山琉璃构件外，墙身上部都镶贴华丽的琉璃贴面，以四根琉璃垂莲柱把墙身上部划分为三个开间，垂莲柱上方用一层琉璃平板枋，上接琉璃斗栱。各间用一层琉璃额枋，下做琉璃花罩。垂莲柱头各以一朵琉璃垂莲花结束。前面已经提到，这些多彩的琉璃贴面，导致陵门建筑过于斑斓绚丽，有悖陵寝的肃穆、静宁气氛，是民间艺术趣味的渗透。从设计手法的角度来分析，也反映出它们在构图组合上的良莠不齐。这四座正门、边门的琉璃件构图呈现着四种情况：

①福陵东西红门（图70），正立面上四根垂莲柱组成三个开间，对应一个券门，垂莲柱定位合宜，柱身与斗栱对位整齐，明间花罩轴线与券门轴线合一，次间花罩轴线与斗栱对中，整个墙面的琉璃贴面，构图有机、工整。

②昭陵东西红门（图71），正立面上同样是三个垂莲柱开间，对应一个券门，但明间垂莲柱定位不当，柱身与斗栱错位，并导致次间花罩轴线与斗栱不能对中，琉璃构件在构图组合上欠当。

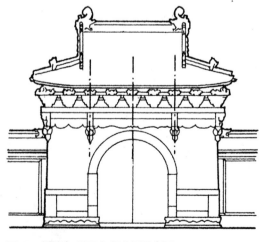

图70 福陵东（西）红门立面示意图

③福陵正红门（图72），正立面上三个垂莲柱开间，对应三个券门。三个开间采取相等的面阔，但券门不能对应开于各间中心。立面上，只有明间券门与花罩、斗栱对位，而次间券门则与次间花罩、斗栱明显错位。明间垂莲柱与券门的关系也显得偏置，琉璃构件的整体组合不当。但由于券门顶部为半圆形，次间门券与花罩的错位现象尚不感到十分别扭。

④昭陵正红门（图73）正立面同样为三个垂莲柱开间，对应三个券门。垂莲柱开间同样采用等面阔，虽然明间垂莲柱定位处于门券适中位置，关系较为妥帖，但次间门券与花罩明显错位，由于券门上方又加上长方形的匾额，使得这种错位现象更显触目，加重了琉璃构件整体组合的紊乱感。

可以看出，上述四座正门、侧门中，后三座在琉璃贴面的组合中都存在程度不同的败笔。类似大月台须弥座和陵门琉璃件这种设计手法的失误现象，在石牌楼、石象生和大木斗栱的细部处理中，也有所反映。

以上，从总体布局、工程做法和建筑风貌三方面，分析了关外陵的建筑特色。关外陵作为新崛起的满族共同体的皇陵，处于明清交接的特定历史时期，处在远离华夏文化中心的边缘地带，很自然地形成了上述建筑特色。这种建筑特色，一言以蔽之，可以说是反映了浓厚的边缘文化的"野俗"特点，它既承延着传统木构架体系的官式正统形制，又揉进了民族的、地区的习俗、喜好，是一种不严密的正统程式与不成熟的乡土做法的结合体。这种特点体现在关外陵建筑的各个层面上：在组群布局上，它突出地呈现在独特的"城堡式"格局和"一正四厢"的配置模式；在单体建筑形态上，它突出地表

图71 昭陵东（西）红门立面示意图

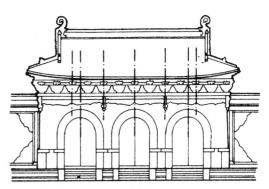

图72 福陵正红门立面示意图

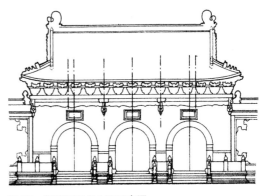

图73 昭陵正红门立面示意图

现在对楼阁建筑和歇山屋顶的崇尚；在工程做法上，它突出地反映在独特的"檩枕"梁架和多样的斗栱形制；在建筑风貌上，它渗透着民族的、地区的俚俗格调；在细部装饰上，它夹杂着明显的失误和败笔。所有这些，构成了一幅完整的边缘文化的皇陵特色。这在中国历代陵寝建筑中是颇为独特的。正因此，关外陵建筑在中国陵墓建筑史上，自有它独特的文化价值。

附记

二十几年前，中国建筑工业出版社组织编写一套大开本的"中国古代建筑丛书"，其中有一本《关外三陵建筑》，约请我和另一位同行专家合作编写。我们两人草拟了书稿编写框架。全书分四章：第一章写历史沿革和奉安祭典；第二章写总体布局和建筑现状；第三章写年代鉴定和文献考释；第四章写形制比较和艺术分析。全书正文拟写 10 万字。他写第一章、第三章，我写第二章、第四章，每人各写 5 万字。我于 1990 年 3 月完成二、四两章文字初稿。但全书迟迟未完稿，这半部书稿就一直搁置至今。

写关外三陵建筑现状（即本文的第一部分，原定书稿的第二章），是对陵区建筑的纯粹白描，我一直没有这样用古建术语细腻地白描建筑，这是第一次尝试，写得很吃力。当时写作时，有相关的测绘图供参考。1981 年 7 月，哈尔滨建筑工程学院建筑七九级测绘了新宾永陵全套建筑；1983 年 8 月，哈尔滨建筑工程学院建筑八一级测绘了沈阳福陵的主体部分建筑；而昭陵建筑，天津大学土建系在 1965 年 2 月已测绘其中的主体部分建筑，天大盛情地把所测绘的蓝图送给我们参考。1985 年 7 月，哈尔滨建筑工程学院建筑八二级继续测绘了福陵和昭陵的未测建筑，这样，关外三陵建筑都有了完整的测绘图。

这次结集出版《读建筑》，我特地把搁置 20 余年的这半部书稿也纳入。这里的第一部分（即原定书稿的第二章）是对关外三陵建筑的纯白描式的阅读；这里的第二部分（即原定书稿的第四章）是对关外三陵建筑呈现的边缘文化特色的品读，也对福、昭两陵主体建筑的宏观同似作了微差分析。它是二十几年前写的旧稿，这次未能作新的修订。配合第一部分的三陵建筑现状表述，配了一些测绘图。其中，永陵的测绘图因为没保存在我们手中，只能从残存的几张蓝图勉强扫描出几幅不够清晰的图；福陵选择了主要建筑的图；昭陵也选择了哈尔滨建工学院所测的部分测绘图。这些测绘图让我深深怀念当年我们几名教师和各班同学不辞劳苦、津津有味地精心测绘的难忘情景。

中国建筑的等级表征和列等方式

中国古代建筑体系植根于中国古代等级社会，尊卑意识、名分观念和等级制度深深地制约着建筑形制，严密的等级表征成为中国古典建筑的一大特色。

《易传》称："天尊地卑，乾坤定矣；卑高以陈，贵贱位矣"。[1]《左传》说："贵贱无序，何以为国"。[2]儒家把建立尊卑贵贱的等级秩序，看成是天经地义的宇宙法则，是立国兴邦的人伦之本。等级制不仅贯穿于人际的政治名分、社会特权、家族地位，而且渗透到社会生活、家庭生活、衣食住行的各个领域，即所谓"衣服有制，宫室有度，人徒有数，丧祭械用，皆有等宜。"[3]这种从服饰、房舍到车舆、器用都纳入礼的等级约制的做法，实质上是由权力的分配决定消费的分配，是一种超经济的强制。它的作用是通过限定消费品的等级分配，以维系和强化"循礼蹈规"的稳定秩序。这里被限定的消费品不仅仅是物质性的，也包含精神性的，连"雕琢刻镂"也成了明尊卑、辨贵贱的手段。《荀子》对这一点说得很明确：

人之生，不能无群，群而无分则争，争则乱，乱则穷矣。故无分者，人之大害也；有分者，天下之本利也……故为之雕琢刻镂，黼黻文章，使足以辨贵贱而已，不求其观……为之宫室台榭，使足以避燥湿、养德、辨轻重而已，不求其外。[4]

建筑是起居生活和诸多礼仪活动的场所，是最基本的物质消费品；建筑以庞大的空间体量和艺术形象给人以深刻感受，也是与生活关联密切的精神消费品；再加上建筑需要耗费大量的人力物力，自身构成触目的社会财富；建筑又可以存在几十年、几百年，能相对稳定、持久地发挥效用。这些使得建筑成为标志等级名分、维护等级制度的重要手段。辨贵贱、辨轻重的功能成了中国建筑突出强调的社会功能。

这种情况至迟在周代已经出现。周代王侯的都城、宗庙、宫室、门阙都有等级差别。唐以来建筑等级制已通过营缮法令和建筑法式相辅实施。建筑等级制不仅仅是道德行为规范，而且形成律例，纳入国家法典，用法律手段强制实施。《唐律》规定建舍违令者杖一百，并强行拆改。《明律》也专设"服舍违式"条，规定：

凡官民房舍车服器物之类，各有等第，若违式僭用，有官者杖一百，罢职不叙。无官者笞五十，罪坐家长。工匠并笞五十。[5]

即使是王府违制，也得拆毁：

① 《易传·系辞上》。
② 《左传·昭公二十九年》。
③ 《荀子·王制》。
④ 《荀子·富国》。
⑤ 《明律集解附例》卷二十。

嘉靖二十九年，以伊王府多设门楼三层，新筑重城，侵占官民房屋街道，奏准勘实，于典制有违，俱行拆毁。①

历史文献上曾经记述过许多谴责和惩罚建筑违制的事件。《论语》记述孔子评议管仲违制，就是很典型的事例。

然则管仲知礼乎？曰：邦君树塞门，管氏亦树塞门。邦君为两君之好，有反坫，管氏亦有反坫。管氏而知礼，孰不知礼。②

塞门相当于后来的照壁、影壁。周代规定，天子宫室的塞门建在门外，诸侯宫室的塞门建在门内，大夫、士不许建塞门，只能用帘帷。"反坫"是古代君主招待别国国君时，用以放置献过酒的空爵（酒杯）的土台。《礼记》说："反坫出尊，崇坫康圭疏屏，天子之庙饰也。"③塞门和反坫在这里都有使用上的等级限定，也就具有礼制性的标志意义，管仲逾等僭用，因而遭到孔子激烈的指责。

持续两千余年的中国古代建筑等级制度，有两大特点很值得注意。

一、形成一整套严密的等级系列

这套建筑等级制，并非局限于建筑的个别环节，而是浸透在从城市规划直至细部装饰的所有层面，涉及面之广，限定之细微，是令人吃惊的。从片断的史料和大量的建筑实物，可以看出以下诸层面的等级约定现象：

1. 城制等级

《考工记》记述了西周的城邑等级，把城分为三级：天子的王城是一级城邑；诸侯城是二级城邑；宗室和卿大夫的采邑，称为"都"，是三级城邑。《考工记》说：

王宫门阿之制五雉，宫隅之制七雉，城隅之制九雉。经涂九轨，环涂七轨，野涂五轨。门阿之制，以为都城之制；宫隅之制，以为诸侯之城制，环涂以为诸侯经涂；野涂以为都经涂。④

这里清楚地表明，三个等级城邑的城墙高度是不同的：王城的城隅高九雉（每雉高一丈），诸侯城的城隅按王城宫隅之制，高七雉。"都"的城隅按王宫门阿之制，高五雉。三个等级城邑的道路宽度也是不同的：王城的经涂（南北向主干道）宽九轨；诸侯城的经涂按王城的环涂（环城道路）之制，宽七轨；"都"的经涂按王城的野涂（城外道路）之制，宽五轨。《考工记》据专家考证可能是战国初期齐国的官书，《考工记》的这个记述不一定符合西周的真实情况，但至少反映出那个时期对于城市按爵位尊卑而确定不同等级的强烈意识。当时城制在实施中，由于鲁国的孟孙氏、叔孙氏、季孙氏的三个"都"，都有逾制现象，还爆发过一场著名的"堕三都"反僭越事件。到西汉时，《考工记》补作《周礼·冬官》，成为儒家经典，这种营建制度的等级观念自然产生了更为深远的影响。

2. 组群规制等级

《礼记·王制》规定：

天子七庙，三昭三穆，与太祖之庙而七；诸侯五庙，二昭二穆，与太祖之庙而五；大夫三庙，一昭一穆，与太祖之庙而三；士一庙；庶人祭于寝。

---

① 《明会典·王府违制》。
② 《论语·八佾》。
③ 《礼记·明堂位》。
④ 《考工记·匠人营国》。

这是对于宗庙建筑的等级规定。它既限定了不同等级的人能否拥有宗庙，拥有多少宗庙，也限定了所拥有的宗庙建筑的昭穆排列方式，这是建筑组群和建筑布局上的等级要求。诸如"天子五门"、"前朝后寝"、"左祖右社"、"面朝后市"等，都属于这类等级限定。同是居住建筑，不同人居所的名称是不同的。"私居执政亲王曰府，余官曰宅，庶民曰家。"[1]这些不同等级的府宅，不仅组群的规模不同，组成的建筑类别不同，而且在里坊布局上的位置也有严格区别。

《初学记》引《魏王奏事》：

> 出不由里，门面大道者曰第；列侯食邑不满万户，不得称第；其舍在里中，皆不称第。

唐代也规定，非三品官以上或有特殊资格的人，不准凿开坊墙面街开门。这表明，在里坊制布局的城市中，只有王公权贵、高官大吏称得上"府""第"的住宅才能面临大道，从坊墙向外开门，可自由出入。而一般低品官和庶民的房舍只能面向"里""曲"开门，要受到坊门夜禁的约束。白居易诗云："谁家起甲第，朱门大道旁"，从一个侧面生动地反映了这一现象。

这种建筑组群构成和布局上的限制，在墓葬建筑中表现得很充分。

上古墓葬"不封不树"，既不起坟，也不种树。到孔子时代，已经出现了土丘坟。《礼记·檀弓上》说孔子曾经见到过四种不同形状的土丘坟。土坟出现后，迅速流传，很快地，坟头的高低大小，坟地树木的多少，都成为表明死者身份的标志。《周礼》已经提到"以爵等为丘封之度，与其树数，"[2]即"尊者丘高而树多，卑者封下而树少。"《吕氏春秋》也记载说，当时设有专门的官员，

掌管"丘垅之大小、高卑、薄厚之度，贵贱之等级"[3]。后来墓葬制度更为严密，唐、宋、元、明、清五朝的典章对不同品官和庶人墓地的大小都有具体规定，《中国古代文化史》第二册曾列表归纳如下[4]：

作为标明墓主官爵、姓名的墓碑，也有明确的等级规定。墓碑的前身是实用性的立石，立于墓穴四角或两边，石的上端凿有圆孔，叫做"穿"。下葬时，棺木绳索穿过圆孔，以它为支点来控制悬棺平衡地下落，用毕就埋入墓中。从西汉后期开始，把这种立石移于墓前，刻上墓主的官爵、姓名，便变成了墓碑。早期的墓碑上部仍有圆孔的"穿"，还留下它的前身的实用印记。墓碑由趺（碑座）、碑身、碑首三部分组成。唐宋时规定五品以上墓碑为螭首龟趺，高度不得超过九尺，七品以上墓碑为圭首方趺，高四尺。明清时规定得更为细致：一品为螭首龟趺，二品为麒麟首龟趺，三品为天禄、辟邪首龟趺，四至七品为圆首方趺，这种圆首的碑也称为碣。碑身、碑首的高度、宽度以及趺座的高度也都有等差。原则上庶人墓前不许立碑碣，但这一点没有严格执行，一般人死后，也大多立有体小制陋的石碑。

石雕群也是墓葬的重要等级标志。墓前神道两侧排列的石雕人像、动物像、神兽像，"所以表饰故垄，如生前之仪卫耳"[5]。作为凝固化的仪卫，它本身是一种显示身份的东西，当然有严格的等级区别。唐代的制度是：三品以上官员墓前可置石人、石羊、石虎各

① 《宋史·舆服志》。
② 《周礼·春官·冢人》。
③ 《吕氏春秋·孟冬记》。
④ 引自阴法鲁，许树安主编.中国古代文化史·二.北京：北京大学出版社，1991：125-126.
⑤ 封演：《封氏闻见录》卷六。

表1

	唐	宋	元	明	清
公侯				100方步	
一品	90方步	90方步	90方步	90方步	90方步
二品	80方步	80方步	80方步	80方步	80方步
三品	70方步	70方步	70方步	70方步	70方步
四品	60方步	60方步	60方步	60方步	60方步
五品	50方步	50方步	50方步	50方步	50方步
六品	20方步	40方步	40方步	40方步	40方步
七品以下	20方步	20方步	20方步	30方步	20方步
庶人	20方步	18方步	9步	30方步	9方步

表2

	公侯	一品官	二品官	三品官	四品官	五品官	六品官	七品官	庶人
墓地	100步	90步	80步	70步	60步	50步	40步	30步	9步
坟丘（高）	2丈	1丈8尺	1丈6尺	1丈4尺	1丈2尺	1丈	8尺	六尺	
围墙（高）	1丈	9尺	8尺	7尺	6尺	4尺			
石碑	石碑螭首高三尺二寸碑身高九尺阔三尺六寸龟趺高三尺八寸	螭首三尺八尺五寸三尺四寸三尺六寸	石碑盖用麒麟二尺八寸八尺三尺二寸三尺四寸	石碑盖用天禄辟邪二尺六寸七尺五寸三尺三尺二寸	石碑圆首二尺四寸七尺二尺八寸三尺	圆首二尺二寸六尺五寸二尺六寸二尺八寸	圆首二尺六尺二尺四寸二尺八寸	圆首一尺八寸五尺八寸二尺二寸二尺四寸	限用圹志
石刻	石人四、石马、石羊、石虎、石望柱各二	石人、石马、石羊、石虎、石望柱各二	石人、石马、石羊、石虎、石望柱各二	石马、石羊、石虎、石望柱各	石马、石羊、石虎、石望柱各二	石马、石羊、石虎、石望柱各二			

2件；五品官员只能置石人，石羊各2件，六品以下不得置。宋代三品以上可置石人、石羊、石虎、石望柱各2件，四、五品可置石羊、石虎、石望柱各2件。明代在官员石雕群品种上增加了石马，同样规定六品以下不得置。杨宽曾将明代天顺三年（1458年）墓葬的身份等级规定，列出详表1、表2[①]：

我们从墓葬建筑制度的这张等级表中，可以看出等级制在建筑组群规模、布局和建筑组成、品种、数量上的限定达到何等缜密的程度。

3. 间架做法等级

在单体建筑中，等级制突出地表现在间架、屋顶、台基和构架做法上。唐代《营缮令》规定：

三品以上堂舍不得过五间九架，厅厦两

---

① 引自杨宽.中国古代陵寝制度史研究.上海：上海古籍出版社，1985.

头，门屋不得过三间五架；四、五品堂舍不得过五间七架，门屋不得过三间两架；六、七品以下堂舍不得过三间五架，门屋不得过一间两架。

《明会典》规定：

公侯，前厅七间或五间，两厦九架。造中堂七间九架，后堂七间七架，门屋三间五架……其余廊庑、库厨、从屋等房，从宜盖造，俱不得过五间七架；

一品、二品，厅堂五间七架……门屋三间五架；

三品至五品，厅堂五间七架……正门三间三架；

六品至九品，厅堂三间七架……正门一间三架。

洪武三十五年重申："庶民所居房屋从屋，虽十所二十所，随所宜盖，但不得过三间。"[1]可以看出，等级制对厅堂和门屋的间架控制很严。间的多少制约着建筑的"通面阔"，架的多少制约着建筑的"通进深"，这是对于单体建筑平面和体量的限定。历代规定不尽相同，但大体上的限定是：九间殿堂为帝王所专有，公侯一级的厅堂只能用到七间，一、二品官员只能用到五间，六品以下只能用到三间。这个限定在北京四合院住宅中反映得很鲜明。绝大多数四合院的正房都只有三开间，就是这个缘故。

《礼记》记载："天子之堂九尺，诸侯七尺，大夫五尺，士三尺"。[2]这里的"堂"，指的是"台基"。这说明，台基的高度很早就列入等级限定。《大清会典事例》载述，"顺治九年定亲王府基高十尺"；顺治十八年题准"公侯以下三品官以上房屋台阶高三尺，四品以下

至士庶房屋台阶高一尺。"品官和士庶的台基卡得很严，而宫殿的台基则很高。北京故宫太和殿的台基高度，据实测、台心部位高8.12m，边缘部位高7.12m，这个高度折合清营造尺分别为二丈五尺多和二丈二尺多。从四品以下的台高一尺到皇帝的台高二丈五尺，可见台基等级高差之大。

不仅如此，台基中还衍生出一种高等级的须弥座台基，用于坛庙、宫殿、陵墓和寺庙的高等级建筑。须弥座台基本身又有一重、二重、三重的区别，用以在高等级建筑之间作进一步的区分。

屋顶的等级限制也十分严格。唐代三品以上的厅堂还可以用"厦两头"（歇山顶），而明代"洪武二十六年定，官员盖造房屋，并不许歇山转角、重檐、重栱、绘画藻井。"[3]这个限定使得从庶民到一品官都不能用歇山顶。这也是北京四合院厅堂几乎清一色的采用硬山顶的由来。屋顶形制从最高等级的重檐庑殿到最低等级的卷棚硬山，形成了完整的等级系列，对于不同建筑的等级面貌，起到了十分触目的标志作用。

结构形式和构造做法也被纳入等级的限定，在宋《营造法式》中主要表现在殿堂结构与厅堂结构的区分，在清《工程做法则例》中，主要表现在大式做法与小式做法的区别。

据陈明达研究，认为《营造法式》涉及四类房屋类型，即殿堂、厅堂、余屋、亭榭。这四类中，殿堂、厅堂、余屋三者存在着等级差别，殿堂最高，厅堂、余屋依次减等。它们在规模大小、质量高低和结构形式上都有区别。亭榭较为特殊，也较为灵活，规模

---

①③《古今图书集成·考工典·第宅部》引《明会典》。
②《礼记·礼器》。

不大，质量可低可高。①

从结构形式上，殿堂用的是殿堂结构形式，厅堂和余屋用的是厅堂结构形式。殿堂规定用一至五等材，厅堂规定用三至六等材，余屋据推测用的是三至七等材。这样形成了宋代三种主要建筑类型在结构形式、间橼数量、用材等级、材分定额、屋内形式、屋盖形式等全面的等级限定。

清《工程做法则例》明确地把大式、小式两种做法作为建筑等级差别的宏观标志，然后在大式做法中再细分等次。全书编入 27种不同类型的房屋范例，其中大式做法 23 例，小式做法 4 例。这两种做法，不仅在间架、屋顶上有明确限定，而且在出廊形制、斗拱有无、材等规格和具体构造上有一系列的区别。飞橼、扶脊木、角背、随梁枋以及某些复杂的榫卯成为大式做法特有的技术措施。等级的限定深深地渗透到技术性的细枝末节。

4. 装修、装饰等级

等级制对于内檐装修、外檐装修、屋顶瓦兽、梁枋彩绘、庭院摆设、室内陈设等，都有明确的限定。

清嘉庆四年，宣布大学士和珅二十款罪状，其中第十三款就是斥责和珅的建筑装修和园林点缀的逾制：

> 昨将和珅家产查抄，所盖楠木②房屋，僭移逾制，隔断式样，皆仿宁寿宫制度，其园寓点缀，与圆明园蓬岛瑶台无异，不知是何肺肠。

后来和珅旧宅赐给庆亲王永璘。永璘死后，传给庆郡王绵慜。嘉庆二十五年五月有一道圣谕说：

> 据阿克当阿代庆郡王绵慜转奏，伊府中

有毗庐帽门口四座，太平缸五十四件，铜路灯三十六对，皆非臣下应用之物，现在分明改造呈缴。

> 国家设立制度，辨别等威，一名一器，不容稍有僭越。庆亲王永璘府，本为和珅旧宅，此等违制之物，皆系当日和珅私置，及永璘接住后，不知奏明更改，相沿至二十年。设当永璘在日查出，亦有应得之咎。③

嘉庆还进一步通谕亲王、郡王、贝勒、贝子及各大臣说：

> 《会典》内王公百官一应府第器具，俱有限制，如和珅骄盈僭妄，必至身罹重罚，后嗣陵夷。各王公大臣等，均当引以为戒。凡邸等服物，恪遵定宪，宁失之不及，不可稍有僭逾，庶几爵禄永保也。④

这里涉及的"毗庐帽门口"、"太平缸"和"铜路灯"，连亲王都不让用，完全为皇帝所专有，可见限禁得何等严厉。这种对于装修、装饰等细部的限定，历代都有繁缛的规制：

> 唐制：非常参官不得造轴心舍及施悬鱼、对凤、瓦兽、通栿、乳梁装饰。⑤

> 宋制：非宫室、寺观毋得彩画栋宇及朱黔漆梁柱窗牖，雕镂柱础。⑥

> 明制：公侯……门用金漆及兽面，摆锡环……梁栋、斗拱、檐桷用彩色绘饰。窗枋

---

① 参见陈明达. 营造法式大木作研究. 北京: 文物出版社, 1981: 27–51.

②③④ 单士元. 故宫札记 // 嘉庆实录. 北京: 紫禁城出版社, 1990: 57–61.

⑤ 《唐会要·舆服志》。

⑥ 《古今图书集成·考工典·宫室总部》引《稽古定制》。

柱用金漆或黑油饰；

一品、二品……门用绿油及兽面，摆锡环；

三品至五品……门用黑油，摆锡环；

六品至九品……黑门铁环；

庶民所居房舍……不许用斗栱及彩色妆饰。[①]

这些片断规制和大量实存建筑表明，屋顶的瓦样规格、琉璃色彩、屋脊瓦兽、山花悬鱼等，都有等级限定。建筑构件的梁柱、斗栱、檐椽、窗户的油饰、彩绘以及柱础的雕镂等，也列入等级限定。作为门第最直接标志的门制则更为详备。它不仅限定了门的间架，而且限定了门的油漆用色、铺首兽面，甚至对门上的小小零件——门环，也硬性规定紫铜环、锡环、铁环三级，按等级采用（公主府第用绿油铜环）。后期在门制上还冒出了门钉的等级限定。清代规制：

宫殿门庑皆崇基，上复黄琉璃，门设金钉。坛、庙、圜丘墙外内垣门四，皆朱扉金钉，纵横各九。亲王府制正门五间，门钉纵九横七。世子府制正门五间，金钉减亲王七之二。郡王、贝勒、贝子、镇国公、辅国公与世子府同。公门钉纵横皆七。侯以下至男递减至五五，均以铁。[②]

等级限定居然渗透到门环、门钉这样的细枝末节，给人留下了等级制在中国建筑中无孔不入的强烈印象。

二、采用一整套理性的列等方式

《礼记》中有一段关于如何用礼的论述：

礼也者，合于天时，设于地财，顺于鬼神，合于人心，理万物者也。是故天时有生也，地理有宜也，人官有能也，物曲有利也。故天不生，地不养，君子不以为礼，鬼神弗飨也。居山以鱼鳖为礼，居泽以鹿豕为礼，君子谓之不知礼。[③]

意思说，用礼要根据实际情况，切合天时、地财、物利、住在山区不要以鱼鳖为礼，住在泽地不要以鹿豕为礼，才能万物各得其理。所谓"物曲有利"，陈澔注说：

谓物之委曲，各有所利，如曲蘖利于为酒醴，桐竹利于为琴竹之类也。[④]

这是一种颇为理性的用礼原则，体现着因地制宜、因材致用的思想。

这种理性的用礼原则，在建筑等级制中，鲜明地体现在列等方式上。

运用建筑来标志等级，用现在的话来说，实质上就是让建筑起标示等级的符号作用，就是赋予建筑符号以等级语义。从前面提到的一整套建筑等级系列来看，中国古代建筑体系生成等级语义的方式的确是很理性的。它集中表现在充分运用建筑自身的语言，根据建筑语言的特点来处理等差。具体的等级标志符号虽然千差万别，其主要列等方式大体上可归纳为四种：

1. "数"的限定

《礼记》说：

礼有以多为贵者，天子七庙，诸侯五，大夫三，士一……天子之席五重，诸侯之席

① 《古今图书集成·考工典·第宅部》引《明会典》。
② 《大清会典》。
③ 《礼记·礼器》。
④ 陈澔注.礼记集说.上海：上海古籍出版社，1987：132.

三重，大夫再重……此以多为贵也。

礼有以大为贵者，宫室之量，器皿之度，棺椁之厚，丘封之大，此以大为贵也。

礼有以高为贵者，天子之堂九尺，诸侯七尺，大夫五尺，士三尺。

天子诸侯台门，此以高为贵也。①

这里的"多"、"大"、"高"，都属数的差异，即所谓"名位不同，礼亦异数"。②建筑作为触目的人造物质环境，从建筑组群、建筑院落、建筑单体到建筑构件，都存在数量上的多与少，尺度上的大与小，标高上的高与低的问题。因此，数的限定很自然成了建筑列等的重要的、用得最广的方式。大到城市规模、组群规模、殿堂数量、门阙数量、庭院尺度、台基尺度、面阔间数、进深架数，小到斗栱踩数、铺席层数、走兽个数、门钉路数，都纳入礼的规制。

在数的运用上还贯穿着阴阳的概念，以奇数为阳，偶数为阴。把阳数之极——"九"视为最高贵的数字，列为最高等。由于殿屋开间需按阳数系列增减，前后对称的殿屋在进深方向的檩子架数，也需按奇数系列（有脊屋顶）或偶数系列（卷棚屋顶）增减，这样自然形成了殿堂门屋的间架以二为公差的列等做法。这个做法也上升为礼的规制，被说成"自上以下，降杀以两，礼也"。③这样，与皇帝相关的数，就大量用"九"或九的倍数。如"九里""九轨"、"九经九纬"、"九室"、"九雉"、"九阶"、"九门"等。九开间的大殿也成为帝王专用的规格。这种"数"的限定，为建筑建立了可以定量的、操作性很强的等级系列。

2. "质"的限定

主要表现在材料质量的优劣贵贱和工艺做法的繁简精粗，把质优工精者列为高等级，质劣工粗者列为低等级。这种做法实质上是给建筑工程的技术品质附加等级的语义，反过来也可以说，是以等级名分来垄断高品质的建筑工艺技术。对琉璃瓦的限定就是如此：

明清对琉璃瓦的使用、颜色和装饰题材都有极严格的规定，琉璃瓦一般只用于宫殿和皇家大寺、坛庙、园林建筑及亲王府第。清代钦定工部则例规定："官民房屋墙垣不许擅用琉璃瓦、城砖，如违，严行治罪，其该管官一并议处。"④

清代官式建筑的"大式做法"和"小式做法"更是集中地体现了对于技术工艺的配套等级限制。按规制：

大式建筑屋顶制式不限，小式建筑只许用硬山、悬山；

大式建筑出廊制式不限，小式建筑不许用周围廊；

大式建筑用不用斗栱不限，小式建筑不许用斗栱；

大式屋顶用筒瓦、大脊，带吻兽；小式屋顶只能用合瓦或小号筒瓦，只能用清水脊、鞍子脊等小式屋脊，不能带吻兽；

大式做法在构架上还增添了扶脊木、随梁枋、角背、飞椽四种东西，而小式做法均无。这四种构件，扶脊木是加强脊檩的辅件，随梁枋是加强五架梁、七架梁的辅件，角背是加固瓜柱稳定性的小构件，飞椽是延伸"上檐出"的小构件，它们都是技术性的微处理，也被赋予了等级的限定，它们和门环的铜质、锡质、铁质的等级限定

① 《礼记·礼器》。
② 《左传·庄公十八年》。
③ 《汉书·韦贤传》。
④ 程万里.《古建琉璃作技术（一）.古建园林技术，1986（1）.

一样，反映出建筑等级制度在"质"的限定上达到十分细密的程度。

3. "文"的限定

《礼记》说：

礼有以文为贵者，天子龙衮，诸侯黼，大夫黻，士玄衣纁裳……此以文为贵也。①

说的是天子的礼服用龙纹，诸侯的礼服用半白半黑的花纹，大夫的礼服用半青半黑的花纹，士的礼服用黑色上衣和浅红色的下裳。这种"文"的限定，也是建筑的重要列等方式，它是从屋顶、梁柱、墙体、台基、外檐装修、内檐装修等的色彩构成、艺术配件、装饰母题、花格样式、雕饰品类和彩画形制上做等级文章。"礼楹，天子丹，诸侯黝垩，大夫苍，士黈"。②色彩的限定很早就出现了。按五行学说，黄色对应于"土"，属"中央"之位，等级最尊。自汉武帝之后，黄色逐渐成为皇权的标志色。因此，黄琉璃瓦只用于皇室的高体制建筑和少数高等级的寺庙建筑，王府只能用绿琉璃瓦。一般官民根本不许用彩色屋面，只许用"黑活"。这样就从大片屋面上对色彩的宏观构成作了严格的限制。

这种"文"的限定在彩画制度上表现得最充分。高等级的和玺彩画，限用于宫殿、坛庙、陵墓的主体建筑，它根据枋心、藻头装饰母题的不同，又分成以龙为母题的金龙和玺，以龙凤为母题的龙凤和玺，以龙和楞草为母题的龙草和玺等不同等次。次于和玺的旋子彩画，则用于一般衙署、庙宇的主殿和宫殿坛庙的辅殿，以区别高体制建筑的等差。由于旋子彩画的应用范围很广，为便于在这个档次中进一步区分等级微差，又按用金量的多少，细分为：金琢墨石碾玉、烟琢

墨石碾玉、金线大点金、墨线大点金、金线小点金、墨线小点金和雅伍墨等七个等次，从而形成了整个殿式彩画的细密等级系列。

4. "位"的限定

中国古代很早就形成强烈的"择中"意识。《荀子·大略》说："欲近四旁，莫如中央；故王者必居天下之中，礼也。"《吕氏春秋》也说："择天下之中而立国，择国之中而立宫。"在五行学说中，东、南、西、北、中的方位以"中"为最尊，称为"中央"。《周礼》一书前五篇开篇第一句话都是"惟王建国，辨方正位"。"正位"意味着正天子的尊位，正礼制的序位，而正位则必须辨方，因此，"辨方正位"成了礼的大事。"位"的限定也成了建筑的重要列等方式。

建筑具有突出的空间性，"位"的限定在建筑中自然大有用武之地。它涉及建筑组群在城市中的规划位置，建筑庭院在组群中的布局位置，建筑单体在庭院中的坐落位置，座椅席位在殿屋中的摆放位置。这些位置的确立，有朝向上的尊与卑，坐落上的正与偏、左与右，位序上的前与后，层次上的内与外等一系列的差别，这些差别都被赋予了等级的语义。

《考工记》的"匠人营国"，奠定了"择中"立宫的规划模式，对后代宫殿布局产生了深远的影响。明清北京故宫可以说是这种"择中"立宫的典型体现。整个宫城位于都城（内城）之中，而外朝三大殿又处于宫城之中。等级最尊的太和殿，集中了所有的与"位"有关的优势：在朝向上它坐北朝南；在坐落上它正踞于宫城中轴线的核心部位，并构成都城中轴线的高潮；在位序上它体现出"前

---

① 《礼记·礼器》。
② 《春秋谷梁传注疏》。

朝后寝"的尊位；在内外关系上它的前方铺垫着重重门阙吻合"天子五门"的隆重规制。

这种"位"的限定，在北京天坛组群中安排得很得体。圜丘、皇穹宇、祈年殿、皇乾殿，这些举行祭祀仪礼和奉祀神位的建筑，都坐落在天坛的南北主轴线上，处于高贵的尊位，而供皇帝斋住的"斋宫"，则设置在主轴线的一侧，并取朝东的方向。按理说，皇帝的御用建筑应该列于最尊贵的方位，按惯例应该处于主轴线上的朝南正位，而在天坛这个特定场合，把斋宫放在侧位朝东，正是恰如其分地表述了皇帝比"天"低一档的"天子"身份。这是运用方位的等级符号恰当地标示了"天"与"天子"的伦理关系。

这种"位"的限定，早期制约着士大夫第宅的"门堂"结构，后期制约着三合院、四合院第宅的"一正二厢"结构。对宫殿、坛庙、陵墓、衙署、寺观、第宅形成左右对称、中轴突出、沿子午线纵深布局的平面格局有很大的影响。

室内空间组织和家具陈设的"位"的限定也备受古人重视。"室而无奥阼，则乱于堂室也。席而无上下，则乱于席上也。"[1]对于殿屋堂室内部的席位等级区分，清代学者凌廷堪在他的礼学名著《礼经释例》中作了概括，指出古人是"室中以东向为尊，堂上以南向为尊"。太和殿宝座居中南向，属于堂上的尊位。而《史记·项羽本纪》记述的鸿门宴座次："项王、项伯东向坐，亚父南向坐，沛公北向坐，张良西向侍"，则属于室中的以东向为尊的位列。[2]从建筑座落到席位座次，可以看出古人对"位"的限定方式是十分重视的。

"数"、"质"、"文"、"位"这四种基本列等方式，有的是在建筑构件上做文章，有

的是在建筑空间上做文章，它们都是利用建筑自身的语言，附加上等级的语义。这应该说是一种颇为理性的列等方式。因为这样的列等方式可以尽可能地从物质功能和工程技术所制约的建筑形态上显示等级差别，不需要为标志等级而另加其他的载体，是较为经济的方式。它体现着等级性要求与物质性功能要求的统一，与技术性工艺要求的统一，从而也达到与精神性审美功能的统一。这四种列等方式通常都是综合使用的，形成从规划布局直到细部装饰的完整系列。如最高等级的太和殿，不仅在朝向上、坐落上、位序上、内外层次上处于最尊的地位，而且在庭院尺度、台基层数、台基标高、建筑间架、建筑体量、构架做法、斗栱踩数、屋顶形式、琉璃样式、琉璃色彩、吻兽规格、装修品种、彩画雕饰上，全都采用了最高规制。从建筑符号的角度来说，它所蕴涵的最高规制的等级语义是过饱和的，其等级信息的冗余量极大。但是太和殿整体并没有因为冗余信息符号的集中而显得过于繁琐、重复，其原因就在于这些等级标志符号用的都是太和殿自身应有的东西，在附加等级语义的时候，并没有附加新的"能指"。从这一点来说，是较为明智的列等方式。当然，在等级限定中，强调以多为贵、以大为贵、以高为贵，也有铺张、奢华的另一面。

基于礼的需要而形成的建筑等级制度，是中国古代建筑的独特现象，它对中国古代建筑体系产生了一系列重大的影响。最突出的有两点：一是导致中国古代建筑类型的形制化。不同类型的建筑，突出的不是它的功

---

① 《礼记·仲尼燕居》。
② 参看王文锦. 古人座次的尊卑和堂室制度 // 古代礼制风俗漫谈. 北京：中华书局，1983：105—110.

能特色，而是它的等级形制。凡是同一等级的建筑，就用同一的形制。太和殿、乾清宫、太庙正殿、明长陵祾恩殿，建筑性质各异，基于等级用的都是重檐庑殿顶。在这里，等级的品类超越了功能的类型，等级的形制超越了功能的个性。它带来了建筑整体基于等级形制的统一性、协调性，却吞噬了建筑功能的特性和建筑性格的个性。二是导致中国古代建筑的高度程式化。严密的等级制度，把建筑布局、规模、尺度、间架、屋顶、做法以至细部装饰都纳入等级的限定，形成固定的形制。这种固定形制在封建社会的长期延续，使得建筑单体以至庭院整体越来越趋向固定的程式，整个建筑体系呈现出建筑形式和技术工艺的高度规范化。程式化、规范化保证了建筑体系发展的持续化、独特性，保证了建筑整体的统一性、协调性，保证了建筑普遍达到不低于规范的标准水平。但是，也成为建筑发展的枷锁，严重束缚了建筑设计的创新和技术的革新，加剧了中国建筑体系发展的迟缓性。

（原载清华大学建筑学术丛书
《建筑史研究论文集 1946—1996》）

传统建筑的符号品类和编码机制

从符号学的角度来考察，我国传统建筑遗产是一份丰厚的、独特的建筑符号遗产。如同古人不知道符号学，而能运用语言符号说话一样，古代匠师不懂得建筑符号学，而在建筑实践中却实际上运用着、发展着建筑符号。传统建筑体系的许多重要特征，传统建筑遗产所反映的种种思想意识和审美意识，古代匠师所积累的富有特色的创作方法和设计手法，可以说很大程度上都或隐或显地凝聚在传统建筑的符号系统中，很值得我们考察、研究。

一、传统建筑的符号品类

美国哲学家皮尔斯把符号分为指示性、图像性和象征性三类，建筑符号通常对应地也分为这三类。这里，扼要地分析一下传统建筑中的这三类符号。

1. 指示性符号

能指与所指之间存在着内在的因果关系的符号，称为指示性符号。如窗户的形象表达着采光、通风、眺望的功能意义，门的形象表达着出入交通、开启闭合的功能意义，都属于这类符号。建筑中的指示性符号有个重大的特点：能指与指涉物是结合在一起的。门、窗、柱等构件的形象，作为能指，它的指涉物就是门、窗、柱自身。这是一种"本体形态"的符号，不同于通常那种能指与指涉物分离的"标志形态"的符号。指示性符

号的所指与能指的因果关系，实质上反映着作为符号载体的构件自身的内容与形式的统一关系。我们可以仿照奥格登、理查兹建立"语义三角"模式的做法，列出指示性符号的"语义三角"模式（图1中1）。这个模式图上，三根联系链都是实线，表示都是有理据的直接联系。

指示性符号是建筑中最主要的符号，是传统建筑符号的主干。传统建筑的构件形象

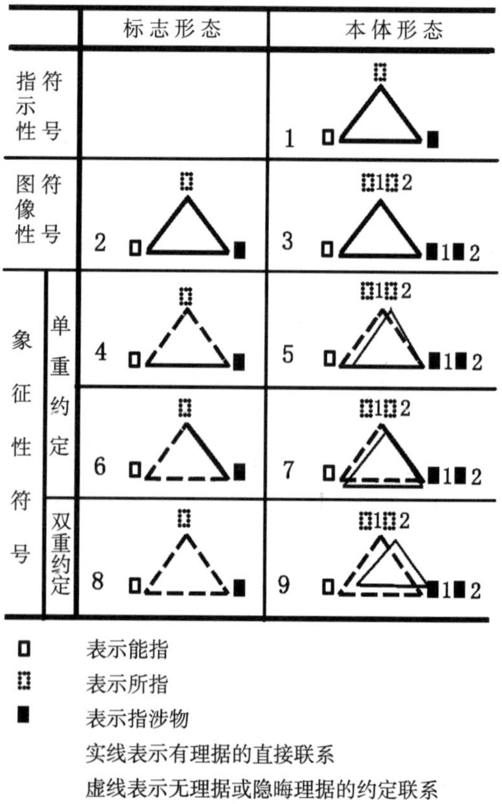

	标志形态	本体形态
指示性符号		1
图像性符号	2	3
象征性符号 单重约定	4	5
	6	7
双重约定	8	9

▢ 表示能指
▦ 表示所指
■ 表示指涉物
实线表示有理据的直接联系
虚线表示无理据或隐晦理据的约定联系

图1　各类符号的语义三角模式

和空间形象，大多数都是指示性符号及其复合体。

2. 图像性符号

能指与指涉物之间具有图像的相似性的符号，称为图像性符号。传统建筑中一些具象的彩画、纹饰，具象的木雕、砖雕、石雕和琉璃饰件，具象的门式、窗式（图2），以至像颐和园的石舫那样的整幢具象建筑，都属于图像性符号或它的复合体。

图像性符号有的呈标志形态，有的呈本体形态。如苏式彩画中的山水画面，作为符号的能指，它的指涉物是"天然山水"，它的所指是表现"河山锦绣"。河山锦绣是天然山水直接表现的自然意义，而山水画面又是天然山水的形象再现。在这里，能指与指涉物之间是分离的，但是存在着图像相似的同构关系，是一种标志形态的图像符号。它的语义三角都是同构性的、有理据的直接联系（图1中2）。本体形态的图像符号则比较复杂。以执圭门为例，执圭门把整个门本身做成圭的形式，既是门的形象，又是圭的形象，因此它的所指和指涉物都是双重的（图1中3）。作为门的形象，它的指涉物是门的本体（图1中1），它的所指是出入交通的功能意义（图1中1）；作为圭的形象，它的指涉物是客体的圭（图1中2），它的所指是表示"高贵"的含义（图1中2）。这种符号具有叠加的语义结构，前者实质上是指示性符号，后者实质上是标志形态的图像符号，因此，本体形态的图像符号实质上是这两种符号的复合体。

3. 象征性符号

能指与所指之间存在约定俗成的联系的符号，称为象征性符号。传统建筑中，龙、凤的图案象征帝、后，以蝙蝠、鹿的图案象征福、禄，以圆象征天，以方象征地，以九室象征九州，以二十八柱象征二十八宿等，都是典型的象征性符号。

传统建筑中的象征性符号，语义三角存在着单重约定和双重约定两种模式。这两种模式，能指与所指之间的联系都是约定联系，它们的区别在于，能指与指涉物之间，指涉物与所指之间，只有一根联系链属于约定联系的，称为单重约定；如两根联系链都属于约定联系的，就是双重约定。

传统建筑中的龙纹，是单重约定的一种情况。龙纹作为能指，它的指涉物就是人们心目中的"龙"，它的所指就是"帝王的标志"（图1中4）。在这里，能指与指涉物是同构的直接联系，它的约定呈现在指涉物与所指之间。因为"龙"与"帝王"没有自然的联系，是特定文化所约定的。北京故宫文渊阁采用绿剪边黑琉璃瓦的象征做法，是单重的约定的另一种情况。黑色作为能指，它的指涉物是"水"，它的所指是"以水克火"。这是作为藏书楼的文渊阁最关切的"避火灾"

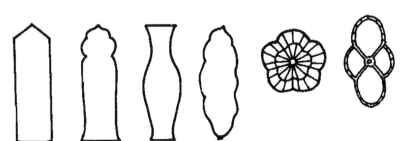

| 执圭式 | 如意式 | 汉瓶式 | 贝叶式 | 梅花式 | 海棠式 |

图2 《园冶》中的 **具象门窗图式**

的含义（图1中6）。这里的约定性呈现在能指与指涉物的联系链上。因为"黑色"与"水"没有自然的联系，这是由于中国的五行中黑色属水行才形成约定的。宁波的天一阁，采用六开间的面阔，是典型的双重约定的象征符号（图1中9）。在这里，六开间的数量是符号的能指，它是通过"六"的术数对应来指涉"地六成之"。然后通过"天一生水，地六成之"（《易·大衍》）的关联，使"六"与"水"发生联系，从而使所指具有以水克火的"避火灾"的含义。这里从能指到所指，拐了两个弯，经历了双重约定。如果说，单重约定带有直喻、明喻的性质，那么，双重约定则带有隐喻、转喻的性质。

传统建筑的象征符号也存在着标志形态和本体形态的区别。上面分析的龙纹、琉璃瓦色，都是标志形态的象征符号。而天一阁的"六开间"形象，则是本体形态的象征符号。这里的指涉物和所指都是双重的，实质上它是指示性符号与标志形态的象征符号的复合体。

传统建筑的这三类符号，从语义特性上，可以参照挪威建筑家诺伯特·舒尔茨的归纳，分为同构性和约定性两大类（图3）。同构性符号，不论是指示性还是图像性，能指与所指之间的联系都是有理据的，带有因果性、天然性。约定性符号，不论是单重约定还是双重约定，能指与所指之间的联系都是无理据或隐晦理据的，带有恣意性、人为性。前者的语义主要凭经验认知，凭经验所把握的信码的支持，认知的深度主要取决于接受者的经验、修养。这种信码在不同的时代之间，不同的文化圈之间，具有较多的通行性。后者的语义则依靠约定俗成来认知，必须依靠约定信码的支持，如果不了解特定的约定，就无法认知约定性的含义。这种信码在不同

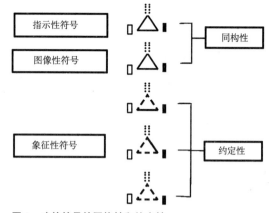

图3　建筑符号的同构性和约定性

时代之间，不同文化圈之间，具有很大的差异性。这种符号一旦约定失传，就很容易造成无法诠释或完全误释的情况。

传统建筑符号呈现着多种多样的复合形态和交叉方式。复合形态有四种基本复合体：①指示与图像复合，构成本体形态的图像符号；②指示与象征复合，构成本体形态的、抽象的象征符号；③图像与象征复合，构成标志形态的、具象的象征符号；④指示、图像与象征三重复合，构成本体形态的、具象的象征符号。交叉方式主要有：①表里结合：如带彩画的梁枋，带浮雕面饰的踏跺。梁枋、踏跺自身是指示性符号，表面装饰的彩画、浮雕则是图像性、象征性符号；②局部结合：许多构件自身整体是指示性符号，但其中某些局部则是图像性、象征性符号。如柱子中带具象图案的柱础，石栏杆中带具象图案的望柱头等；③整体融合：如执圭门、汉瓶门、梅花窗、海棠窗、须弥座等，整个构件本身形成指示性与图像性或象征性的复合；④群体结合：这是在组群层次中，在指示性符号为主导的建筑群组内，插入一些图像性、象征性为主导的大型雕塑或小品建筑，如陵墓神道中的石象生、华表，园林组群中的石舫等。这些多层次、多形态的复合、交叉，构

成了传统建筑符号组合和语义结构的丰富多彩的面貌。

二、语义信息和审美信息的编码协调机制

信息论美学的两位倡导者，法国的亚·阿·莫尔和德国的姆·本泽，都认为应该把信息区分为语义信息和审美信息两类。建筑符号既表达语义信息，也表达审美信息。作为前者，它带有推论性符号的性质；作为后者，它带有表现性符号的性质。虽然是两种不同性质的符号，它们的能指却是统成一体的。它们具有"异质同体性"。它们在符号内涵和符号接受机制上是大不相同的。

语义信息，不论是功能语义、技术语义、文脉语义或其他象征语义，所传递的都是符号的"意义"。而审美信息传递的是特定的情感、情绪、情趣，这些都是在传递符号的"意味"。

语义信息的接受是通过"认知"来实现的。不论是指示性、图像性符号的经验性认知，还是象征性符号的约定性认知，都属逻辑的、推理的认识。而审美信息的接受则是"感知"的过程。它呈现为直觉感受，呈现为顿悟。

语义信息是可以言传的，它的能指与所指语义有较明确的对应关系。符号与语义信息是可分离的。同样的语义可以通过不同渠道表述，具有可译性。而审美信息是"只可意会，不可言传"的。审美信息与符号不可分离，对符号形式极端敏感，一旦离开符号形象就无"意味"可言。因此它不能等值地变换符号，不具有等值的可译性。

这样两种不同性质的信息，荷载在同一载体中，它的信码构成机制是值得我们认真研究的。从传统建筑来看，这两种信息的信码复合是一种模糊交叉的模式（图4）。既有语义信息与审美信息取得平衡的 AB 型复合，也有审美信息占主导的 A 型复合和语义信息占主导的 B 型复合。传统住宅的四合院布局形态，既反映封建家族大家庭聚居的生活方式、起居行为的功能语义，也适合木构架体系建筑特点的技术语义，既体现封建礼教区别尊卑、长幼、男女、内外的礼制语义，又形成内向、宁静、亲切、幽雅，充满浓郁的宅第气氛的审美意味，可以说是语义需要与审美需要取得谐调的 AB 型复合。前面提到的天一阁的"六开间"屋身（实际是五间半），在有明显中轴线的对称格局中，显然给庭院空间的构图带来困难，应该说是属于侧重语义要求而放松审美要求的 B 型复合。清代的和玺彩画，用色以青绿为基调。在语义上青象征天、绿象征地。在青色块上画升龙，在绿色块上画降龙，含义是很明确的。可是在彩画整体色彩构图中，却采用了青绿上下、左右交错对调的色布局。这样就形成一部分画面是绿色块在上、青色块在下的"翻天覆地"的乾坤颠倒局面。按理说这在礼制语义上是触犯大忌的。这里明显地表现出为取得斑斓色彩的审美意味而大胆放松了语义要求，只保留明间枋心的上蓝下绿来照顾语义需要，这是很明显的 A 型复合模式。

图 4　传统违筑符号语义信息与审美信息的编码复合模式

两种信息编码的这种模糊复合机制，表明传统建筑符号的编码有较大的回旋余地。能够取得 AB 型的协调复合当然是理想的，但也不排斥 A 型和 B 型的复合方式。这是有道理的。因为系统的整体优化并不要求各个子系统自身都是优化的。子系统自身的 A 型、B 型复合如果对于高一层次的系统是有利的，就是可取的。

中国木构架建筑体系蕴含着"在理性与浪漫的交织中突出地以理性为主导"的创作精神。这个精神深刻地体现在传统建筑语义信息与审美信息的编码协调机制中，明显地表现在三个方面：

（1）指示性符号居于十分突出的主干地位，积淀着丰厚的处理指示性符号及其复合体的编码协调经验。这反映在：①善于把握功能空间与观赏空间的统一，整个建筑体系的功能尺度与空间尺度、功能序列与观赏序列是相当合拍的，很少出现超级尺度和紊乱组合；②建筑形象的语义表达和审美意境的塑造，竭力利用建筑自身的部件、构件作为符号载体，充分发挥本体形态的符号作用，突出纯正的"建筑语言"，很少出现附加的体量和配件，保持着建筑形象的理性纯净；③在运用构件表达语义和组构形式美时，十分注意遵循内在的力学法则，不歪曲、掩盖构件的技术语义，呈现出清晰的结构逻辑；④图像性符号使用得比较谨慎，大部分出现在装饰性的彩画和雕饰中，多属标志形态。一些与部件整体融合的本体形态图像符号，运用得相当得体，贯穿着严格的"当要节用"的精神。具象的门式、窗式没有滥用，仅仅画龙点睛地点缀于园林、住宅中。像"舫"这一类具象的单体建筑，是极罕见的；⑤在一些特定场合，善于把大分量的具象符号从单体建筑中分离出去，如同陵墓神道的石象生那样，转到组群层次上实现指示性与图像性的结合，保持单体建筑中指示性符号体系的完整。

（2）高度重视象征性符号，但在编码上予以苛刻的限制。在传统建筑中，礼制上的等级、名分要求，习俗上的风水观念，文化上积淀的种种文脉、哲理，都需要通过象征性符号来表现。传统建筑，特别是宫殿、坛庙、陵墓等建筑类型，很重视象征手法的运用，采用了大量的象征性符号，并形成严格的规制。这些，有效地增添了传统建筑体系的浪漫韵味。但是，传统建筑象征性符号的编码手段是相当苛刻的。它明确地以抽象象征为主，主要编码方式是：①术数象征：以建筑的间数、构件数和空间尺寸、构件尺寸等象征阴阳、天象、时令；②方位象征：以建筑的朝向、内外、正偏、前后、上下等空间方向和体位来象征建筑的尊卑等级和五行图式；③几何图形象征：以方、圆等几何图形来象征天、地、阴、阳，以"卍"形象征"万"等；④形制象征：以构架、屋顶、斗栱等的不同形制构成等级序列来象征建筑主人的身份；⑤色彩象征：以青、赤、黄、白、黑象征五行，以青、绿象征天、地，以正色、间色象征等级等；⑥文字信码象征：通过对建筑物的命名和吟诵，从建筑的匾额和对联发出书面语言信息，借助语言文字符号来直接表达所要象征的语义；⑦"谐音"象征：以具象的画面通过"谐音"约定来表达某些抽象的吉祥概念，如以蝙蝠表"福"，以鱼表"富裕""有余"之类，实质上也带有抽象象征的特点。这些象征方式大部分都是与指示性符号密切结合着的，基本上是透过建筑的空间和构件来表达的，没有另找一套载体，是充分地使用着"建筑语言"的。这是经济的做法，也是朴素的做法。正因为采取这种做法，像太和殿这样的高等级建筑，就可以尽情地容纳几乎全部可供标志最高建筑等级的象征性符号，从庭院、开间、梁架、屋顶、台基、斗栱、色彩、彩画以至仙人走兽等，都发出最高的调门，为标志皇帝的"至高无上"实际上动用了一整套极为重叠的能指，形成过量的信息冗余度。难得的是它并不显得过分累赘。这就是由于传统建筑的象征语言大部分都曾经与指示性符号复合，不是凭空外加的，有多而不赘的机制。即使有的后期失去指示性的内涵，观感上还觉得习以为常。这种奇刻的编码方式，达到了既蕴含浪漫意味而又保持着充分的理性精神的效果。当然，也带来很大的局限性，有的象征手法显得幼稚、牵强，像术数象征、谐音象征之类，还停留于简单的比附式象征，缺乏深沉的内蕴。

（3）十分注重建筑符号审美上的完美追求，当审美信息与语义信息在编码上发生冲突时，善于变换语义内涵以取得两者的和谐统一。这方面传统建筑遗产有很多精彩的变换例证。这里举天坛圜丘的栏板为例。据《嘉庆会典事例》记载，乾隆十四年改建天坛时，提出的方案是：上层每面18块，取二九之数，四面共72块；中层每面27块，取三九之数，四面共108块；下层每面45块，取五九之数，四面共180块。这样三层合起来共有栏板360块，正符合周天三百六十之数。这在象征语义上是十分理想的，但是这一来，每块栏板的长度只有二尺多，比例短小不当，有损于圜丘的整体雄伟气势。现在圜丘的栏板实际上采用的是：上层每面9块，中层每面18块，下层每面27块，比例很恰当。它们的总数216块，不具什么含义，放弃了周天三百六十的语义要求，而保留各面符合阳数之极"九"的倍数的语义。这是变换语义内涵以取得符号意义与意味完美和谐的典型事例。天坛祈年殿的三重檐瓦色也是如此。它的前身是明代嘉靖年间建的大享殿，采用的是上青、中黄、下绿三种瓦色，以象征天、地、万物。大享殿的这个花花绿绿的形象，大大损害了它应有的宏伟、高崇、纯净、庄重，因而在乾隆十七年改为上中下一律青色瓦。同时将祈年门和两庑的绿色瓦也改为蓝色瓦。这也是变换语义内涵，使语义与审美取得完美协调的杰作。

中国木构架建筑体系是一个高度成熟的体系。它的成熟性闪烁着符号语义与符号审美和谐统一的光辉。但在漫长的迟缓发展中，也呈现出顽固的惰性。像斗栱那样的构件符号，在唐宋时期，原本是结构机能语义、等级标志语义和雄迈气势的审美意味高度和谐的统一体，到明清时期已失去结构机能和雄劲态势，转换成等级标志语义、历史文脉语义与装饰性韵味的结合体，实质上从有机的本体形态符号转化成累赘的标志形态符号，成为建筑体系衰老症的一种表现。传统建筑符号的这种成熟性和惰性都有待我们深入地考察、研究。

（原载《建筑学报》1988年第8期）

中国建筑的符号遗产

符号学这门学科奠定于 19 世纪初，它在人文学科的各个领域都得到广泛的运用，掀起过一股"人文学科的符号学转向"的浪潮。

德国哲学家卡西勒曾提出有关符号的著名"三定义"：

①人的定义——人是进行符号活动的动物；

②艺术的定义——艺术是符号化了的人类情感形式的创造；一切文化现象都是人类符号活动的结果；

③符号的定义——能为知觉揭示出意义的一切现象，都是符号。

不难由此认识什么是符号以及符号的重要作用，也可看出符号与艺术的关系多么密切。

20 世纪中期，形成"艺术符号学"，被视为继"艺术心理学"、"艺术社会学"之后，艺术学发展的第三个台阶；

"建筑符号学"也在 20 世纪中期形成。有人认为，符号学对建筑学的影响，如同相对论对现代物理学的影响。这个说法虽然评价过高，但可以肯定，从符号学的角度审视建筑文化、建筑艺术，无疑是对建筑理论研究的重要推进。认识中国建筑的符号现象、符号遗产，有助于提高对中国建筑的文化阐释、艺术鉴赏和理论认识。

为便于展述中国建筑符号遗产，先从建筑符号的相关概念说起：

一、建筑符号的相关概念

1. 语言、言语、话语

"语言"——指语言系统的整套词汇和语法规则。建筑语言就是语言的一种，包括建筑语汇和建筑语法。

"言语"——指具体地使用语言，是个人的语言行为。建筑作品就是建筑师发出的建筑言语。

"话语"——是语言在特定的社会、历史条件限定下的群体表现形式。建筑风格、建筑流派都可视为建筑话语。

法国符号学学者巴特曾打比方说，"语言"好比是市面上卖的服装，"言语"则是人的着装行为。可以说，建筑语言是建筑体系所形成的信码系统和构成规则；建筑言语则是建筑师运用建筑语法和建筑信码所创作的建筑作品。

"话语"是个重要的、很有用的概念，使用频率很高。它是群体表现形式，不同于言语是个人的行为。它潜藏在一群人的意识之下，制约其言语、思想、行为方式，具有某种暗逻辑和共同的理论倾向、创作倾向。因此，某个时代的建筑风格，某个民族的建筑风格，某个地域的建筑风格，某个流派的建筑风格，都因其显现"群体表现形式"而成为某种"话语"。

不同的建筑体系，形成不同的建筑语言。从南禅寺大殿可见中国唐代木构架建筑的一整套语汇和语法规则：如台基、屋身、屋顶、柱、梁、檩、枋、斗栱、版门、直棂窗等构件语汇；下分、中分、上分的"三分"构成语法；主入口开在当心间，以面阔方向为主立面的语法规则等。

从帕提农神庙可见古希腊石构建筑的一整套语汇和语法规则：如基座、柱列、额枋、山花、三陇板等构件语汇；主入口开在山墙方向，以山墙作为主立面等语法规则。

可见中国木构架建筑体系与古希腊石构建筑体系在建筑语汇和建筑语法规则上是截然不同的，它们呈现出不同的建筑符号系统。

2. 能指、所指

"能指"、"所指"是符号学的一对核心概念：

能指——指符号的形式，也称符征、符象。

所指——指符号的意义、内容，也称符旨、符意。

"能指"是符号的表层，是看得见、摸得着的；"所指"是躲在后面的、深层的，看不见、摸不着的；透过表层的"能指"，认知深层的"所指"，对理解建筑遗产和建筑艺术的深层内蕴具有重要的意义。

3. 多义性与语境

符号可以区分为单义性符号和多义性符号：

符号的一个能指与一个所指相对应，即为"单义性"符号；如"010"、"0451"分别代表北京和哈尔滨的城市电话区号，就属于单义性符号；单义性符号具有准确性、确定性的特点，能指与所指一一对应，所表达的语义不会发生歧义。

符号的一个能指与多个所指相对应，即为"多义性"符号；如能指是一个圆形的"O"，它的所指可能是阿拉伯数字中的零——"0"，

可能是标点符号中的句号——"。"，可能是英文字母的"O"，也可能是几何图形中的圆形，这就是个典型的多义性符号。这种符号有多个语义，如何判断它究竟表达的是那个语义呢？这需要根据它所处的符号环境来认读、阐释。这个符号所处的环境称为"语境"。因此，单义性符号属于"代码依赖型"，以解译为特征，能指与所指一一对应，只要解译得准确，收讯者就能准确获悉符号的精确语义；而多义性符号属于"语境依赖型"，以解释为特征，能指与所指一多对应，究竟符号表达的是什么语义，需由收讯者联系到符号所处的具体语境来认读。不同的收讯者对语境的把握不尽相同，很可能产生不同的阐释。这就增添了收讯者的阐释作用。艺术符号基本上都属于"语境依赖型"符号，建筑符号中也有大量符号属于多义性的、语境依赖型的符号，需结合建筑的语境进行细致的阐释。

如北京天坛的内外两重坛墙，都是东南、西南两角用方角，东北、西北两角用圆角，呈"南方北圆"格局（图1）。通常的阐释是表征"天圆地方"，以圆角象天，以方角象地。明初南京建天地合祭的"大祀坛"，明永乐建北京天地合祭的"天地坛"，坛墙也都是"南方北圆"，表明这可能是天地坛坛墙的传统模式，坛墙四隅的方圆符号当是对天地的表征。但中国人的方位概念是"天南地北"，为何坛墙不是"南圆北方"反而是"南方北圆"呢？这就存在着符号语义阐释与符号方位语境的不合拍，因此笼统说北京天坛坛墙是表征"天圆地方"的阐释还欠缺语境的支持。我们知道，北京地坛、月坛的坛墙都是四隅方角，日坛坛墙是"东圆西方"，先农坛坛墙是"南方北圆"，这些坛墙的方圆角隅又是说明什么问题呢？究竟天坛坛墙的方圆符

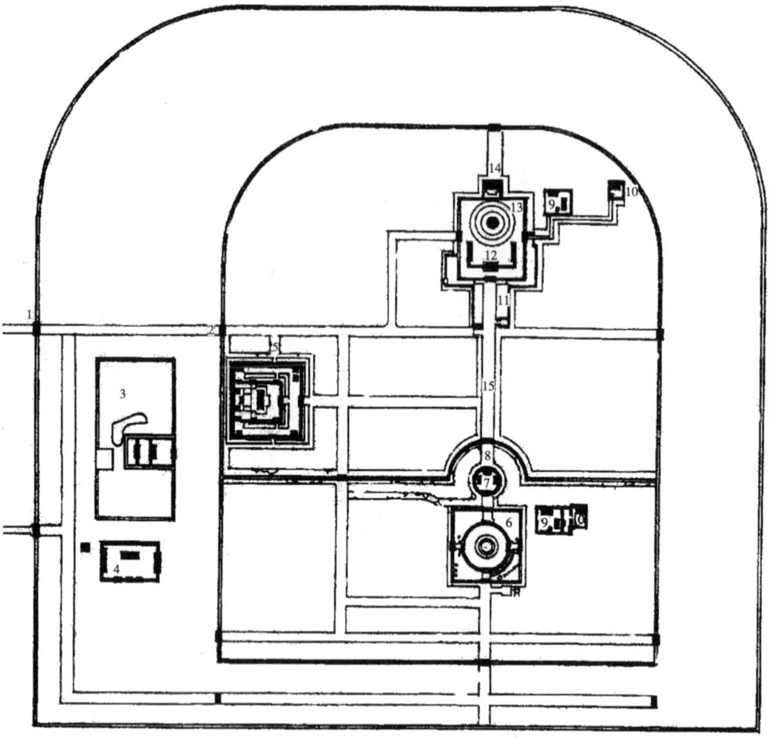

图1　北京天坛内外坛墙的方圆角隅示意

1. 坛西门
2. 西天门
3. 神乐署
4. 牺牲所
5. 斋宫
6. 圜丘
7. 皇穹宇
8. 成贞门
9. 神厨神库
10. 宰牲亭
11. 具服台
12. 祈年门
13. 祈年殿、祈谷坛
14. 皇乾殿
15. 丹陛桥

号指的是什么意思，看来需要综合各个坛墙方圆符号的语境，作进一步的阐释。由此可见重视语境关联对于符号阐释的重要性。

二、传统建筑的符号品类

一般符号学都把符号分为"指示性符号"、"图像性符号"、"象征性符号"，中国传统建筑符号也分为这三类：

1. 指示性符号

能指与所指之间存在内在的因果关系的符号，称为"指示性符号"。建筑中的构件绝大部分都呈现为指示性符号，表现为构件自身内容与形式的统一关系。我们所看到的中国传统建筑的屋顶、台基、山墙、檐墙、柱、梁、檩、枋、斗栱、槅扇等，都是指示性符号，一般呈现为几何形态，是凭经验认知的；

它构成中国传统建筑语言的基本词汇，是中国传统建筑符号的主体构成。

2. 图像性符号

能指与所指之间具有图像的相似性的符号，称为"图像性符号"。图像性符号是具象的、直接明了的、易读性最高的符号。它分为两种：一种是运用建筑语言的图像性符号；另一种是运用绘画、雕塑语言的图像性符号。

由建筑语言构成的图像性符号又细分为单体构件的图像化和单体建筑的图像化。

单体构件图像化是把整个构件做成具象的图像。中国园林中的什锦门、什锦窗可以说是中国建筑中典型的构件图像化处理。门和窗本来都是构件，它原本应该是几何形态的，但在中国园林中却出现了被称为"什样锦"的门窗，如月洞门、执圭门、蕉页门、瓶门等各式洞门和扇面、月洞、海棠、梅花、寿桃、石榴、玉壶、宝瓶等各式锦窗。这些什锦门窗把门窗的形式图像化了，既添增了门窗的文化语义，又赋予门窗以丰富多样的美化形式。它们运用得当，可以取得很好效果。北京颐和园乐寿堂"水木自亲"两侧的临湖院墙，长列的什锦灯窗像一队窗的演员在墙的舞台上欢乐飞舞，构成了极生动的景象。由于建筑构件基本上需要保持几何形态，因此将单体构件整个做成具象的图像，在中国传统建筑中用得并不多。

单体建筑图像化是把整个建筑单体做成具象化的图像。像日本建筑师山下和正设计的京都"人脸住宅"那样的单体建筑图像化，是一种耍弄建筑的戏谑化设计。中国传统把建房造屋视为隆重的大事，不搞这种戏弄的建筑。但中国建筑也有单体建筑图像化的做法，传统园林中的"舫"就是仿船形的建筑。颐和园中的清晏舫是写实地、显露地模仿船形，苏州拙政园中的"香洲"是写意地、隐约地模仿船形。后者妙在"似与不似之间"，是很高雅的单体建筑图像化的精品。园林建筑中的"扇面殿"也算是一种模仿扇形的单体建筑图像化。颐和园中的"扬仁风"小殿，平面呈扇面形，扇子可以煽风，这个小小的扇面殿取名"扬仁风"，是很贴切的，这也可以说是单体建筑图像化的一个精品。

由绘画语言和雕塑语言构成的图像性符号，中国传统建筑中用得很多。大量呈现在彩画、壁画、砖雕、木雕、石雕中。这类图像性符号，有的以独立的大型雕塑出现，如陵墓建筑组群中的石象生，宫殿建筑组群中的铜狮、石狮；有的以建筑的细部出现，成为建筑构件的表面彩绘和局部雕饰。在中国传统建筑中，它们主要分布在构件的表面层（如檐枋的彩画，裙板的浮雕，墙面的壁画等）、自由端（如大木构件的霸王拳、麻叶头、三幅云，石构件的栏杆望柱头、栏杆螭首、华表云版、牌坊冲天柱头等）和构件组合的关节点（包括构造的交接点、构件的转折点、材质的变换点等，如屋顶上的正吻、垂兽、戗兽，石栏杆中的抱鼓石，大门中的滚墩石等）。这些融入建筑中的绘画、雕塑，构成了建筑构件的局部图像化和表层图像化，起到了显著的装饰美化作用和添加语义作用。

3. 象征性符号

能指与所指之间存在约定俗成的联系的符号，称为"象征性符号"。由于这种符号的象征语义是民族文化圈内约定的，因此需要具备文化圈的知识背景，才能了解其文化约定，认知其象征意义。

中国传统建筑运用象征的主要方式有：

形的象征：如以圆象天，以方象地；

数的象征：如以奇数象阳，偶数象阴；

纹饰象征：如以龙纹象征皇帝，以凤纹象征皇后；

色彩象征：如以蓝色象天，黄色象征皇帝；

方位象征：在朝向上以南向为尊，在正偏方位上以居中为尊；

谐音象征：如以蝙蝠象征"福"，以瓶象征"平安"；

题名象征：如以"日精门"象征太阳，以"月华门"象征月亮，等。

北京天坛建筑可以说是运用象征符号的集大成。它运用了形的象征，以圆形的圜丘、圆形的皇穹宇、圆形的祈年殿象征天；它运用了数的象征，以三层的圜丘坛、三层的祈谷坛象征天的阳数；在祈年殿内部，以4根龙井柱象征四季，12根金柱象征十二个月，12根檐柱象征十二时辰；以24根的金柱、檐柱之和象征二十四节令；加上4根井口柱，又象征周天二十八宿；并以宝顶下的雷公柱，象征"一统天下"；它还运用了色彩象征，以蓝色琉璃瓦表征蓝天；特别值得称道的是，它在方位象征上运用得特别巧妙。天坛组群把祭天的主体建筑圜丘、皇穹宇与祈祷丰年的主要建筑祈年殿都放在一条轴线上，使之构成天坛的主轴线，而把皇帝在天坛的住所"斋宫"置于主轴线的西侧位置，并使斋宫的入口和主殿朝东，形成斋宫的朝东方位。按说皇帝的宫室都应处于朝南方位，并且位于组群主轴，以显其尊贵，为什么天坛斋宫却偏处主轴西侧，而且取朝东方向？原来斋宫的这种"降格"处理正是为了表达皇帝与"天"的关系，作为"天子"的皇帝理所当然应该比"天"降等。看上去是让皇帝降格了，而实际上强化了"天子"身份，是更加突出了皇帝的神圣。这可以说是运用建筑符号巧妙地表述了皇帝与天的亲缘关系这个很难表达的理念，在符号运用上令人叫绝。

北京明清故宫也是一组充满象征性符号的建筑。它的内廷部分，以乾清宫象征"天"，以坤宁宫象征"地"，以东西六宫象征"十二星辰"，以日精门、月华门象征"日"、"月"，通过这套象征完成了日、月、星辰簇拥天、地的表征。在这里，我们可以看到中国古代建筑对象征的追求是非常执著的，力求取得必要的、充足的象征语义；但是北京故宫内廷的这组象征符号中，十二星辰的每个星辰都是用东西六宫的一组"小宫"来表征，而以"日"、"月"之尊却仅仅用两座侧门来凑合，按说是不大妥当的，但却是可以通融的。可见中国传统建筑对象征的具体表达是很宽容的，完全可以根据建筑的实际情况采取种种变通的象征方式，正是这种通融的灵活性折射出中国建筑伦理理性与务实理性相互交融的创作精神。

三、符号叠加与建筑等级表征

指示性符号、图像性符号、象征性符号落实在建筑载体上，并不是完全分离的，许多情况下它们是叠加在一起的。如前面提到的"瓶门"，它呈现具象的"瓶"的图像，是一种图像性符号；实际上瓶门是一种门，作为构件的门，它自身也是一种指示性符号；而"瓶"字又与"平"字谐音，有表征"平安"的语义，因而它又是一种象征性符号；这样，瓶门就成了三种符号的叠加。同样的，屋顶上的鸱尾，它自身是屋脊的节点构件，呈"鸱尾"的具象图像，又表征激水厌火的语义，也是指示性、图像性、象征性三种符号的叠加。又如须弥座台基，它既是作为台基构件的指示性符号，模仿佛像须弥座的图像性符号，又是表征尊贵等级的象征性符号，实际上也是三种符号叠加在一起。

1. 等级表征的符号叠加

中国古代官式建筑特别重视建筑的等级性，运用了大量表征建筑等级的象征性符号。这类象征性符号的一个重要的特点，就是多数是通过构件的数量和形制来表达，形成了中国官式建筑中指示性符号与表征等级的象征性符号相叠加的现象。如殿屋的开间形成九间、七间、五间、三间的等级序列；殿阁屋顶形成重檐庑殿、重檐歇山、单檐庑殿、单檐歇山、卷棚歇山、尖山式悬山、卷棚悬山、尖山式硬山、卷棚硬山的等级序列；台基层数形成三重台基、双重台基、单重台基的等级序列；台明制式也形成须弥座台明、平台式满装石座台明和平台式砖砌台明的等级序列；就连翘昂斗栱也形成九踩重翘重昂、七踩重翘重昂、五踩重翘重昂和三踩单昂的等级序列。这样，大到殿屋的面阔间数、进深架数、屋顶制式、台基制式，小到斗栱的踩数、门簪的个数以至大门门钉的行数、钉数等，都赋予表征建筑等级的语义。大量的指示性符号与等级象征性符号相叠加，成了中国官式建筑的一大特色。

2. 等级表征与传统建筑的类型化

由于大量的指示性符号与等级象征性符号相叠加，作为基本构件的指示性符号叠加着表征等级的象征要求，自然导致同一等级的殿屋势必采用同样的间数、架数，同样的屋顶、台基制式，同样的装饰规格，这就使得中国传统建筑，特别是严格强化等级制的官式建筑，加重了类型化的倾向。试看明清建筑中四座最高等级的建筑——北京故宫太和殿、明长陵祾恩殿、北京太庙前殿和北京故宫午门正楼。这是明清建筑中仅有的、并列为最高体制的四座建筑。这4座建筑的形制是：太和殿和太庙前殿都是面阔十一开间，上覆重檐庑殿顶，下承三重须弥座台基；长陵祾恩殿是面阔九开间，上覆重檐庑殿顶，下承三重须弥座台基；午门正楼是面阔9开间，上覆重檐庑殿顶，下承带门洞的"Π"字形墩台。4座建筑中，除午门是紫禁城正门，整体呈"Π"型墩台，台上正楼两侧建有重檐攒尖顶的钟亭、鼓亭，两翼伸出东西两观并联以阁道，整体造型与殿座截然不同外，其他三座的殿堂外观可以说是大同小异，基本雷同。实际上，这三个殿座的功能性质差别很大，殿座外观按理说应该反映出各自的功能性格，但由于它们都得采用重檐庑殿顶和三重须弥座台基等一整套最高形制，自然导致外观的类型化。类型性的话语品格冲淡了功能性的个性品格，是中国传统建筑，特别是官式建筑的一个触目景象。

还有一点值得注意，传统建筑的等级表征并非只采用某一、二个等级标志，而是调度一整套的配套等级表征。列为最高体制的头等殿座，不仅需要九开间以至十一开间的面阔，三重须弥座台基和重檐庑殿顶，而且在斗栱、彩画、琉璃瓦用色以至垂脊上的仙人走兽的个数等，都有配套的高规格要求。这样在殿屋形象上就集中了大量重复的标志最高等级的符号。荷载重复消息的信息，称为"冗余信息"，可以说在官式建筑中，这种标示等级的符号达到了高饱和的程度，信息的冗余度极大。过多的冗余信息很容易带来艺术语言的累赘、啰唆，但是，由于中国建筑用以标示等级的象征性符号基本上都是叠加于指示性符号，是以构件为能指，这些构件原本是必要的，并非额外添加的，因此尽管融入高饱和的冗余信息，却没有带来艺术表达的累赘。

四、指示性符号的内在逻辑

前面已经提到，指示性符号是能指与所指之间存在内在因果关系的符号，表现为构件自身形式与内容的统一。而指示性符号又是建筑符号的主体，占据很重要的地位。建筑艺术的成就，很大程度上表现在建筑形象、建筑细部与建筑功能需求、结构构造做法的融洽统一。这种融洽统一的生动表现，就是指示性符号得体地反映其内在逻辑。中国建筑有悠久的理性传统，整个构件系统有明晰的内在逻辑，许多指示性符号在反映内在逻辑上有十分精彩的表现。下面略举数例：

1. 垂脊的内在逻辑

中国建筑的庑殿顶、歇山顶，垂脊上都带有垂兽，由垂兽把垂脊区分为前后两段，在垂兽后面的称"兽后"段，在垂兽前面的称"兽前"段。值得注意的是，兽后段的垂

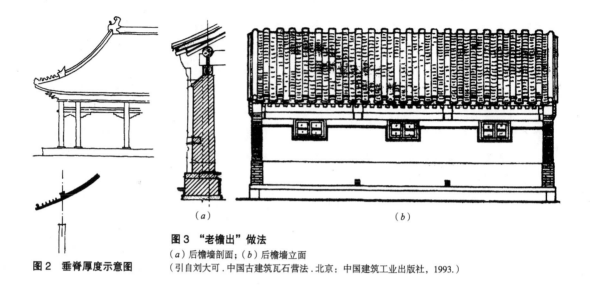

图2　垂脊厚度示意图

图3　"老檐出"做法
（a）后檐墙剖面；（b）后檐墙立面
（引自刘大可.中国古建筑瓦石营法.北京：中国建筑工业出版社，1993.）

脊做得比较厚，而兽前段的垂脊则显著减薄。为什么兽前段的垂脊要减薄呢？原来官式做法规定垂兽的位置应对准大木构架的正心桁，这样在立面上垂兽就恰好对准角柱，兽后段都在角柱以内，结构上便于支承，垂脊可以做得厚重些。而兽前段已悬挑于角柱之外，结构上属于悬臂受力，垂脊就不宜搞得过于厚重，因而在形象处理上就显著地减薄脊身，并通过点状的仙人走兽的点缀，使兽前段的垂脊显得较为轻巧（图2）。这个精到的处理有效地削减了大屋顶的沉压感，对促使翼角的飞扬起了很大作用。

2."老檐出"与"封护檐"的语义

中国建筑中，后檐墙的檐口部位，有一种称为"老檐出"的做法（图3）。它把檐墙上端做成各式墙肩，只砌到檐枋下皮为止。檐口部位敞露出椽子、檐檩、檐垫板、檐枋及其与檐柱、梁头的交接状况，人们一眼就可以看清檐檩是搁在梁上，梁是支在檐柱上，清晰地反映出木构架的力的传递途径，明确地显示出檐墙是不承重的，与力的传递无关，即俗语所说的"墙倒屋不塌"。这是十分精

彩地、极真实地袒露木构架结构逻辑的理性设计。

悬山建筑的山墙处理也是如此，同样把山墙上端的墙肩停留于梁下，呈现阶梯形五花山墙的外观（图4）。山墙部位的梁架传力和山墙非承重特点的结构逻辑显示得非常清晰，整个山墙取得很轻快的效果。

有意思的是，当我们盛赞檐墙"老檐出"显示梁架结构逻辑的理性设计时，我们会看到檐墙还存在着另一种称为"封护檐"的檐口做法。那是把后檐墙一直伸到瓦檐，把整个椽条、檐檩、檐垫板、檐枋连同檐柱、梁头全都包裹在砖砌的檐部之内（图5）。这种全封闭的檐口，完全隐藏了内部的梁架关系，与"老檐出"的做法恰恰背道而驰。这又是为什么呢？这是否属于非理性设计呢？原来"老檐出"的做法有它的弊病，檐部敞露的檩、垫、枋，没有厚墙保温，成了"冷桥"。这对于屋内空间的保暖十分不利，它只适于对殿内保温要求不高的建筑。而对于一般宅屋来说，是不可取的。因此通常宅屋的檐墙大多采取"封护檐"的做法。这种做法是建筑

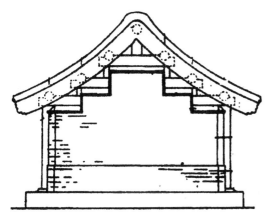

图4 悬山顶建筑的五花山墙
（引自刘大可 . 中国古建筑瓦石营法 . 北京：中国建筑工业出版社，1993.）

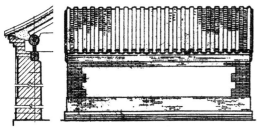

图5 "封护檐"做法
左：檐部剖面 右：后檐墙立面
（引自刘大可 . 中国古建筑瓦石营法 . 北京：中国建筑工业出版社，1993.）

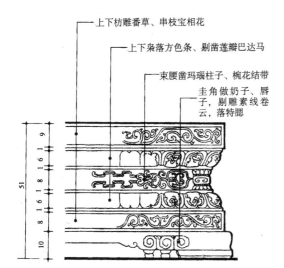

——上下枋雕番草、串枝宝相花

——上下枭落方色条、剔凿莲瓣巴达马

——束腰凿玛瑙柱子、椀花结带

——圭角做奶子、唇子，剔雕素线卷云，落特腮

图6 清式须弥座

功能所需的，同样是合乎功能逻辑的合理的、理性设计。

3. 须弥座"圭角"的逻辑语义

须弥座是指示性、图像性、象征性三种符号的叠加，作为指示性符号，它是一种台基。从清式须弥座可以看出，整个须弥座自上而下分为上枋、上枭、束腰、下枭、下枋、圭角六层（图6）。上部五层可视为座身主体，下部的圭角可视为座身的基座。这个圭角的处理很值得琢磨。原来圭角是"龟脚"的雅称。知道它名为"龟脚"，就看懂了它雕琢出来的"特腮"、"奶子"、"唇子"和"素线卷云"，是仿龟壳和龟脚，整个"圭角"层是仿"龟"形的美化。传说"龙生九子"有一子叫"赑屃"，像龟，善负重。传统石碑底部常用"赑屃"为座就是这个典故。须弥座的"圭角"之所以做成拓宽的、富有弹力的"龟脚"形式，原来就是表现其作为台基座身的"基座"形态。这可以说是既吻合基座语义，又取得形式美化的精彩设计，在功能语义和构造语义上都是合乎逻辑的。从这里我们可以看出，像清式须弥座这样的程式化构件的最后定型，都是经历长期锤炼和推敲的。指示性符号的形式与内容达到高度的统一，是建筑体系成熟性的反映。相形之下，一些边远地区出现的非规范化的须弥座做法，如清初沈阳福陵隆恩殿月台须弥座（图7），没有做出"圭角"层，直接以"下枋"着地，整个须弥座就好像陷入土层似的，大大削弱了台基整体稳定、轩昂、舒放的气势。

五、传统建筑符号的语义信息和审美信息

1. 语义信息与审美信息的不同符号特点

建筑符号既表达语义信息，也表达审美信息。作为前者，它是推论性符号；作为后者，

图7　沈阳福陵隆恩殿月台须弥座

它是表现性符号。这两种符号有不同的特点。

推论性符号的特点是：

①传递意义；②单词明确，构成规则明确；③通过逻辑推理认知或约定俗成认知；④符号与信息具有可分离性；⑤可以言传。

表现性符号的特点是：

①传递意味；②单词不明确，无明确构成规则；③凭直觉感知、顿悟；④符号与信息具有不可分离性；⑤只可意会，不可言传。

传递"意义"与传递"意味"，只是一字之差，却有天壤之别。建筑符号的语义信息传递的是"意义"，是具体的"语义"，如功能语义、结构语义、文化语义、象征语义等。建筑符号的审美信息传递的是"意味"，是美的、艺术的韵味、韵律、节律之类，不是具体明确的意义，而是形式美的感受。

作为语义信息的建筑符号，它的单词是明确的。柱的构件有柱的语义，梁的构件有梁的语义。瓜柱立在梁上，梁搁在柱上，梁柱之间的构成法则也是明确的。这样的语义信息，当它是指示性、图像性符号时，可以通过推理、类比认知；当它是象征性符号时，可以通过文化圈内的约定俗成认知。而作为审美信息的建筑符号，其单词和构成规则是不明确的。建筑形式美是整体形式的美，不能明确地、机械地分解为某些构件要素、某些局部要素的美的组合。对于建筑审美信息，也只能是直觉感知，而不是认知。

建筑符号的语义信息好比是歌曲中的歌词，歌词的语义与它的文字符号是可以分离的，因而它是可以翻译的。可以把一首外国歌曲中的外文歌词翻译成中文的歌词。建筑符号的审美信息好比是歌曲中的曲，曲的审美信息与它的乐音是不可分离的，因而它是不可以"翻译"的。不存在把一首外国的曲"翻译"成中国的曲的问题。

建筑符号的语义信息是可以言传的，因为认知其语义之后，我们可以用口语或文字来表述它的语义。建筑符号的审美信息是不可言传的，因为审美信息传递的是"意味"而不是"意义"。"意味"只能靠自己去意会，而不可能用口语或文字来表述。

2. 建筑语义信息与审美信息的平衡与不平衡

传统建筑符号既表达语义信息，又表达审美信息，在许多情况下，它们是协调的、兼顾的、两全其美的。前面提到中国建筑屋顶从表征等级的角度，分为重檐庑殿、重檐歇山、单檐庑殿、单檐歇山、卷棚歇山、尖山式悬山、卷棚悬山、尖山式硬山、卷棚硬山九个等级。这是语义信息的需要。这样的九个等级的屋顶类别，在审美信息的表达上也是合拍的。庑殿顶呈简洁的四面坡，尺度宏大，形态稳定，轮廓完整，翼角舒展，表现出宏伟的气势，严肃的神情，强劲的力度，具有突出的雄壮之美；歇山顶呈"厦两头"的四面坡，形态构成复杂，翼角舒展，轮廓丰美，脊饰丰富，既有宏大、豪迈的气势，又有华丽、多姿的韵味，兼有壮、丽之美；悬山顶呈前后两坡，檐口平直，轮廓单一，显得简洁、淡雅，由于两山悬挑于山墙之外，立面较为舒放，具有大方、平和之美；硬山顶也呈前后两坡，与悬山同样是檐口平直，轮廓单一，但是屋面停止于山墙内侧，两山硬性结束，显得十分朴素，也带有一些拘谨，具有质朴、憨厚之美。在这四种基本屋顶类型的基础上，前两种另加"重檐"的处理，衍生出强化隆重感的"重檐庑殿"、"重檐歇山"；后三种进行"卷棚"的处理，衍生出相对柔和的"卷棚歇山"、"卷棚悬山"、"卷硼硬山"。这样从重檐庑殿到卷棚硬山的九种屋顶等级，在形式美感上也相应形成九种不同的品格，它们的语义信息与审美信息是合拍的、平衡的。这正是中国建筑体系的成熟性的表现。

但是，也存在着符号的语义信息与审美信息的不平衡现象。如北京天坛祈年殿，它的前身是明嘉靖二十四年（1545年）建的大享殿，当时三重檐圆攒尖顶的琉璃瓦色彩用的是上青（蓝）、中黄、下绿，语义信息是象征昊天、皇帝、庶民（另一说是象征天、地、万物），其含义是丰富的，但其色彩效果却是花花绿绿的，与祭谷神、祈丰年的庄重殿堂性格不合拍，这是语义信息与审美信息的

明显不平衡。这个缺陷在乾隆十七年（1752年）重建祈年殿时，把三重檐改为一色的、纯净的蓝琉璃瓦，语义上缩减为单一地象征天，很好地取得了语义信息与审美信息的平衡、协调。

天坛圜丘的改建、扩建也存在这样的情况。明嘉靖九年（1530年）始建时，用的是青琉璃的坛面和栏杆，取蓝色象天的语义。但是整个大面积的圜丘用蓝色琉璃，色彩很重、很暗，欠缺明朗，与天坛的审美信息不合拍。乾隆十四年（1749年）扩建时，坛面和栏杆改用艾叶青石和汉白玉石，以明朗的色彩与蓝天相呼应，完善了圜丘语义信息与审美信息的和谐。圜丘栏板的用量在数的象征上，也经历过语义信息与审美信息由不平衡到平衡的调整。圜丘四向出陛，周圈石栏分成四段。嘉靖九年（1530年）始建时，圜丘栏板数是上层 4×9 块，中层 4×17 块，下层 4×25 块，共 204 块，这组数字的象征语义并不理想；乾隆十四年（1749年）扩建时，栏板数量原方案采用上层 4×18 块，中层 4×27 块，下层 4×45 块，共 360 块。这组数字的象征语义显然是理想的，各层栏板数都是阳数之极的"九"的倍数，三层栏板的总数又是 360，合"周天三百六十"的语义。但现存的圜丘坛栏板数并非如此，实际用的是上层 4×9 块，中层 4×18 块，下层 4×27 块，共 216 块。这是因为总数 360 的栏板方案，虽然语义信息很理想，但每个栏板的尺度太小，与圜丘坛体的比例失当，与人体的比例也失当。这在使用功能上和形式美的比例上都不合适，为此不得不调整设计，改用总数 216 的栏板方案。后者仍取得栏板各层和总数均为"九"的倍数的阳数之极的象征，只是放弃了"周天三百六十"的语义，达到了语义与审美的信息合拍。

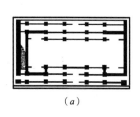

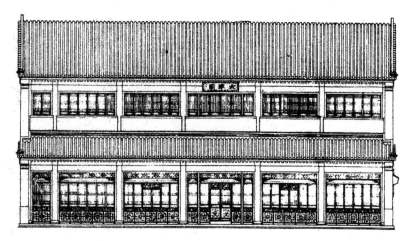

图8　承德避暑山庄文津阁
（*a*）平面；（*b*）正立面
（引自陈宝森.承德避暑山庄外八庙.北京：中国建筑工业出版社，1995.）

　　在这方面，宁波天一阁的设计很值得注意。天一阁是藏书楼，最关切防火的问题。它在象征语义上调度了三个符号来表征"水"，喻义以水克火。一是取名"天一"，引《易经》"天一生水，地六成之"的名句，借"天一"来"生水"；二是屋顶用黑瓦，因为黑色与"五行"中的"水"相对应，以此取得与"水"的关联；三是采用六开间的面阔，通过表征"地六成之"的"六"来隐喻"水"。这三个象征符号，取名"天一"和运用"黑瓦"，在语义信息和审美信息上都是合拍的。"天一"作为阁名是很高雅、大气的，藏书楼建筑用黑瓦，显得宁静、素雅，也是很贴切的。但是阁的面阔用六开间，导致以明间为中轴的阁楼正立面不对称，应该说对审美信息来说是不利的。这里出现了语义追求与审美效果的不平衡，而这种不平衡却是可以接受的。因为天一阁的六开间，实际用的是五间半。这个半间巧妙地用作楼梯间，在功能安排和空间组织上是合宜的。正立面上的不对称问题，由于阁前院庭空间不是很深，人们站在阁前观看，视点距离较近，视角较宽，立面

上的不对称看上去并不是很碍眼，整体效果还是过得去的。可以说天一阁的这个设计是大胆的、破格的设计。它成了中国式藏书楼的一种模式，后来皇家建于北京故宫的文渊阁、沈阳故宫的文溯阁、承德避暑山庄的文津阁（图8）等，用的都是六开间带黑琉璃瓦的定型模式，阁名都用了带"三点水"的偏旁。

3. 建筑语义信息、审美信息的鉴赏指引

　　认知建筑语义，感受建筑审美，都存在着施加"鉴赏指引"的可能性。从"建筑信息接受"框图（图9）可以看出，图上的"信

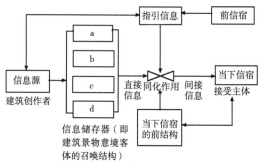

图9　"建筑信息接受"示意图

息源"是建筑设计者,"信息储存器"是设计人创作的建筑景物,"当下信宿"是当今的接受者,也就是当今的建筑观赏者。框图显示,建筑观赏者并非直接获取建筑景物的"直接信息",而是获取其"间接信息"。从"直接信息"转化为"间接信息",经过了"同化作用"。"同化作用"指的是对"直接信息"进行吸收、过滤、筛选的作用。这种作用受两方面的因素制约:一是建筑观赏者自己的"前结构"的制约,即观赏者的文化视野、艺术修养、专业能力、鉴赏水平的制约。不同的观赏者在认知同一建筑的语义信息,感受同一建筑的审美信息上,所过滤、筛选到的信息是不相同的。二是来自"指引信息"的制约。这个"指引信息"可以由建筑设计者给予指引,也可以由"前信宿"即当今观赏者之前的观赏者给予的指引。这种指引就是"鉴赏指引",实质上起着"导游"作用。

这个"鉴赏指引"值得大书特书,中国传统建筑在这方面有非常精彩的表现,擅长通过匾额、对联、屏刻、碑刻、摩崖题刻等方式,把文学语言妥帖地嵌入建筑和建筑环境。

苏州拙政园有个"与谁同坐轩",位于园内西部池边,自身只是一个扇面形的小亭,背衬葱翠的小山,隔岸与贴水曲廊相对,是园内很普通的亭榭,很一般的幽静环境。但它取名为"与谁同坐轩",这个奇特的轩名来自苏轼《点绛唇·杭州》的词句:"与谁同坐,明月、清风、我"。由于这个轩名的点示,自然把游人的观赏带进苏轼的诗词境界,启迪人们在这里迎风待月,细腻地体味皓月当空、清风徐来的情景,感受静谧幽寂的境界,生发清冷孤傲的心态。这是典型的通过匾额命名所起的鉴赏指引作用。

北京颐和园内的知春亭也是如此。知春亭位于昆明湖东岸北端,亭本身是标准的四角重檐攒尖顶,没有什么突出的特色。但它所处的豁然开朗的环境,位置极佳。邓云乡说这里是"得春最早,知春最先,感春最强"。它取名为"知春亭"是十分贴切的。人们通过亭名"知春"的指引,得以会心地在这里尽情感受湖面北、西、南三面的春景。

四川乐山凌云寺(俗称大佛寺),建于凌云山头,寺门巍峨壮观,门前左边石壁陡峭,右边江流澎湃。寺门正中高悬"凌云禅院"四字金匾,匾的下方有一对醒目的对联,上联是"大江东去",下联是"佛法西来"。短短的八个字,以极简约的文笔突出了寺庙的自然环境氛围,张扬了佛法的宗教传承文脉,言简意赅,气势磅礴,充分显示了对联深化建筑语义、升华建筑韵味和指引建筑鉴赏的魅力和作用。

值得注意的是,这类点景对联在中国传统建筑中用得很普遍,许多对联是陆续添增的。这些增添的对联多数是历史上的名人(即"前信宿")写的。他们把自己对建筑景物和境界的感受,通过对联的方式传达给后人。这不仅起到了前人对后人的鉴赏指引作用,还在建筑景物中凝结了历史名人的踪迹,丰富了建筑景物的文化积淀,促进了建筑遗产的语义增值和审美增值。

4. 建筑语言 + 文学语言

中国建筑中出现这么多的匾额、对联、屏刻、碑刻、摩崖题刻,意味着中国建筑把文学语言揉入了建筑语言。黑格尔曾指出,建筑艺术是物质性最强的艺术,诗(文学)是精神性最强的艺术。在黑格尔看来,建筑材料本身是"完全没有精神性,而是有重量的,只能按照重量规律来造型的物质。"[①]的

① 黑格尔.美学·第3卷.北京:商务印书馆,1979:17.

确，建筑有这方面的局限性，使得它的空间和体形，符号和形象，基本上是几何形态的、抽象的、表现性的，难以具象地、写实地表述。而诗文是语言艺术，可以细腻地表述事件、情节、情感和理念。建筑语言所遇到的表述困难，恰恰是文学语言所擅长的。中国传统建筑正是在这个节骨眼上，调度了文学语言来弥补建筑语言的欠缺，通过"诗文指引"、"题名指引"、"题对指引"的方式，借助匾额、对联、屏刻等中介，十分巧妙地把文学语言镶嵌到建筑语言中。这些题名、题对和铭文，在起到标点境界、升华诗韵、诱发遐想、激励情怀的鉴赏指引作用的同时，又把匾额、对联、屏刻等融入建筑装饰美的构成中，大大丰富了中国传统建筑的语义信息和审美信息。这也是中国建筑符号遗产值得重视的一个特色。

（原载《文物·古建·遗产—首届全国文物古建研究所所长培训班讲义》，北京燕山出版社，2004.7）

建筑与文学的焊接

——论中国建筑的意境鉴赏指引

　　建筑意境的生成，涉及建筑意境的客体、建筑鉴赏的主体、建筑创作的环节以及建筑接受的环节。中国传统建筑不仅善于为意境客体创造富有意蕴的景物，也十分注重在建筑景物的构成中，添加适当的鉴赏指引，促进和提高建筑接受者对意境的鉴赏敏感和领悟深度。这种对于意境接受加以鉴赏指引的做法，是很值得我们注意的一份中国建筑美学遗产。这里试以接受美学的理论和方法，对中国建筑采用"建筑与文学焊接"的意境鉴赏指引方式作一初步的探索。

　　接受美学把艺术鉴赏看成是一种认识活动，认为鉴赏过程某种意义上带有认识过程的特点。我们考察建筑意境的鉴赏环节，有必要涉及发生认识论对认识过程的分析。

　　发生认识论创始人——瑞士心理学家皮亚杰，对认识的发生过程提出了 S → AT → R 的著名公式。[①]式中：S 是客体的刺激，T 是主体的认知结构，A 是同化作用，R 是主体的反应。公式表明，认识活动不是单向的主体对客体刺激的消极接受或被动反映，而是主体已有的认识结构与客体刺激的交互作用。明确这一点，对于我们理解意境的鉴赏过程是很重要的。它说明，意境接受并非单纯取决于客体景物，不是对景物的消极、被动的反映；也不是单纯取决于观赏者，并非观赏主体纯自我意识的外射；意境的生成是来自景物客体与观赏主体之间的相互作用。不同的观赏者，具有不同的"认识结构（T）"。

　　这个认识结构，接受美学称之为"前结构"或"审美经验的期待视界"，它受观赏者的世界观、文化视野、艺术修养和专门能力的制约。由于观赏者的"前结构（T）"不同，AT 的同化效果自然不同，同样的景物（即客体刺激 S）所生成的意境感受（即主体反映 R）当然是很不相同的。因此，良好的意境感受，不仅需要景物具有良好的客体意境结构，而且需要接受者具有良好的主体"前结构"。而"前结构"是接受者自身既定的，从表面上看似乎他人对之是无能为力的，而实际上存在着他人施加影响的可能性。这就须添加"鉴赏指引"，即给接受者提供对所观赏景物的解释性、导引性的鉴赏指导，俾能即时帮助接受者发现、理解景物的意境内蕴，显著提高接受者的鉴赏敏感和领悟深度。这一现象可图示如下：

　　中国传统建筑的意境鉴赏指引，集中表现在对"文学"手段的运用。其表现形态很多，有以诗文的形式，记述建筑和名胜的沿革典故、景观特色、游赏感兴；有以题名的形式，为建筑和山水景物命名点题，画龙点睛；有以题写对联的形式，状物、写景、抒情、喻志，指引联想，升华意蕴。它们都呈现出建筑与文学的联结、协同。

　　黑格尔认为建筑艺术是物质性最强的艺

① （瑞士）J·皮亚杰. 皮亚杰学说及其发展. 长沙：湖南教育出版社，1983.

术，诗（文学）是精神性最强的艺术。建筑与文学的焊接，实质上意味着在物质性最强的建筑艺术中，掺入了精神性最强的艺术要素。

在黑格尔看来，建筑材料本身是"完全没有精神性，而是有重量的，只能按照重量规律来造型的物质"。①的确，建筑首先要满足物质功能的需要，又赖建筑材料来构筑，因此它的空间和造型，符号和形象，基本上是几何形态的，是抽象的、表现性的。这就使得建筑意境内蕴的多义性、朦胧性和不确定性至为突出，使得建筑意境在表现某种特定意义、特定意蕴时往往难以确切表述，也使得建筑意境的接受者，需要具备较高的文化素养和建筑理解力，才有可能领悟较深的蕴涵。这就给建筑意境的创造和接受带来了很大的局限。

诗文是语言艺术，确如黑格尔所说，它不像建筑、雕塑那样不能摆脱空间物质材料，也不像音乐那样不能摆脱时间性的物质材料（声音），它可以"更完满地展开一个事件的全貌，一系列事件的先后承续，心情活动，情绪和思想的转变以及一种动作情节的完整过程。"②建筑语言所遇到的表述困难，恰恰是文学语言所擅长的。传统建筑正是在这个节骨眼上，调度了文学语言来弥补建筑语言的欠缺，应当说是睿智的、独特的、令人赞叹的。下面把鉴赏指引区分为诗文、题名指引和题对指引三类，分别展述。

一、诗文指引

中国文学宝库中，有数量庞大的山水诗、山水赋、山水散文、游记，也有为数可观的描述建筑和园林的诗、赋、园记、楼记、堂记、亭记之类的散文、铭文。这些文学作品有不

少是描写名山胜水的千姿百态、名园胜景的五光十色，记叙建筑景物的沿革典故，记录聚友畅游的逸情盛况，抒发游观的审美体味和触想感怀。它们实质上构成了特定建筑意境客体的文化环境，成为烘托建筑景物的文学性氛围。这样的诗文，对于后人的游览品赏，起到了十分显著的鉴赏指引作用。主要体现在：

1. 扩大景物的知名度

明代画家董其昌说："大都诗以山川为境，山川亦以诗为境。名山遇赋客，何异士遇知己。一入品题，情貌都尽，后之游者，不待按诸图经，询诸樵牧，望而可举其名矣。"③

清代文人尤侗说："夫人情莫不好山水，而山水亦自爱文章。文章藉山水而发，山水得文章而传，交相须也。"④

清代学者钱大昕也说："然亭台树石之胜，必待名流宴赏，诗文唱酬以传。"⑤

历史上的许多建筑、园林、风景，正是通过诗文的吟传，而成为"名胜"的。特别是著名人物的诗文，更是扩大景物知名度最为有效的传播媒介。滕王阁、岳阳楼、兰亭、醉翁亭的名声大噪，显然和王勃的《滕王阁序》、范仲淹的《岳阳楼记》、王羲之的《兰亭集序》、欧阳修的《醉翁亭记》的广为流传是分不开的。柳宗元在《邕州柳中丞作马山茅草亭记》中，曾明确地指出这一点，他说："夫美不自美，因人而彰。兰亭也，不遭右军，则清湍修竹，芜没于空山矣。"他还进一步表白自己写这篇茅亭记的用意："是

① （德）黑格尔. 美学. 北京：商务印书馆，1979.
② （德）黑格尔. 美学. 北京：商务印书馆，1979.
③ （明）董其昌：《画禅室随笔·评诗》。
④ （清）尤侗：《百城烟水·序》。
⑤ （清）钱大昕：《网师园》。

亭也，僻介闽岭。佳境罕到，不书所作，使盛迹郁埋，是贻林涧之愧。故志之。"[1] 说明为亭子扩大知名度是作者写亭记的自觉目的。

2. 传递景物的背景信息

这些记述建筑和山水景胜的文章，大都翔实地记载景物的历史沿革、轶事典故，为观赏者提供了景物清晰的历史背景信息和生动的文化背景信息。如苏舜钦在《沧浪亭记》中记述择地构亭的缘由；文徵明在《王氏拙政园记》中讲述取名"拙政"的典故；钱大昕在《网师园记》中记载宋宗元创建网师园的经过和命名的用意；祁彪佳在《寓山注》中说明建造"寓园"的缘起，并详细阐述园中 40 余处建筑和景点命名的缘由……这些文章有效地丰富了观赏者对景物的背景认识，提高了观赏者对景物的欣赏兴趣。

3. 揭示景物的意境内涵

善于发现景物意蕴，发掘景物意蕴，阐释景物意蕴，可以说是吟诵建筑和风景的诗文的一大特色。许多著名的写景抒情诗文在这方面都有淋漓尽致的发挥。如在《醉翁亭记》中，欧阳修对醉翁亭境界的阐发，给我们留下了难以忘怀的印象。作者首先似运用电影镜头由远及近地层层扫描醉翁亭的优越环境。在环滁诸山中，有"林壑尤美"的西南诸峰；在西南诸峰中，有"蔚然而深秀"的琅玡；在琅玡中，有"泻于两峰之间"的酿泉；最后"峰回路转"，才显出"临于泉上"的醉翁亭。

对于醉翁亭自身的建筑形貌，作者没有实写，只用"翼然临于泉上"六字虚写一笔。这里留下了大片的"空白"，这个如此优越环境中的"翼然"的亭子，究竟是如何优美动人，留给读者自己去想象。作者着力抒发了他所感受的种种境界：描写了"日出而林

霏开，云归而岩穴暝"的山间朝暮变化；"野芳发而幽香，佳木秀而繁阴，风霜高洁，水落而石出"的山间四时景色；"负者歌于涂，行者休于树"的滁人前呼后应、往来不绝的热闹场面；畅述了自己与众宾客在亭中觥筹交错的醉欢情景；最后归结到哲理意味的感兴："人知从太守游而乐，而不知太守之乐其乐也"。展现出作者不沉郁于仕途的失意，以豁达的情怀充分领受山水之乐的超然心态。

显而易见，这类诗文实质上都意味着文人名士以旷达的审美情操、深邃的哲理认识，通过优美的、诗一般的语言，精炼地揭示了他们对景物境界的敏锐发现、细腻发掘和深刻阐释，这对于景物的意蕴来说，是一种深化，是通过高水平的接受者的品赏，使景物意蕴获得进一步的拓宽和升华；而对于后来的观赏者来说，则是一种普及化，是前人把自己的意境感受传达给后人，起到一种导游讲解的作用，有效地把难以领悟的深层意蕴普及给广大的观赏者。

4. 增添景物的人文景观价值

这些著名人物品赏、咏颂景物的诗文，多数都通过碑刻、屏刻、崖刻等形式，珍重地展示于建筑和风景中。如绍兴兰亭，大书法家王羲之所写的《兰亭序》，有唐宋以来临摹的十余种贴石嵌在流觞亭西王右军祠的两侧廊墙。范仲淹的《岳阳楼记》，有乾隆时名书法家张照书写的木雕屏展于楼内。欧阳修的《醉翁亭记》，作于北宋庆历六年（1046 年），只过两年，就有了初刻碑石，但字划偏浅，难以远传，到元祐六年（1091 年），又请苏轼改书大字重刻，为醉翁亭添增了一件珍贵的历史文物。至于皇家园林更少不了

---

① （唐）柳宗元：《邕州柳中丞作马退山茅亭记》。

皇帝题写的御碑承德避暑山庄内，就有康熙和乾隆所立的御碑 20 多座，现在保存下来的还有 11 座。这些碑，有的为诗碑，有的为文碑。诗碑多是皇帝写景抒怀之作，文碑多是表述建筑的建造原因、经过以及有关事件。这些碑可以说是诗文、书法、工艺美术和建筑小品的艺术综合体。

在名山胜景，各类刻石更为繁盛。号称"天下名山第一"的东岳泰山，"到处刻有古人的题字题诗，参差错落，少说不下一千块。"①其中有不少是摩崖题刻。闻名遐迩的福州鼓山，也有摩崖刻石约 300 处，其中包括宋刻、元刻、明刻、清刻和近代、当代的新刻。这些摩崖石刻，有的是短短一句的题名记游，有的是洋洋百字的五言古诗。它们荟集篆、隶、行、草、楷各体，琳琅满目，相映成趣，为岗峦起伏的秀美山岩抹上了文化神采。

不难理解，这些碑刻、屏刻、崖刻体现着文学手段巧妙地穿插进建筑组群、建筑室内和名山胜景，意味着建筑、风景与诗文、书法的焊接，自然景观与人文景观的交织。这些品赏、记游的诗文，在起到意境鉴赏指引作用的同时，自身也成为人文景观的积淀，通过碑、碣、屏、壁、崖石等物化形式，转化为人文景点，既增添了景物的人文景观价值，也进一步优化了景物客体的意境结构。

二、题名指引

这里说的建筑"题名"不是指一般建筑群或单体建筑的名称，凡基于建筑的某些特点所形成的品类名称或自然称呼，并无其他深意。这种取名中外是一致的。中国古典建筑中却盛行另一种独特的、具有特定含义的"题名"。

"题名"有两种情况：一是给建筑物或景点命名；二是给建筑空间点题。如宫殿建筑命名为太和殿、乾清宫、皇极殿、乐寿堂；皇家园林建筑命名为佛香阁、排云殿、听鹂馆、写秋轩；私家园林建筑命名为远香堂、见山楼、待霜亭、与谁同坐轩；景区景点命名为"平湖秋月"、"柳浪闻莺"、"锤峰落照"、"南山积雪"等。这些建筑和景点的命名，主要以匾额的方式悬挂于建筑物的外檐。重要的景区命名还可能隆重地以立碑建亭或树立牌楼的方式来展示。"点题"主要用于室内空间和建筑组群的门面空间。建筑物的室内空间，除书斋常取名外，通常不再命名，而以内檐匾额点题。如圆明园各殿堂内悬挂的"刚健中正""万象涵春""山辉川媚""无暑清凉""纳远秀""得自在"等匾。建筑组群门面空间则把点题文字刻于牌楼、牌坊的楼匾、坊匾上，如曲阜孔庙的"金声玉振""太和元气""德侔天地""道古冠今"等牌匾。这类牌匾，用以强化门面的空间意蕴，可算得是十分隆重的点题方式。

建筑和景点的这种命名和点题，从所表达的语义内涵来看，大体有以下几类：

1. 隐喻一统，藻饰升平

如北京故宫前三殿，命名为"太和""中和""保和"。"太和""保和"出典于《易·乾·彖辞》："保合大和乃利贞。"大与太通，太和、保和就是保持宇宙间的和谐、协调，使万事万物各得其利，用以隐喻皇权长治久安。"中和"出典于《礼记·中庸》："中也者，天下之大本也；和也者，天下之达道也。致中和，天地位焉，万物育焉。"中和殿在太和殿与保和殿之间，借用此典，

① 崔秀国. 东岳泰山 // 中华书局编辑部. 五岳史话. 北京：中华书局，1982.

表示维系平稳的一统秩序。前三殿通过这样的命名，深化了宫殿主体建筑表征皇权一统天下的礼教意蕴和永固统治的政治内涵。其他如后三宫命名为"乾清""交泰""坤宁"，圆明园景区命名为"九洲清晏""万方安和"等，也都具有这样的点示和深化象征意蕴的作用。

2. 表征仙境，寓意祥瑞

早在秦汉时代，人工山水园已出现"海岛仙山"式的布局，以大池为中心，象征东海，池中堆土石为一岛或三岛，象征传说中的海上仙山——蓬莱、方丈、瀛洲。这种源于方士妄说的景物布局方式，由于具有象征仙境的吉祥含义和良好的水域组景效果，获得了很强的生命力。蓬莱仙岛式的景物和命名，成了传统园林塑造"人间仙境"意蕴的惯用模式。

一般殿堂建筑则主要靠命名来寓意吉祥。北京故宫的宁寿宫组群可说是这类命名的集中表现。这组建筑建于乾隆三十六年到四十一年（1771～1776年），是乾隆为自己在位63年后归政而建的太上皇宫殿。这里的殿堂门楼取名皇极殿、宁寿宫、乐寿堂、庆寿堂、颐乐轩、遂初堂、符望阁等，都明显地含有表征福寿、寓意祥瑞、祝祷颐和、得遂初愿的用意。民间建筑、文人宅舍也常有祝瑞志喜的命名，苏轼在《喜雨堂记》中提到了这一点，他说："亭以雨名，志喜也。古者有喜，则以名物，示不忘也。"[1]显然，志喜式的建筑命名有效地起到了点示景物特定纪念意蕴的作用。

3. 修身勤政，规诫自勉

这类题名，有的用于殿屋的命名，如圆明园的勤政殿、无倦斋、慎德堂、澹怀堂，避暑山庄的澹泊敬诚殿等。澹泊敬诚殿是避暑山庄的正宫主殿，取名源自诸葛亮"非澹泊无以明志，非宁静无以致远"的名句，乾隆阐释为"标言澹以泊，继日敬兮诚"。此殿在乾隆十九年（1754年）全部用楠木改建，梁、柱、门、窗均保持楠本本色，不彩不绘，建筑格调更适合山庄特色，也与"澹泊"之名更为合拍。这种规诫性的题名，更多地用于殿堂内部空间的点题，如圆明园各殿堂就有"勤政亲贤""刚健中正""养心寡欲""乐天知命""自强不息""居安莫忘武""一年无日不看书"等一大批规诫性的内檐匾额。封建帝王以这类匾额为座右铭，用意在于规诫自己修身勤政，标榜自己亲贤识礼，注重道德修养。从建筑意境的角度来看，这样的匾额也起到了点示场所精神和点染空间气氛的作用。

4. 寄意隐逸，比拟高洁

传统私家园林基本上是"文士园"，园主多是退隐后以园居自乐，园名和建筑景物取名常常寄寓隐逸。苏州的拙政园、沧浪亭、网师园的园名都体现了这种意识。受儒家"比德"审美意识的影响，在园林景物组织中，也渗透着浓厚的比拟高洁的鉴赏意识。松、竹、梅、兰、荷、菊等花木都被赋予拟人品格，成为园林中最受青睐的观赏景物，许多景区、景点和景观建筑是以此立意命名的。圆明园四十景之一，占地最大的一组"园中园"，被命名为"濂溪乐处"。这里流水周环，满布荷花，"净绿粉红，清香不已"。乾隆盛赞它"左右前后皆君子"。[2]"君子"在这里指的是荷花。清代周敦颐称"莲，花之君子者也"。他自号"濂溪先生"，因而这个赏花的景点得到了"濂溪乐处"的美称。这类以赏莲命名的景物很多，如避暑山庄康熙所题

---

① （宋）苏轼：《喜雨亭记》。
② （清）乾隆：《御制圆明园图咏》。

的三十六景中有"曲水荷香""香远益清"；乾隆所题的三十六景中有"观莲所"；拙政园有远香堂、荷风四面亭等。这种命名方式，显然起到了托物寄兴、借景抒情的深化意蕴作用。

5.标点境界，写仿名胜

南宋画院画师把杭州西湖"四时景色最奇者"概括为十景，取名"苏堤春晓"、"曲院风荷"、"平湖秋月"、"断桥残雪"、"柳浪闻莺"、"花港观鱼"、"雷峰夕照"、"双峰插云"、"南屏晚钟"、"三潭印月"。这样的命名方式，只用短短四字，点出了特定的地点、特定的时间、特定的景象，以极其精粹的语言，揭示了富有诗意的境界，很自然地成了标点景物境界的一种常见的模式。许多著名景区的景点都采用了这种命名模式。如钱塘十景、燕京八景、天台八景和避暑山庄康熙题名的三十六景中的"西岭晨霞"、"锤峰落照"、"南山积雪"、"石矶观鱼"都属于这种命名。这样的题命，既是命名，也是点题，能够准确地把握景观特色，突出景观个性，善于把建筑、山川等实景意象与"春晓"、"秋月"、"晨霞"、"晚钟"、"垂虹"、"落照"等虚景意象交织在一起，升华成虚实相生、诗意盎然的境界，既对景物起到点睛作用，也对鉴赏起到指引作用。

这类著名的景点，在皇家园林"移天缩地在君怀"的规划思想支配下，常常成为景观创作构思立意参照的原型，形成模仿名胜的所谓"变体创作"。这些景点的命名，大多原封不动地被沿用。如杭州西湖十景的名称在圆明园中都一一再现；长春园的狮子林、小有天，分别写仿苏州狮子林、杭州小有天；避暑山庄的小金山、烟雨楼，分别写仿镇江金山胜景和嘉兴南湖烟雨楼。这种写仿，通过命名的点示，大大强化了景物所写仿的意蕴。

6."述旧""编新"，画龙点睛

在《红楼梦》第十七回"大观园试才题对额"中，贾宝玉对题对额提出了"编新不如述旧，刻古终胜雕今"的见解。的确，建筑景物的题名、题对，存在着"编新"和"述旧"两种方式，古人有偏重"述旧"的倾向。所谓"述旧"，就是结合景物特点，撷取人们熟悉的古人诗文名篇的字句来命名、题对，把景物升华到历史积淀的诗文境界，这是拓展和深化景物意蕴，点示和规范接受定向的一种很有效的方式。所谓"编新"，则是针对景物特色，用新编的诗意字句来命名、题对。这种编新，虽然起不到借引古人诗意的作用，只要编得妥帖、高妙，同样可以画龙点睛地深化意蕴，指引鉴赏。应该说"述旧""编新"自身并无高低之分，两者各有千秋，都可能题出非常精彩的对额。

在园林中，这种述旧、编新的题名主要用于点景抒情。拙政园西部扇面亭的命名可以说是点景抒情的题名杰作。这个池边小亭，背衬葱翠的小山，隔岸与贴水曲廊相对，是园内很普通的亭榭，很一般的幽静环境。由于取名为"与谁同坐轩"，注入了特定语义，大大深化了意蕴。这是"述旧"式的取名，引自苏轼《点绛唇·杭州》的词句："与谁同坐，明月、清风、我。"它把游人的观赏带进苏轼的诗词境界，启迪人们在这里迎风待月，细腻地体味皓月当空、清风徐来的情景，感受静谧幽寂的境界，生发清冷孤傲的心态。

关于建筑题名，宋人洪迈曾说："立亭榭名最易蹈袭，既不可近俗，而务为奇涩亦非是。"[1] 明人张岱也说："造园亭之难，难

---

[1] （宋）洪迈：《容斋随笔》。

于结构，更难于命名。盖命名俗则不佳，文又不妙。"①像"与谁同坐轩"这样的命名，述旧而不蹈袭，风趣而不近俗，含蓄而不奇涩，有丰富的潜台词，有发人遐想的空白和余韵，可以说是充分发挥了题名深化意蕴的潜能和指引鉴赏的作用。

上面归纳了六种内涵的题名，只是概略地梳理，并不全面。仅从这些方面，已不难看出中国传统建筑文化对于题名是极为重视的。重要的礼制建筑，景观建筑都通过命名和点题，使之成为"有标题"的作品，赋予了意识形态的内涵和接受定向的指引。这样的建筑，如同"有标题的音乐"一样，可以称为"有标题的建筑"。值得注意的是，这种题名，巧妙地以匾额的形式推到建筑的"前台"，高高展示在建筑物的外檐或内檐的最触目部位。它把文字性的东西转化为建筑性的构件，取得了文学手段与建筑手段在艺术形象上的有机统一，并且融书法美、工艺美和建筑美于一身，在建筑形象上也起到重要的美化作用。

三、题对指引

悬挂对联是中国传统建筑的一种独特文化现象，宫殿、苑囿、园林、第宅、寺庙、祠堂、会馆、书院、戏楼等几乎都少不了对联。对联自身是中国独特的文学形式，它利用汉字一字一音一义的特点，组成上下联对称的形式。联的篇幅可长可短，十分灵活，短联多为四言、五言、六言、七言，长联则长达数十字以至百余字、数百字。对联的体例，有的是精练的诗词格调，是诗的高浓度凝聚；有的是通俗的散文格调，在流畅的语言中寄寓着深邃的理趣。对联的创作也有"述旧""编新"之分。述旧的对联多用"集句"

的方式，从古人的诗句中摘取、配对。《扬州画舫录》记述扬州园林的对联，绝大多数都是集唐宋的诗句。这种集句式的对联，把现实的景物与前人所咏颂的诗句相联系，很容易激发观赏者进入诗的境界。编新的对联也很注重用典，通过历史"典故"的触媒，同样可以引发观赏者的历史遐想。对联自身还是书法、雕刻的荟萃，集文学美、书法美、雕刻美和工艺美于一身。这些对联，在建筑上的展现，有三种基本方式：一是当门，二是抱柱，三是补壁。通过这三种方式，对联与门、柱、壁融合成一体，取得建筑化的载体，成为建筑装修的一个品类。其中抱柱式的对联，通称"楹联"，是三种方式中运用最为广泛的一种。由于木构架建筑柱子很多，在外檐、内檐都有充足的柱可供悬挂楹联，提供了展现楹联的充足场面。许多重要的名胜建筑，常常集众多楹联于一堂，它们常常是不同历史年代的著名历史人物或著名文人、书法家留下的吟颂、赏评，是建筑中的文化积淀的一种体现。

清代书画家方薰在谈到画面"题跋"的作用时说："画家有未必知画，不能画者每知画理，自古有之。故尝有画者之意，题者发之。"又说："款题图画，始自苏、米，至元明而递多。以题语位置画境者，画亦由题益妙。高情逸思，画之不足，题以发之，后世乃为滥觞。"②

建筑中的题对，实质上很接近于画面上的题跋，可以视为"建筑的题跋"。方薰在这里讲到画面题跋的两个作用：一是"画者之意，题者发之"，即画家自己没有意识到的意趣，由"题者"通过题跋给予阐发；二是"画之

---

① （明）张岱：《琅嬛文集·与祁世培》。
② （清）方薰：《山静居画论》。

不足,题以发之",即画面所未能充分表达的高情逸思,可以通过题跋进一步发挥,使之"益妙"。建筑中的题对也是如此,一方面可以通过对联阐发建筑匠师在作品中未曾意识到的意蕴;另一方面也可以通过对联阐发建筑作品所未能充分表达的高情逸思。在建筑中题写匾额对联,实质上是高水平的建筑鉴赏者参与建筑意境的发掘和阐发,正如《红楼梦》中贾政所说:"若大景致,若干亭榭,无字标题,任是花柳山水,也断不能生色。"这是通过文学的、诗的配合,对建筑景物境界的点睛和升华,同时也是对于广大建筑审美者的一种极为有效的、生动的鉴赏指引。

从大量的名胜对联来看,在深化意境和指引鉴赏方面,题对起着以下作用:

1. 标点境界

许多名胜对联是用来标点境界、指点景观特色的。如北京樱桃沟半山亭,摘取王维《终南别业》的诗句,以"行到水穷处,坐看云起时"为亭联,点出了石亭所处的环境意蕴。桂林叠彩山风洞,以"到清凉境,生欢喜心"的简洁、朴实的语言,点示了夏天洞外炎热如火,洞内清爽如春的特定景物的有情有景境界。一些山林佛寺组群的山门或香道入口,也常常通过对联来强化景区起点的意蕴,增添引人探胜的兴趣。如浙江永康方岩广慈寺的天门亭楼,用上"天生奇境开宗派,门设雄关护法王"的楹联;浙江普陀山短姑道头"同登彼岸"牌坊,用上"到这山来,未谒普门,当先净志;渡那海去,欲登彼岸,须早回头"的楹联,都十分妥帖地点示了景区起始的场所意识,展露出进入"佛国"的独特境界。

2. 升华诗韵

许多名胜对联都起到升华诗韵的作用。《老残游记》中提到的济南大明湖铁公祠大门名联:"四面荷花三面柳,一城山色半城湖",就是对大明湖景观的生动概括和诗意升华。四川乐山凌云寺的山门,上悬"凌云禅院"巨大金匾,两旁挂"大江东去,佛法西来"对联,既描述了庙门临江的雄浑景象,又突出了佛法流传的庄严历史,言简意赅,气势磅礴,大大升华了凌云寺门面的环境意蕴。《扬州画舫录》中记述扬州杏轩的一副对联:"槛外山光,历春夏秋冬,万千变幻、总非凡境;窗中云影,任南北东西,去来淡荡,洵是仙居"。[①]人们即使不熟悉杏轩的建筑、景致,只要读到这副对联,也能领略到"山光"变幻,"云影"淡荡的仙居意韵。这类升华诗韵的对联,很善于捕捉景观环境中的山水意象、花木意象和风云意象,善于把青山、绿水、清风、明月、竹荫、花影、蝉噪、鸟鸣等自然美因子组构成虚实相生的意象串,以突出景观环境的诗情画意。苏州沧浪亭的著名亭联:"清风明月本无价,近水远山皆有情",就属此类。沧浪亭是北宋苏舜钦因罪被废,旅居吴中,以四万钱购得弃地而建。欧阳修在《沧浪亭》一诗中,有"清风明月本无价,可惜只卖四万钱"句。苏舜钦在《过苏州》诗中,有"绿杨白鹭俱自得,近水远山皆有情"句。清代文人梁章钜集两诗成此联,可以说是匹配得天衣无缝。这副对联,上联写清风明月的虚物景象,下联写近水远山的实物景象,把沧浪亭的建筑意象与环境的山水、风月意象融合在一起,既浓郁了沧浪亭的诗的境界,也深化了沧浪亭的文化积淀。

3. 诱发遐想

名胜对联具有诱发遐想的机制,它能提供大片的"意义空白",引发广阔的想象

---

① (清)李斗:《扬州画舫录·卷十三》。

空间，促使观赏者浮想联翩，拓展象外之象。这类对联，有的采取提问式的诱发，如昆明西山三清阁联："听鸟说甚？问花笑谁？"通过妙趣横生的提问，激活游人的想象力。杭州灵隐寺冷泉亭，位于飞来峰下，明代著名画家董其昌为之写了一副问联："泉自几时冷起，峰从何处飞来？"这副妙联展开了耐人寻味的想象空间，引来不少答问式的对联，很能激发游人的兴致和思绪。拓展广阔的艺术时空，是对联诱发遐想的关键所在。苏州留园石林小院有一副明代著名书法家陈洪绶写的对联："曲径每过三益友，小庭长对四时花"。对联生动地点出小院的"曲径"、"小庭"特色，通过"三益友"、"四时花"引发对于岁寒三友和四时季相的时空感触。颐和园后山谐趣园的涵远堂，有一副对联："西岭烟霞生袖底，东洲云海落樽前"。这副对联是用来阐释堂名的。涵远堂能"涵"多么"远"？对联说，西山的烟雾云霞好像就在手下生起，东海的海市蜃楼似乎就展现在酒杯面前。涵远堂实际上面临的是一片寂静的、相对封闭的水面，它的景域并不大，通过这副对联夸张的点示，大大拓展了"涵远"的时空。

4. 激励情怀

坛庙、祠堂、陵墓等纪念性建筑，很善于调度对联颂扬师表，纪念英烈，缅怀先祖，激励后人。这些对联成了渲染纪念性的崇高气氛和突出瞻仰性的场所精神的有力手段。曲阜孔庙大成殿有一副乾隆作的对联：

气备四时，与天地鬼神日月合其德；
教垂万世，继尧舜禹汤文武作之师。
杏坛也有一副近似的对联：
允矣斯文，为古今中外君民立之极；
大哉夫子，合诗书易礼春秋集其成。

从道德、师表、功业等角度对孔子作了至高无上的颂扬。这类对联，大都洋溢着鲜明的爱憎情感，很能激人情怀，感人肺腑。如北京府学胡同的文天祥祠联：

正气贯人寰，河岳日星垂万世；
明湮崇庙观，丹心碧血照千秋。

扬州广储门外梅花岭的史可法衣冠墓联：

数点梅花亡国泪；
二分明月故臣心。
杭州西湖岳飞墓联：
青山有幸埋忠骨；
白铁无辜铸佞臣。

这些对联都能深深激励观赏者的敬仰情怀，从而深化了祠庙境界的纪念意蕴。

5. 引申哲理

名胜对联还具有引申哲理的重要作用。它有助于突破建筑景物的有限时空，指引观赏者生发人生的、历史的、宇宙的哲理感受和深层领悟。

杭州玉泉景点，泉水晶莹明净，有"湛湛玉泉色"的美称，这里建有"鱼乐国"，人们到此观泉赏鱼，景物自身并没有哲理性的内蕴。但是，一副"鱼乐人亦乐，泉清心共清"的对联为游人点示了"人鱼同乐，心泉共清"的情景交融的意蕴，指引游人领略忘却尘事的超脱境界。这副对联涉及《庄子·秋水篇》的一个典故：庄子与惠子游于濠梁之上，庄子曰："鲦鱼出游从容，是鱼之乐也。"惠子曰："子非鱼，安知鱼之乐？"庄子曰："子非我，安知我不知鱼之乐？"玉泉"鱼乐国"的题名和"鱼乐人亦乐"的题对，正是用的这一典故。这个题名和题对，都是把"鱼乐"升华到逍遥出世的境界，给玉泉观鱼的景点注入了人生哲理的意蕴。

玉泉景点的临池茶室，还有一副对联：

休美巨鱼夺食；
聊饮清泉洗心。

这副对联看上去只是即景描写玉泉的品茗观鱼，实际上也寄寓着人生哲理，表露了"悠然自我，与世无争"的超脱心态。值得注意的是，同是玉泉观鱼的景物，在前一副对联中，人们看到的是鱼的从容游乐，在后一副对联中，人们看到的是巨鱼夺食。这正是景物意象的多义性、模糊性所导致的境界意蕴的多样性、丰富性。

这类带哲理性的对联，有时还通过俏皮的方式来表述。《扬州画舫录》提到郑板桥曾经为如皋土地庙撰写一副集句对联：

乡里鼓儿乡里打；
当坊土地当坊灵。①

这种打油诗式的对联，是在跟土地爷开玩笑中，捎带着讽刺乡里意识。这类风趣的哲理联在寺庙建筑中不少见。如北京潭柘寺的题弥勒联：

大肚能容，容天下难容之事；
开口便笑，笑世间可笑之人。

北京南苑观音庵的倒座观音联：

问大士缘何倒座？
恨世人不肯回头。

这些戏谑式的对联，都能超越宗教意识，俏皮地抓住景象的某些特征，点示出德操精神和人生处世的哲理，冲淡了寺庙场所的宗教气氛，添增了进香随喜的理趣。不难理解，名胜对联通过上面所说的标点境界、升华诗韵、诱发遐想、激励情怀、引申哲理等方面的作用，既参与了意境客体的构成，深化了意境客体的意蕴，又充当了接受主体的导游，发挥了指引鉴赏的功效。

诗文指引、题名指引、题对指引构成了文学手段介入建筑意境的三大途径，特别是匾额和楹联体现了文学意象与建筑意象的有机融合，对建筑意境的客体结构和主体鉴赏都起到重大作用，可以说是中国建筑的一份独特的美学遗产。

___

① （清）李斗：《扬州画舫录·卷六》。

中国建筑的"硬"传统和"软"传统

我们的建筑创作思想一直缠绕着古与今、中与外、传统与革新、民族化与现代化、历史文脉与时代精神等一长串命题的困扰。这些命题是建筑创作中纵向文化认同与横向文化认同所交织的矛盾系列。"建筑传统"是这个矛盾系列中的一方。中国建筑具有悠久的历史和独特的文化积淀,既有丰厚的传统财富,也有沉重的传统包袱。对建筑传统的理解、认识、态度,也就是"建筑传统观"问题,一直成为中国建筑,包括中国近代建筑和当代建筑的一个突出问题。

建筑传统是一个多向度、多侧面、多层次的动态复合结构。不同时代都有自己审视建筑传统的时代视角、学派视角,都对建筑传统作出不同的阐释和选择。在封建时代,对中国建筑传统,主要着眼点在于建筑形制。建筑的空间布局、方位、间架、尺度以至装饰、色彩等形制,都被视为"礼"的规范,它们体现着严格区分上下、尊卑、亲疏、贵贱、男女、长幼、嫡庶的礼教秩序。传统形制成了"先王之制",只能"率由旧章","述而不作"。这是封建的"建筑传统观"的主视点。在近代中国,基于"中体西用"、"中道西器"、"国粹主义"、"文化本位"等的文化观念和西方学院派的建筑教育,20世纪30年代的中国建筑师纷纷提出"依据旧式,采取新法","酌采古代建筑式样,融合西洋合理之方法与东方固有之色彩于一炉"等主张,对中国建筑传统,主要着眼点落在"固有形式"的

提取和承继上,把延续传统建筑的形式特征,作为体现、发扬中国精神和民族色彩的方式、途径。这是文化上的国粹主义和建筑上的折中主义所交汇的"建筑传统观"。20世纪50年代到60年代,把增强民族凝聚力、自信心,适应人民的"喜闻乐见",作为建筑艺术的政治目标和审美目标,在"民族的形式,社会主义的内容"和"创造中国的社会主义的建筑风格"的口号下,中国建筑继续着30年代的做法,仍然以传统建筑的形式特征来体现民族形式和民族风格。这是一种封闭型文化意识的"建筑传统观",在建筑创作方法上,仍然未超出学院派的路子。

这几种不同文化意识背景下的"建筑传统观"有一个共同的特点,就是只看建筑传统中的"硬"传统,只着眼于传统形制和固有形式等建筑遗产的"硬件",只停留于建筑传统的表象层面。它们都没有注视建筑的"软"传统,没有开挖建筑遗产的"软件",没有深入到建筑传统的深层内涵。这是一个值得反思的重大现象。

建筑文化是多层面的结构,由历史积淀的建筑文化传统当然也是多层面的。我们有必要把建筑传统区分出看得见的表层结构——"硬件"层面和看不见的深层结构——"软件"层面。"硬件"是建筑传统的物态化存在,是凝结在建筑载体上,通过建筑载体显现出来的建筑传统的具体形态和形式特征,如中国传统建筑的大屋顶、斗栱、须弥

座之类。"软件"是建筑传统的非物态化存在，是飘离在建筑载体之外，隐藏在建筑传统形式背后的文化心理内涵，包括价值观念、思维方式、情感方式、审美情趣、建筑观念、建筑思想、创作方法、设计手法等。

建筑遗产的硬件，与特定的建筑载体凝结在一起。硬件的生命力受制于载体的生命力。在中国古代，社会生产力发展缓慢，社会经济长期处于相对停滞的小农经济状态，社会体制趋于僵化，科技结构长期没有突破性的进展，社会生产、社会生活对建筑空间形态没有提出突破性的新要求，与小跨度空间相联系的木构架结构体系迟迟没有得到突破，建筑载体的持久延续，维系着传统"硬件"体系的持久延续，形成高度程式化的"硬件"系统，呈现建筑"硬"传统的极端稳定的延续现象。古代西方建筑也存在着厚重的砖石承重结构体系的持久延续，维系着传统柱式"硬件"体系的持久延续的现象。这种状况，到了近代，由于建筑空间与实体载体有了重大突破，旧载体的淘汰宣告了旧硬件活力的衰竭。因此，古代建筑"硬"传统的惯性延续是合规律性的现象。而在近现代，摆脱建筑"硬"传统的束缚，力求探寻符合新载体的硬件语言，也是合规律性的。学院派把古代建筑传统的承继规律当作永恒的法则，审视建筑传统的视野还出自历史惯性的目光，未摆脱传统的"传统观"。现代派勇猛地抛掉"硬"传统的包袱，真正以现代眼光审视建筑传统，是对"传统观"的革命性突破。

建筑遗产的软件，游离于建筑载体之外，凝练为抽象的观念、思想、方法。软件自身由于概括的内涵和抽象的程度不同，形成不同的层次。一般说来，设计手法属较低层次，是低阶"软"传统；建筑创作思想、创作方法属中间层次，是中阶"软"传统；而建筑

传统所反映的深层审美心态、价值观念、思维方式等则属较高层次，是高阶"软"传统。这些多向度、多层次的"软"传统，有积极、优良、健康和富有活力的，也有消极、拙劣、丑陋和不合时宜的。

中国建筑遗产源远流长，体系独特，积淀着极为深厚的、正反两面的"软件"文脉。拿大屋顶来说，在它的基本形态和形式特征的背后，就有多层面的"软件"文脉值得注意。它体现了在木构架体系载体条件下的实用功能、技术做法和审美形象的统一，蕴含着传统建筑的"理性与浪漫交织"的创作精神和具体把握这种协调机制的独特手法。它的高度程式化的定型形制，以有限的屋顶类型，适应了不同性质、不同组群和不同等级建筑的需要，蕴含着传统建筑灵活运用定型部件的成熟机制。这种高度程式化的定型形制，建立了屋顶类型的严格等级序列，也反映出传统建筑以"等级性"吞噬"个性"的重要特点。官式建筑的单幢个体几乎只显现等级的差异性，而失去建筑功能性格和匠师创作个性的差异性，折射出中国传统文化不注重人的个性和自我价值的伦理型文化的深层文脉特点。

建筑硬件遗产和软件遗产在承继中呈现着复杂的相关性。我们可以拿南京中山陵和广州中山纪念堂这两组中国近代著名的建筑作一下简略比较。这两组建筑都是吕彦直设计的，都为了纪念孙中山先生，都采用了传统建筑风格，都保持了传统建筑外形式的构成要素和构图形象，都承继了中国建筑的"硬"传统，而它们在"软"传统的体现上，则有重大区别。中山纪念堂是容纳5000人集会的大会堂，建筑体积达5万立方米，综合采用了钢筋混凝土构件、钢桁架和钢梁结构。建筑师设计了四面抱厦环抱中央八角形钻尖

顶的传统组合型殿阁形象，取得庄重的纪念性和浓厚的民族格调。但是，巨大的形体远远超越了传统亭阁的习见尺度，庞杂的会堂功能被勉强框在八角形钻尖顶的体型中，存在着使用不便、空间浪费、结构繁杂、尺度失真等问题。从"软件"来说，恰恰背离了传统建筑成熟期所蕴含的功能、技术、审美和谐统一的优良传统，而承继着传统建筑僵滞期所呈现的程式化外形式阻碍建筑创新的保守传统。这种现象正如张彦远所说的，是"得其形似，而失其气韵；具其色彩，而失其笔法"。中山陵组群则有所不同。它所沿用的传统硬件——石牌坊、陵门、碑亭等传统陵墓的构成要素，功能上还能满足新陵墓的适用要求，空间格局、体量尺度上还比较妥帖，材质、色彩上有所更新。组群总体保持着中国建筑离散型布局的基本特点，借鉴了传统陵墓密切结合环境，充分突出天然气势的规划思想和规划手法，通过长长的墓道，大片的绿化和宽大满铺的石阶，把散立的、尺度不大的单体建筑联结成大尺度的整体，创造了宏伟、舒朗的辽阔气概和崇高、庄重的纪念品格。可以说中山陵组群在承继"硬"传统的同时，也承继了多向度的、有益的"软"传统，这是中山陵组群取得成功的重要原因。中山陵与中山纪念堂创作实践表明，在建筑文化的纵向认同问题上，"软"传统体现的得失是关系到建筑创作的成败的一个重大因素。

现在，对建筑"软"传统的重视和探索，已逐渐形成明显的趋势。黑川纪章在讨论中国现代建筑与传统结合的问题时，明确地主张应该把建筑传统区分为"看得见的"和"看不见的"。他认为不能只把看得见的东西作为传统照搬到现代建筑中来，而要注意眼睛看不见的东西。他在自己的创作中的确实践

了这一点，取得了引人注目的成果。李泽厚在天津"城市环境美的创造"学术研讨会上发言说："民族性不是某些固定的外在格式、手法、形象，而是一种内在的精神，假使我们了解了我们民族的基本精神……又紧紧抓住现代性的工艺技术和社会生活特征，把这两者结合起来，就不用担心会丧失自己的民族性"。他的这个主张，也是明确地强调对待建筑传统，应该着眼于"软"传统而不是"硬"传统。我们还可以看到，"现代中国建筑创作研究小组"在乌鲁木齐召开第三次年会时，也提出希望新疆建筑师进一步重视开挖传统建筑和传统文化内涵的意见。他们指出："新疆地处我国历史上沟通西方的丝绸之路，善于吸取外来先进文化，并使它和本土文化相互融合，是新疆文化的传统精神"。从这样的高度来把握传统精神，可以说是特别强调了建筑的高阶"软"传统。"上海文化艺术中心设计小组"在讨论"文化艺术中心"的文脉时，着重强调的是在创新的基础上吸收传统精华的气质、神韵。他们探讨了上海的文脉传统，认为上海的地方性和乡土化的特点之一就是"海派"，上海是一个开放的城市，接受新事物多，而且快，开放、创新是这个城市的主要脉搏。这也是从"软"传统的高阶把握上海的文脉精神。他们还进一步考察上海的中低阶"软"传统，分析了近代上海里弄住宅所形成的空间结构，透过里弄的表象层面，总结出里弄布局所蕴含的极强的适应性、包含性、多样性和集聚性的特点，并在文化艺术中心内部空间的设计中体现了这个文脉特色。这种体现、借鉴不是停留在表象层次的外形式模仿，而是在深层内涵的不同层次延续了上海近代城市的文脉气韵。这种既从"软"传统的高阶，也从"软"传统的中低阶的多层面开挖，是很有意义的

可贵探索。

对待建筑传统，把主视点转移到"软"传统上，才有可能摆脱承继"硬"传统所导致的民族性、乡土性与时代性的格格不入，才有可能为民族性、乡土性与时代性的融合找到良好的结合点。这是因为"软"传统是经过提纯的，超脱载体的，是抽象的、概括的观念、思想、方法，具有"通用性"的品格。抽象度愈高的"软件"，这种通用性品格就愈显著。我们立足现代，以现代的意识，现代的眼光去审视、开挖，捕捉住与时代精神合拍的传统精神，自然就不难取得时代精神与传统精神的和谐融合。但是，正由于"软"传统的通用性品格，吸收它的精华所取得的传统神韵必然是隐晦的，不一定感受得出内涵的传统个性。这是"软"继承所存在的主要难题。对待这个问题，第一，我们的观念应该更新，应该摆脱学院派把建筑视为"艺术创作"，把风格延续视为创作常规的传统观念，应该像现代派那样，把建筑设计从"艺术创作"的观念扭转到"工业设计"的观念。马克思、恩格斯在《共产党宣言》中指出，"由于开拓了世界市场，使一切国家的生产和消费都成为世界性的了"。对于工业设计来说，人们早已习惯于消失民族特色、乡土特色的现代产品。建筑虽然不完全等同于工业设计，但人们对建筑的审美接受也早已呈现这种审美心态。可以说，以开放的襟怀对待建筑创作，在许多情况下，民族特色、乡土特色并不是不可或缺的。第二，我们可以借鉴"后现代"的经验，摸索"软硬兼施"的路子。"软"承继自身具有多向度、多层次。高抽象度文脉的个性匮乏，可以通过多向度的中低抽象度文脉的承继得到一定程度的弥补。必要时，再进一步把传统"硬件"符号化，把传统建筑外形式的原型予以概括、变形、错位、逆转，提炼成具有表征性的符号。通过不同层面的深层文脉和不同程度的表层符号的融合、调节，体现不同浓度的传统神韵。

我们的目标是创作有中国特色的现代建筑。这个"中国特色"指的是切合中国国情，而不是指具有中国风貌。对待建筑传统，我们不能局限于"中国风貌"的狭隘视野而着眼于外形式的"硬"继承，而应该从切合"中国国情"的高度注目于深层内涵的"软"继承。面对中国建筑传统，我们不能继续干"买椟还珠"的傻事。不能只取"硬"传统和消极"软"传统之"椟"，而抛弃积极"软"传统之"珠"。

（原载顾孟潮、张在元主编
《中国建筑评析与展望》，1989）

传统建筑的空间扩大感

建筑的空间观感大于真实尺度，称为空间扩大感。它是创造建筑意境的一种手段。通过它，在有限空间里取得观感上的高、大、宽、阔、深、远，为创造宏伟、庄严、高崇、巍峨、清朗、深邃等建筑气氛服务。

传统建筑很注意空间扩大感，积累了多种多样、平易巧妙的扩大空间手法。这些手法反映了建筑中扩大空间的一般原理和我们民族的独特传统，是值得重视的一份建筑遗产。这里，粗浅地谈谈它的几种常见的处理方式。

一、化整为零

"化整为零"是传统建筑布局的一大特色。以木构架为主要结构体系的传统建筑，在面阔、进深、层数方面都受到限制，为满足宫殿、衙署、寺庙、大第宅的庞杂功能所要求的大量空间，需要许多单栋房屋。这些单栋由于功能划分、交通联系、防御盗火、紧凑地盘、争取庭院和满足封建礼教的精神要求，采取了三合院、四合院的组合形式，它们层层圈围、环环串套、鳞次栉比地串联并列着，形成传统建筑布局上与"封闭性"同时并存的"化整为零"现象。小自中型住宅，大至寺院、宫殿，都是院墙围隔、廊庑环绕、门阙森严，把整片地盘分隔成深院重重。传统园林由于观赏和适用的需要，"化整为零"的现象有更为突出。大园林总是划分成集锦式的许多小园，小园里又往往分隔成许多间隔着的景区。室内空间也有类似现象，常用隔墙、隔扇、屏门、太师壁、博古架和各式花罩、帷幔，分隔内景成为几个间隔的空间。

这种化整为零的分隔布局，一方面带来了空间观赏上的零碎、局促、抑压、闭塞，给传统建筑提出扩大空间的迫切要求。另一方面也提供了一些优越条件，使单一的空间变为众多的空间，使一个空间内静立的视线活动，转化为一连串空间内的流动的视线活动，把一览而尽的简单镜头，转化为渐渐展开、层层导引、处处更新、步步深入的"蒙太奇"式的镜头组接。这样，运用得当，从扩大空间的效果来看，就可能有以下几方面的作用：

（1）变单一为多样，变单调为丰富。通过不同主题、不同特色的建筑境界，给人留下一幅幅鲜明深刻的印象。从多样丰富之中，让人感受到建筑空间的盛大容量。

（2）提供时间上持续的欣赏过程，像长篇小说分成许多章回一样，有前奏、有过渡、有高潮、有尾声。避免在顷刻间把建筑整体一览无余，而是一波未平，一波又起，在迂回曲折中，取得层次，让人感受庭院深深、漫无尽了。

（3）形成疏密相间，产生对比效果。在分隔后的主次空间之间，利用欲扬先抑的原理，通过由小入大、由窄入宽、由低入高、由浅入深、由闭入敞等，取得更大、更宽、更高、更深、更敞的扩大幻觉。

因此，传统建筑采用化整为零的布局方式处理空间扩大感时，没有孤立地在一个空间内琢磨，而是首先从建筑群的全局着眼，十分强调全组空间的主次分明、疏密相间、特色鲜明、节拍清晰。被划分的空间，在大小、高低、宽窄、深浅、闭敞等方面，有主从、有抑扬、有对比；在色质、处境、局势、性格等方面，力求富有特征、迥然异趣。

一般中型四合院住宅（图1），典型地反映了这样的处理特点。在住宅以实用为主的要求制约下，形成多层的空间层次。第一道是大门和影壁组合的、从外部空间转入建筑内部的一个急速收敛的小空间；进入垂花门前狭窄小院，这是缓慢过渡、继续收敛的空间；进垂花门，一般正中门扇紧闭，挡住视线，从侧边转入，展开了横长方形的前庭，境界为之一敞；再穿过过厅，通过短暂的室内收敛和过渡，最后才进入正房前的方形大院。这样，从众多庭堂中感受到盛大容量，从一进进的曲折层次中感受到深远无尽，从庭院的大小闭敞中感受到尺度对比，从而在观感上扩大了住宅总领域，扩大了主要庭院的空间尺度。

北京故宫表现更显著，空间主从非常分明。在总体中，中轴是主，两侧是宾，中轴线上的大空间与两侧小空间形成强烈对比；在中轴上，外朝三大殿是主，内廷和其他门庭是宾，又以太和殿庭院为顶峰，给予最突出的空间比重。同是门庭，天安门、端门、午门、太和门、乾清门等庭院的面积、深浅、宽窄、形体，各不相同。千步廊夹峙的狭长空间，衬比出天安门前的横阔；端门庭院的收敛，午门庭院的深长，衬比得作为高潮前奏的太和门庭院更显宽广。在气势上，连续三座高耸的城门楼，制造了一步紧一步的禁卫森严的气氛，到午门前达到极度的迫压和

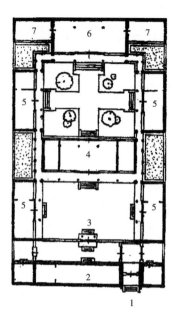

1. 大门
2. 倒座
3. 垂花门
4. 过厅
5. 厢房
6. 正房
7. 耳房

图1 北京典型四合院住宅平面示意图

威严，这和太和门门庭的平矮横阔对比，既显出禁城内外门庭截然不同的性格，也衬托得太和门庭院更加舒放、宽展。这些，都杰出地体现了通过多样性格、众多层次和尺度对比的手法来增强空间扩大感。

清华琳在《南宗抉秘》里论画面留空白时说："务使通体之空白毋迫促、毋散漫、毋过零星、毋过寂寥、毋重复排牙，则通体之空白即通体之龙脉矣"。许多优秀传统建筑的布局，可以说异曲同工地做到了这一点：妥善地避免了迫促、散漫、零星、寂寥、重复、排牙等化整为零布局中最易触犯的通弊，巧妙地取得扩大容量、增加层次、突出对比等效果。这可以说是传统建筑取得空间扩大感的基本布局原则。

二、尺度处理

空间整体和它的局部组成之间，存在着尺度上的制约：局部体量愈小，整体空间就显得愈大。传统建筑把握了这一点，

为了扩大整体空间，力求使某些建筑的局部组成做到绝对尺度上的"微小"和相对尺度上的"灵巧"。

园林中的小山、小水、小路；水上的小岛、小桥、小亭；庭院广场上点缀的小体量的建筑小品；室内设置的小尺寸的家具、陈设，都是从"小"字上做功夫。小小的北海团城，安置了一大组承光殿和廊庑亭榭，由于很好地缩小这些建筑的尺寸，使得团城不觉其小。颐和园的"扬仁风"小园（图2、图3），面积非常小，但巧妙地运用了小小的扇面殿和小小的凹形小池，配上大大缩小的腰鼓栏杆，小园也不觉得局促。

这些效果的取得，也含有"灵巧"的作用。承光殿是小的，但在团城上仍然算个大物，由于采用十字形平面，产生立面的细屑分割，形成屋顶的丰富组合，避免了雄伟的尺度感，取得灵巧的尺度而进一步托衬出团城的"大"。一般园林中，有廊常曲，有水常弯，有桥常折，也都含有化直为曲，化整为零，化大尺度为小尺度的匠心。

以微小灵巧的局部扩大总体空间，对宫殿等宏伟的建筑群，就不尽适用了。这些组群的主要殿堂，体量高大，气势宏伟，它的庭院空间也必须相应地采用大尺度。但同样需要考虑空间扩大感，以免庭院被宏大的殿堂压挤，落得大中见小。

这方面传统建筑的处理手法，也值得注意。以北京故宫太和门庭院和太和殿庭院为例。为了突出这两处重点庭院的开阔、宏大，配衬的廊庑门阁，虽然采用了较小的、扁矮的体量，而主体建筑的体量仍是很大的。有九开间、重檐歇山顶的太和门；有形体高大、巍峨壮丽、气势逼人的午门门楼；特别是坐落在三重台基上的太和殿，面阔64米，高27米，立面划分十分简洁，斗栱、彩画、门

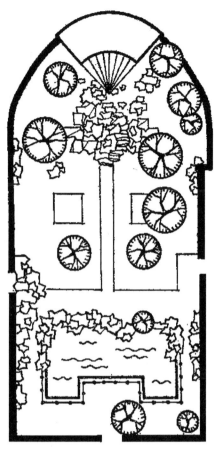

图2　颐和园扬仁风平面示意

图3　颐和园扬仁风立面示意

窗花格等细部都躲在屋檐阴影和廊柱后面，通体造型以高度概括的大笔触，收藏了小尺度，突出了大尺度，显现出大刀阔斧、宏壮雄浑的尺度感。

怎样不让这些宏大的殿楼把庭院逼压得局促、拥挤，除了庭院空间采用很大的绝对尺度外，匠师们还做了几点有助于扩大空间的处理：（一）强调横分割。利用重檐歇山、重檐庑殿、三重台基等，使太和殿、太和门的造型形成强烈的横分割，削弱高耸的压势，使之趋向横的开阔、舒展；（二）殿身后退，使太和殿殿面几乎和院墙拉平，把庞大的殿身退出庭院之后，不侵占庭院空间，保证殿前庭院空间的完整和最大深度；（三）通过扁平的、自上而下、层层扩展的宽大台基，把太和殿的开阔气势推向全院，与庭院空间的开阔气势融洽一致、相得益彰；（四）为削弱午门对太和门庭院的逼迫，将横亘院内的金水河尽量向南紧靠，构成弯弓状，凸势逼向午门，河上跨五座桥梁，在透视作用下，像向南放射的五道一触即发的矢，造成平静庭院空间的一个强烈的动势，以舒展太和门前的场面。

这里，由深远的出檐和显著的台基构成殿堂立面的横分割，在传统建筑中带有普遍性。它将殿堂从尺度上削高就低、化窄为宽，像利用低岸来衬大池水一样，是使传统庭院空间取得舒展、开阔的一个重要因素。

三、以点带面

"以点带面"是通过增大建筑的局部空间，达到奏效全局的扩大效果。它可以图解为"凸凹"字形。这种手法在传统建筑中广泛运用。颐和园"扬仁风"小园的入口（图2），迎面就挤着一口小池，场面十分狭窄，

设计者在迎门处向池内伸入一小块平台，尽管只是小小的局部拓宽，却大大解除了进门的窒迫。而小池本来已经很小，又被平台侵占去一块，但由于保留了凹状，并没有显得更加狭小。故宫乾隆花园在很小的侧院里（图4），为容纳竹香馆，也采用同样手法的弓弧形隔墙，照顾了竹香馆内外空间均有局部拓宽。留园的"五峰仙馆"室内（图5），没有简单地一刀两断，而用凸凹式隔断，使得前后两间都能得到局部的凹深，以减少进深浅窄的感觉。民居中更是大量地存在着这种局部扩展的空间处理。不仅平面上如此，天花处理上也常如此。浙江民居中就常采用各种部分高起的天花。在宫殿庙宇里，平铺的井

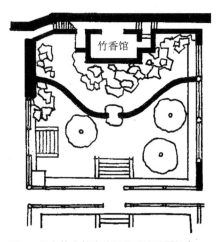

图 4 北京故宫乾隆花园竹香馆平面示意

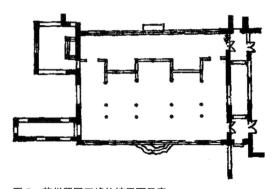

图 5 苏州留园五峰仙馆平面示意

字天花上，也常常开辟一方向上穹起的藻井，虽然这些只是天花的一个局部的提升，也能取得整个室内突破压闷、增加轩昂的感觉。

为什么这些局部处理会奏效全局呢？这是因为：

（1）人们从使用上所需要的空间，并不要求整个地宽敞，往往在最必要的局部宽敞些就能满足。这种物质功利性反映到空间审美观感上，也形成对最必要的局部宽敞的满足，而次要部分即使并不宽敞也不以为意了。"以点带面"正是体现了这一原则。所拓宽的局部，往往不是一般的局部，而是最关紧要的、影响全局的局部。像"扬仁风"小园扩展的平台，就是正处入园首冲之处。一般天花上的藻井，也总是位于殿堂的中央，覆罩在帝王宝座或神佛龛位的上空，是全片天花最重要的、最需要加以突出的部位。这些紧要部位得到重点突出，就能以点带面地改善全局。可以想象，假如穹起的藻井偏在殿堂的一个角落的话，以点带面的效果就难以奏效了。

（2）由于局部处理，改变了全局的形势。还以藻井来看。没有藻井时，整片平铺的天花都一致下压，一旦出现藻井，尽管周围的天花仍处于原位，但它的"下压"却具有新的意义，起了对比藻井高崇的作用。这样，这个原本消极的因素，在新的形势下起了积极的作用。因此，不需要整个改动，就能影响全局。相反的，如果将整片天花一概提升，则由于上述"对比"形势的消失，效果反而会削弱。

（3）由于局部拓宽，也改变了全局的空间体量。五峰仙馆的后室，如果没有两小块的凸出，将成为一道狭长的窄道。加上这两小块凸出，空间形体改变了，在门窗的呼应下，形成两个小尽间贴依中间一大间的形势，

大大消除了狭窄感。

以点带面的方式很多，在类似"扬仁风"平台和小池、竹香馆院内和院外、五峰仙馆前室和后室的场合下，适当吸取传统建筑采用凹凸式分割的手法，从避免空间的狭窄促来说，不失为两全其美的巧着。对于我们处理新建筑的天花，也是值得借鉴的。

四、不尽尽之

狭隘、局促、抑压、封闭都和"塞"有关。传统建筑组群经过化整为零的布局，边界加增，阻塞就更严重。这里，存在着"隔"和"塞"的矛盾。怎么办呢？刘熙载在《艺概》中说得好："意不可尽，以不尽尽之"。邵梅臣在《画耕偶录》中也说："一望即了，画法所忌，山水家秘宝，止此'不了'两字"。传统建筑，特别是园林建筑，也正是在这"不尽尽之"、"不了了之"上苦心经营，创造了一整套"以不隔隔之"的手法。

方式是多种多样的：

（1）化有为无：把边界隐蔽起来，化有边若无边。像北海静心斋的界墙（图6）、苏州怡园锄月轩花台等的处理，以土山、花台、山石、游廊、绿化等，把触目的界墙隐藏起来。

（2）空间流连：一般分两种，一是室内空间与室内空间的流连，像厅堂内广泛运用后屏构成前后空间分而不隔的流连，浙江民居的"中二层"构成上下空间切而不断的流连；二是室内空间和室外空间的流连，像民居中的敞厅、敞棚等的处理方法（图7）。

（3）敞开门窗：敞开门窗也是突破封闭、让视线逃逸的重要方式。它使处处"碰壁"的视线，透过大敞开的门窗得到突围，以削减空间的闭塞、抑闷。前人对这点已很理解。所谓"辟牖期清旷，开帘候风景"（齐·谢

图6　北海静心斋界墙断面示意

图7　绍兴某宅敞棚

眺诗），十分确切地用"清旷"这一字眼，表达了开窗所取得的空间扩大感。李笠翁在《闲情偶寄·居室部》里提出的"尺幅窗"、"无心画"（一种无扇之窗），实质上也是借用窗洞的对景，更有效地把视线从室内导引出去，以窗洞为通道，把室内外景色有机地联系起来，从而扩展了室内的观感空间。这类手法在苏州园林里运用十分普遍，许多曲廊小院的无扇窗洞，许多小亭的洞门、扇窗，都取得很好的效果。

（4）隔而不挡：运用花墙、漏窗和室内多宝格等种种空心隔断，构成隔而不挡的空间分隔，使空间相互渗透，似隔非隔。

（5）山外青山：使边隔产生良好的层次，增加景深，取得"山外青山楼外楼"的效果。像苏州沧浪亭藕花水榭旁的小院，透过瓶门外望，由瓶门、疏竹、漏窗和窗外溪流、对岸景物，构成十分丰富、深远的层次。

（6）巧于因借：通过远借、近借，消失边界感。像颐和园的远借西山和玉泉山白塔，好像园子和西山、玉泉山连成了一片。扬仁风小园，以邻近的墙外树丛和园内绿化呼应、联结，园内绿化得以伸延外扩，使小园空间上部消失界限（图3）。

（7）提高视点：把周围的围蔽物压到视平线下，创造纵眼远瞩、海阔天空的条件，也是突破空间封闭的一种有效方式。一般在建筑群中适当点入一些登高、远眺的楼阁，有助于在有限空间里获得广阔视野的镜头。天坛在古柏丛围中，把联系祈年殿和皇穹宇的"丹陛桥"大道地面，抬高2.5米，太和殿庭院在周围廊庑门阁环绕下，叠起高达8.13米的三重大台基，都是运用这一手法的成功实例。

（8）镜面反照：在某些特定场合，在堵塞的壁面，运用大片的镜子映照出前景，能化实为虚，消除闭塞感。拙政园香洲和故宫养心殿"三希堂"小室，是映照室外和映照室内两类镜面反照的有趣实例。

（9）源流无尽：给水面、道路等作出展延的口子，把尽头隐去，造成来源去路、分支别脉扩延无尽的感觉。

（10）周而复始：当空间表现为线的流动时，把流动线构成周而复始的环，就能取得一种特殊的不尽尽之——消失了终点。苏州园林的主要观赏路线，都把握了这一点。从任何一点出发，都可以环绕全园，既照顾观赏的方便，也避免了因"穷途"而意识到空间的终极。庙宇中的"罗汉堂"（图8），和这有异曲同工之妙。"田"字形的平面布局，

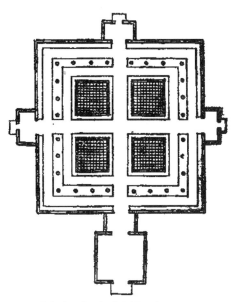

图 8　北京碧云寺罗汉堂平面示意

既照顾了五百罗汉展出所需的长条墙面和采光，也提供了四通八达、环旋不止、反复回绕的观赏效果，更见出罗汉的众多和空间的延绵。

以上列举的一些扩大空间感的处理方式，在许多优秀的传统建筑里，往往是同时交错综合地运用。这些处理，多数情况下也不是孤立地为了扩大空间的单一目的，而是紧紧结合着功能、技术和造型上其他构图效果的需要，统一考虑的。

（原载《建筑学报》1963 年第 12 期）

李笠翁谈建筑

——读《闲情偶寄·居室部》

明末清初的著名戏曲家李笠翁，在晚年所写的《闲情偶寄·居室部》里，津津乐道地谈到建筑创作思想和设计手法。这些记述虽作于三百多年前，但在今天看来，也还有值得参考之处。这里，仅就初读《闲情偶寄·居室部》的感想，对李笠翁的建筑创作思想作简略介绍。

一

建筑理论的基本问题之一，就是建筑的物质功能与美学功能的关系问题。李笠翁对待这个问题，观点是鲜明的。"人之不能无屋，犹体之不能无衣，衣贵夏凉冬燠，房舍亦然。"在《居室部》第一句话里，他就这样强调指出适用是首要的，主张"居室无论精粗，总以能蔽风雨为贵"，极力反对类似"止可娱晴，不堪坐雨"的大病。随后他一再提到美观是属于第二义的，并注意到建筑中美观与实用、坚固的关系；探求三者之间互相制约相反相成的规律，以期一举而三全其美。例如，他谈到居室空间时说："堂高数仞，榱题数尺，壮则壮矣，然宜于夏而不宜于冬"。又说"堂愈高而人愈觉其矮，地愈宽而体愈形其瘠"，一味追求高大，不仅不适用，还会破坏人与屋的正常尺度关系，对美观也不利。对于窗棂栏杆，他提出"坚而后论工拙"。认为"窗棂以明透为先，栏杆以玲珑为主"。造型"宜简不宜繁，宜自然不宜雕斫"。又说"顺其性者必坚，戕其体者易坏"。至于"穷工极巧以求尽善，乃不逾时而失头堕趾"的情况，更是李笠翁所反对的，并讥为"画虎未成"。基于这一认识，李笠翁指出处理窗棂栏杆的纵横、欹斜、屈曲时，应力求坚固、简练、自然的统一，以达到"人工渐去而天巧自呈"的境界。

李笠翁的这些见解，应该说是很精辟的。我们知道，建筑空间的观感效果和实用效果是紧密联系着的，造型的自然天巧和技术上的顺性合理也是紧密联系着的。为什么"堂愈高而人愈觉其矮"？为什么顺其性则自然天巧？这是因为堂高与人高之间，原本已形成一种习以为常的比例。一旦改变比例一方的尺度，势必对另一方的真实尺度产生错觉。而这个习以为常的比例，即最适用的空间尺度，正是由物质功能所决定的，并进而在人的意识中概括起来，逐渐形成了建筑形式美所要求的空间尺度。同样，顺性合理、坚固耐用的形式，也这样从原来的物质功利性的要求转化为形式美的规律。因此，建筑中的美必须建立在功能舒适、技术合理的基础上。在《居室部》里是贯穿了这一思想。李笠翁在处理室内顶格、门前小径的时候，也都巧妙地做到这一点。即使对庭园中为赏心悦目而摆设的零星小石，他也没有忘记在"安置有情"的同时，使之效用于人；要它平而可坐，斜而可倚，坦而可置香炉茗具，"名虽石也，而实则器矣"。这种力求适用和美观的统一，也正是我国古代建筑的重要传统。

二

"土木之事，最忌奢靡"。价廉工省是李笠翁建筑创作思想中非常突出的一点。他认为"匪特庶民之家，当崇俭朴，即王公大人亦当以此为尚。盖居室之制，贵精不贵丽，贵新奇大雅，不贵纤巧烂漫"。在这一思想指导下，他极力主张美丑并不取决于花钱的多寡和用材的贵贱。他指出：有浪掷金钱，欲求新异而不得；有绝无多费，而奇情妙趣自在其中；同一费钱，也有庸腐新奇之别。在《闲情偶寄·器玩部》里，他也提到材美而制用不善，虽辉煌错落，并不动人；若制度精奇，则粗用之物亦可同乎玩好。可以看出，李笠翁是十分强调美丑不重于材而重于用的。

这里，李笠翁着重指出了两点：一是审美观要端正，即"贵精不贵丽"；一是处理手法要高妙，即"用之得宜"。这两点是取得美观与经济的统一的基本前提。李笠翁对这两方面都作了细致的阐释。他一方面极力反对好富丽、慕纤巧，指出那样必然走向雕镂粉藻、繁缛堆砌，结果费钱坏事，两败俱伤。另一方面也不同意粗俗、简陋。他所说的厅壁"不宜太素，亦忌太华……但须浓淡得宜，错综有致"，可以代表他对整个建筑美观要求的看法。他对寒俭之家以柴为扉，也说"怪其纯用自然，不加区画"。这种既反对过分装饰，又不陷入纯用自然的审美观，应该说是健康、可贵的。

对于如何"用之得宜"，以达到价廉物美，从李笠翁介绍的创作心得中，可以看出两种基本手法：一是"点铁成金"之术，即质的提升；二是"以一物幻为二物"之法，即量的扩展。关于前者，还用"以柴为扉"为例。李笠翁认为柴可以为扉，但不可"纯用自然，不加区画"，而应该"取柴之入画者为之，使疏密中窾，则同一扉也，而有农户儒门之叫矣。"用"农户儒门"代表"俗雅"的概念当然是不恰当的，但这种通过材料的选择和构图以求良好的艺术效果，得不费之惠的主张，正道出了建筑艺术处理的一个重要手法。关于后者，可以用李笠翁设计的"桃花浪"栏杆为例（图1）。这种栏杆以曲木为波浪状，嵌朵花为联络。花朵正面作桃花，背面作梅花。浪色也在正背两面分出蓝绿或深浅。这样，正面观之，成"桃花浪"，背面观之，又得"浪里梅"。李笠翁说它的妙处是"使人一转足之间，景色判然。是以一物幻为二物，又未尝于本等材料之外，另费一钱"。

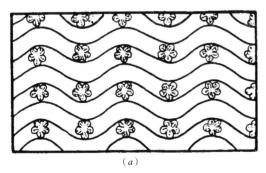

图1 "桃花浪"栏杆与"浪里梅"栏杆
（a）栏杆正面为"桃花浪"；（b）栏杆背面为"浪里梅"

"点铁成金"、"以一幻二",这是十分经济的艺术处理手法。李笠翁明确提出这样的创作意图,并列述了一些有启发性的实例,是值得我们借鉴的。

三

《闲情偶寄·居室部》有许多篇幅涉及建筑空间的设计问题,反映出李笠翁对建筑空间处理的一些可贵的见解。

对于建筑空间的尺度问题,李笠翁指出"房舍与人,欲其相称"。他既看到房舍与人在实用上的尺度关系,也看到房舍与人在观感上的尺度对比,主张人和屋的尺度应该在适用上和美观上都能相称:不过于寥廓,也不过于卑隘。李笠翁还提出了一条在比较卑隘的情况下,如何扩大空间感的办法。他说:"然卑者不能耸之使高,隘者不能扩之使广,而污秽者、充塞者,则能去之使净。净则卑者高而隘者广矣"。李笠翁这里所说的"净",是指造型简洁,摈弃充塞。做到"净",也能在观感上扩大空间。这是空间设计的一条朴实而重要的处理手法。

在"置顶格"一节中,李笠翁提出了充分利用建筑空间的问题。"顶格一概齐檐,使高敞有用之区,委之不见不闻,以为鼠窟,良可慨也"。他既不赞成为了掩盖框架檩椽而浪费建筑空间的做法,也不同意以板贴椽,争得空间而失之呆笨的做法。他试图创造既适用又美观的新方案:把天花板中部提升或圆或方的一块,周边立竖板,竖板上裱贴字画,"圆者类手卷,方者类册页"。还用竖板作门,"时开时闭,则当壁橱四张,纳无限器物于中,而不之觉也"。并自诩是"简而文,新而妥",既使室内净空提高,取得高低变化和手卷册页的装饰效果,又能合理利用屋

顶空间,增加贮藏面积。而且用材无多,"止增周围一段竖板"。这个设计,虽然未必尽善尽美,但他这样珍惜建筑空间,巧妙争取、利用建筑空间,使适用和美观统一起来的态度,是值得赞扬的。

李笠翁珍惜建筑空间的思想,还导引出他对壁上家具的提倡。他在谈到"书房壁"时提出"壁间留隙地,可以代橱",使"有其用而不侵吾地"。不过,这种壁橱要注意防潮,除了气候干燥的地区外,"可置他物,独不可藏书",藏书要做开敞的壁上书架。

李笠翁在谈到"取景在借"时,曾以很长的篇幅推荐他的两点得意构思:一曰"便面窗",二曰"尺幅窗"。便面窗是谈在西湖游船上开扇形窗,以使湖光山色一一嵌入窗中,成为一幅幅山水。这种方法也可以用在建筑上(图2)。尺幅窗是把居室窗户装成画幅的镶边,以窗外自然景色作为画面,使窗外景色成为室内的一幅"堂画";画面深远开阔,丰富多变。这实质上都是加强室内空间与室外空间观感上的联系,通过设窗时精密的构思,使室内外空间相互因借。李笠翁还浅明地点示了此中的奥妙,指出室内外空间的这种因借、联系,是由于"同一物也,同一事也,此窗未设以前,仅作事物观;一有此窗,则不烦指点,人人俱作画图观矣"。它启示我们,因借不是轻易可得的,必须通

图2 用在房屋上的"便面窗"
窗外置搁板,将盆花笼鸟、蟠松怪竹更换安置,并以零星碎石遮蔽盆盎,以取得"便面幽兰"、"扇头佳菊"等画面效果

过诸如便面窗、尺幅窗之类的画框的剪裁、择取。这就像摄影师面对着大自然，必须通过镜头的取舍，才能使大自然的"事物观"，成为艺术摄影中的"画图观"一样。

此外，他谈"假山洞"时说："如其太小，不能容膝，则以他屋联之。屋中亦置小石数块，与此洞若断若连，是使屋与洞混而为一。虽居室中，与坐洞中无异矣"。这种以"若断若连"的布局，通过特定道具的点缀，使不同性质的空间"混而为一"的手法，对空间设计来说，也是很有启发的。

结语

李笠翁没有参与过重大的建筑实践。《闲

情偶寄·居室部》所论述的大多是他切身的体验和感受。因此，这部书所涉及的范围比较狭窄。这是李笠翁所处的时代和他的经历给他带来的局限。

《闲情偶寄·居室部》还明显地反映出李笠翁生活趣味庸俗、追求享乐的一面，因此，他所称道的某些建筑功能要求和艺术情趣是不够健康的。在理论论述上，也有失之片面之处。这些都是要加以批判的。

（原载《建筑学报》1962 年第 10 期）

17 世纪的贫士建筑学

——读《闲情偶寄·居室部和器玩部》

《闲情偶寄》的作者李渔是明末清初的一位文化名人，他字笠鸿，号笠翁，别号湖上笠翁，浙江兰溪人。生于明万历三十八年（1610年），卒于清康熙十九年（1680年）。[①]他的前半生在江苏如皋和浙江兰溪度过，父亲开药铺，家境尚优裕。顺治初年清兵入浙，因溃兵骚扰，李渔家居遭毁，家道败落。他41岁移居杭州，52岁迁居南京，67岁又转回杭州。他中过秀才，曾两赴乡试，前次没考上，后次中途闻警折返。此后绝意仕途，主要靠卖文、演戏维持生计。

李渔论著颇丰，除《闲情偶寄》和诗词杂文外，著有《玉搔头》《比目鱼》等十余部传奇和《十二楼》《无声戏》两部短篇小说集。有人认为长篇小说《回文传》《肉蒲团》也是他写的。他建立了一个由他的姬妾组成的家庭女子戏班，为达官显贵出堂会，也携班为友朋酬应助兴，换取李渔所说的"日食五侯之鲭，夜宴三公之府"[②]的"帮闲"生活。戏班演出的剧本都是由李渔自编，并由他自己导演，积累了丰富的戏剧创作和舞台演出的实践经验。他在南京开设"芥子园"书铺，刊行一批自编的《芥子园画谱》《笠翁诗韵》《尺牍初选》之类的教科书、工具书和时文选集。他还带着戏班游走四方，不仅到过"江之左右，浙之东西"，而且"游燕适楚，之秦之晋之闽"，有广阔的阅历。虽然参与了这么多的文化、演出活动，但他的后半生经济境况并不好。他说自己"无半亩之田，而有数十口之家"[③]；"贫贱一生，播迁流离，不一其处"[④]；自叹过的是"债而食，赁而居"[⑤]的日子。这种表述可能有些夸张，但他确有东奔西走，漂泊不定，穷愁求援的情况。让自己的姬妾上门为权贵演出，也是一种贫困谋生的无奈。李渔是一位通才、全才、奇才，豪放不羁，浪漫轻狂，学识渊博，才气横溢；论他的身份，可以说是职业作家、畅销书作者、戏曲理论家、戏剧导演、戏班主和出版人，是文人和商人的统一体；而他的自我定位是："予，贫士也"[⑥]。

《闲情偶寄》是李渔最重要的著作。这部书于康熙十年（1671年）首次印行。后来曾改名为《闲情偶集》，收入《笠翁一家言全集》。《闲情偶寄》全书分八部：词曲部、演习部、声容部、居室部、器玩部、饮馔部、种植部、颐养部。前两部专论戏曲，后六部说的是家居生活中的衣着服饰、梳妆打扮、房舍庭园、家具古玩、饮食烹饪、莳花栽木、行乐休闲、养生保健等方面。这部随笔体的著作，表面看上去好像一部集大成的家庭生活指南，而实际上它的许多讲述，已升华为学术专论。其中最有价值的，自然是词曲部、演习部所讲的戏曲理论、戏曲美学，涉及词

① 过去多以为李渔生于1611年，卒于1680年或1681年。据李渔故乡发现的《龙门李氏宗谱》，明确记载李渔生于明万历三十八年庚戌八月初七，卒于清康熙十九年庚申正月十三。
②③《李笠翁一家言》卷三"复柯岸初掌科"。
④⑤⑥《闲情偶寄》"居室部·房舍第一"。

曲的结构、词采、音律、宾白、科诨、格局和演习的选剧、变调、授曲、教白、脱套，被誉为"中国戏剧史上第一部真正的导演学著作，而且也是世界戏剧史上第一部真正的导演学著作"[①]。《闲情偶寄》的居室部、器玩部、种植部有关房舍、山石、家具、陈设、竹木、花卉的论述，现在也被视为中国园林美学的重要遗产。李渔自诩有两大绝技，"一则辨审音乐，一则置造园亭"。他的确很关注造园，也有造园实践。他住家乡兰溪时的"伊园"、住居南京时的"芥子园"，住居杭州时的"层园"，都是他自己置造的。北京的"半亩园"，也是他在京当幕客时为贾中丞修建的。经他堆叠的半亩园山石颇负盛名。我们从建筑史的角度来审视，应该说李渔并非只关注造园，而且也非常关注房舍。如果说李渔的戏曲论述是"真正的导演学"，那么李渔的居室、器玩论述，至少也可以说是"准建筑学"。更重要的是，它不是《工程做法》那样的"官工建筑学"，也不是《鲁班经》那样的"匠工建筑学"。李渔是从一个"贫士"的生活、"贫士"的视角来关注房舍、家具、陈设，他的讲述构成了一部17世纪的响当当的"贫士建筑学"。

这部贫士建筑学包容着李渔极富特色的对于建筑学领域的诸多精到见解：

一、紧贴生活

李渔在《居室部》开篇第一句就说："人之不能无屋，犹体之不能无衣。衣贵夏凉冬燠，房舍亦然"[②]。首先强调的是房屋的实用价值。他紧贴生活，追求实效，不拘礼法格局。对于不能以面南为正向的房屋，提出"面北者宜虚其后，以受南薰；面东者虚右，面西者虚左，亦犹是也。如东、西、北皆无

余地，则开窗借天以补之"。表现出对南向日照的高度重视，不惜开天窗也要争取日照。他关注起居生活的便利、实惠。在论述庭园"途径"时指出："径莫便于捷，而又莫妙于迂。凡有故作迂途，以取别致者，必另开耳门一扇，以便家人之奔走"。他知道迂途可延长路途而扩展空间，可避免僵直而添加别致，但有损便捷，特地想出一个高招，另开耳门备急。这样达到了"雅俗俱利，而理致兼收"。对于宅屋檐廊，他批评那种"画栋雕梁，琼楼玉栏，而止可娱晴、不堪坐雨"的华而不实。他认真地琢磨房屋的"出檐深浅"，说贫士之家"欲作深檐以障风雨，则苦于暗；欲置长牖以受光明，则虑在阴"。剂其两难，他设置了一种"活檐"。就是在瓦檐下另设一扇板棚，用转轴固定，晴天把板棚翻贴在檐内当作檐部顶棚，雨天把板棚撑出，以承檐溜。他说这是"我能用天，而天不能窘我矣"。李渔很重视居室整洁，注意居家的物品储藏。他主张在精舍左右，另设一间俗称"套房"的小屋，专门用作储藏室。他对橱柜设计也精心安置，争取尽可能多的藏物空间。他想出了"一橱变为两橱，两柜合成一柜"的点子；连抽屉内部也分大小数格，以便有序地分装细小物品。他特别提出了利用屋顶顶格的做法。他说："顶格一概齐檐，使高敞有用之区，委之不见不闻，以为鼠窟，良可慨也。亦有不忍弃此，竟以顶板贴椽，仍作屋形，高其中而卑其前后者，又不美观，而病其呆笨"。为此他设计了"斗笠形"的顶格，"四面皆下，而独高其中"。这样就形成吊柜四张，

---

① 叶朗.中国美学史大纲.上海：上海人民出版社，1985：414.

② 《闲情偶寄》"居室部·房舍第一"。后面凡属《居室部》、《器玩部》的引文，均从略不注。

以竖板作门，时开时闭，"纳无限器物于中，而不之觉也"。竖板上再裱贴字画，有如"手卷、册页"。李渔的这个创意是典型的吸取民间顶格的储物方式，并加以文人的雅化。

李渔的力求功能实效达到十分执着的程度，他甚至在书房墙上装上可将小便排到墙外的装置；在坐椅上添加炭灰抽屉和扶手匣，组成带桌面、带薰笼的暖椅。所有这些都凸显出李渔对家居生活质量、生活情趣的极端关注，对居室功效、居室改善的良苦用心。

二、崇尚俭朴

晚明直到清初的江南社会弥漫着一种浓厚的世俗享乐主义，"恶拘俭而乐游旷"[①]、"羞质朴而尚靡丽"[②]，以至纳妾嫖妓都成了风流时尚。李渔的生活也有浸染享乐主义的一面。朋友们陆续给他赠送姬妾而使他家口日繁，也是这一现象的反映。但是李渔毕竟是个"贫士"，他的建筑意识、造园理念和艺术审美追求，都没有沾上奢靡习气。相反地，他却极力崇尚俭朴。他说："凡予所言，皆属价廉工省之事，即有所费，亦不及雕镂粉藻之百一"。他大声疾呼："土木之事，最忌奢靡。非特庶民之家当崇俭朴，即王公大人亦当以此为尚。盖居室之制，贵精不贵丽，贵新奇大雅，不贵纤巧烂漫"。他不仅从"节约"的角度忌奢，而且上升到艺术品格的"简约"的高度来崇朴，这是很可贵、很有见地的。他选用物料，不以贵贱定高低，而是着眼于材料的用得其所。他十分赞赏一位老僧收取斧凿之余的零星碎石，垒成一道墙壁，"嶙峋崭绝，光怪陆离，大有峭壁悬崖之致"。他调侃说："收牛溲马渤入药笼，用之得宜，其价值反在参苓之上"。他把这个理念用于园林叠山，主张大山"用以土代石之法，既

减人工，又省物力，且有天然委曲之妙"。这是十分明智地取得求廉、求省、求简与求真、求朴、求雅的统一。

三、顺乎物性

李渔在讲窗户、栏杆的制作时，对于顺乎物性有一段非常精彩的论述。他说："窗棂以明透为先，栏杆以玲珑为主，然此皆属第二义；具首重者，止在一字之坚，坚而后论工拙……总其大纲，则有二语：宜简不宜繁，宜自然不宜雕斫。凡事物之理，简斯可继，繁则难久；顺其性者必坚，戕其体者易坏。木之为器，凡合笋使就者，皆顺其性以为之者也；雕刻使成者，皆戕其体而为之者也；一涉雕镂，则腐朽可立待矣"。这真是中国建筑思想史上掷地有声的锵锵之言。怎样做到"坚"，对于窗棂、栏杆之制，李渔的答案是"务使头头有笋，眼眼着撒"（图1）。这的确是对木作装修顺其性的精彩概括。

李渔的这种"顺其性"的理念，就是强调"用因"，强调因材致用、因物施巧、因地制宜、因势利导。这在他论述房舍的高下、向背，造园的挖池、筑山，花木的栽种、培育，以及贱材的智巧妙用等，都贯穿着这条原则。

李渔有一段关于"以瓮作牖、以柴为扉"的表述。他说寒俭之家，"瓮可为牖也，取瓮之碎裂者联之，使大小相错，则同一瓮也，而有哥窑冰裂之纹矣。柴可为扉也，取柴之入画者为之，使疏密中窾，则同一扉也，而有农户儒门之别矣"。这种变俗为雅，点铁成金，当时有人认为"惟具山林经济者能此"，不是一般人做得到的。李渔不同意这

---

① 王士性：《广志绎》。
② 张瀚：《松窗梦语·风俗记》。

图 1　纵横格窗棂

这种窗棂没有空悬的棂条接头，李渔说此格
"是所谓头头有笋，眼眼着撒，雅莫雅于此，
坚亦莫坚于此矣"

说法，他说"有耳目即有聪明，有心思即有
智巧，但苦自画为愚，未尝竭思穷虑以试之
耳"。李渔在这里强调了"顺其性"的因物
施巧，强调了建筑设计构思的重大意义，特
别强调了只要"竭思穷虑"地创意，是不难
达到"点铁成金"的。

四、自出手眼

李渔非常推崇艺术创作的个性，房舍营
构的标新创异，他在《居室部》的"房舍第
一"中就用了一大段来强调这一点：他说自
己"……性又不喜雷同，好为矫异，常谓人
之葺居治宅，与读书作文作一致也。譬如治
举业者，高则自出手眼，创为新异之篇；其
极卑者，亦将读熟之文移头换尾，损益字句
而后出之，从未有抄写全篇，而自名善用者
也。乃至兴造一事，则必肖人之堂以为堂，
窥人之户以立户，稍有不合，不以为得，而
反以为耻。常见通侯贵戚，掷盈千累万之资
以治园圃，必先谕大匠曰：亭则法某人之制，

榭则遵谁氏之规，勿使稍异。而操运斤之权
者，至大厦告成，必骄语居功，谓其立户开窗，
安廊置阁，事事皆仿名园纤毫不谬。噫，陋
矣！以构造园亭之胜事，上之不能自出手眼，
如标新创异之文人；下之至不能换尾移头，
学套腐为新之庸笔，而嚣嚣以鸣得意，何其
自处之卑哉"！

这真是一篇淋漓尽致的抨击筑屋造园因
袭仿旧的檄文。李渔在这里一再强调要"自
出手眼"：置造园亭，他要"因地制宜，不
拘成见，一榱一桷，必令出自己裁"；装修
精室，他巧做斗笠状顶格，既可藏物，又似
手卷、册页，"简而文，新而妥"；设计栏杆，
他创造出正面"桃花浪"，背面"浪里梅"，"以
一物幻为二物"；制作匾联，他列举蕉叶联、
此君联、手卷额、册页匾等非定格定制，既"取
异标新"，又"有所取义"（图 2）。可以说大
到造园建宅的总体格局，小到窗棂匾联的细
部样式，李渔都十分执著地呼唤要"脱巢臼"、
"贵活变"、"出自裁"、"创新异"。

五、剪辑自然

李渔有个十分得意的创想：买一艘湖舫，
在舟舱两侧各辟一个"便面窗"。他说："坐
于其中，则两岸之湖光山色、寺观浮屠、云
烟竹树，以及往来之樵人牧竖、醉翁游女，
连人带马尽入便面之中，作我天然图画。且
又时时变幻……是一日之内，现出百千万幅
佳山佳水，总以便面收之"。这种便面窗，"不
但娱己，兼可娱人。不特以舟外无穷之景色
摄入舟中，兼可以舟中所有之人物，并一切
几席杯盘射出窗外，以备来往游人之玩赏"
（图 3）。李渔还进一步对这个现象作了一番
理论解析："同一物也，同一事也，此窗未
设以前，仅作事物观；一有此窗，则不烦指

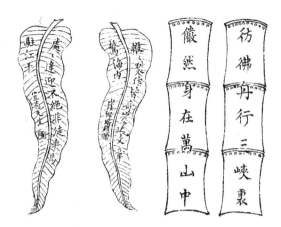

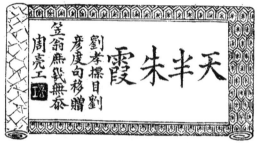

图2 联匾四例

这是从"联匾"一节的插图中摘取的四例，李渔说其特点是："不徒取异标新，要皆有所取义"

图3 带"便面窗"的湖舫

李渔构想的带便面窗湖舫，"便面窗"即扇面形的窗

点，人人俱作画图观矣"。这是一个极为精彩的论析。李渔在这里为我们描述了一个典型的、生动的"剪辑自然"现象。通过"便面窗"的画框作用，原本是自然的事物，变成了画面中的景物。

值得注意的是，李渔是在"取景在借"的标题下展述便面窗的。李渔把透过便面窗摄取景物，视为一种"借景"。我们由此可以领悟到，"借景"实质上就是一种剪辑自然。造园立宅的撷取环境景观，很大程度上是通过对环境自然景观的剪辑获得的。借景的剪辑就是计成在《园冶》中说的"极目所至，俗则屏之，嘉则收之"[1]。计成所列举的"远借、邻借、仰借、俯借、应时而借"[2]，正是借景剪辑自然、融入环境的种种选项。在这一点上，李渔和计成一样都已具备环境设计的意识。

在家居庭院中，凿池堆山，叠石莳木，应该说也是一种剪辑自然的方式。它不是从特定的视点、视角借景自然，而是在人工环境中移入自然。这种对自然的剪辑，用的是典型概括的方式。李渔说："幽斋磊石，原非得己，不能致身岩下，与木石居，故以一卷代山，一勺代水，所谓无聊之极思也。然能变城市为山林，招飞来峰使居平地，自是

---

[1] 计成：《园冶》卷一"兴造论"。
[2] 计成：《园冶》卷六"借景"。

神仙妙术，假手于人以示奇者也，不得以小技目之"。李渔很看重这个妙术，说"磊石成山，另是一种学问，别是一番智巧"。对这种典型概括的剪辑自然，李渔深谙其中奥秘，意识到叠山磊石都与主人的雅俗息息相关，用他的话说，就是"以主人之去取为去取。主人雅而喜工，则工且雅者至矣；主人俗而容拙，则拙而俗者来矣"。他认为"一花一石，位置得宜，主人神情已见乎此矣"。李渔这里说的"主人"，就是计成所说的"能主之人"①，用现在的话说，就是"设计主持人"。他可以由园主人自己主持，也可以请造园家主持。李渔在这里意识到，在人工自然的创作中，都以主人的去取为去取，充分强调了设计主持人的重大作用。

从以上五方面，不难看出李渔的"贫士建筑学"是带有"平民建筑学"色彩的"文士建筑学"。我们注意到这个建筑学"说了什么"，其实也应该注意它"没说什么"。李渔在居室部、器玩部通篇大论中，一没说建筑的礼法、等级，二没说建筑的风水、堪舆，很能反映他不谐俗儒的品格。

李渔在明末清初的出现不是孤立的。《园冶》的作者计成，生于明万历十年（1582 年）；《长物志》的作者文震亨，生于明万历十三年（1585 年）；他们都只比李渔大二十几岁，都是同代人。是明末清初的江南社会孕育了计成、文震亨、李渔的文士建筑意识。台湾的汉宝德先生把它称为"明清文人系之建筑思想"②。汉先生对这个"南系文人建筑思想"给予了很高的评价。他说：他们"大胆地丢

开宫廷与伦理本位的形式主义，又厌弃工匠之俗，故很自然的发展出现代机能主义者的态度"；他们"开辟了环境设计艺术的契机"，"是建筑艺术知性化的先声"；他们"对建筑用材很审慎的选择，对质感、色感的精心的鉴赏、品味，西方在现代建筑出现之前，从未有若此之认识"；"我国在明清之间的文人们对建筑之了解超越西人甚多，可贵的是他们物质主义的精神，使建筑脱离了早期的纯象征性，而与生活连在一起。这一点，即使是现代建筑时期的西方大师也不能达到"③。汉宝德先生的这些精辟点评，是站在统览中国建筑和世界建筑的思想史的高度所作的评价，大大深化了我们对李渔建筑思想的学术价值和历史地位的认识。

17 世纪的中国还处于农耕社会，距离中国建筑的"现代转型"和中国专业建筑师的出现，为时尚早。李渔们的建筑思想注定只能是昙花一现，但闪烁在《闲情偶寄》中的建筑功能意识、节约意识、创新意识、顺乎物性意识和崇尚自然意识，历久犹新，仍然散放着不谢的靓彩。

（原载杨永生、王莉慧编：
《建筑百家谈古论今—图书编》
中国建筑工业出版社 2008.3）

---

① 计成：《园冶》卷一"兴造论"。
② 汉宝德. 明清建筑二论. 台北：境与象出版社，1982.
③ 以上引汉宝德语，均见《明清建筑二论》"明、清文人系之建筑思想"。

一堂二内

——中国传统民居的基本型

中国传统民居像一个浩瀚的建筑海洋，它拥有构架、干阑、井干、窑洞、碉房、毡包等诸多不同的构筑形态，形成多元的民居体系。其中，木构架建筑体系的民居数量最多，分布面最广，是中国传统民居的主体。不同地区的木构架民居虽然千差万别，但从单体宅屋的平面构成来说，却有着很大的共性。它们之间虽然存在着共通的、由来已久的"基本型"。

这种基本型是什么样的？西汉晁错在《募民实塞疏》中谈到如何移民实边时，提到"古之徒远方"的做法："……营邑立城，制里割宅，通田作之道，正阡陌之界。先为筑室，家有一堂二内，门户之闭，置器物焉。"

这段话表明，早在西汉晁错所说的"古时"，已经普遍以"一堂二内"作为平民住居的通用形式，这可以说是中国早期宅屋的基本型。但是，这种一堂二内的平面究竟是什么样子，后人的诠释颇有分歧。一种是基于"前堂后室"的布局，认为"二内"应在"堂"的后方，这样一堂二内就成了前堂后内的格局。刘致平先生在《中国居住建筑简史》中沿用了这种说法。他在书中画了一幅西汉一堂二内式住宅示意图。住宅平面呈双开间的正方形，"一堂"在前，"二内"在后，堂的面积等于二内之和。另一种说法是"二内"应在"堂"的两旁。清代李斗在《扬州画舫录》中也持这种看法。按这种理解，一堂二内就成了"三开间"的格局，也就是北方民居通常所说的"一明两暗"的形式。

这两种诠释，究竟孰是孰非呢？这个问题应该联系到建筑史实的考察和建筑形态的分析来推断。

三开间一堂二内　从目前所掌握的建筑史料来看，一明两暗式的三开间平面，可说是源远流长，久盛不衰，运用得极为广泛的。早在仰韶文化时期，半坡遗址的F24已初具规整的柱网，呈现面阔三开间的雏形。到木构架体系的形成期，我们从西汉出土铜屋和东汉明器、画像砖上，都能频频看到三开间单体建筑的形象。洛阳北魏宁懋墓出土的石室，自身呈横长方形、带悬山顶的三开间建筑。石室内外壁雕刻的画像，也生动地反映了三开间房屋普遍使用的景象。在一幅幅表现宅院的画像中，既有面阔三间的正房，也有面阔三间的厢房，表明以三开间的正房、厢房来组构庭院式的宅院，在北魏已很盛行。河北定兴北齐义慈惠石柱上耸立的小石殿，选用的也是三开间的形象，有力地显示出三开间形式的典型性。更为重要的是，历代的典章制度对于建筑的间架都有严格的等级规定，三开间是使用面最广的法定形制。《唐六典》明文规定："六品、七品以下堂舍，不得过三间五架。"这说明唐代从六品以下官员到广大庶民，堂舍都只能用到三间。这种情况一直持续到明清。

《明会典》仍然规定："六品至九品，厅堂三间七架……庶民所居房舍不过三间五架。"实际上，三开间的房屋不仅广泛用于低品位官员和庶民的堂舍，而且也普遍用于王府和高品位第宅的门屋以及厨房、库房等。而双开间的前堂后内式平面，实际上较少流传。相形之下，显然三开间的一明两暗式在数量上、普及面上都占据突出的优势。

从建筑形态上分析，也很容易看出，三开间的一堂二内的确具有一系列的长处：

第一，提供适宜的使用面积：一般三开间房舍，每间面阔一丈左右，进深一丈二尺至二丈左右，三间共折合面积大约 40～60 平方米，作为起居用房，无论是作为独立的宅舍使用，还是组合于庭院中使用，空间大小都是较为适宜的。

第二，满足必要的分室要求：这样的三开间房舍，有一间堂屋，两间内室，分室合理，很适合一般大家庭中的小家庭或单独的五口之家的起居需要。

第三，具有良好的空间组织：一堂二内的三间组合，堂屋居中，处于轴线位置，内室分处两侧，有良好的私密性，室内空间完整，间架分明，分合合理，主从关系明确。

第四，获取良好的日照、通风：三开间的格局，堂屋和内室都可以在前后檐自由开窗，可取得良好的日照条件，也便于组织穿堂风。

第五，可用规整的梁架结构：这种规则的三开间平面，为采用规整统一的梁架提供了便利条件，有利于整体构件的统一。在进深方向，还可以方便地选择不同的架数，采用五架、六架、七架等不同深度，对面积的控制具有较灵活的弹性。

第六，有利组群的整体布局：三开间的建筑单体，平面呈矩形，立面上明显地区分并前后檐的主立面和两山的次立面。这种规整的、主次分明的体形，既适合于单幢的独立布局，也适合于庭院式的组合布局。在庭院构成中，既可以用于轴线上作为正房，也适合用于旁侧作为厢房。居中的堂屋，可以完全敞开或前后设门，便于前后院之间的穿行交通和室内外空间的有机组织。

双开间前堂后内 相形之下，双开间的前堂后内平面则有许多局限性。两个尺度不大的正方形内室，使用上不尽合理；它们位处堂屋之后，日照、通风都很不利；整栋的方形体量，导致立面主次不分明；过大的进深，也不适宜于作为庭院组合中的厢房；堂屋后方被内室堵住，不能前后穿行，也使之难以用于庭院组合的轴线部位。从这些局限来看，这种平面形式显然是缺乏生命力的，不大可能广为流行。因此，西汉和西汉以前所通行的一堂二内建筑形式，按理说不会是这种前堂后内式的。

我们从建筑史实的考察和建筑形态的分析，都可以断定三开间的一堂二内形式是有很强的生命力，是中国木构架体系民居长期延续的基本型。

以上的分析主要目的不在于论证一堂二内属于哪种形式，而在于从两种形式的比较分析中，加深对民居基本型的认识，从中理解到三开间的一堂二内作为木构架建筑的基本型是十分明智的选择。

三开间衍生型 如今，我们从分布在各地的木构架民居中，仍可以看到这种基本型的存在。它主要以两种方式出现：一是原封不动地保持着三开间的原型，二是在三开间的基础上演化出种种衍生型。北京四合院的绝大多数宅屋，一正两厢都是典型的一明两暗。浙江民居的标准三合院，也同样保持着三开间的正房、厢房。苏州民居中的多进院，大部分都是由一进进的三开间厅堂和住屋组构的。分布在山西、陕西等地的窄院型民居，正房多数也是三开间的。只是在晋南地区，厢房的做法有些特殊，它采用了"三破二"的独特形式，就是将三开间的厢房，从开间正中设隔墙，平分成二室，每室各占一间半。这是因为当地窄院型民居的厢房进深过小，除去火炕，空间所剩无几，扩为一间半为实用。这种厢房实质上仍然是三开间的构成。

由三开间演化的衍生型，主要有四种变体：一是由三开间扩展为五开间；二是由三开间收缩为两开间；三是将"二内"进行横分隔，构成"一堂四内"；四是在三开间的基础上，通过局部的伸缩、凹凸，形成多种多样的不对称格局。这四种变体，在北方民居中主要呈现前种。在南方民居中则四种都很盛行。中国木构架民居的千姿百态的变化，可以说在很大程度上都是运用一堂二内的基本型及其衍生的变体，通过不同的组合、变构而形成的。

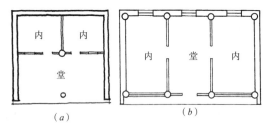

图1 "一堂二内"平面形式
（a）刘致平阐释的"一堂二内"示意图；
（b）"一明两暗"式的"一堂二内"示意图

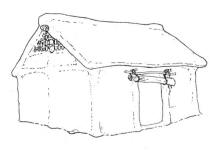

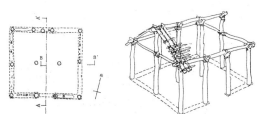

图2 西安半坡遗址F24复原示意（杨鸿勋复原）

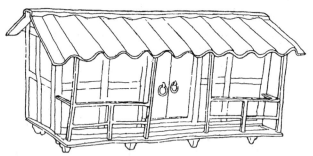

图3 广西合浦西汉木椁墓出土的铜房子

图4 成都出土东汉庭院画像砖上的三开间正房

图 5　洛阳出土的北魏宁懋石室

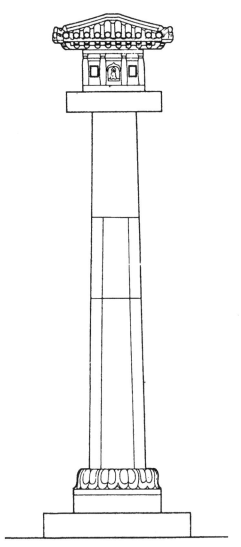

图 6　北魏宁懋石室壁面石刻上显示的三开间房屋

图 7　河北定兴北齐义兹惠石柱，柱顶小屋为三开间小殿

图 8　山西襄汾丁村一号院住宅

图 9　"一堂二内"基本型的四种派生型

读彩画

中国建筑遗产是一部历史的画，用阐释学、接受美学的术语说，它是古人给我们留下的建筑"文本"。

我们要认识它、品评它，就得读它，而且要读懂它。这里挑选中国古典建筑宏大文本中的一页。

小小的片断清式彩画，让我们做一番阐释性的解读。

三种彩画　两大类别

彩画演进到清代，在程式化体系中定型为三种格式：第一种称为"和玺彩画"，是以"龙"作为装饰母题，画面上满布着图案化的龙纹，这当然是最高等级的、最为尊贵的彩绘，只能用于宫殿、陵墓等皇家建筑组群中的主要殿座、门座；第二种称为"旋子彩画"。它的特点是在"找头"部位饰以"旋子"。旋子是牡丹花的图案化，自然比不上龙纹的尊显。这种彩画的等级低于和玺，主要用于宫殿、陵墓等组群中的次要殿屋和衙署、寺庙等组群中的主殿，通常牌楼上用的也是这种彩画。第三种称为"苏式彩画"，因起源于苏州而得名。它的装饰题材多样，不拘一格，主要用于园林和宅第（图1）。

三种彩画中，和玺彩画和旋子彩画有很多共同点，梁思成先生把它合称为"殿式彩画"。这样，清式彩画就归并成"殿式"和"苏式"两个大类。这个归并是很有意义的。我们如果将"殿式"与"苏式"做一番比较，就会发现两者之间存在着一系列有趣的、引人注目的差异。

"殿式"与"苏式"大唱对台戏

原来，这两类彩画在处理手法上是完全相悖的。在选用图样上，殿式彩画采用的全是程式化的画题，如和玺彩画中的龙、凤、灵芝、菊花草，旋子彩画中的旋子、锦纹、夔龙、西番莲等，都是程式化的象征图案。而苏式彩画则大量采用写实的画题，像山水、花鸟、人物、亭台、殿阁等，都是非程式化、非图案化的活生生的图像。

在画面分布上，殿式彩画特别强调尊重构件的结构逻辑。这种彩画在檐部是画在平

（a）

（b）

（c）

图1　三种清式彩画
（a）和玺彩画；（b）旋子彩画；（c）苏式彩画

板枋、大额枋、垫板和小额枋四根构件上。我们可以看到，殿式的画面总是严格地遵循着四根构件的界限，绝不超越、交混，极力保持构件组合的清晰性。而苏式彩画则相反，它着意于突破构件的界限。虽然是画在檐檩、檐垫板和檐枋三根构件上，却用大面积的"包袱"把三根构件统成了一个画面，有意模糊了构件的界限（图2）。

不仅如此。殿式彩画所用的图饰都是严格的平面图案，极为认真地排除图案的立体感、透视感，力图维持构件载体表面的二维平面视感。而苏式彩画却热衷于大搞"退晕"，大用立体图像，有意强化画面的立体感、透视感，不在乎构件载体表面产生凹凸的错觉。两类彩画的这种针锋相对的差异，形成大唱对台戏的奇特现象。这个现象不妨称之为"彩画现象"。在这个现象的背后，隐藏着很值得我们注意的深层内涵。

二律背反

原来，彩画呈现的两种截然不同的设计手法，是适应两种不同建筑性格的需要。殿式彩画都是用在庄重的、富丽堂皇的、有一定气派的场合，要求表现出规整、端庄、凝重的格调；苏式彩画则用于轻松的、活泼欢快的场合，要求表现出活变、风趣、丰美的格调。两种彩画的不同特色，充分显示中国古典建筑细部装饰的不同性格，表明彩画的程式化在把握不同装饰格调上处理得相当准确、鲜明。

在创作方法上，彩画的两种截然不同的设计手法，也生动地显示出中国古典建筑在情理交融中包孕着或重理、或偏情的不同倾向。殿式彩画更多地贯穿着重理的创作意识，不论是强调构件组合的清晰，或是强调彩绘图案的平整，都是强调理性地遵循客观的制约。苏式彩画则带有较浓厚的浪漫色彩，敢

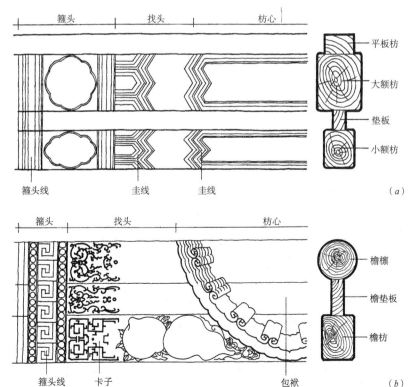

图2　彩画构成的两种形式
（a）殿式彩画构成示意；
（b）苏式彩画构成示意

于突破构件的界限，敢于运用写意的图像，创作主体的情意得到较大的发挥。这是在建筑的处理层次上，反映出偏向理性与偏向浪漫的不同意蕴。

在这里，我们自然地想到黑格尔在《逻辑学》一书中提到的"二律背反"。所谓"二律背反"，指的是两个真理性的命题，一正一反，针锋相对。比如我们说 A 命题："对称是美的"。又说 B 命题："不对称是美的"。A、B 两个命题都是可以成立的，但它们之间是相悖的，这就构成"二律背反"。彩画现象很典型地表现了这一点。它们之间的一系列相悖，在各自特定的场合都是合理的。它表明彩画的程式化处理贯穿着艺术创作不搞"一刀切"的精神，不以一种手法去否定、排斥另一种手法，促成艺术手法上的互补。从这个细枝末节也折射出中国哲学、中国美学不走极端、不搞偏颇的"中和"意识。

苏式彩画大量采用写实的画题，山水、花鸟、人物、亭台、殿阁等，都是非程式化、非图案化的图像。同时采"退晕"手法，大用立体图像，强化画面的立体感、透视感，不在乎构件载体表面产生凹凸的错觉。

用色／匠心独运

在用色上，两类彩画都以青、绿为基调。这是因为，檐部彩画处于屋檐之下的阴影部位，采用冷色调，可以显得出檐更为深远。在色彩的组合中，两类彩画都尽量把色块打碎，使青、绿色上下对调，左右交错，并且以白线、黑线、金线勾画色块的交界线，形成了色彩极细腻、极丰富的组合。这样使得檐部的色彩，不仅与红柱、黄瓦形成迎阳面的暖色调与阴影部的冷色调的对比，也构成屋面、柱列大面积的整色块与檐部彩画小面积的碎色块的强烈对比。这使得中国古典建筑的用色，既有整体的纯净，又有细部的丰富；既适于远观，也宜于近看。在和玺彩画中，青、绿色调都有象征的语义。青色表征天空，绿色表征大地。枋心部位定色时，明间枋心总是青色在上，绿色在下，次间枋心则颠倒过来，成为绿色在上，青色在下。可以看出彩画师不仅坚持本间彩画自身的青、绿交错，而且坚持隔间彩画之间的青、绿对调，甚至不惜付出上绿下青、"翻天覆地"的代价。值得注意的是，檐部构件的设色，还特地把仰视看得见的屋顶上的望板，斗栱中的拱垫板和夹在额枋中的檐垫板都漆成红色，着意于从色彩上区分出青绿调的结构性构件与红色调的非结构性的填充构件，显现出用色上尊重结构逻辑的匠心。在这一点上，和玺彩画体现得最为充分，苏式彩画只是在"找头"部位有所体现。

纹饰／文脉积淀

程式化彩画的图式中，还深深地烙下历史文脉的印记。两类彩画都在梁枋的端部绘出直线型的"箍头"。这种图形不是无缘由的，原来早期木构件在这个梁枋端部设有一圈或数圈铁箍，用以防止梁头的劈裂。彩绘时自然顺着铁箍涂绘成箍头线。后来铁箍取消了，它的线形和名称都一直延续了下来。和玺彩画中，有一种很独特的多折形的界线，称为"圭线"。这个圭线的样式也不是无缘故的。它是早期木构件采用"金釭"留下的遗痕。陕西凤翔雍城遗址曾出土一批春秋时期秦宫的铜质"金釭"（图 3）。这种金釭是用于宫殿室内作为壁柱与壁带交搭的连接件。金釭的前部呈多折形的釭齿，釭面上带有饰纹，有很强的装饰性。显然，这种考究的铜质饰件的釭齿图形后来传承在彩绘中，成了和玺彩画表征尊贵的一种文脉符号。彩画的这些图式、纹饰，可以说是蕴涵着久远历史的文化积淀。

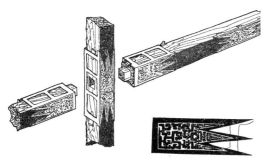

图3　遗址出土的春秋时期铜质金钉

烂熟与僵化

　　清式彩画还显示出中国建筑体系的程式化到后期达到了极严密的程度。不仅确定彩画的基本格式，而且限定了各式彩画的具体图样。和玺彩画的龙纹，被圈定为行龙、坐龙、升龙、降龙四种固定的纹样。旋子彩画"找头"部分的长短调节，被限定采用"一整二破"加一"路"、加二"路"、加"勾丝咬"、加"喜相逢"等固定的做法（图4）。在各自定型的格式中，和玺彩画又细分为四种，旋子彩画又细分为七种，以这些带有微差的品类来满足不同等级规格、不同功能性格的殿屋在彩绘上所需的细微区别。对于苏式彩画，程式化的处理也颇为微妙。它没有全用写实的画题，也没有全用象征的画题，而是在"箍头"、"卡子"采用固定的象征画题，把大面积的"包袱"和"找头"留做随宜的写实画题，形成象征画题与写实画题的共处交融。在限定画面布局程式的同时，留下了一片可供画匠自由发挥的空间。

　　我们从清式彩画的程式化构成中，不难看出它的定型程式的确经历过千锤百炼的推敲、优选，反映出中国古典建筑体系到清代

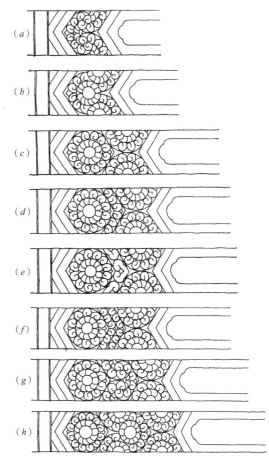

图4　旋子彩画"找头"部位旋花变化示意图
（a）勾丝咬；（b）喜相逢；（c）一整两破；（d）一整两破加一路；（e）一整两破加金道冠；（f）一整两破加二路；（g）一整两破加勾丝咬；（h）一整两破加喜相逢
（引自中国科学院自然科学史研究所．中国古代建筑技术史．北京：科学出版社，1985．）

已达到烂熟的程度。这种体系的烂熟，一方面达到处理手法上的炉火纯青，另一方面也从程式化走向了僵化。过于严密的程式意味着以类型化的彩画吞噬了建筑细部装饰的个性化；过于僵固的定式难免使彩画的绘作蒙上浓浓的匠气，显现出彩画整体的龙钟老态。

从"柱头"说起

提起柱头，我们就会想到西方古典柱式中的多立克（Doric）、科林斯（Corinthian）等极具特色、极富表现力的柱头形象。对于柱头的极端关注，在世界各国古代建筑中是十分普遍的，而在中国木构架筑体系中却恰恰相反，似乎只有柱础、柱身，而没有柱头。中国建筑究竟有没有柱头呢？为什么要淡化柱头呢？这个问题涉及中国建筑构架的特点和斗栱的起源，值得做一番历史的考察。

早期的中国建筑是曾经有过柱头的。请看我国现存最古老的地面房屋——山东长清东汉孝堂山郭氏墓祠，它的前檐立面正中的八角柱上部，明确地顶着一个硕大的"斗"，这个"斗"应该说是名副其实的柱头。这种斗式柱头起源很早，从西周初期青铜器"矢

图1 西周青铜器"矢令簋"底部四根短柱上均呈"斗式柱头"，透窗出当时建筑上已有这种做法

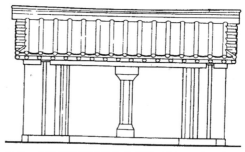

图2 山东长清东汉孝堂山郭氏墓祠。正中八角柱上有"斗式柱头"

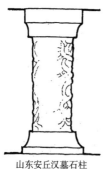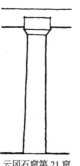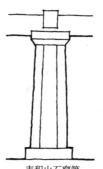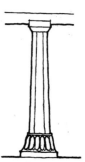

山东安丘汉墓石柱　　云冈石窟第21窟塔心柱檐部石柱　　麦积山石窟第30窟窟檐石柱　　天龙山石窟第16窟窟檐石柱

图3 汉代和南北朝的"斗式柱头"

图4 广东出土东汉明器，显示柱头上有"实拍栱"，柱间已出现低于柱头的额枋

图5 四川牧马山崖墓出土的东汉明器。柱上顶着硕大的"一斗三升"斗栱，可视为斗栱式的柱头

令簋"底部的短柱栌斗已显露端倪，到汉代还很盛行。一直到南北朝的大同云冈石窟、天水麦积山石窟和太原天龙山石窟，还可以见到它的余韵。

采用斗式柱头当然是为了适应木构架结构的需要。因为木材的垂直木纹耐压力比横纹耐压力大六、七倍。当立柱上端搁着横梁、横枋等水平构件时，柱端是直纹承压，而梁端却是横纹挤压。采用上大下小的斗形，就有效地扩大了梁端的挤压面。这个"扩大挤压面"的方法是中国建筑解决柱头承载横纹构件的基本方法。当然，它不仅仅限于"斗"式，也有采用一层或多层横材横置于柱头的"实拍栱"式。这种斗式柱头和实拍栱式柱头用的都是实木，如尺寸过大则必然太重，为了进一步扩大挤压画，自然地衍生出由斗与栱组装的、非实心的"柱头"。我们从四川牧马山崖墓出土的东汉明器上，可以看到它的形象。它的做法是在柱上顶"一斗三升"斗栱，斗栱上再承额枋。这种斗栱正是《论语》《礼记》的注疏者在阐释"山节"一词时所说的"刻镂柱头为斗栱,形如山"的形象。它处在柱头的位置，尺度上可以视为斗式柱头的放大，形态上可以视为实心柱头的疏空。由于它是孤立地顶在柱子上，仍然充当着柱头的角色，因此可以说它既是斗栱，也是柱头；是柱头的斗栱化，或者说是斗栱式的柱头。四川彭山崖墓、山东沂南东汉画像石墓等，都有这类以石材仿木的"斗栱式柱头"，而且尺度特别大，把柱头扩大挤压面的作用强化到极致。

不难看出，最初的斗式柱头形成了斗栱中的重要分件——栌斗。栌斗上增添栱和散斗，逐渐就形成了斗栱。这可能是斗栱的一种起源。由于斗栱还有支撑檐部悬挑的作用，也可能存在着桃梁或擎檐柱演化而来的其他起源。值得注意的是，中国建筑的额枋，原先是搁在柱头或柱头斗栱之上，称为"檐额"。由于木构架建筑需要通过榫卯的结合，组成构架以保持整体的稳定，搁在柱上的檐额逐渐地就下移到柱端的两侧而成为"额枋"（宋以前称为阑额）。广州、长沙出土的汉明器已看到这个迹象。北魏宁懋石室清晰地显示出额枋低于柱子，置于柱间，在额枋上施加斗栱的做法。这种柱枋搭接关系、受力方式的变化，自然导致柱头功能、柱头形态的变化。到了唐代，随着木构架体系进入成熟期，斗栱自身也已成熟，并已组成严密的铺作网路。柱上斗栱再也不是孤立地搁置在柱头，而是成为整头构架中的铺作层或铺作圈。这样的柱上斗栱，即使像南禅寺大殿、佛光寺大殿那样，栌斗仍直接落在柱上，也不能再视为

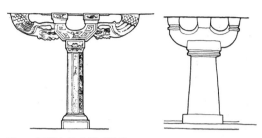

图6 汉墓中的斗栱式柱头
左：山东沂南画像石墓；右：四川彭山崖墓

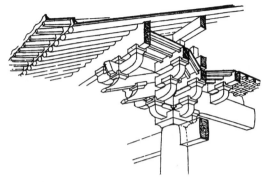

图7 唐宋时期的"柱头铺作"。斗栱不再是孤立的"柱头"，已转化为严密的铺作网络

柱头了。正如它的名称"柱头铺作"、"转角铺作"一样，已经是自成网络的铺作了。后来进一步出现了压在柱头上和额枋上的"普拍枋"（明清时称为平板枋），外檐斗栱全都搁在普拍枋、平板枋之上，与柱身明确隔开，更明晰地表明它与柱子完全脱钩了。因此可以说，在中国木构架建筑中，柱头孕育了斗栱，转化成斗栱，并为斗栱所取代。这种强化斗栱、淡化柱头的做法，是中国木构架建筑的一大特色。对于木构架的整体结构，对于柱与额枋、平板枋的节点交接，都是更为妥帖的。应该说，西方古典柱式突出柱头而中国木构架建筑淘汰柱头，表面现象截然相反，而其所蕴涵的尊重结构逻辑、构造逻辑的设计原理却是相同的。

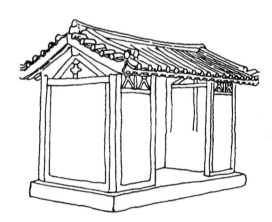

图8 洛阳北魏宁懋石室，额枋已低于柱子，置于柱间，丰栱落在额枋之上

正式建筑与杂式建筑

在传统建筑行业中，工匠们习惯把"官式建筑"区分为"正式"和"杂式"两大类。所谓正式建筑，要符合四个条件，一是平面为横长方形；二是屋顶为硬山、悬山、歇山或庑殿；三是结构为木构架承重；四是屋数为单屋。其他形式的平面、屋顶、结构或带楼层的建筑，统统归入"杂式"之列。

这是官式建筑的一种很重要的分类，可惜长期以来没有引起我们应有的重视。从形态构成的角度来审视，正式建筑与杂式建筑有以下五方面不同的特点：

一、规范性与变通性

正式建筑强调规范性，平面形式限定为规规整整的长方形；屋顶严格采用标准的定型形制，只能用硬山、悬山、歇山、庑殿四种基本形式（图1）。而杂式建筑的平面形式则是多种多样、灵活变通的，常见的有正方形、六角形、八角形、圆形、曲尺形、"工"字形、"上"字形、"凸"字形、扇面形、套方形、套环形等（图2）；屋顶相应地也是灵活多变的，除了各种形式的攒尖顶外，还采用了各种基本型屋顶的变体和组合体，形成了丰富多彩的屋顶群体。正式建筑显现出规整、端庄、纯正的品格，杂式建筑表现出灵活、自由、随宜的品格。正式建筑强调正统性，等级制的展现很严密、很规范。长方形的平面明晰地显示出不同数量的开间，不同数量的檩架，不同方式的出廊，鲜明地标出

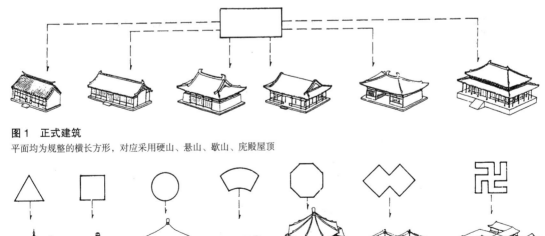

图1 正式建筑
平面均为规整的横长方形，对应采用硬山、悬山、歇山、庑殿屋顶

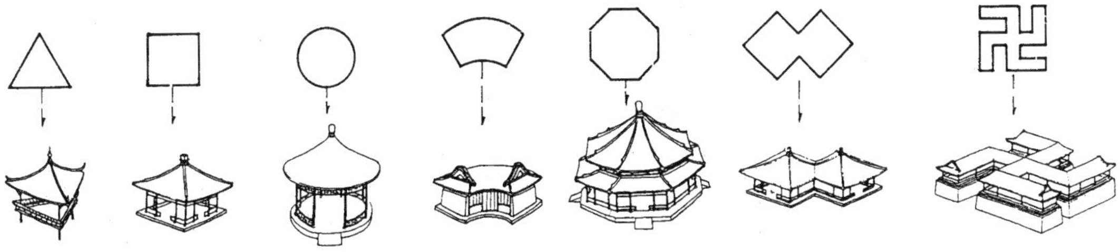

图2 杂式建筑
正式建筑以外的各式平面和各式屋顶，均为"杂式建筑"

图3　北京颐和园构虚轩、绘芳堂（张锦秋复原）
上下两组建筑，由若干座正式建筑和楼阁、方亭等杂式建筑组成，显现出园林建筑综合运用正式建筑与杂式建筑的景象

平面形式的不同等级。屋顶的等级序列也非常明确，由高到低依次为重檐庑殿、重檐歇山、单檐庑殿、单檐歇山、卷棚歇山、尖山式悬山、卷棚悬山、尖山式硬山、卷棚硬山九个等次。杂式建筑则不拘泥于一本正经的正统规则，等级的展示较为模糊。对于六角形、八角形、圆形、曲尺形、套方形之类的平面，间架的等次已经没有意义。对于攒尖顶、变体屋顶、组合屋顶来说，等级的高低也不明确，明显地表现出杂式建筑在等级标示方面的放松、淡化。在工程做法上，正式建筑也是严格地遵循木构架的技术体系，而杂式建筑除了运用木构架，也可以是砖结构、石结构的。两者之间在规范性、正统性与变通性、随宜性上的差别是十分明显的。

北京颐和园构虚轩、绘芳堂复原图（图3）。上下两组景点建筑，由若干座正式建筑和楼阁、方亭等杂式建筑组成，显现出园林建筑综合运用正式与杂式建筑的景象。

二、通用性与专用性

从建筑功能上说，正式建筑的长方形空间具有突出的实用性。这种规整的形式，最便于"间"的分隔，能最大限度地保持各"间"的完整，加上空间观感上的庄重、大方，因此，正式建筑既适用于日常起居的生活空间，也适用于进行政务、祭祀、宗教、聚会等活动的仪礼空间，它的适应性很强，建筑形态具有显著的通用性。中国建筑的各个类型，无论是宫殿、宗庙、陵寝、寺观中的主殿、配殿、寝殿、门殿；衙署、府第、宅舍中的正厅、正房、厢房；皇家园林、私家园林中的殿、阁、厅、堂、轩、馆、斋、室，以至各类型建筑中的大量辅助性建筑等，绝大多数用的都是正式建筑，充分表现出正式建筑的形制对不同功能类型的广泛适应性。这使得它成为官式建筑中运用得最多，数量上占绝对优势的建筑形态。而杂式建筑则主要在游乐性、观赏性方面较为突出。除了正方形、"工"字形、圆形平面有时用作宫殿、坛庙、衙署的主要殿堂外，绝大部分都用作亭、榭等景观建筑和各种类别的塔，表现出较为确定的专用性。这类杂式建筑体形复杂多变，空间各具特色，功能个性显著，外观活泼多姿，以品种的纷繁多样取胜。

三、弹性和硬性

在形态构成上，正式建筑与杂式建筑也

是大相径庭的。正式建筑的平面形态只是千篇一律的长方形，是极为单一的。但是这种单一的平面形态自身具有很大的弹性，在面阔和进深两个方向都有灵活的调节机制。在面阔方向，可以相对固定架数而灵活地调节不同的开间；在进深方向，可以相对固定开间数而灵活地调节不同的架数。不同开间与不同架数的匹配，再加不同的出廊方式，就可以组构出大小不等、比例不同的长方形平面系列，足可以满足小自三间三架小屋，大到九间十一架大殿的不同规格需要。在建筑外观上，正式建筑通过屋顶的调节也具有明显的弹性。它规定了硬山、悬山、歇山、庑殿四种基本型，对硬山、悬山、歇山又增加了卷棚的派生型，对庑殿、歇山也增加了重檐的组合型，这样形成了从重檐庑殿到卷棚硬山的九种形制，以适应正式建筑的不同需要。正是这种具有健全调节机制的弹性形态，赋予了正式建筑广泛的适应性和通用性。杂式建筑的形态构成则呈现相对固结的硬性。

正方形、六角形、八角形、圆形、扇面形、套方形等平面形式，都只能按原型同步涨缩，不能固定进深而调节面阔，或固定面阔而调节进深。这些平面形态的屋顶的形式也是相对固结的，几种攒尖顶在水平方向都没有变动的余地，只能在垂直方向通过重檐、三重檐进行组合性的调节。正是由于杂式建筑的大多数品种自身的调节幅度很有限，因而导致以多样的品种来适应不同的需要。

四、组合性与独立性

从组群构成的角度来审视，正式建筑和杂式建筑也是大不相同的。长方形的正式建筑，自然地形成以前后檐为主立面，以两山为侧立面的规整体形，对于庭院式组群来说，具有良好的组合性。它既适合于用作庭院主轴线部位的正殿、正房，也适合于作庭院两侧的配殿、配房（图4）。作为正殿、正房，它的前后檐分别构成了前后院的内界面，作

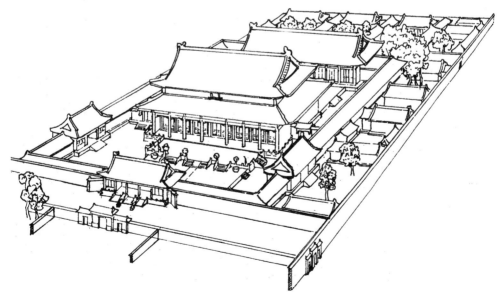

图4　北京故宫慈宁宫鸟瞰
整个组群中，主殿、佛堂、正门、侧门以及各组三合院的正房、厢房，全部采用正式建筑，显现出正式建筑占主导的现象
（引自《紫禁城》第26期）

为配殿、配房，它的前后檐分别构成了庭院的内外界面。这些殿屋的两山，也便于与回廊、院墙或其他余屋连接。可以说，正式建筑的长方形系列，对于庭院空间的组织是十分有利的，最为妥帖的。这导致庭院式组群绝大多数都由正式建筑来组构的一个重要原因。而杂式建筑，由于自身的体形，而显现出较强的独立性。正方形、六角形、八角形以及圆形的平面，对应地采用四角、六角、八角和圆的攒尖顶，它们所构成的建筑形体，各向立面大体上都是相同的，立面主次不分明，带有很强的全方位性。这样的建筑体形，在庭院构成中，只适合于像祈年殿那样坐落在庭院之中，不适合于坐落在庭院的周边，难以用它来围合庭院。因此，杂式建筑在庭院空间组织中用得很少，而主要用在与自然环境结合的散点布局。杂式建筑体形的全方位性，有利于照顾四面八方投来的视线，作为景观建筑，可以充分发挥它的造型优势。

五、内向性与外向性

中国建筑的庭院式布局，使得各个单体建筑在审美上既要显现自身的形体美，又要组构整个庭院的空间美。在这一点上，两类建筑也各有不同的侧重。正式建筑很大程度上要作为组织院落空间的界面而参与庭院空间美的创造，杂式建筑则主要以自身的造型而表现其形体美；正式建筑由于围合庭院而使其立面和装修都带有浓厚的内向性特征，杂式建筑则有相当一部分处于自然环境中，立面处理相应地带有外向性的特色。

上面讨论了正式建筑与杂式建筑的不同特性，显然，正式建筑是官式建筑的主体，虽然平面形态单一，但是具有突出的规范性、通用性、弹性、组合性和内向的、便于组构庭院空间美的特性，在木构架体系中，是一种极富生命力的形态，因而处于官式建筑中的主流地位。如果说"一堂二内"、"一明两暗"是中国传统民居的基本型，那么正式建筑可以说是中国传统建筑的通用型。杂式建筑则是正式建筑重要的补充。它以不拘一格、多种多样的体形，丰富了官式建筑的空间形态和外观形体。这两大类别建筑构成了十分合拍的互补机制。

我们透过这套互补机制，可以加深认识官式建筑程式化的严密性及其高度成熟性。

细品须弥座

须弥座是中国台基的一种高贵的形式。它的起源可以追溯到古希腊。我们熟知的雅典卫城雅典娜像座、伊瑞克提翁神庙柱廊像座和雅典利西克拉特合唱队纪念碑（The Choragic Monument of Lysicrates）基座，都是座身上下出涩的形象，它们就是须弥座形式的母本。随着古希腊文化传播到犍陀罗，印度佛教与希腊雕刻相融合，不仅产生了佛像雕塑，也诞生了承托佛像的像座。这种佛像座就带着古希腊基座上下出涩的胎记，伴随着佛教而传入中国。它之所以取名为"须弥座"，是因为中国古代把喜马拉雅山音译为须弥山。在佛经中，须弥山被视为圣山，自然就把佛座称为须弥座，以显其神圣、尊崇。

这种神圣、尊崇的基座，在中国不仅仅用作佛像座，也用于塔座、神龛座、经幢座、坛座、台座、殿座、棺床座、后来还推衍到宫墙座、石兽座、花池座、假山座、古玩座、家具座等，几乎成了古代各类基座显示高贵身份的通用形式。

在历史的长河中，须弥座的形象经历过几度演变。从敦煌壁画中可以看到，北魏时期只是上下挑出直线叠涩（图1），到中唐后才出现带仰莲、覆莲的枭混层（图2）。以后

图1　敦煌北魏第257窟塔座，须弥座上下线条均作直线叠涩挑出
（引自萧默.敦煌建筑研究.北京：机械工业出版社，2002.）

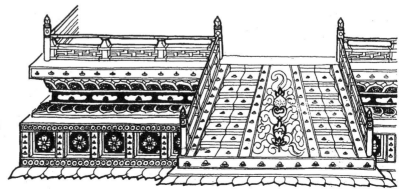

图2　敦煌中唐第231窟基座，须弥座束腰上下出现由仰莲、覆莲组成的枭混曲线
（引自萧默.敦煌建筑研究.北京：机械工业出版社，2002.）

须弥座又经历了从定型的宋式向转型的清式的变化，并显现出程式化的规范做法高于非规范做法的品位升华。这种转型和升华，从一个细枝末节生动地展示出中国古典建筑走向高度成熟的历程，值得我们作一番细腻的品位。

一、清式须弥座的转型

让我们先看看宋式须弥座与清式须弥座的不同特点：

1. 宋式的分层多，清式的分层少。据宋《营造法式》的规制，宋式须弥座有两式，分为 9 层和 12 层。而清式须弥座只分 6 层。

2. 宋式分层细密，清式分层粗厚。宋式须弥座出现多层很薄、很细的线脚，莲瓣雕饰织细、繁密。清式须弥座的各层线脚都很粗大、厚重，莲瓣雕饰简洁、硕壮。

3. 宋式明显地以中段为主体，清式则恰恰把这个作为主题的中段删除。须弥座的整体造型从宋式座身的主次分明转变为清式座身的浑然一体。

4. 宋式出现若干根呈水平顶面的外挑线脚。这种线脚很容易存积雨水，多季雨水浸入水平石缝，结冰膨胀，会导致石块胀裂，属于不合理的线脚。清式各层外露部分均已消除水平顶面，线脚形式已臻合理。

5. 宋式存在着单薄线脚的出挑，易受碰撞破损，也属于不合理做法。清式则消除了这种做法，整体轮廓显得很结实。

6. 宋式形象秀雅、挺拔、精致、洒脱，而清式形象敦实、稳重、圆熟、板滞。在审美意识上也有明显的差异。

以上这些差别构成了清式须弥座在宋式基础上的转型（图 3、图 4）。令人感兴趣的是，为什么宋式须弥座会呈现这些特点，而

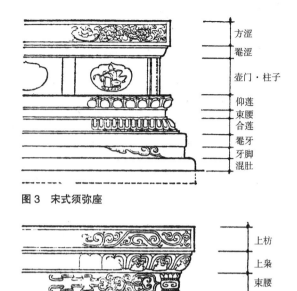

图 3　宋式须弥座

（方涩　毫涩　壶门·柱子　仰莲　束腰　合莲　毫牙　牙脚　混肚）

图 4　清式须弥座

（上枋　上枭　束腰　下枭　下枋　圭脚）

清式须弥座又为什么需要转型？

原来，最初用作佛像座的须弥座是木质的，它的整体形象显示的是小权衡的造型。繁多的分层、细密的线脚、纤细的雕饰、单薄的出挑，对于木材质的构造来说，都是合理的，符合逻辑的。它处在室内环境中，淋不着雨，运用水平顶面的外挑线脚也是合理的。宋式须弥座作为殿屋的台基，已经改为石材质或砖材质。但它的整体形象却直接仿自木质须弥座。因此宋式须弥座的一系列特点反映的都是仿木的权衡，仿木的特征。这是须弥座以石代木、以砖代木的初期难免出现的现象。这种新材质与旧形式的矛盾，自然需要克服。清式须弥座的转型实质上就是从仿木的权衡向真正体现石材质的权衡的转变。简洁的分层，厚重的线脚，硕壮的雕饰，敦实的体量，以及避免水平顶面的出挑等等，都吻合了石材质的逻辑。可以看出这是经历

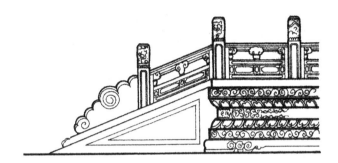

图 5　沈阳清福陵隆恩殿须
弥座台基

图 6　清官式定型做法的须弥座台基

数百年的不断地推敲、不断地锤炼的结果。到了明代，基本上确定了后来清式须弥座所延承的定式，终于取得石权衡的完善。中国建筑体系到明清时期达到高度成熟的境地，须弥座石权衡的完善正是这种高度成熟的标志之一。

二、官式须弥座的升华

标准的清式须弥座主要出现在以北京为中心的官式建筑中，我们从北京故宫、北京天坛、北京太庙和遵化清东陵、易县清西陵等所见的须弥座都是十分规范的。但是并非全国各地的须弥座都如此。一些远离北京的地区，就存在着地方性的、不规范的变异。

以沈阳清福陵隆恩殿的须弥座为例，清福陵是清太祖努尔哈赤的陵，始建于 1629 年。拿这个福陵须弥座与标准的清式须弥座相比较（图 5、图 6），可以看出存在着一系列的差异：

1.福陵须弥座没有"圭脚"层，而以"下枋"直接落地。标准的清式须弥座，圭脚适当外扩，并做出仿"龟脚"的雕饰，很有一种负重若轻的坚挺意味。福陵须弥座却把这个不可或缺的圭脚删去，整个须弥座好像直接插进地里，台基与地面的交接处理大为逊色。

2.标准的清式须弥座，束腰厚度与下枋相等，而福陵须弥座的束腰高度竟为下枋的三倍。如此放大的束腰，完全不同于清式须弥座整体的敦实比例。束腰上雕凿的特大幅花饰，也使得细部尺度失控，整体形象显得笨大、别扭。

3.福陵须弥座的上下枭高度与上下枋完全相等，上下完全对称。清式须弥座的规范尺度是上下枋大于上下枭，上枋因是顶层又略大于下枋。其尺度的微差推敲得很细腻，从而取得匀称的比例。福陵须弥座粗率地把这四根线脚全用相同的厚度，导致整体造型呆板、生硬。

4.福陵须弥座上下枋，没有采用标准做

法的连续图案，而是分布间断的雕饰，造成须弥座上下边沿的非连续感，大大削弱了须弥座自身的整体感。

5.福陵须弥座的全部图案都刻镂过深，仰莲、覆莲也偏于繁细，整体雕饰失之繁缛，有损陵墓建筑的庄严、肃穆性格，而带有浓重的俚俗色彩。规范的清式须弥座在运用雕饰上是很谨慎的。有一种做法只在束腰和圭脚施加少量雕饰，上下枋和上下枭全是素平的（图7）。当须弥座自身尺度较大时，采用这种形式可以避免细部雕饰的失控。北京故宫三大殿的三重须弥座，台基底层高达3米多，用的就是这种做法。

我们从地方性做法的福陵隆恩殿须弥座与清式标准须弥座的比较中，可以清晰地看出官式建筑规范程式与地方建筑非规范做法的文野之分和高下之别。如果再看看福陵石栏杆上呈现的栏板过于琐屑，扶手折接失当，以及蹲狮顶替抱鼓石所带来的累赘而不有机等弊病，不难想见当时当地工匠水平的局限性。相形之下，官式的规范做法确是久经锤

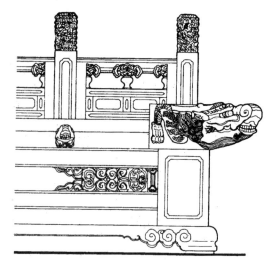

图7　大尺度须弥座的素平处理，上下枋和上下枭都不加雕饰

炼筛选的。当然不能笼统地说官式的规范做法都高于非规范的地方做法。当程式化已经走向僵化时，摆脱规范意味着一种创新的突破。但是当地方性的做法处于粗糙的、不成熟的状态时，则官式的规范化是一种推敲、精化的过程。须弥座的规范化生动地展示了这一点。

漫话东西阶

中国古代建筑深受礼的制约，早期殿堂采用东阶、西阶的做法，就是基于礼的需要。《礼记·曲礼》说：

主人就东阶，客就西阶。客若降等，则就主人之阶。主人固辞，然后客复就西阶。主人与客让登，主人先登，客从之，拾级聚足连步以上。上于东阶，则先右足，上于西阶，则先左足。

这里对主人、客人如何分阶，如何谦让，如何迈足，都做了细密的规定。东阶又称作阶、主阶，设在堂前右方，是主人用的。西阶又称实阶、客阶，设在堂前左方，是客人用的。古礼崇右，对于坐北朝南的殿堂，东西两个侧位中，自然以处于堂前右边的西为尊。让客人登西阶，是对客人的尊敬。我们今天还称"做东"的主人为"东道"、"东道主"，就是源于此。

汉赋里还有"左城右平"的记述，《三辅黄圆》在描述未央宫时也提到"青琐丹墀"，"左城右平"。这种"左城右平"也是一种东西阶的格局。"城"是一级级的踏道，"平"是不分级的坡道。把居右的西阶做成坡道，便于辇车升降，也是对西阶的尊崇。《仪礼》十七篇中，有许多篇都涉及东西阶的繁缛礼节。宋以来许多学者，根据《仪礼》的记载，推测春秋时代士大夫的住宅，都判定在堂的前方设有东西两阶。这种两阶制盛行了很长时间。我们从西安大雁塔门楣石刻上，可以看到唐代佛殿的东西阶形象（图1）。1936年刘敦桢先生到河南北部考察，在济源县济渎

图1 唐大雁塔门楣石刻，显示出佛寺大殿采用东西两阶的景象

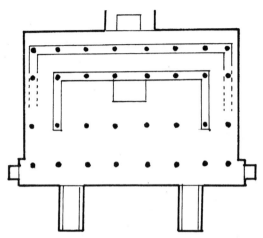

图2 河南济源县济渎庙渊德殿遗址平面图，殿前伸出东西两阶

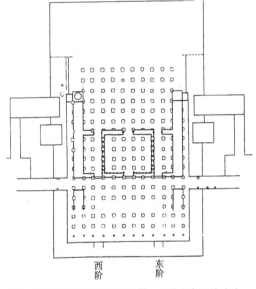

图3 唐大明宫麟德遗址平面图，殿前有东西阶遗迹

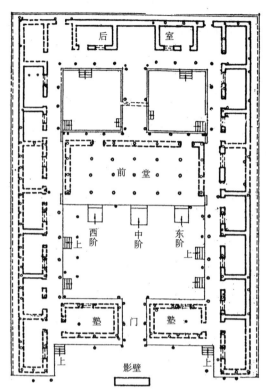

图4 陕西岐山凤雏村西周建筑遗址平面，堂的前方设东阶、西阶、中阶

庙的渊德殿遗址上，见到用砖砌的高高台基上，正面赫然伸出东西两条踏道（图2）。刘先生当即意识到，这是经书所述的东阶、西阶，称它是除大雁塔门楣雕刻外，"国内唯一可珍的实证"。渊德殿在北宋开宝六年（973年）有过一次大修，这组东西阶很可能是宋初遗构，表明两阶制的遗风一直到宋初尚未绝迹。1957~1959年，在西安发掘的唐长安大明宫麟德殿遗址也是带东西阶的（图3）。

这组东西阶左右相距25米，充分显示唐代大型宫殿双阶分立的壮观气势。

值得注意的是，古人推行两阶制，并不意味着所有的建筑一律都用两阶。即使在两阶制的盛期，也同时存在着"三阶"、"单阶"的现象。陕西岐山发掘的凤雏西周建筑遗址，是目前所知的最早的四合院实例。它的主体建筑一堂是一座六间的建筑，堂前的台阶，除了东边的阼阶，西边的宾阶，还有一个处在两阶之间，略偏于轴线东侧的"中阶"，构成了堂"三阶"并列的形象（图4）。这个"三阶"的做法并非孤例。《礼记·明堂位》也提到"中阶"的名称，表明确有采用东、西、中三阶的规制。在敦煌中唐第361窟壁画中，还可以看到寺庙大殿"三阶"并列的清晰形象（图5）。单阶的做法在汉代也

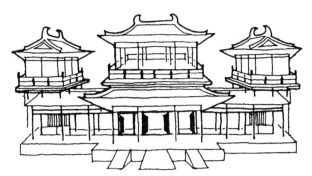

图5 敦煌中唐第361窟壁画，殿前设东、西、中三阶

图6 成都羊子山东汉墓出土庭院画像砖，堂前只设居中的单阶

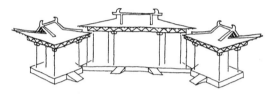

图7 敦煌隋代第433窟壁画，正殿设东西阶，配殿设单阶

不少见。我们熟悉的成都羊子山东汉墓出土的庭院画像砖，主院正位有一座三开间的堂，堂前只设居中的单阶（图6）。四川彭县汉画像砖上的粮仓也是如此。这说明，东西阶很可能是达到一定规格的，与礼仪密切相关的殿堂、门塾才设立，而低规格的宅舍可以从简，辅助性的仓房则更无此必要。敦煌隋代第433窟窟顶壁画上有一组"一正两厢"式的建筑，当中的大殿用双阶，两侧的配殿却是单阶，这个迹象表明，也存在着主要建筑用双阶，而次要建筑用单阶的情况（图7）。

东西两阶左右分立，满足了宾主揖让之礼，却存在着人流路线和艺术表现上的欠缺。庭院式建筑的组群布局，主体院落和主体殿堂都很注意左右对称，追求中轴突出。两阶的做法，虽然保持着左右对称的格局，台阶却没能坐落在中轴线上，致使进出殿屋的人流，不能靠近中轴行进。中轴线上不设台阶，也使得富有表现力的台阶不能在中轴线上效

力。礼的规范与艺术法则在这里发生了龃龉，这情况当然需要改进。古代匠师面对这个矛盾，演进出一种明智的设计，就是把东西向中轴靠拢，中间联以慢道，轻而易举地解决了这个难题。这种设于两条踏道之间的慢道，后来称为"御路"，这种台阶就称为御路式台阶，或称御路踏跺。它既保持着东西两阶的踏道，延续着主阶、宾阶的文脉，又把两阶联结成完成的整体，并使之坐中，满足了人流的趋中行进，丰富了建筑轴线的构成，可以说是两全其美的极巧妙的创意（图8）。

它的早期实物，在河南登封碑楼寺唐开元石塔（建于722年）和少林寺初祖庵（建于1125年）都可以看到。开元石塔是在须弥座上，正对门拱处雕刻出二列踏道，其间插入一条窄窄的、不加雕饰的垂带石（图9）。初祖庵则在正面台阶的二列踏道之间，插入较宽的、同样是未加雕饰的垂带石。登封的这两处台阶都是刘敦桢先生1936年考察河南省北部古建筑时发现的。刘先生当时就指出它，"很像合并古代的东、西二阶于一处"，并把它视为明清御路式台阶的前身。敦煌壁画的史料完全证实了这一点。

据萧默对敦煌壁画的研究，认为这种御路式台阶的正式出现可以提早到初唐。我们

从盛唐和中唐的敦煌画中，可以看到御路式台阶的多种多样的慢道形式（图10），如盛唐第23窟壁画所示的带方格纹的慢道，中唐第73窟壁画所示的带联珠纹的慢道，中唐第231窟壁画所示的充满花纹或花砖的慢道。后者已经很接近后期御路的形象了。这表明御路式台阶的发展比登封两处实物所示的还要早些。从初唐到中唐的二百年间，发展相当迅速，显示出这种由东西阶演变的御路式台阶的旺盛生命力。

御路式台阶属于高等级的台阶，通常只用于宫殿、坛庙、陵寝、苑囿和重要的寺庙。明清时期，皇家系统的重要殿座，都把御路石视为台基的装饰重点，在上面刻饰云龙、云凤、云气、海水、江涯等图案。寺庙建筑则在御路石上雕饰宝相花之类的图像。御路石的运用，大大提高了台基的艺术表现力，成为中国建筑石刻的一个重要的、引人注目的部位。难怪英国研究中国科学技术史的专家李约瑟称誉它是"一条满布浮雕的精神上的道路"。从东西阶到御路式台阶，我们看到中国古典建筑如何在漫长的历史进程中，通过一步步的精化，达到高度成熟的体系；也看到中国古代匠师，在推敲礼的规范与艺术法则的完美协调上，所展示的独特匠意和举重若轻的大手笔。

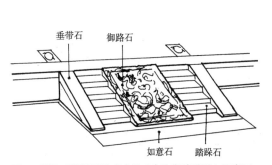

图8　明清时期的御路式台阶（也称御路踏跺）示意图

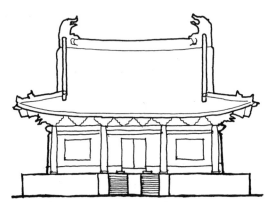

图9　河南登封少林寺初祖庵，用加宽的垂带石作为御路式台阶的慢道

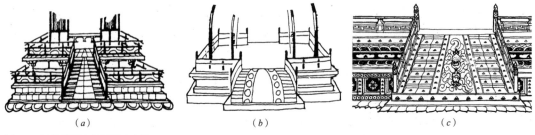

（a）　　　　　　　　（b）　　　　　　　　（c）

图10　敦煌壁画中的御路式台阶
（a）盛唐第23窟壁画，单层塔的御路式台阶采用方格纹的慢道；（b）中唐第361窟壁画，御路式台阶采用联珠纹的慢道；（c）中唐第231窟壁画，御路式台阶的慢道满饰花纹或花砖

建筑语言 + 文学语言

——中国传统建筑的一种独特文化现象

黑格尔把建筑艺术视为物质性最强的艺术，把文学视为精神性最强的艺术。在黑格尔看来，建筑艺术所用的材料"本身完全没有精神性，而是有重量的，只能按重量规律来造型的物质"。的确，建筑要满足物质功能的需要，又有赖建筑材料来构筑，深受重量的、力学的制约。因此，它的空间和造型、构件和形象，基本上是几何形态的，是抽象的、表现性的。这就使得建筑往往难以具象地表述特定的意蕴和具体的语义，建筑语言的多义性、朦胧性和不确定性显得分外突出。而文学是语言艺术，具有表意上的灵便、具体、细腻等独特优势。建筑语言所遇到的表意上的困难，恰恰是文学语言所擅长的。人们自然会想到，何不将这两者结合起来，在建筑形象中焊接上文学语言，调度文学语言来展扩、深化建筑的语义、意蕴。中国传统建筑正是在这个节骨眼上大做文章，创造了极为丰富的、多姿多彩的融合文学语言的形式。从所采用的具体做法来看，大体上可概括为五种：

1. 匾额

中国传统建筑常常通过挂立匾额的形式，给殿堂、斋阁、门屋、亭榭题名。题名有两种情况：一种是给建筑物或景点命名，如宫殿建筑命名为太和殿、乾清宫、皇极殿、乐寿堂，皇家园林建筑命名为佛香阁、排云殿、听鹂馆、写秋轩，私家园林建筑命名为远香堂、见山楼、与谁同坐轩、三十六鸳鸯馆等。另一种是给建筑物和景点题点。如北京故宫乾清宫、颐和轩悬挂的"正大光明"匾（图 1）、"太和充满"扁，曲阜孔庙大成殿悬挂的"万世师表"匾、"斯文在兹"匾，苏州拙政园月洞门镶嵌的"人胜"匾、"晚翠"匾等。这类匾额运用的数量之多是相当惊人的。据统计，在山西灵石县王家大院内，仅高家崖和红门堡两处宅院。就有木刻、石刻、砖刻的匾额 112 幅。见于张篁溪珍存的《圆明园匾额略节》一书，所列圆明、长春、绮春（万春）三园的匾额名录，已达 1041 幅，实数当比这还多。这些匾额，悬挂于殿屋门亭外檐、内檐的，多为木质匾；镶嵌于各式洞门门额的，多为砖刻匾、石刻匾。值得注意的是，中国建筑的牌楼，都在最显著的部位设"正楼匾"、"次楼匾"，楼匾上书写颂功、旌表、点景的文字，牌楼所要表达的纪念性、表彰性的语义，很大程度上就是通过楼匾的

图 1　北京故宫乾清宫内檐悬挂的顺治手书纸地金字"正大光明"匾

点题文字而得以明确地表述。这可以说是匾额最隆重的推出方式。

2. 对联

悬挂对联是中国传统建筑的普遍现象。宫殿、苑囿、园林、第宅、寺庙、祠堂、会馆、书院、戏楼以至各类商号的店堂，几乎都少不了对联（图2）。对联自身是中国独特的文学形式，它利用汉字一字一音一义的特点，组成上下联对称的形式。联的篇幅可长可短，十分灵活，短联多为四言、五言、六言、七言，长联则长达数十字以至百余字、数百字。对联的体例，有的是精练的诗词格调，是诗的高浓度凝聚；有的是通俗的散文格调，在流畅的语言中寄寓着深邃的理趣。对联的创作有"述旧"、"编新"之分。述旧的对联多用"集句"的方式，从古人的诗句中摘取、配对，把现实的景物与前人所咏颂的诗句相联系，很容易激发观赏者进入诗的境界。编新的对联也很注意用典，通过历史"典故"的触媒，同样可以引发观赏者的历史遐想。

对联如何联结到建筑上，古人采用了三种主要方式：一是"当门"；二是"抱柱"；三是"补壁"。通过这三种方式，对联与门、柱、壁融合成一体，取得建筑化的载体，成为建筑装修的一个品类。其中抱柱式的对联，通称楹联，是三种方式中运用最为广泛的一种。由于中国木构架建筑有很多柱子，在外檐、内檐都有充足的柱子可供悬挂，一些古刹名园的殿堂常常形成楹联林立的热闹场面，在文学语言的融入上达到高饱和的程度。

3. 屏刻、书条石

中国文学宝库中，有数量庞大的山水诗、山水赋、山水散文、游记，也有为数可观的描述建筑、园林的诗、赋和园记、楼记、堂记、亭记之类的散文、铭文。这些文学作品有不少是描写名山胜水的千姿百态、名园胜景的

五光十色，记叙建筑景物的沿革典故，记录聚友畅游的逸情盛况，抒发游观的审美体味和触想感怀。它们实质上构成了特定建筑、特定景点的文化环境，成为烘托建筑景物的文学性氛围。这类诗、文、铭、赋也被巧妙地焊接到建筑中来。

一种是采用屏刻的方式，把名人所写的有关诗文，刻写在建筑室内的屏壁上。如著名的岳阳楼，有乾隆时期张照书写的范仲淹名篇《岳阳楼记》的屏刻；北京故宫交泰殿，有乾隆御制手书的《交泰殿铭》屏刻（图3）；苏州狮子林燕誉室，有贝氏《重修狮子林记》屏刻；另一种是采用书条石的方式，把名人的书法帖石镶嵌于墙壁。如绍兴兰亭，大书法家王羲之所写的《兰亭集序》，有唐宋以来临摹的十余种帖石。这些珍贵的帖石都镶嵌在王古军祠的两侧廊墙。苏州狮子林内，也在水池四周的廊壁上，嵌有宋代四大名家苏轼、黄庭坚、米芾、蔡襄书写的碑帖珍品。

还有一种与屏刻、书条石异曲同工的做法，叫做"夹纱书画"。它不用"刻"，而用"写"，把小幅的诗、文写在内檐隔扇和横披的夹纱上。这在住宅、园林的堂榭、书斋中是很常见的。宫殿组群中用作居室、书屋的

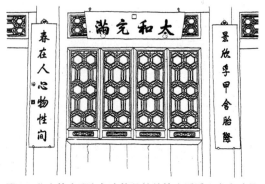

图2 北京故宫颐和轩内檐悬挂的楠木浮雕云龙金地黑字匾联

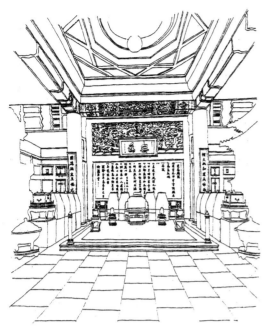

图3　北京故宫交泰殿内景
匾联和屏门铭文的组合，为室内融入了大容量的文学语言和书法艺术。屏门上的《交泰殿铭》是乾隆手书的，用缂丝制作，裱糊于门板上

图4　夹纱臣工书画
图为北京故宫同道堂楠木隔扇，在灯笼框内作夹纱臣工书画

殿屋也常用它，因其多为有书法修养的臣工所写，特称为"臣工书画"（图4）。这种奏纱书画、臣工书画不同于室内展挂的字画条幅。后者是室内的陈列品，而前者则已固结在建筑中，已成为建筑构件的一个细部。

4. 碑碣

把文字刻在碑石上，再把碑石组织到建筑中，是中国传统建筑融合文学语言的一种十分郑重的形式。碑可以是一块极纯朴的简易碑石，出可以由碑座（方趺或龟趺）、碑身、碑首组成很隆重的形象。通常在碑身上刻碑文，在碑首上刻题额。这些碑，集文学、书店、雕刻艺术于一身，本身构成了建筑小品。它常常坐落在建筑组群中的显要部位，成为建筑组群环境中很有表现力、极具纪念性的构成要素。还有一些碑被郑重地设置到亭内，形成各种形态的碑亭，碑与建筑的融合达到

更密切的程度。中国的寺庙，运用立碑刻石的做法，还创造出一种很有特色的宗教建筑小品——经幢，成为把经文揉入建筑的一种独特方式。

5. 崖刻

在寺庙组群、园林组群和名山胜景，利用天然崖壁刻写题吟、警句，这称摩崖题刻。这也是把语言揉入建筑环境的一种很有效、很可取的方式。号称"天下名山第一"的东岳泰山，历代的崖刻估计达千块以上。闻名遐迩的福州鼓山，也有宋刻、元刻、明刻、清刻和近代、当代新增的崖刻约300处。多种多样的崖刻，有的只是短短的一字、数字，有的是洋洋大观的数十字、数百字，它们会集篆、隶、行、草、楷各体，琳琅满目，相映成趣，为秀美山岩抹上了文化神采，为名山古刹烘托出文化氛围。在四川乐山凌云寺（俗称大佛寺），寺门前有一条沿崖开辟的、长数百米的香道。这条香道上，就有"回头是岸"、"阿弥陀佛"、"耳声目色"、"凌云直上"和一笔书就的巨大的"龙"字等崖刻，

图5　四川乐山凌云寺山门香道局部
香道崖壁上刻有"回头是岸"、"阿弥陀佛"、"耳声目色"、"凌云直上"等字句。山门正中高悬"凌云禅寺"金字大匾，两旁挂有"大江东去"、"佛法西来"对联。匾联、崖刻为寺门和香道渲染了浓厚的佛国氛围，融入了书法艺术的美

为香道渲染了浓浓的佛梵境界和文化意韵（图5）。

显而易见，通过以上这些方式，把文学语言巧妙地、融洽地揉入建筑形象和建筑环境中，自然为中国建筑的艺术表达，起到多方面的作用：

一是深化了建筑景物的文化意蕴。给建筑和景点命名、点题、赋文、题对，其作用很像是中国画上常见的"题跋"可以视为"建筑的题跋"。清代书画家方薰在《山静居画论》中，曾谈到画面"题跋"的两个作用：一个作用是"画者之意，题者发之"，即画家自己没有意识到的意趣，可以由"题者"通过题跋给予阐发；另一个作用是"画之不足，题以发之"，即画面所未能充分表达的高情逸思，可以通过题跋进一步发挥，使之"益妙"。建筑的"题跋"也是如此，一方面可以阐发建筑匠师在作品中未曾意识到的意蕴，另一方面可以阐发建筑语言所未能充分表达的高情逸思。中国古代文人对这一点是十分关注的，曹雪芹在《红楼梦》第十七回"大观园试才题对额"中，通过贾政的口说："若大景致，若于亭榭，无字标题，任是花柳山水，也断不能生色"。通过文字来点示建筑境界，升华建筑诗韵，确是中国传统建筑审美的一大特色。

二是丰富了建筑美与书法美、工艺美的融合。匾额、对联、屏刻、碑碣、书条石和夹纱书画等，在给建筑揉入文学语言的同时，还为建筑镶入极富抽象美、装饰美的汉字书法艺术。这些文字大多是名家的手笔，书法的精品，它们自身具有很高的艺术性，无形中为中国建筑增添了很有分量的艺术品位和艺术价值。匾额、对联、屏刻等自也是工艺品，在样式上大多经过精心的推敲，在工艺制作上普遍都做得很精致。早在宋《营造法式》中，匾额已定型为华带牌和风字牌两式（图6）。其中华带牌的样式、凝重、端庄、丰美，一直到明清，仍然是庄重型匾额久用不衰的定式。园林建筑所用的活泼型匾额，形式更为

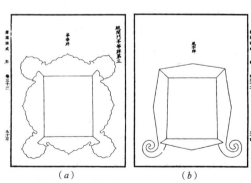

图6　宋《营造法式》所列的两种匾额形式
（a）华带牌；（b）风字牌

丰富，明末文人李渔在《闲情偶寄》书中列举了碑文额、手卷额、册页匾、虚白匾、石光匾、秋叶匾等多种图式（图7）。这些高雅多姿的匾额镶嵌到建筑中，无疑为园林建筑形象增添了许多风采，许多意味，许多文韵。匾额还常常和对联、屏刻一起组合在殿屋室内的核心部位，构成室内空间建筑美、诗文美、书法美和工艺美的大汇合。而碑石、碑亭、牌楼、摩崖题刻等，则在建筑组群环境的层次，构成建筑美、诗文美和书法美、雕刻美的大合唱。它们都为丰富筑形象的表现力，增添建筑形象的人文价值，凝聚建筑形象的文化韵味起到显著地作用（图8）。

三是对建筑观赏者提供了鉴赏指引。文学语言在建筑中的叠加，还起到为观赏者提供鉴赏指引的作用。清代学者钱大昕说："然亭台树石之胜，必待名流宴赏，诗文唱酬以传"。历史上的许多建筑、园林、风景，的确是通过诗文的吟传而成为"名胜"的，特别是著名人物的诗文，更是扩大景物知名度最为有效的传播媒介。滕王阁、岳阳楼、兰

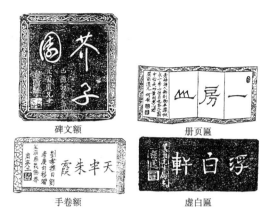

图7 明末文人李渔在《闲情偶寄》一书中所附的几种园林用匾形式

亭、醉翁亭的名声大噪，显然和王勃的《滕王阁序》、范仲淹的《岳阳楼记》、王羲之的《兰亭集序》、欧阳修的《醉翁亭记》的广为流传是分不开的。这些诗文都以碑石、屏刻、书条石等方式，镶刻到建筑中，自然为游览者起到传递景物背景信息，揭示景物意境内涵，导引游客深入鉴赏的作用。大家熟知的杭州西湖十景，命名为"苏堤春晓"、"平湖秋月"、"柳浪回莺"……，承德避暑山庄

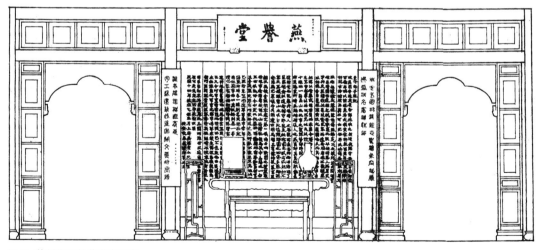

图8 苏州狮子林燕誉堂室内

明间屏门上方挂堂匾，两旁柱上挂楹联，八扇屏门上书写着贝氏《重修狮子林记》。匾额、楹联和屏门文字的组合，为室内增添了浓郁的书卷气，并充分发挥了书法的装饰作用

三十六景，命名为"西岭晨霞"、"南山积雪"、"石矶观鱼"……。这些命名点题只用短短四字，点出了特定的地点、特定的时间、特定的景象，以极其精粹的语言，揭示了富有诗意的境界。它们如同"有标题的音乐"一样，使得建筑和景点也成为"有标题的建筑"、"有标题的景点"，为人们把握景物特色、感受景物境界作出了定向的指引。浩如烟海的点景式对联，也同样为观赏者起到点示境界、诱发遐想、激励情怀、引申哲理的重要作用。四川乐山凌云寺的山门，两旁挂着"大江东去／佛法西来"的对联，既描述了庙门临江的雄浑景象，又突出了佛法流传的庄严历史，言简意赅，气势磅礴，大大升华了凌云寺门面的环境意蕴，也大大拓展了观赏者的丰富联想和深沉的意境感受。

可以说，把文学语言焊接到建筑语言中，是中国传统建筑的一个独特的文化特色。我们有独特的汉字文学和汉字书法，我们有极丰富的融合文学语言于建筑语言的文脉传统和独特手法，在我们的建筑创作中，如何推陈出新，以新的载体、新的方式，调度文学语言，调度现代书法，把它融洽地组织到建筑的组群、外观和室内设计中，是很有文章可做的，这很可能是现代与传统结合的一个可取的结合点。

土木 · 砖木 · 砖石仿木

——从"时间因"看中国建筑

建筑有两个"时间段": 一是建造过程, 二是使用过程。一般说来, 前者应求其短, 后者应求其长。这是影响建筑的诸多因子中的一对"时间"因子。历史上不同体系的建筑, 都是针对各自的地域、资源条件, 从易于建造、少费"时耗"的角度和经久耐用、延长"时效"的需要, 选择不同的主体材料, 形成不同的构筑形态, 从而奠定不同的体系特点。我们从中国木构架建筑体系可以生动地看到这一点。

大家都知道, 中国木构架建筑是以木材为主体材料。这是因为在土、木、石三大天然材料资源中, 土材难充大任, 石材加工"时耗"过大, 自然以容重小、强度高、加工易的木材为首选, 世界上有许多建筑体系都是先从木构发展起来的, 古希腊建筑也是如此。值得注意的是, 木材自身存在着易燃、易腐、易遭虫害等缺点, 它在"建造期"上具有突出的优势, 而在"使用期"上却存在严重的问题。位处地中海湿润, 半湿润地区的古希腊建筑, 就是因为承重木柱的根部在雨水和潮湿空气浸润下极易腐朽, 而导致先用石柱取代木柱, 最后发展到全面用石, 演进为登峰造极的石构古典建筑体系。人们自然会提出疑问, 为什么中国古典建筑在漫长的发展历程中, 能够持续地维系着以木材为主体结构的体系?

原来中国古代建筑不是孤立地用"木", 而是明智地调度"土"材, 采用了"土"与"木"相结合的"土木"构筑体系。华夏文明发展的中心区——中原地区, 属于半干旱的黄土分布地带, 这里既有用之不竭的黄土资源, 又有适于使用土木的干燥气候条件。我们的先民很早就掌握了夯土技术, 在土与木的结合中, 充分运用了夯实的土台基和土墙体。从新近确定为夏文化的河南偃师二里头殿遗址, 可以清楚地看到它的早期景象(图1)。这个遗址显现的是土木并用的"茅茨土阶"(指茅草屋面、夯土台基)的构筑方式。这里有形成纵架的木构柱列, 有夯土的庭院土台和殿堂台基, 有带排柱的木骨泥墙。夯土台基既提供了坚实的地基承载, 又避免了地下水经毛细作用上升到地面, 还抬高了木构、土墙, 以免受地面水的浸害, 木骨泥墙则兼起支承屋盖和围隔空间的双重作用。可以说, 土与木的合用, 是在华夏文明初始期的生产力水平下所能找到的最佳技术方案,

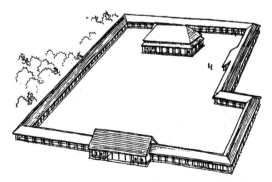

图1 河南偃师二里头宫殿遗址复原图(杨鸿勋复原)
此遗迹最近已确定为夏文化, 有夯土台基和木骨泥墙遗迹, 表明华夏文明初始期已选择了土木相结合的构筑方式

它们奠定了中国木构架建筑的构筑体系。正是基于土木混合构成的需要，才促使中国古代建筑强化台基、屋顶的防水功能，突出高台基、大屋顶的取向，形成以屋顶、屋身和台基"三分"构成的单体建筑形态；正是受土木用材的制约，单体建筑量体不宜做得过大，才促使中国古代建筑避免聚结为集中型的单一大量体，而采取多栋集合的离散型布置，形成庭院式布局的组群形态。在春秋战国时期，一度盛行过"高台"建筑，这是一种以庞大阶梯形夯土台为台体，把小跨度的木构聚合成高高层叠的大量体建筑（图2）。这是当时诸侯争雄，追求"高台榭，美宫室，以鸣得意"的产物，是以土木结合的简单技术创造出来的一项建筑奇迹。但是这种高台建筑，需要耗费巨大的夯土工程量，所取得的主要是庞大的壮观量体，土台所占结构体积过大，有效使用空间甚少，因而只风行了几个世纪，到东汉就基本上淘汰了。土木相结合的木构架建筑仍然沿着离散型的庭院式布局持续发展。

在土木结合的构筑体系中，应该说，从"建造期"和"使用期"来看，"土"都不是很理想的用材。一是因为夯土台基和版筑土墙的耗时量、劳作量都十分繁重；二是因为土墙既怕雨水泼壁，又怕地下水咸份侵蚀，其耐久性的"时效"很成问题。为此，随着木构从纵架结构演变到穿斗、梁柱结构，在增强木构整体性的同时，免除了土墙的承重作用，这就形成木构架建筑不依赖墙体承重的"墙倒屋不塌"现象。尽管如此，作为非承重的土墙仍然亟待改进。因此，土材不论是用作土台基还是土墙体，都呼唤着新材料的防护和更替。同样的情况，木材由于易燃而使得殿屋频频毁于火患，为延长建筑使用寿命也呼唤着新材料的防护和更替。

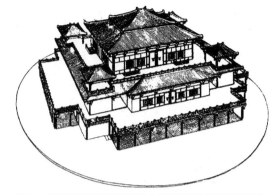

图2 汉长安南郊明堂遗址主体建筑复原图（王世仁复原）

这是中国古代一度盛行的高台建筑，由庞大的夯土台体和小跨度的木构房屋聚合而成，也属于土木相结合的一种构筑方式

这种防护和更替的新材料自然地落于"砖"上，砖材作为人工生产的陶质材料，具有高强、耐水、耐磨等一系列优良性能。我们的先民早已掌握精到的制陶技术，用之烧砖，在工艺水平上绰绰有余，但用草为燃料难以做到大批量产，一直到明代之前，砖的总产量并不高。从明代开始，采用了《天工开物》所说的"段煤一层，隔砖一层"的煤窑烧砖法，砖产量猛增，这才为建筑普遍用砖提供了可能。我们很有必要考察一下，以土木为主体用材的中国建筑，是如何调度这个在建造时耗和使用时效上都十分优越的砖材？

考古发掘表明，中国古代建筑用砖，首先出现在铺地工程上。陕西扶风出土过西周晚期的地面砖，秦汉以后使用方砖、条砖铺地已渐趋普遍。铺地砖的运用带动了贴面砖的发展，最晚到战国时期，贴面砖已经问世。这种贴面砖包砌于土墙、土台基的表面，产生了良好的防护作用和审美效果，为延长土墙、土台基的使用寿命迈出了重要的一步。我们从敦煌壁画上，可以看到唐代普遍采用条砖、花砖包砌城台、台基的生动景象（图3、图4）。

图3 敦煌石窟晚唐壁画上的城门形象

夯土城台的表面已用贴面砖包砌,起防护作用。两侧的城墙仍是裸霜的夯土墙

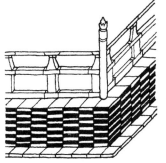

图4 敦煌石窟初唐壁画上的台基形象

夯土台基的表面已用砖包砌,台基周边也设砖砌的方脚,起散水作用

图5 清代北京店铺

槛墙、山墙都是砖砌的,台基是砖石混砌的,是民间建筑中典型的砖木合构

　　真正的以"砖"代"土",以"砖"代"木",应该体现在以砖墙取代土墙,以砖台基取代夯土台基,以砖结构取代木结构。这方面的情况比较复杂,不同性质的建筑有不同的取向,大体上可区分为以下三种态势:

　　第一种是官工建筑从"土木"结合走向"砖木"结合。官工建筑(也称官式建筑)包括宫殿、坛庙、陵寝、苑囿、衙署、权贵宅第等面向社会上层的建筑,是中国古代建筑活动的主干,它们特别强调正统的规制。随着砖产量增长,官工建筑中的土墙普遍演化为砖墙,夯土台基普遍演化为砖砌"桑墩"和砖砌拦土墙组构的砖石台基。这样,官工建筑上的用土基本上都过渡到用砖。这个转化,大大减轻了夯土筑基、夯土筑墙的工程量,是对建造期时耗的大大节约。这个转化,大大增强了台基、墙体的耐水、耐潮、耐侵蚀性能,是对使用期寿命的大大增长。这个转化,当然也改善了墙体、台基的质地、色彩,提高了建筑的审美质量(图5)。但是,这个转化并没有突破木构架的结构体系,在砖木结合体中,仍然以木构架为主体结构,厚厚的墙体虽然已经由土质转为砖质,砖的高强度承载力却没有得到发挥,这些砖墙在殿屋建筑中仍然不起承重作用,未能上升为砖木混合结构。砖墙耐水性的提高,也没有导致大屋顶的重大变革,只是略微收缩了出檐的长度,只是因山墙不必防水而增添了一种"硬山"式的屋顶而已。这样,官工建筑依然沿着原体系的框框,以超长期的持续,超稳定的态势,把木构架建筑推进到高度成熟的体系。

　　第二种是民间建筑基于就地取材而呈现不拘一格的多元构筑形态。一部分富裕人家的屋宅向官工建筑看齐,走向了砖木结合。大部分的民间建筑,因人力、物力薄弱,都特别关注建造期的省工省料,而对使用期的经久耐用就不可能、也没有必要像官工建筑要求的那么高,这使得民间建筑特别强调就地取材,因材致用,特别注重用材的低廉。土材在这方面当然具有最突出的优势,生土建筑、土木合构建筑都在民间显现出强劲的生命力。晋中、豫西、陇东、陕北的土窑洞、四川、陕西、江西等地的夯土墙、土坯墙、豫北的垛泥墙,青海的庄窠土房,吉林的碱土平房(图6),福建的环形土楼,黑龙江的黑黏土拉哈墙(草辫泥墙)等,都不仅沿用至古代的终结,还一直延续到近代、现代。砖材的普及对民间建筑的影响,不是简单地以"砖"代"土",而是在局部用砖、经济

图6 吉林省公主岭市郭宅
已有200多年历史。墙体为内侧用土坯、外侧砌青砖的"里生外熟"砌法，不仅节省用砖，而且保暖效果良好

用砖和砖土混用等方面创造出许多智巧的做法。如土窑洞采用了砖窑面、砖护崖墙、土基砖拱、覆土砖拱等做法；土坯墙、夯土墙下部采用了砖砌"隔碱"的做法；在混用砖土方面采用了四周砌砖，中心填充碎砖、土坯，俗称"金镶玉"的做法和外侧平砌条砖，内侧砌土坯，俗称"里生外熟"的做法；南方地区还盛行用薄砖砌造"空斗墙"的做法；利用砖材的防火性能，把硬山墙演进为"封火山墙"的做法等。它们都生动地显示出在用砖方式上的丰富多彩的民间特色。

第三种是若干特殊类型建筑突破木构架的承重体系，走向"砖石仿木"（图7），这类建筑对于经久耐用的时效有超长期的要求。木材的易燃、易腐使得这些建筑必须从主体结构上突破木构，代以砖构、石构，最先出现这种演变的就是要求永固不朽的墓室。早在战国中晚期，已开始采用空心砖椁来取代易腐的木椁，到西汉中后期进一步出现了小型条砖砌筑的，带券顶或穹隆顶的砖墓室。砖塔取代易燃的木塔也是这方面的突出现象。《洛阳伽蓝记》提到晋太康六年（285年）曾经建造一座三层的砖塔，这当是以砖代木建塔的早期尝试。到唐代，砖塔数量有

大幅度上升，到宋、辽、金时期已达到发展高峰。最值得注目的是，从明代初期开始，出现了完全以砖构取代木构的殿屋——无梁殿（图8），它以砖砌墙体承重、顶部用砖筒拱结构，主要用来存放皇室档案和佛教经书，不难看出建造的动机是谋求建筑的持久性、耐火性。同样的情况也出现在要求长存永固的纪念性小品建筑上，砖牌楼、石牌楼就是这种意图的产物。

应该说，砖塔、无梁殿、砖石牌楼（图9、图10）在中国木构架体系的汪洋大海中，能够在结构上取得以砖石代木的突破，是很可称道的技术进展，但是新结构的出现并没有真正摆脱木构架体系的羁绊，它们都无例外地披上了"仿木"的外衣。这是旧规制、旧传统、旧意识对新材料、新结构、新技术的枷锁。砖塔不得不以叠涩的砖檐或附加的木檐来模仿木塔的形象；无梁殿不得不紧箍于木构殿堂的平面和外观，终于被窒息了生命力，只延续了很短时间就消失了。石牌楼、砖牌楼更是全盘因袭了木牌楼的标准程式、分件形制和比例权衡，阻塞了通向真正体现牌楼石构、砖构特色的创新之路。导致这种现象的原因，当然要涉及"时间因"之外的诸多影响因素了。

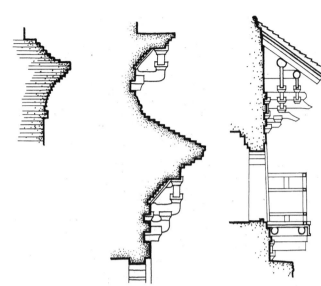

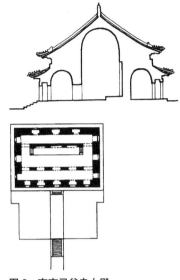

登封法王寺塔(唐)，用砖叠涩出檐，是一种象征性的仿木手法

苏州云岩寺塔(五代末、北宋初)，塔身用砖砌出檐口、平座、柱枋，并用砖做出斗栱，追求逼真的仿木

苏州报恩寺塔(南宋)，塔身砖构，外檐挑出土带斗栱的木构檐部和木构平座，是通过砖木混用的方式来达到地道的仿木效果

图8 南京灵谷寺大殿

建于明代中叶，是一座完全由砖墙、砖拱券承重的"无梁殿"。它虽然摆脱了木构架的承重体系，但仍被束缚在仿木形式之中

图7 砖塔仿木的三种方式

图9 沈阳清福陵西红门

这也是一种摆脱木构架承重的砖构建筑，檐枋、斗栱等都用琉璃砖饰面，仍然跳不出仿木的框框

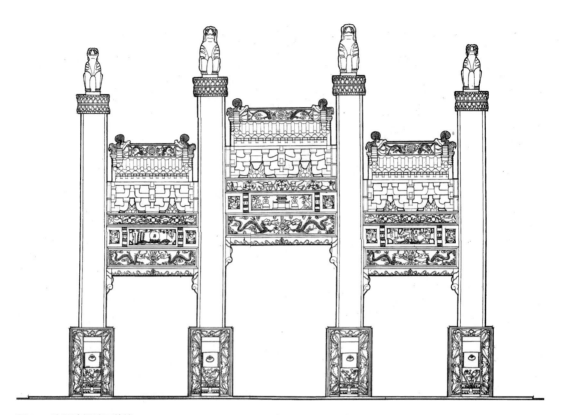

图 10 沈阳清福陵石牌楼
整体石造，但形式上完全模仿"三间四柱三楼冲天式"木牌楼，拘泥于仿木的做法，使得石牌楼未能体现出石材质的构筑特点

组亭 · 弯水 · 丹陛桥

——建筑配角三例

"大狗叫，小狗也叫，各按上帝赋予它的嗓门叫"。这是俄罗斯文学大师契诃夫的妙语，说的是艺术作品中的主角、配角，都应该各尽其能，恰如其分地充分表演。德国大诗人海涅也说过："在一切大作家的作品里，根本无所谓配角，每一个人物在他的地位上都是主角"。这两句话正好可以借用来表述我国古代的优秀建筑配角。

请看北京景山五亭的四个小亭，故宫太和门前的一弯内金水河和天坛里的那条"丹陛桥"甬道。作为小亭、弯水、甬道，在建筑组群中原是微不足道的小角色，但在古代匠师的悉心经营下，它们都"在他的地位上"大显神通，起了重大作用。

景山，明代称万岁山，清顺治十二年（1655年）改称景山，位于北京紫禁城神武门北面，是一座人工堆筑的土山。它于明永乐十八年（1420年）与北京紫禁城宫殿同时建成。万岁山主峰正好压在元大都宫城主要宫殿之一的延春阁的基址上，被视为"大内之镇山"。山体不大，对称地形成五峰，东西向横长428米，中央主峰高52米。应该说，在这样的位置，堆出这样的山体，是一个值得大书特书的大手笔。它有压胜前朝、昌盛帝业、永固江山的用意；有造就负阴抱阳，屏卫宫城，与紫禁城南面开挖的内外金水河构成背山面水风水格局的意图；它实际上也是为了节省运输人力，将当时挖掘护城河的土方和拆毁元大内宫殿的碴土就近堆叠的措施，是一项很出色的土方工程的运筹学运用。万岁山的出现，不仅为宫城后方添增了一座"树木葱郁，鹤鹿成群"的御园，也为都城北京的主轴线增添了立体的分量，构成延绵8公里的都城轴线的制高点。山的主峰恰好坐落在北京内城中心，更加突出了山的地位的显要（图1）。

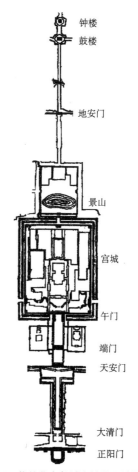

图1 位处北京都城中轴线上的景山

景山五亭是乾隆十六年（1751年）建成的。我们可以设想，如果景山上没有建筑，空荡荡地把紫禁城火热的建筑浪潮，一下子冷却到零点，把都城轴线南北的建筑脉络切成了两截，那肯定是大煞风景。给景山以建筑，这是毫无疑问的。但是给景山以什么样的建筑，却是摆在当时规划主持人面前的一道大难题。

规划设计选择了亭。这是理所当然的，因为山体尺度不大，山峰基地狭窄，不适合建造大体量的殿、阁，作为峰峦秀耸、林木郁茂的山林园，用亭是最妥帖的。但是"亭"这个建筑舞台上形体渺小、跳跳蹦蹦、不够严肃的角色，怎能在景山这个特殊重要的场合进行隆重的、庄重的演出？

我们看到了主角万春亭，它鼎立在景山中峰最高点上（图2）。在狭窄的山顶基地制约下，它使出全部可能的招数：尺度是亭中罕见的巨大，正方形平面面阔、进深均为五开间，各长17.01米；形制是亭中罕见的尊贵，采用了三重檐的四角攒尖顶。亭顶三层檐都用黄琉璃瓦，加翡翠绿瓦剪边。下、中、上三檐分别施加单昂五踩、重昂五踩和单翘重昂七踩斗栱，可以说万春亭已经把亭的规制潜能发挥到极致（图3）。然而，对于这个处于紫禁城屏卫、都城轴线制高点和内城几何中心的三重显要地位来说，万春亭仍然是不够分量的。在这里，设计者出色地调动了建筑配角，给万春亭整整齐齐地陪衬了四个小亭。

这四个小亭，东西对称地耸立在主峰两侧的四个小峰上。内侧东为观妙亭，西为辑芳亭；外侧东为周赏亭，西为富览亭（图4）。观妙亭、辑芳亭都是平面八角形，直径10.41米，上覆重檐八角攒尖顶，上下檐用翡翠绿琉璃瓦，黄瓦剪边。周赏亭、富览亭

图2 景山主峰万春亭外观
（引自建筑工程部建筑科学研究院建筑理论及历史研究室.北京古建筑.北京：文物出版社，1959.）

都是圆形六柱式平面，直径7.87米，上覆重檐圆攒尖顶，上下檐用孔雀蓝琉璃瓦，褐瓦剪边。五亭分立在不同的标高，可以俯瞰眼前的宫城，眺望四周的都城，充分发挥亭名所示的"周赏"、"富览"、"观妙"、"辑芳"的观赏作用。值得注意的是，五亭的功能没有停留于此，万春亭内还供奉着毗卢遮那佛，辑芳亭、富览亭、观妙亭、周赏亭分别供阿弥陀佛、不空成就佛、阿閦佛、宝生佛。这样，景山五亭超越了一般休息亭、观赏亭的功能，以供奉"五方佛"的尊崇身份取得建筑功能的隆重化，恰当地满足了景山这个特殊场所拔高建筑功能性质的需要。

一主四从的景山五亭，在平面位置上不是僵硬地排成东西直线，而是排列成微微凹曲的、向心的弧形，配合着山势，像伸张的双臂拥抱着紫禁城，十分吻合它的屏卫身份（图3）。在立体轮廓上，四个配亭两两相同，左右对称，依次降低、缩小，端正地簇拥着当中的万春亭。它们变孤单的主亭为丰富的亭组，大大增强了景山的建筑比重；它们变滞板的山形为丰美的天际线，大大增添了景山的华瞻风韵；它们像仪仗队似的左右铺张，大大突出了主亭的显要；它们以八角的、圆

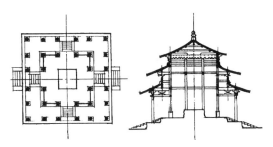

图 3 景山万春亭平面、剖面
（引自冯钟平 . 中国园林建筑 . 北京：清华大学出版社，1988.）

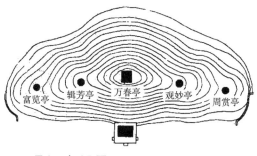

图 4 景山五亭总平面

的平面和重檐八角攒尖、圆攒尖的亭顶，与
方形的、四角攒尖的、三重檐的主亭取得和
谐的变化，大大活跃了景山的面貌。五亭鼎
立，端庄中有活变，丰美中有气概，恰如其
分地表现了都城轴线的、宫城屏卫的、既庄
重又丰美的这一特定的亭组形象和御园性格
（图 5、图 6）。

北京故宫太和门庭院，是紫禁城中轴线
上第一院，也是宫城主体建筑太和殿殿庭的
前院（图 7）。作为宫内的主门庭，所处地位
十分重要。它夹在午门和太和殿两大建筑高
潮之间。午门是紫禁城的正门，建筑规制比
皇城正门天安门还高一档。"凹"字形的墩
台上耸立着面阔九间、重檐庑殿顶的正楼和

图 5 四亭簇拥主亭，完成了景山五亭鼎立景象
（引自建筑工程部建筑科学研究院建筑理论及历史研究室 . 北京
古建筑 . 北京：文物出版社，1959.）

**图 6 五亭鼎立的景山，构成北京都城中轴线上的制高
点，并成为绝妙的宫城屏卫**

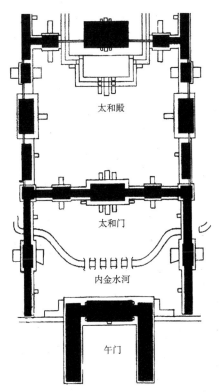

**图 7 北京宫城第一院，处在午门与太和殿之间
的太和门院庭**

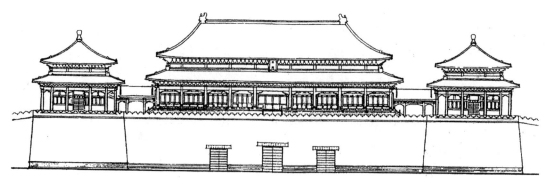

图8　北京紫禁城正门—午门

两翼伸出的方亭、雁翅楼（图8）。午门形象巍峨，体量高大，即使是展露在太和门庭院的背立面，也是个庞然大物。其墩台长达130米，高达14米，加上正楼通高约38米，形成了庞大体量紧逼太和门门庭的态势。处在这样格局中如何处理好太和门庭院，实在是设计上的大难题。它必须在庭院中突出太和门的主角地位，解除午门背立面对太和门的喧宾夺主；它必须取得宫内第一院应有的门庭气概，又不得不适当降调，作为太和殿殿庭的前奏和陪衬，完成对主殿庭的过渡和铺垫。现在看来，太和门门庭在这方面处理得十分得体：一是确定了合宜的庭院空间尺度。门庭采用了与正方形的太和殿殿庭同样的宽度，东西宽约191米，南北深度则明显小于太和殿殿庭，缩减到130米。这个深度加上前面的午门正楼墩台进深和后面的太和门门座进深，恰好与太和殿殿庭深度相等。这是个绝妙的尺度选择，它既保持了门庭与殿庭总体尺度的有机协调，又取得门庭略小于殿庭的恰当变化；既做到尽量拉开午门与太和门的距离，以免太和门被午门背立面逼压；又保持了门庭与殿庭应有的尺度差，以免正方形门庭与后面的正方形主殿庭尺度近似，形状雷同。这样的门庭尺度，对于表现宫城主门庭的宏大气势和良好视角也是很合

适的。二是安排了高体制的太和门门殿（图9）。采用了九开间的面阔，建筑面积达1300平方米。上覆重檐歇山顶，下承高3.14米的汉白玉须弥座台基。这种形制和尺度对于屋宇门来说都是最高的规格，恰当地显现出进

立面

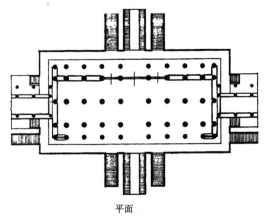

平面

图9　太和门立面、平面

（引自于倬云.中国宫殿建筑论文集.北京：紫禁城出版社，2002.）

入紫禁城后的第一门的宏大、端庄、凝重。门殿前檐敞开，三槏式的大门框槛特地后退到后金柱部位，突出了宽阔敞亮的门厅空间，恰当地满足了作为"御门听政"的场所需要。三是配置了合宜的附属建筑，在太和门

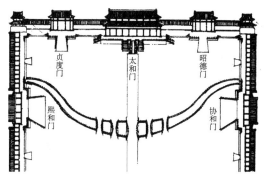

图10 《乾隆京城图》中的太和门庭院，一道弯弓状的内金水河横卧于院内

图11 弯弓状的内金水河逼压着午门背立面
（引自清华大学建筑系.中国古代建筑.北京：清华大学出版社，1990.）

图12 弯弓状的内金水河，舒展了太和门的宏大气势
（引自中国美术全集 · 建筑艺术编 · 宫殿建筑（袖珍本）.北京：中国建筑工业出版社，2004.）

的两侧，安排了昭德、贞度两座掖门，来陪衬、壮大太和门的气度；在东西两庑，安排了通往文华殿、武英殿的协和、熙和两座侧门。这些廊庑和门座的尺度都不大，台基都用青砖台帮，有意地以低调的附属建筑，反衬太和门的主角身份，并衬托出庭院空间的疏朗开阔，与午门前庭的威严封闭形成强烈的对比。

但是这些处理还不能完全缓解午门与太和门的强宾弱主态势。在这里，设计者挥洒了神来之笔，让紫禁城的内金水河从门庭横穿而过（图10），河身在院庭中组成弯弓形，上跨五座内金水桥，河岸、桥身都镶着汉白玉石栏杆，十分触目、华丽。这条弯水和桥组以不起眼的配角起到了至关重要的作用：①它把统一的院庭空间划分为南北两片，在部位上向南紧靠着午门，在体势上以弯弓凸逼着午门，五座石桥在透视作用下，像一触即发的矢，指向着午门，使太和门前的场面宽舒、宏大，而午门背立面的场面紧迫、收敛（图11），有效地缓解了午门背立面的威逼，张扬了太和门在门庭中的主角气势（图12）；②内金水河的弓状环抱河道和内金水桥的华美形象，舒展地镶嵌在太和门前方，作为门殿的隆重陪衬，更加显赫了太和门门殿的规格和气派；③装点了河道、桥组的门庭，明显地削弱了院庭的规整性、严肃性，避免与严整、肃穆的太和殿主殿庭雷同、重复，更加吻合门庭的铺垫分寸。

这条内金水河，从紫禁城西北角穿入，到东南角流出。《明宫史》中提到，它不仅是为了养鱼观赏，也不是故为曲折，而是兼有救火用水、鱼池用水、土木工程用水等多项功用。内金水河需要找个地方穿过宫城中轴线，而太和门庭院正好需要它穿越并让它派上了大用途。一段不起眼的弯水、桥组居然在宫门广庭中如此大显身手，

实在令人叫绝。

丹陛桥是北京天坛里的一条海墁甬道，它的南端接成贞门，通向圜丘、皇穹宇；北端连祈谷坛南砖门，通向祈年门、祈年殿（图13）。天坛占地很大，外坛东西墙相距1703米，南北墙相距1657米，外坛墙实测周长6360米，面积达273公顷，相当于北京紫禁城的3.7倍。这个超大规模的占地，突出了天坛

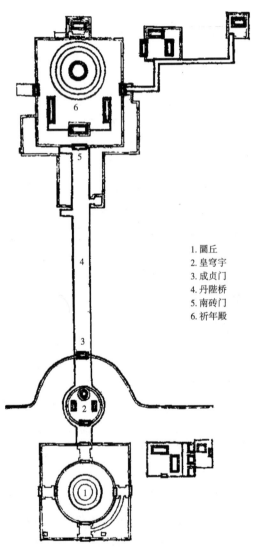

1. 圜丘
2. 皇穹宇
3. 成贞门
4. 丹陛桥
5. 南砖门
6. 祈年殿

图13　位处天坛主轴线上的丹陛桥，南端连接着圜丘、皇穹宇组群的成真门，北端连接着祈年殿、祈谷坛的南砖门

环境的恢宏壮阔，它以大片满铺的茂密翠柏，渲染了天坛坛区的肃穆静宁。值得注意的是，这么大的天坛，所用的建筑却寥寥无几。经过多次扩建、改建，天坛的主要建筑只有内坛的圜丘、祈年殿、斋宫三组和外坛的神乐署、牺牲所两组。真正坐落在主轴线上只有南部圜丘和北部祈年殿两组。作为祭天用的圜丘、皇穹宇和用作祈谷的祈谷坛、祈年殿，自身设计都非常独特、出色，但它们相距很远，处于各自独立的离散状态。如何在浩大的天坛地盘中，运用建筑来控制全局？如何把离散的祭祀殿坛，联结成有机的整体？如何以很少的建筑，强化出天坛主轴线的分量？如何在松散的格局中，组构延绵不断的崇天境界？天坛的规划设计极富创意地设置了丹陛桥。丹陛桥实际上是一条长361.3米，宽29.4米的砖砌高甬道。它的南端高出地面1米，北端高出地面4米，加上北端海拔地面原比南端高1.68米，整个甬道标高由南到北上升了4.68米。甬道路面划分为三股，中间为"神道"，左边为皇帝用的"御道"，右边为王公大臣用的"王道"（图14）。

长长的丹陛桥，以触目的宽度和高度，改变了普通道路的面貌，形成一个巨大的、超长的路台，把两端的建筑联结成一体（图15）。祈年殿、祈谷坛组群和圜丘、皇穹宇组群再也不是孤立的离散组群，而是天坛轴线的主体构成，天坛的建筑比重由此得到保证，天坛的主轴线由此得以强化、凸现；长长的丹陛桥，还大大提升了人的视点，两旁的树丛低了下去，天际在这里大大拓宽。人们不仅在圜丘坛、祈谷坛两个"点"上感受天的辽阔，而且在这长长的丹陛桥的"线"上，持续地领略这一境界。天坛的观天景象和崇天境界，在这里得到充分的展延，天坛的建筑性格在这里得到圆满的展现（图16）。

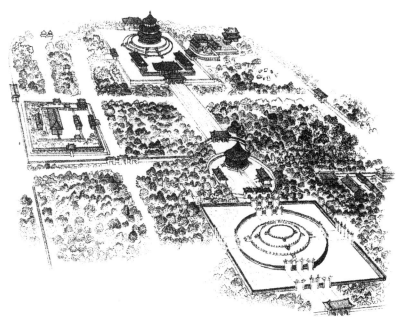

图14 天坛主轴线鸟瞰。长长宽宽的丹陛桥，把圜丘、皇穹宇组群和祈年殿、祈谷坛组群联系成有机的整体，并凸显出天坛主轴线的分量
（引自王其均.中国建筑图解词典.北京：机城工业出版社，2007.）

图15 从成贞门北望南砖门，丹陛桥成了超长的壮阔路台
（引自建筑工程部建筑科学研究院建筑理论及历史研究室.北京古建筑.北京：文物出版社，1959.）

图16 壮阔的丹陛桥提供了持续观天的开阔视野，拓宽了天坛的崇天境界

　　祭天是古代最重大的祭祀活动。天坛作为祭天、祈谷的场所，创造崇天境界的精神功能要求极高，有必要占用超大规模的地盘。而作为举行祭天、祈谷仪典的殿坛，所需数量和尺度都很有限，总的建筑用量很少。因此，天坛建筑总体存在着超大的地段环境与有限的建筑用量的矛盾，存在着极高的精神功能要求与简约的物质功能要求的不平衡。古代哲匠对天坛的规划设计，十分明智地采用以简约的物质功能所需的有限建筑来完成控制超大规模环境和强化崇天境界的精神功能要求。这里运用的设计手法概括为一句话，就是"以少总多"。在这个"以少总多"的大手笔中，不难看出作为建筑配角的丹陛桥

甬道，起到了多么重大的、举足轻重的、激活全局的作用。

这三例各有千秋的出色建筑配角，都是以小材充大用，化平庸为神奇，表现出中国古代哲匠对建筑配角的珍惜和善用。我们从这里看到，匠师们善于从大处着眼，从全局出发，深入把握创作对象的复杂微妙关系，巧妙地把一些建筑配角安排在节骨眼上，辅助建筑主角解决关键问题。这些亭、河、桥、道的出现，它们的规格、尺度、形制、体势，都不是做作的，而是那么得体、妥帖、恰如其分、恰到好处。匠师们还紧紧把握住它们的配角身份，赋之以重任，加之以妙用，但绝不让它喧宾夺主。组亭、弯水、丹陛桥，都能出色而不出风头，惹人喜爱而不抢眼，它们化平庸为神奇，又寓神奇于平凡，这样的意匠和手法是大不易的。这正应上王安石说的："看似寻常最奇崛，成如容易却艰辛"。

（原载《建筑意》第3辑，2004.6。此次收入本书，更换了插图，文字略有修改）

"东坡肉"与"白居易草堂"

——从文化比较看建筑传统的传承机制

"东坡肉"是宋代传承下来的一道中餐名菜,"白居易草堂"是唐代建于庐山的一座别墅住宅,两者好像风马牛不相干,但它们都是文化遗产,而且呈现出文化传统的两种不同传承机制,我们可以通过两者的比较分析,加深对建筑文化传承机制的认识。

早在苏东坡贬居黄州(今湖北黄冈)时,就以善烹红烧肉著称,他曾做诗介绍他的烧肉经验说:"慢著火,少著水,火候足时它自美"。后来他第二次到杭州做地方官,发动民工疏湖筑堤,既收水利之益,又添西湖之美,大得民心。传说老百姓知道他喜欢吃红烧肉,到了春节不约而同地给他送去许多猪肉,苏东坡就把这些肉用他的烹调方法烧好,按民工花名册分送给各家各户,香酥味美的红烧肉受到众口赞扬,这就传开了"东坡肉"这个菜名。值得注意的是,这道菜久传不衰,至今仍然是杭州"楼外楼"菜馆的一道特色菜,也是各地中餐馆的常见菜,显现出极强的生命力。

白居易草堂是他贬为江州(今江西九江)司马时,于唐元和十二年(公元817年)建成的。白居易写了一篇《草堂记》,详述草堂选址于香炉峰与遗爱寺之间,"其境胜绝"。他说建成的草堂是:"三间两柱,二室四墉(牖?)","木,斫而已,不加丹;墙,圬而已,不加白;砌阶用石,幂窗用纸,竹帘纻帏,率称是焉"。白居易盛赞草堂周围环境,有环池的"山竹野卉",有夹涧的"古松老杉",可以"仰观山,俯听泉,旁睨竹树云石"。他说他在草堂"一宿体宁,再宿心怡,三宿后颓然、嗒然,不知其然而然",达到了精神与环境的高度融洽。

如果说"东坡肉"可以久传不衰而成为流行至今的美食,那么白居易的三间草堂式的房屋为什么不能盛行于今天?两者之间究竟有何不同的传承机制?

有必要对住文化的建筑传统做一番考察。建筑文化是多层面的结构,由历史积淀的建筑文化传统当然也是多层面的。我曾经提出应该把建筑传统区分为表层的"硬传统"和深层的"软传统"。硬传统是建筑传统的物态化存在,是凝结在建筑载体上,通过建筑空间和建筑实体显现出来的建筑遗产的具体形态和形式特征。它是具体实在的,有形有色的,看得见、摸得着的。它们是建筑遗产的"硬件"集合。软传统是建筑传统的非物态化存在,是飘离在建筑载体之外,隐藏在建筑传统形式背后的传统价值观念、思维方式、文化心态、审美情趣、建筑理念、创作方法、运作机制、设计意匠、设计手法等,它们是直观看不见、摸不着的东西,是建筑遗产的"软件"集合。

建筑传统有硬、软之分,相应地,建筑传统的延承也有"硬继承"与"软继承"之别。硬继承是着眼于建筑传统形式特征的延承,软继承是致力于建筑传统思想、方法、意匠、手法的延承;前者是表层的"式"的继承，后者是深层的"法"的继承；前者被称为"具体继承"，后者被称为"抽象继承"；前者模仿的是"形"，后者体现的是"神"。

区分了硬传统、软传统、硬继承、软继承的概念，我们应该特别关注建筑传统传承中的一个规律性现象，即：建筑载体的生命力，制约着建筑硬传统的生命力。这是因为硬传统是凝结在建筑载体上的，建筑载体是建筑空间和建筑实体的统一体。它一方面受制于社会发展水平所制约的建筑物质的、精神的功能需求，另一方面受制于社会经济、技术水平所制约的建筑构筑条件。因此建筑载体有它内在的"文明"价值。这里说的"文明"是个大概念，它指的是人类借助科学、技术改造客观世界的尺度，借助法律、道德等协调群体关系的尺度，借助宗教、艺术等调适自身情感的尺度，也就是人类满足基本需要、实现全面发展所达到的程度。建筑载体的先进与落后，说到底是以这样的"文明"价值、"文明尺度"来衡量的。正是这个"文明尺度"制约着建筑载体的生命力，而建筑载体的生命力又制约着建筑硬传统的生命力。中国古代的木构架建筑体系是建立在以土木、砖木为主要材料，以木构架为主体结构，以离散的、小跨度空间、小体量建筑组成的集合型组群空间的载体上。这个载体体系与中国的农耕文明是适应的、合拍的。在这个载体体系中，白居易的三间式草堂的建筑形式，曾经显现过强劲的、持久的生命力。仰韶文化的半坡遗址中已出现它的雏形。到了汉代，这种宅屋被称为"一堂二内"，已是广为流行的平民宅舍的通用制式。唐代明确规定六品以下官吏到平民的住宅正堂通通只能宽三间，可见它运用的数量之多。这种三开间格式到了明清通称"一明两暗"，不仅流行在北方，也盛行于南方；不仅以单体散屋呈现，也大量组构于住宅庭院和其他建筑组群之中，成为木构架单体建筑的"基本型"。可以说木构架建筑载体的长期延续，维系了"三开间"草堂式宅屋的持久生命力。

值得注意的是，中国建筑进入近代时期之后，情况起了变化。农耕文明社会向工业文明社会过渡，城市向近代化、现代化推进，推动着建筑向近代化、现代化转型。新的建筑类型，新的物质功能、精神功能，新的空间需求，新的建筑材料、结构、设备、施工，形成新的建筑载体，迈向新的建筑体系。由三开间基本型组成的宅屋在大城市中吃不开了，大城市的乡土建筑也不可避免地转型。最有代表性的是上海的里弄住宅，从早期脱胎于三合院，采用立帖式砖木构架的老式石库门里弄，经过新式石库门里弄、老广式里弄、新广式里弄，演进到后来的新式里弄、花园式里弄，完成了由旧乡土住宅向新乡土住宅的过渡。这是旧载体的淘汰导致与之相关联的硬传统的衰竭的典型现象。只是当时绝大多数的集镇、农村，在二元经济的大背景下，由于社会经济的推迟转型，"文明尺度"的滞步不前，而导致乡土建筑的推迟转型，仍然持续着传统的建筑载体，仍然延续着"三开间"基本型的格局。这部分长期推迟转型的乡土建筑一直到改革开放、经济开发、农村脱贫、城乡大兴土木的今天，才提到快速转型的日程。

相对于住文化的建筑转型，食文化中的传统美食却是另一番景象。对于像"东坡肉"这样的传统美食，现代人的味觉不能说与宋代人一点没有变化，但是这种变化由于人体生理进化的稳定性而显得十分微小。烹制"东坡肉"的主料、辅料，与宋代相比，变化也十分微小。可以说"东坡肉"这道美食，从宋代到现代，它的"文明价值"是相对稳定的，没有多大的变化。只是现代人基于营养学的排斥脂肪而不敢多吃。正是美食的这种"文明价值"的稳定性，维系着美食传统的稳定性和生命力。在这一点上，传统中药也是如此。它们都由于其内涵的"文明价值"、"文明尺度"并未过时而维系其持久的生命力，呈现出稳定的、持续的传承现象。显而易见，建筑载体则由于"文明尺度"的推进而敏感地更新换代，旧载体的淘汰决定了与之相关联的硬传统的衰竭，显现出与美食传统、中药传统不同的传承机制。

长期以来，我们对于建筑传统的这种传承机制没有清醒的认识。从追求"中国固有形式"到追求"民族形式"，从热衷"仿古一条街"到遍地泛滥洋传统的"欧陆风"，我们有太深的形式本位和传统情结。一想到继承传统，眼睛往往盯着硬传统，总是在借用、仿用传统建筑形式特征上下功夫，这样常常导致建筑形象与新建筑载体的格格不入，既阻碍建筑"文明尺度"的提升和充分展示，又陷入建筑创作的模仿泥坑，丧失建筑创作的创造性、创新性。这是导致建筑创作品位低下的一个重要原因。

如果说建筑硬传统的延承存在着这样的障碍，那么建筑软传统的延承却是一个大有作为的广阔天地。白居易草堂的"三间两柱、二室四牖"的形式特征不能硬搬到现代建筑中，而它所蕴涵的许多属于软传统的东西还是大可借鉴的。我们从这个草堂看到了白居易对建筑环境的极端关注，看到他刻意选择"其境胜绝"的堂址，看到他赞赏"仰观山，俯听泉，旁睨竹树云石"，对于草堂融入自然山水的分外欣喜；我们也从白居易描述的木不加丹，墙不加白，"一宿体宁，再宿心怡"，

看到他追求素朴、天然的审美情趣和对建筑意境胜过对建筑形式的审美关注；我们还可以从白居易描述的"广袤丰杀，一称心力"、"砌阶用石，幂窗用纸，竹帘纻帏，率称是焉"，看到他对建筑尺度、建筑用材"称心"、"称是"的强调。这里都透露出中国传统乡土建筑蕴涵的诸如因地制宜、因材致用、因势利导、因物施巧等可贵的建筑理念和设计意匠。这样的理念、意匠曾经绽放出中国乡土建筑极富特色的地域性风采。这种软传统是飘离在建筑载体之外的，它不受旧载体的制约，而显现鲜活的生命力。在当前面临全球化的建筑趋同的大潮中，认真地挖掘中国建筑有活力的软传统，是获取建筑创作个性、地域性、创新性以至于原创性的一个重要途径。

1983年，日本著名建筑师黑川纪章来到北京，当时任《世界建筑》编辑的张复合曾访问他。当谈到中国现代建筑如何与传统结合的问题时，黑川纪章认为，对传统有两种理解，一种是指眼睛看得见的，一种是指眼睛看不见的。他说他自己在作品中从来没有用过古代的瓦，他认为"建筑师应当注意方法论，注意思维方式，学习哲学、心理学，这样才能用新方式表现老传统，体现出传统与现代的结合"（张复合："建筑传统与现代建筑语言"《世界建筑》1983年第6期）。他注意到日本传统建筑的"缘侧"（檐廊）空间，他没有在新建筑中套用"缘侧"的形式特征，而是从"缘侧"抓住了亦内亦外的"灰空间"，提升为"日本的灰调子文化"，在他设计的"东京福冈银行"等作品中，创造了富有特色的现代"灰空间"。他这种重视软传统的理念和运用软传统的手法，对我们是很有启迪的。

附录：
建筑知识小品五则

窗

最早的窗是在屋顶上面，像现在的天窗似的。这是因为最早的房屋是穴居，没有伸出地上的墙面，为了排除室内烧火的烟，就在屋顶上留个洞。这种窗写作"囱"，真是可以把它看作"烟囱"了。

真正像我们现在所理解的窗，是当有了地面建筑以后才出现的。文献记载里称为"牖"。《淮南子》上说："十牖毕开不若一户之明"。想像这"牖"该是很小的窗洞。从汉明器上，果然可以见到这种小小窗洞的"牖"的形象。

开窗是为了邀请阳光和流通空气，但得阻寒温、避曝晒、防小偷、隔噪音、挡鸟虫。这是个矛盾。这个矛盾成了窗的发展的主要矛盾。很长时期以来，窗的演变主要地就表现为处理这一矛盾的进步。

建筑匠师们采取三种方式来处理这个矛盾。一是定方向；二是能开关；三是在材料上打主意。纱和纸很早就被匠师选用了。唐代糊窗的纸上还涂油，既透明又防淋，现在发现还有透过紫外线的好处。

纱和纸都要求密集的窗棂。像栏栅似的直棂式的窗棂流传了很长时间。从汉明器、六朝石刻、唐宋砖塔和壁画中都常见到，直到明代的第宅、园林中还常用它。我们今天在北京故宫见到的菱花窗格，在宋时也已经有了。这是窗花式样的一大发展。造型玲珑、丰富，制作精巧，反映了木工作业的进步和追求华丽的美学口味。

玻璃在窗上的应用，是窗的一个飞跃发展。玻璃带来了纸、纱等所远远不及的透明度，而且解放了密棂，使窗格大为扩大。窗的采光质量大大提高了，造型也趋向疏朗。

窗在建筑艺术上有着非凡的作用。窗，沟通了室内和室外的视觉联系，扩大了室内的观感空间。青天、绿树、车辆、行人——大自然和城市的生气、景色，都透过窗户映入室内。开窗还可以借景。从人民大会堂宴会厅的窗户上，可以眺望天安门、广场和长安街，这种映衬的典型环境，浓郁了国家宴会厅的典型性格。

在建筑物的立面上，窗担当了重要的角色。虚的窗户和实的墙面构成了虚实、明暗和材料质地的对比。

在中国园林中，窗户显得分外活跃。颐和园的廊墙上，有方、五角、六角、石榴、梅花、扇面等多样的窗式。它们点在灰白墙上，衬着绿荫、青天，倒影在水里。远处看它，像一队窗的演员在墙的舞台上欢乐飞舞。走向近处，透过它远看，窗框成了画框，昆明湖的美景不断地变幻着多样的画面。苏州园林中的漏窗别有一番情趣。它"漏"得极妙，变成虚虚实实，若断若连。它分隔空间，又让空间互相渗透。

在现代大型公共建筑和工业厂房上，窗是越来越大、越加复杂了。机械通风设备的发展，相对地卸却了些窗的通风负担。将来透明塑料等在建筑中的运用，可能还会导致窗和墙的同化呢。

1961.8.28 发表于《人民日报》

塔

多么像棵古松，五百年、八百年、一千年……你挺直地、直挺地峙立着。

多少风霜、多少雨雪、多少次战火、多少个朝朝代代、多少个日起月落，当年你身旁的寺院，那禅房、讲堂，那僧舍、庑廊，都到哪里去了？它们倒塌、堙没，它们隐迹地层，或匿影无踪；而你，却依然高高地、稳稳地站立在那里。

你也显见苍老，但绝不是衰朽。看你身披创伤，草发葱葱，不见了鲜艳姿色，而却表现了刚毅、坚强。

你站得真高。你设置了一级一级的梯段，你安排了一层一层的眺廊。你导引不畏艰苦的人们一步步的升高，一层层的眺望。

站在你的高度，世界变了模样。看那田野多么宽阔，看那山河多么美壮。你升高了人的视平线，你扩大了人的心胸。

我知道你这里的梯段不大好走，它像螺旋一样旋曲向上。你分成一层一层的用意，莫非是测量人的体力和志气？你连续不断的梯级叫人们一步一步不断地继续前进；你层层的廊窗让人们一层一层分段地停歇、欣赏。谁到你这里，都想勇往直上，发奋高攀。

你站的位置真好。不在山窝，不在山尖，在半山腰上。你和山贴依得那么亲切、自然，就好像山自己长出你来一样。

你有了山，就有了根基、有了依托、有了屏障；山有了你，就有了重心、有了神采、有了指向。

你仿佛知道躲在山窝窝里没有出息，你非常明白站在山顶尖上很不自然，也太孤单。你把自己的基础深深地插入山里。你顺着山的坡势，一鼓作气向上腾起。

山高也把你抬高，山壮也把你衬托得更加雄壮。

你是个纪念碑，也是个大雕像。你身上铭刻着我们伟大民族的勤劳、智慧。

你的祖先有古印度文化的血液，中国匠师给了你独特的民族形象。你算得上吸收外来文化的光辉榜样。

你檐角的铃铛丁丁作响，好像在抒情说唱。那股雷霆万钧、奔腾直上的气势是歌颂匠师伟大胸怀的最强音。你满身都佩戴着匠师的惊人技艺，刹上顶着的那颗宝珠是匠师们体力劳动和脑力劳动凝固下来的灿烂结晶。

是不是你也在沉思、暗想？

你想你只是为了要站得更高，把脚跟插得更深更稳；你只是为了要活得更长，把骨骼、机体锤炼得更实更壮；你用的砖块虽然普通，但火候却恰到好处；你挑的木料并不高贵，但绝无什么鸡眼狗洞；每一条灰缝你都踏踏实实，每一个榫接你都严严密密。这难道有什么奇异神通？这只不过从底到头一贯串联、一笔不苟、一丝不松。

你给人们欣赏了广阔的山河天地，感谢你给我点示了平凡的真理。

1961.9.18 发表于《人民日报》

门

开门为了交通，关门为了护卫，这是门的作用的两面。但古人更多的是着重门的护卫意义。《释名》说："门，扪也，为扪幕障卫也；户，护也，所以谨护闭塞也"。"门禁森严"成了中国古代城市和建筑群的突出特点。城有城门，坊有坊门。帝王的宫城更是"重门击柝（tuò），以待暴客"。北京的许多旧式大宅，除了气势巍然的大门外，多设垂花门作二门，以分隔仆役居住的前院和主人居住、妇女活动的内院，显然是严格区别男女、长幼、尊卑、贵贱的封建意识的反映。

中国古代的城市和建筑都趋向横的布局。个体建筑并不高大，大多组成院落，深藏而不显露。干道和建筑群的面貌都比较平矮、素朴。门在建筑艺术上的作用就显得更为重要。高高耸立在城门上的宏伟门楼，成了城市突出的轮廓线。壮丽的牌楼门，常常用来圈围广场、打破长街的沉寂和提供丰美的对景。由住宅院墙夹成的胡同，也全赖华美的大门的点缀，来消除贫乏、单调。

大门是建筑群的"门面"所在，是给来人留下第一个印象的地方；对于路人来说，更是整组建筑的代表。我国古代匠师紧紧把握了这个节骨眼，总是加以着力经营，悉心渲染。大门不是孤立的：小则以影壁簇拥，扩延门面；大则用石狮、华表、玉桥、牌坊……作标兵仪仗。明长陵的陵门前，这个标兵仪仗的队伍竟然长达八公里。大门本身除作彩画、雕砖、雕木，还结合结构和使用的需要，给它佩戴上门簪、门钉、门钹、门环，并且立匾挂联，突出门第的装饰效果和思想意图。

众多的门庭，加上影壁、屏门的挡隔，使建筑群内部的庭宇、院落更加深邃、重叠。在开敞、闭合、畅通迂回之间，环境忽幽忽明，空间若隐若现，既幽雅素静，又丰富多趣。在很多场合，敞开了门扇，门框就成了"景框"。从北京天坛祈年门看祈年殿，能不赞赏那恰到好处地控制门框尺度和深度的匠心。

门制在封建社会里规定十分严格。从门的式样、用色、间数、架数直到门钉、门环等配件，历代都有一整套严格的制度。封建统治者除了突出门的级第，还通过题赐门名，敕（chì）建"德政坊"、"节孝坊"之类，极力利用门的精神作用为封建统治服务。阶级烙印在门的做法上也有明显痕迹，笨重的门扇、高突的门限，只能是以轿代步、出入由门役侍候的老爷式生活的产物。

今天，在生气蓬勃的新建筑中，门获得了崭新的意义。便于交通的职能被提到首位。宏伟、豪迈、开阔、疏朗、优美、纯朴、活泼、可亲，就成了新中国门面的精神面貌。

1962.1.5 发表于《人民日报》

廊

中国古代建筑很善于用廊，民居、第宅、宫殿、庙宇、园林都常用它。四川出土的汉画像砖上，已可见到汉代中型四合院住宅用木廊串连房屋、组合庭院，形成回廊萦绕的景象。山东武梁祠汉画像石还描绘了重楼主屋两侧配列着双层的廊子，给我们留下了古代贵族第宅"高廊阁道连属相望"的生动镜头。在秦汉宫苑中，更是大量运用架空的廊子来沟通蜿蜒几十里的离宫别馆。著名的阿房宫号称"弥山跨谷，辇道与阁道相连"，可以想像那台阁凌云、复道横空的建筑气势是异常壮丽的。

贴邻在单栋房屋前后、周沿的檐廊，是室内空间和室外空间的过渡。它遮烈日、纳荫凉、挡雨雪、防护粉墙纸窗；还提供敞亮畅通的半户外环境，可以安置茶几、凉榻、纺车，让人们休憩、进餐、理理家务、搞搞副业活动。江浙一带民居有时还给檐廊装上一人高的廊栅，使廊子既敞通又幽闭，像是户外，又似室内，很适用、可爱。

廊在传统园林中获得极大发展。它式样繁多，各有巧妙不同。《扬州画舫录》列举说："随势曲折，谓之游廊；愈折愈曲，谓之曲廊；不曲者，修廊；相向者，对廊；通往来者，走廊；容徘徊者，步廊；入竹为竹廊；近水为水廊。"这些廊，形式上有曲有直，大多随形而弯、依势而折；位置上"或蟠山腰，或穷水际，通花渡壑，蜿蜒无尽"。

一条条回廊像串珠红线似的，把池沼山林、亭台楼阁联成整体。它的作用是多方面的。造园家不仅为园林创造美景，还需要呕尽心血安排最理想的观赏路线。游廊总是和观赏路线重合。颐和园傍依昆明湖的长廊、苏州园林许多环池的水廊，都是园林主要风景最好的导游线。人们沿廊漫步，不愁烈日当空，不怕霏雨绵绵，随着廊的高下转折，移步换景，倏忽变异的景色会自然地从各个角度迎扑而来，镶嵌在廊柱、挂落、栏杆所组合的画框上。

廊还用来划分园景空间。苏州园林中许多不同格调的景区，由于沿墙采用了逶迤的曲廊、复廊和爬山廊，消除了围墙的封闭、滞呆，给丰美的山池楼阁添加了高低迭落、凹凸虚隐的衬景，使隔院风光相互渗透，大大增加了景深，疏朗了境界。

作为园景联系纽带的通廊，还可调节园林布局的疏密、幽敞。苏州留园东部两组邻近的宽敞厅堂之间，在一片很小的面积内，让回廊倍加迂回，分隔出一口口小小院落，使空间先由大入小，又由小入大，取得强烈的大小、疏密的对比；也让人跨越这咫尺距离，幻似漫游了长长的通径。

1962.7.22 发表于《人民日报》

天花板

天花板，又名承尘。其实它不只用来承隔椽檩望板的挂灰落尘，还能防寒隔热、划分空间、美化室内。汉墓里已有很富装饰性的天花石刻，敦煌石窟里表现得更为丰富多彩。到了清代，殿宇天花板的格式完全定型，成为我们所熟悉的正方形棋盘式的井口天花板，饰以龙、凤、寿字、团鹤、汉瓦、牡丹、流云、火焰、卷草、燕尾等图案，或者沥粉贴金，或者只染丹青，绚丽、丰富的纹彩，满足了殿宇内景富丽堂皇的要求。

一般第宅的天花板多用纸糊。据《扬州画舫录》所载，裱糊天花板需要十几种配件，用纸种类达二十六种之多。所谓"裹以藻绣，文以朱绿"，可以想见做工的精巧和装饰的丰美。

古代最尊贵的建筑中，还给天花板做上藻井。它穹然高起，像把伞盖，覆罩在帝王宝座或神佛龛位上。藻井最初可能导源于模仿原始建筑的天窗。因为它交木为井，画以藻文水草，所以叫藻井，含有厌火祥的意思。"非王公之居不施重栱藻井"，在封建社会里，藻井形制和装饰被统治阶级当作等级垄断、炫耀富贵的一种手段，有些藻井因而流于繁琐、艳丽。

在漫长的建筑实践中，我国匠师创造了许多天花板杰作，积累了十分丰富的设计手法，对我们今天的新天花板设计很有启发。像藻井，在匠师们的手下，成了扩升殿内高空、突出空间重点、点染内景气氛的有力手段。河北蓟县独乐寺观音阁在十六米高的观音立像上，做了一个八角形的藻井。凹深、素朴的藻井给金光闪烁的观音头部提供了幽暗、静寂、深邃的背景，建筑和雕像配合得非常妥帖。北京天坛皇穹宇的藻井像是一曲建筑美的交响乐，层层出跳的鎏金斗栱，富有韵律地环列着，仿佛击着铿锵的节拍，萦绕着富丽的宫乐旋律。结构和造型在这里浑然融化一体，丝毫没有一般藻井的拼凑感。

为了适应人们仰头观看，视线在天花板上不易久留，匠师们在天花板的装饰上，摒弃了情节性的壁画题材，尽量选用装饰图案；并使绚丽丰富的细部纹彩，重复地统一在大片青绿基调和方整的井格里，使它多而不杂，华而不繁，在取得富丽堂皇的同时，妥帖地避免从上空让人眼花缭乱。

在住宅的天花板处理中，匠师们十分珍惜建筑空间。清初李笠翁在《闲情偶寄》里曾经疾呼："顶格一概齐檐，使高敞有用之区，委之不见不闻，以为鼠窟，良可慨也。"他为此设计了一种新天花板：把天花板中部提升起或圆或方的一块，像斗笠似的，使居室增高，空间有了变化，并在天花竖板上裱贴字画，"圆者类手卷，方者类册叶"；还用这竖板作门，成四张顶橱，"纳无限器物于中，而不之觉"。这实际上正是民居天花板的写照。我们从江浙民居中就可以见到大量的这类局部提升、高低错落的天花板组合形式。

这既保证居室通风所要求的室高，又争取每一寸可供贮藏的面积，并使内景疏朗、活泼、富有变化，是很出色的处理手法。

在现代建筑中，天花板往往还要满足声学、照明、通风等种种复杂要求。在大跨度的厅堂里，室内天花板和屋顶、楼层结构往往合而为一。伴随着各式新型屋盖、楼盖的出现，诞生了一幅幅崭新的天花板内景。传统天花板格式的框框虽然突破了，但它在争取空间、组合空间、适应视觉、点染气氛、力求功能、技术、造型的统一等方面的许多优秀手法，仍然活跃在新建筑的天花板园地里。环游人民大会堂一周，就能见到许多幅推陈出新的天花板杰作。

灯花绚烂的宴会厅天花棚，放散着浓郁的、民族色彩的欢乐气氛；尺度宽大、色彩明朗的接待厅藻井，壮丽、亲切，点染着景仰的激情；特别是被誉为"浑然一体、水天一色"的大礼堂的巨型天花板，从顶心的五角星灯发出万芒金光，绕过向日葵花环，化作满天星斗，像波浪起伏似地向周围扩散，它使会场空间既不空旷，也不压抑，而且把照明、通风安排得均匀、适度，给施工和使用管理带来很大方便，像许多杰出的传统天花板那样，达到了功能、技术、思想内容和艺术形式美完善的融合和统一。

1963.6.27 发表于《光明日报》

后记

这本书里收入的文章有两类：一是读解建筑之道，二是品读中国建筑。前者是对建筑的哲理性阅读，后者是对中国建筑的阐释性读解，都是解读建筑、认知建筑，笼统地说，都是"读建筑"。

20 世纪 50 年代，我国建筑界对建筑理论展开过一场热烈讨论。在《建筑学报》上，1955 年第 1 期和 1956 年第 3 期，先后发表了翟立林先生和陈志华先生、英若聪先生围绕"建筑艺术与美及民族形式"展开的争论，涉及"建筑本质特征"、"建筑艺术特征"、"建筑形式、内容"等一系列理论问题。我那时候刚分配到哈尔滨工业大学当助教，这些问题深深吸引了我。但我对哲理思考完全茫然，摸不着边。赶巧当时美学界围绕美的本质，美的客观性、社会性问题，也在展开大论争。论争文章汇编了好几本《美学问题讨论集》，我一本本地读，美学界的高水平哲理论争给我上了生动的美学课、哲学课，李泽厚先生的一篇篇精彩论文让我在哲理上有点开窍，我渐渐地也开始思索建筑界热议的理论问题。那时候大家好像不约而同地都倾向于从建筑矛盾来认知建筑本质，但建筑的内在矛盾究竟是什么，却莫衷一是。正是这时候，哈尔滨工业大学侯镇冰等几位先生探讨了"机床内部矛盾"问题。他们提出，机床内部矛盾就是刀具系统和工件系统的对立统一，是刀具、刃具的切削力与加工物体的

材料内聚力的矛盾。这个论点让我茅塞顿开，我想到了《老子》说的"有"与"无"，知道建筑矛盾可以表述为"建筑空间"与"建筑实体"的对立统一，建筑实体和建筑空间的"围护"与"被围护"的矛盾，就是建筑的内在矛盾。我意识到可以从这一基本论点来论述建筑本质、建筑特征和建筑形式、内容等一系列理论问题。但是还没来得及形成论文，就开始设计革命，接着就"文化大革命"了。这一下子就搁置了十几年，直到 1979 年，我才在《建筑学报》上发表"建筑——空间与实体的对立统一"一文以及后续发表的"建筑美的形态"、"建筑内容散论"等文。

随着 20 世纪 80 年代学术视野的开放，品类繁多的科学方法论、美学方法论、艺术方法论蜂拥而来，我应接不暇地、饶有兴味地吸收着，觉得很新颖，很启迪思路。我把这些方法论与建筑挂钩：学了系统分析，就写"建筑系统观"；看到哲学界论"模糊性"，就写"建筑模糊性"；读了符号学，就谈"传统建筑符号"；读了信息论美学，就分析传统建筑的"语义信息和审美信息"；接触到几本讲"软科学"的书，就引申来区分建筑的"硬传统"和"软传统"；见到文艺界对"文学意象"有了深度论析，我也开始触碰"建筑意象"和"建筑意境"。那段时间我几乎成了"方法论"的发烧友，这里收入在"读解建筑之道"中的文章，都是在这样的背景

下写出来的。这也可以算是"读建筑",说得好听些,可以美其名曰多向度的、带有哲理的读建筑。这样的文章写着写着我也发觉,这种写法太杂、太散,东一榔头,西一榔头,整体发虚,偏于空泛。我渐渐地就转轨了,除了2004年《城市建筑》创刊,我不得不写一篇"建筑文明与建筑文化"去应对外,再没写过这类文章了。

我回归到对中国传统建筑遗产的阐释、解读。仍然是读建筑,但是集中地聚焦于读解中国建筑的软传统,先后写了《中国建筑美学》和《中国建筑之道》两本书。因为主要精力转向写书,有关品读中国建筑、阐释中国建筑的散篇文章就写得很少,也很零散,而且多数是由于约稿才写的。在这些约稿中,有许多篇是由于中国建筑工业出版社的组稿,才促成我的写作。

本书中收入的"中国建筑:门"、"中国建筑:台基"两文,就是应中国建筑工业出版社约稿而写的。那时候,中国建筑工业出版社与台湾锦绣出版事业股份公司合作,要出一套中国建筑丛书,计划列出100个题目,每个题目出一本小册子。我认选了"门"和"台基"两题。2001年9月,台湾锦绣出版事业股份公司在台湾以《中国建筑》旬刊的形式推出这套书,每期出一册,"中国建筑:门"和"中国建筑:台基"分别列为旬刊的"005期"和"006期"。这两文刊出时,编辑对原稿文字作了少量改动,原配线条图都添加着色,并增配了约80幅彩照。版面显得很丰富,也显得很热闹。这次收入本书,文字已按原稿恢复,着色线条图和彩照怕涉及版权,都没有收录,另配了新的插图。

本书收入的"关外三陵建筑",也和中国建筑工业出版社有关联。中国建筑工业出版社曾经组织编写一套大开本的中国古代建筑丛书,其中有一本《关外三陵建筑》,约请我和另一位同行专家合作编写。我和那位专家草拟了书稿编写框架,全书分四章:第一章写历史沿革和奉安祭典;第二章写总体布局和建筑现状;第三章写年代鉴定和文献考释;第四章写形制比较和艺术分析。全书正文10万字,他写第一章、第三章,我写第二章、第四章,每人各写5万字。我于1990年3月完成二、四两章文字初稿,但一、三两章文稿迟迟未写出,这半部书稿就搁置下来,至今已20余年。

这次我把这两章书稿也收入本书。第二章写关外三陵的建筑现状,完全是结合测绘对陵区现有建筑的纯粹白描,我一直没有这样用古建术语不厌其烦地白描建筑,这算是对白描式地"读建筑"的一次尝试,当时写得很吃力。这章特地选配了一些测绘图,这些图是从哈尔滨建筑工程学院建筑81级和建筑82级的测绘图中挑选的。当年我们几名教师领着各班同学不辞劳苦、津津有味地精心测绘的情景还历历在目。选用这些测绘图也算是不让这些图完全隐没。第四章是对关外三陵建筑呈现的边缘文化特色的品读,也对福、昭两陵主体建筑的宏观同似作了微差分析,这算是对关外三陵建筑的阐释性解读。值得一提的是,第四章有一批分析图,是王莉慧画的。那时候她正好是我的研究生,帮我画了这些图,没想到等到这些图在本书发表时,她正是这本书的责任编辑,这真是有趣的缘分。

实际上,收入本书的"17世纪的贫士建筑学"一文,也是中国建筑工业出版社约写的。那是杨永生先生和王莉慧在主编《建筑百家谈古论今——图书编》时找我写的。我因为对李渔(李笠翁)的《闲情偶寄》很早就感兴趣,我写的第一篇建筑文章,就是"李笠翁谈建筑"。驾轻就熟,就认写《闲情偶寄》,给它做了一个新的定位,称这本书中的"居室部"、"器玩部"为"17世纪的贫士建筑学"。

1997年3月,台湾推出了一份新的建筑杂志,刊名《建筑Dialogue》,是一份凸显"对话"特色的、采用双语的国际性建筑文化刊物。刊物主编郭肇立先生约我写稿。因为刊物要求高度的可读性,要求写作尽量通俗,我就按这个口径陆续写了一组短文。收入本书中的"一堂二内"、"读彩画"等8篇,都是为这个约稿而写的。这些文章在刊登时,有的添加了英译文字,成了双语版。《建筑Dialogue》的编辑在版面编排上很舍得留白,很善于利用色块衬底,很灵活地调度插图,版面排得很活跃,很为文章增色。

本书末尾,附录了数则建筑知识小品。我很喜欢读"知识小品",知道那是一种深入浅出、举重若轻、生动活泼、很有可读性的写作。1961年8月,我尝试地写了一篇1200字的短文"窗",寄给了《人民日报》副刊,没想到很快就收到编辑部姜德明先生的信。他信里不仅说来稿拟用,还开列了"桥、亭、廊、门、塔"等,建议我写一系列的建筑小品。这大大激励了我。我在"窗"发表之后,就开始构思写"塔",兴奋的心情把"塔"给写走调了,没写成"知识小品",而写成了"抒情小品",《人民日报》也给刊登了。没过多久,我惊喜地看到《人民日报》副刊上推出了梁思成先生写的5篇"拙匠随笔",大师也写知识小品,让我特别激动。我特喜欢梁先生写的这组建筑小品,自己也更来劲地继续写"门"、"廊"、"天花板"等文。但是"天花板"一文被《人民日报》退稿了,我看原稿纸上编辑已标上铅字字号,知道是已经采用而后来抽出不用的。编辑信里也说是原拟刊用,后来考虑报刊上知识小品发多了,不拟用了。我就把这篇文章转投到《光明日报》,《光明日报》发了此文,后来再投,《光明日报》也不用了。我意识到这时的政治氛围已不适宜刊登知识小品了。这样,我的建筑知识小品习作就怅怅地中止了。

应该说,建筑知识小品也是一种"读建筑",是一种活泼的、普及的读建筑。我曾经热衷地以"小品"的方式读建筑,也曾经遭遇到不能以"小品"的方式读建筑。后来为台湾《建筑Dialogue》写了一组短文,在《建筑意》上发表了两篇小文,算是迟到地过了一把类似写建筑小品的瘾。

侯幼彬

2012.3.22